石油和化工行业“十四五”规划教材

普通高等教育智能制造系列教材

U0887913

人工智能与大数据基础

成金鑫 主 编

杨文明 刘 甜 刘北英 郭飞燕 副主编

化学工业出版社

·北京·

内容简介

本书系统阐述了人工智能三大流派（符号主义、行为主义、联结主义）的核心理论与技术，并融合大数据技术体系，构建完整知识框架。全书分为五部分：导论，综述了人工智能本质特征、发展脉络及社会价值；符号主义篇探讨知识表示与推理，涵盖逻辑系统、专家系统及不确定性处理；行为主义篇重点介绍搜索策略与群体智能算法；联结主义篇介绍数据科学的基础理论，并深度解析机器学习与深度学习技术体系；大数据篇则将内容延伸到大数据的相关技术以及其安全治理。本书内容既系统阐述经典理论，又结合前沿案例解析技术应用；通过算法分析与行业场景融合，实现理论与实践结合。配套资源扫下方二维码获取。

全书结构严谨，案例丰富，语言精练，适合高等院校人工智能、数据科学与大数据技术、计算机科学与技术、电子信息工程、自动化、智能制造工程、信息管理与信息系统、物联网工程、软件工程、智能科学与技术等专业的师生使用，也可供科研人员、相关技术从业者及行业决策者参考。

配套资源

图书在版编目（CIP）数据

人工智能与大数据基础 / 成金鑫主编 ; 杨文明等副主编. -- 北京 : 化学工业出版社, 2025. 3. --（普通高等教育智能制造系列教材）. -- ISBN 978-7-122-47605-0

Ⅰ. TP18；TP274

中国国家版本馆 CIP 数据核字第 2025G73M55 号

责任编辑：周　红　张海丽　　　文字编辑：袁　宁
责任校对：王鹏飞　　　装帧设计：刘丽华

出版发行：化学工业出版社
（北京市东城区青年湖南街 13 号　邮政编码 100011）
印　　装：北京云浩印刷有限责任公司
787mm×1092mm　1/16　印张 20　字数 496 千字
2025 年 12 月北京第 1 版第 1 次印刷

购书咨询：010-64518888　　　售后服务：010-64518899
网　　址：http://www.cip.com.cn
凡购买本书，如有缺损质量问题，本社销售中心负责调换。

定　　价：69.00 元

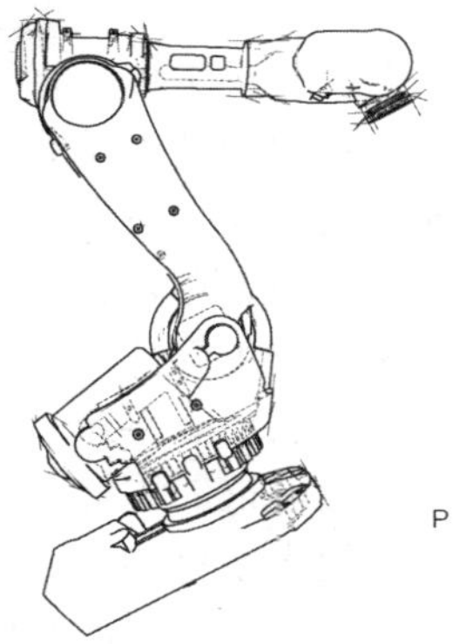

前言

PREFACE

在数字化浪潮席卷全球的今天，人工智能（AI）与大数据技术已成为驱动社会变革的核心力量。从智能制造到精准医疗，从智慧城市到个性化服务，AI 与大数据的融合应用正在重塑人类生活的方方面面。技术的快速发展也带来了知识体系的碎片化问题，传统教材往往侧重单一领域，难以满足跨学科人才培养的需求。本书正是在这样的背景下应运而生，旨在构建人工智能与大数据技术的系统化知识框架，为读者提供从基础理论到前沿应用的完整认知路径。

本书的编写源于对高等教育与产业实践的双重思考。作者团队在多年教学与科研中发现，现有教材或偏重符号逻辑的理论推导，或聚焦机器学习的算法实现，缺乏对人工智能三大流派（符号主义、行为主义、联结主义）的系统性介绍，更鲜少将大数据技术与人工智能理论深度融合。面对这一现状，本书以“横向贯通、纵向深入”为原则，打破学科壁垒，将符号推理、行为建模、联结学习与大数据技术有机结合，力求为读者呈现一幅全景式的技术图谱。

全书分为四篇：第 1 篇符号主义人工智能，以知识表示与推理为核心，系统阐释符号系统的构建逻辑与推理机制，从命题逻辑到知识图谱，为理解人工智能的逻辑基础提供方法论框架；第 2 篇行为主义人工智能，聚焦搜索策略与群体智能算法，通过经典案例解析粒子群、蚁群算法的原理，结合强化学习的最新发展，揭示智能体与环境交互的行为规律；第 3 篇联结主义人工智能，深入机器学习与深度学习技术，从数据预处理到神经网络架构设计，系统解析算法原理与实践路径；第 4 篇大数据基础则延伸至大数据基础理论，涵盖大数据的技术原理，也探讨了大数据安全、大数据思维以及数据共享等核心议题，呼应人工智能对数据驱动的本质需求。

本书的特色在于三大创新维度：理论与实践的深度融合，每章均以算法分析为基础，结合医疗诊断、自动驾驶等真实场景展开，强化知识的迁移能力；伦理与技术的辩证思考，专设章节探讨数据隐私、算法偏见等社会挑战，培养读者的技术伦理意识；跨学科知识的有机整合，通过符号逻辑的严谨性、行为建模的灵活性、联结学习的高效性与大数据技术的工程性，构建起完整的智能技术体系。

本书的目标读者群体广泛。对于高校学生，它可作为人工智能、数据科学与大数据技术、计算机科学与技术、电子信息工程、自动化、智能制造工程、信息管理与信息系统、物联网工程、软件工程、智能科学与技术等专业的学习教材，帮助其建立从理论到实践的系统化认知；对于技术从业者，书中丰富的案例与算法解析可作为工程实践的参考指南；对于行业决策者，大数据安全与治理章节提供了技术落地的战略视角。作者团队力求以简明的语言、清晰的逻辑，将复杂的技术原理转化为可理解、可应用的知识模块，既保留学术深度，又兼顾可读性。

本书的顺利出版得益于多方支持与帮助。在此，特别感谢参与编写的同事们，以及为本书提供专业建议的同行专家，他们的深度审阅与建设性意见使本书内容更加完善；感谢为案例研究提供素材的企业与科研机构，他们的实践经验为理论阐述注入了鲜活生命力。

人工智能与大数据的发展永无止境。本书不仅是对现有技术的总结，更是对未来探索的启发性指引。希望读者通过本书的学习，既能掌握扎实的理论基础，又能培养解决复杂问题的创新能力，在技术浪潮中把握机遇，成为推动智能时代进步的领军者。

由于时间有限，书中不妥之处，敬请读者指正。

编者

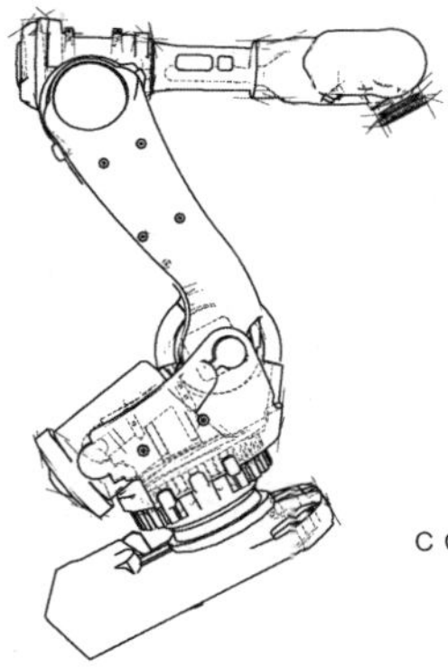

目录

CONTENTS

第 2 篇　行为主义人工智能

第 3 篇　联结主义人工智能

导论

人工智能与大数据基础概述

0.1 人工智能的基本概念

人工智能（artificial intelligence，AI）是计算机科学的一个重要分支，旨在探索智能的本质，并创造能够以类似于人类智能的方式做出反应的智能系统。人工智能的概念不仅局限于智能机器或机器人，更是一个涵盖多个学科的广泛研究领域，其中包括机器学习、自然语言处理、计算机视觉、自动推理等核心方向。简而言之，人工智能致力于赋予计算机理解、推理、学习、决策和感知等能力，从而实现更高水平的自动化与智能化。

0.1.1 智能

智能（intelligence）是一个复杂且多维的概念，涉及生物体或人工系统在应对环境和解决问题时所展现的多种能力。它不仅限于“聪明”或“智慧”，更是一种高度整合的认知能力，包括感知、理解、学习、推理、决策、问题解决和创造等方面。由于智能的表现形式因研究领域而异，其定义也难以统一。

在不同学科中，智能的核心要素通常集中在信息处理、环境感知与响应、学习与适应，以及通过推理与决策实现目标导向的行为。这一框架既适用于人类如何通过感官获取并处理信息，也适用于机器如何利用算法对数据进行分析并采取相应行动。因此，智能不仅关乎知识的积累，更在于灵活应用知识以适应不断变化的环境。

传统心理学将智能与生物体的认知过程联系在一起，早期的智能定义主要关注信息处理、记忆和推理能力。20 世纪初，心理学家开发了智商（IQ）测试，以量化个体在抽象思维、语言理解、数学推理和空间想象等方面的能力。这些测试为衡量人类智能提供了参考，但也存在局限性，例如，它们侧重于逻辑和学术能力，而忽略了情绪智力、创造力和社会适应能力等方面。随着研究的深入，智能的概念逐渐拓展，情商（EQ）等更全面的衡量指标开始受到重视。

计算机科学和人工智能的发展进一步扩展了智能的内涵。现代人工智能的定义强调机器系统在执行任务时的表现能力和效率，尤其是能否模拟或超越人类智能行为。人工智能通常被描述为“能够执行通常需要人类智能才能完成的任务的计算机系统”。这一广义的定义为人工智能研究提供了广阔的空间，使机器在各类任务中的表现不断接近甚至超越人类。

随着人工智能技术的不断进步，衡量机器智能的方法也在演变。与人类智能相似，机器智能的评估不仅关注其运算能力，还包括适应性、灵活性、自主学习和优化能力等因素。现代智能系统的衡量标准更加全面，以确保其在实际应用中的可靠性和高效性。下面将具体介绍几种用于衡量智能的常见方法。

（1）图灵测试

图灵测试由计算机科学家艾伦·图灵于 1950 年提出，是一种判定机器是否具备智能的方法。具体来说，如果一台计算机能够与人类进行文字对话，并且无法让人类判断出其为机器，那么这台计算机就通过了图灵测试。图灵测试的核心在于“表现”，而非“内在机理”，即只看机器是否能够模拟出人类智能行为。

（2）任务解决能力、学习与适应能力

机器智能的衡量通常基于其在特定任务中的表现，而任务解决能力是评估其智能水平的关键指标之一。例如，自动驾驶系统的智能程度可以通过其在复杂路况下的表现来判断。如果该系统能够在不断变化的交通环境中做出安全、合理的决策，便可视为具有较高的智能水平。

评估任务解决能力不仅关注任务的正确完成，还涉及完成的效率以及应对变化的灵活性。例如，在金融领域，智能交易系统需要在瞬息万变的市场环境中迅速做出准确决策，而在医疗诊断中，人工智能的价值体现在其精准识别疾病并提供有效的治疗建议。这些应用场景充分体现了任务解决能力在不同领域的具体要求。

除了任务解决能力，学习与适应能力同样是衡量人工智能水平的重要因素，尤其对于依赖数据驱动的机器学习系统而言。一个高效的学习系统应能够从不断变化的数据中持续学习，并自主优化，以适应新的环境和需求。这种能力使人工智能系统不仅能够处理当前问题，还能在面对未知挑战时做出适应性调整，从而实现长期的自我提升。

（3）通用性与灵活性

人类智能的一大特点在于其高度的通用性和灵活性，能够在不同领域中表现出卓越的适应能力。无论是解决数学难题、参与社交互动，还是从基础知识的学习到创造性的探索，人类都能在多种任务之间灵活切换，这种跨领域的能力被视为衡量智能水平的重要标准。相比之下，当前的人工智能主要针对特定任务进行深度优化，如图像识别、自然语言处理等，在这些领域，人工智能展现出了极高的准确性和效率。然而，在跨领域的适应能力和通用性方面，人工智能仍远远无法与人类相比。为了实现更高级别的智能，“通用人工智能”（artificial general intelligence，AGI）成为研究的终极目标。AGI 旨在模拟人类的认知能力，自主解决各类复杂问题，甚至在没有明确指令的情况下进行创新思考和决策。

要实现通用人工智能，人工智能需要在处理多样化任务时保持高效性与灵活性，这对其算法和系统架构提出了更高的要求。例如，智能机器人不仅需要在工厂环境中执行自动化生产任务，还要在家庭环境中承担清洁、娱乐、陪伴等多种角色。此外，随着社会对智能系统需求的不断扩大，人工智能的通用性和适应性将成为衡量其智能水平的关键标准。未来，真正具备高度智能的系统应能够跨领域应用，灵活响应复杂环境，并在未知情境下持续进化和优化。

0.1.2 人工智能的特征

人工智能的特征是其核心组成部分，也是区别于传统计算系统的关键因素。不同于依赖固定规则和预设逻辑的传统计算机程序，人工智能具备模拟、学习和适应的能力，能够根据环境变化、输入数据以及反馈信息进行自我调整和优化。正是这些特征，使人工智能不仅能够执行预定任务，还能在复杂问题面前展现出自主决策、创新思维和高度灵活性。

随着人工智能技术的不断演进，其特征已从单一的计算能力扩展至更加多维的智能行为。这些特征不仅推动了技术层面的应用创新，也促使人们对人类智能的本质进行更深入的思考。人工智能的自主学习能力，使其能够在无需明确编程的情况下，通过经验积累不断优化自身性能，从而拓宽了其在各个领域的应用。例如，在机器视觉、自然语言处理、深度学习和强化学习等领域，人工智能已展现出卓越的效能，解决了许多传统方法难以处理的复杂问题。

人工智能的这些特征不仅标志着技术的突破，也代表了计算机系统向人类智能演进的趋势。深入分析人工智能的特征，有助于我们全面理解其技术优势和局限，同时探索如何更好地将人工智能技术应用于社会实践，提升生产效率，并应对其所带来的伦理与社会挑战。未来，随着人工智能特征的不断演化，它将为科学研究和实际应用开启新的可能，也将在社会发展进程中带来前所未有的机遇与挑战。

（1）自适应性

人工智能最突出的特征之一是其强大的自适应能力，使其能够根据环境的动态变化或任务需求，实时调整行为和策略，以适应新的挑战。例如，机器学习算法在接收到新的数据时，能够迅速更新模型参数，持续优化对任务的理解，从而保持高水平的预测准确性和适应能力。这一特征在对实时性要求极高的应用场景中尤为重要，例如自动驾驶系统，它需要根据不断变化的交通流量、天气状况以及道路条件，迅速做出精准的决策，确保安全与效率。

人工智能的自适应能力不仅体现在对外部环境的快速响应，还表现为其在复杂、非结构化问题中的灵活性和高效性。正是这种能力，使人工智能成为解决多变环境下问题的理想技术方案，推动其在自动化、智能控制、个性化推荐等多个领域的广泛应用。

（2）信息处理能力

人工智能凭借卓越的信息处理能力，在应对大规模、多维度数据方面展现出远超人类的优势。人工智能不仅能够高效处理文本、图像、视频等多种数据形式，还能深度挖掘隐藏的规律与模式，为科学研究、商业决策等提供有力支持。例如，深度学习模型依托其强大的特征提取能力，能够将复杂的原始数据转化为有价值的模式，广泛应用于语音识别、自然语言处理和计算机视觉等领域。在图像处理领域，卷积神经网络（convolutional neural network，CNN）的成功应用，使人工智能在医疗影像分析和自动驾驶等场景中的表现超越了人类视觉的准确性与可靠性。而在时间序列数据处理方面，递归神经网络（recursive neural network，RvNN）凭借其对历史信息的记忆能力，在语音识别、文本生成等任务中展现出卓越的性能。人工智能的强大信息处理能力，使其成为大数据时代不可或缺的技术支撑，为各行业提供更智能、高效的解决方案，并持续推动技术创新与应用拓展。

（3）可扩展性

人工智能的可扩展性使其能够灵活适应不同规模和复杂度的任务需求。随着计算能力和网络技术的不断进步，人工智能系统可以依托并行计算和分布式架构，扩展至更广泛的应用场景。例如，依托云计算平台的分布式存储与计算能力，人工智能模型能够高效处理超大规模数据集，支持全球气候预测、精准医疗分析等高度复杂的任务。同时，边缘计算的兴起为人工智能提供了更多部署可能，使其能够在移动设备、物联网终端等资源受限的环境中运行，满足实时性和低延迟的需求。这种高度的可扩展性不仅提升了人工智能在多行业、多场景下的适用性，也使其能够快速响应技术发展和市场需求的变化，推动商业化与产业化进程。无论是大规模云端部署，还是本地化的边缘计算，人工智能的扩展能力都在加速推动其在智能制造、智慧城市、智能家居等领域的广泛落地，为未来的智能社会提供强有力的技术支撑。

（4）无情感与超理性

人工智能的决策过程依赖于数据分析和逻辑推理，使其在许多场景中展现出超越人类的“超理性”特质。由于人工智能不受情绪波动、主观偏见或疲劳影响，其决策往往具备更高的公正性和执行效率。例如，在金融交易领域，人工智能能够持续监测市场动态，基于海量数据进行高速分析，迅速做出精准的投资决策。

然而，人工智能本质上缺乏人类的情感、意识及社会感知能力，这既是其优势，也构成一定的局限。在需要情感共鸣或复杂社会判断的场景中，如心理咨询或跨文化沟通，人工智能可能因缺乏情境理解而显得僵硬，甚至难以适应。此外，人工智能在追求效率的同时，可能忽视人性化考量。例如，在资源分配优化过程中，人工智能或许会忽略个体需求的差异性，或在风险评估中采取过于理性的策略，导致缺乏同理心的决策。因此，在社会敏感性较高的应用领域，人工智能的“超理性”需要与人类的情感和伦理价值相结合，以确保其决策不仅科学合理，也兼顾公平性和人文关怀，从而实现技术与社会的和谐共存。

0.2 人工智能的发展简史

人工智能作为一个跨学科的研究领域，历经数十年的发展，从最初的理论构想到如今的广泛应用，已深刻改变了各行各业。回顾其发展历程，我们可以看到人工智能如何从最早的计算机程序研究，逐步成长为全球科技、经济和社会的强大驱动力。

人工智能的起源可以追溯到20世纪50年代，计算机科学的先驱们首次提出了“机器能否像人类一样思考”的问题，并开始尝试将人类的认知过程转化为计算问题。这一问题的提出标志着人工智能作为一个独立学科的诞生。从早期的“符号主义”和“专家系统”到现代的“深度学习”和“神经网络”，人工智能经历了多个重要的技术转折和理论演变。符号主义认为智能是通过明确的符号规则和推理过程实现的，强调逻辑和规则的应用；而专家系统则是基于知识库和规则推理的人工智能形式，试图模拟专家在特定领域的决策过程。然而，这些方法在处理复杂和不确定问题时存在局限性，尤其是在需要处理大量非结构化数据和模糊推理的任务中。随着计算机科学的进步，尤其是大数据和计算能力的提升，人工智能进入了深度学习和神经网络的时代。深度学习，特别是卷积神经网络和循环神经网络（recurrent neural network，RNN）的出现，使得人工智能在图像识别、自然语言处理和语音识别等领域取得了突破性的进展。这些技术通过模拟大脑神经元的工作方式，能够自主学习并优化任务处理能力，不再依赖人工设定的规则和逻辑，而是通过对大量数据的学习来发现规律和模式。每一次技术的突破和理论的创新，都为人工智能的发展奠定了坚实的基础，推动我们朝着实现“强人工智能”——一种能够执行任何智能任务的机器——的目标迈进。

如今，人工智能技术的应用范围不再局限于理论研究，而是已经广泛渗透到了各个行业。从自动驾驶汽车、医疗诊断、金融风险控制到工业自动化和智能机器人，人工智能正逐步改变我们生活的方方面面。例如，在医疗领域，人工智能能够通过大数据分析帮助医生做出精准诊断；在金融领域，它能够实时分析市场趋势并进行风险预测；在交通领域，自动驾驶技术正在逐步实现商业化，改变我们的出行方式。人工智能的广泛应用不仅推动了这些行业的发展，也为我们带来了前所未有的创新机遇和挑战。随着技术的成熟和应用的深化，人工智能正引领着新时代的到来。它不仅改变了我们对计算机和机器的理解，也深刻影响着社会结构、经济模式以及文化观念。我们正站在人工智能发展的前沿，迎接一个更加智能化的未来。

然而，人工智能的发展不仅仅是技术层面的进步，它还带来了深刻的社会、伦理和哲学问题。如何确保人工智能的发展能够始终有益于社会进步，如何平衡人工智能带来的就业替代与社会福利，如何在快速发展的同时保护隐私与数据安全，这些问题已成为当前人工智能研究和应用中亟待解决的挑战。因此，人工智能不仅是科技发展的产物，它也代表着社会、经济与伦理的重大机遇与挑战。

通过回顾历史，我们能更清晰地理解人工智能从理论研究到实际应用的演变过程。人工智能不仅是技术的突破，还在不断塑造着社会结构、经济模式、文化观念，以及人与机器之间的关系。

0.3 人工智能的研究内容

人工智能的研究内容涵盖了多个重要的领域，每个领域都具有独特的理论框架、技术路径和广泛的应用前景。以下是人工智能的主要研究方向及其发展情况。

（1）知识表示与推理

知识表示与推理是人工智能领域的核心问题之一，它涉及将现实世界的知识转化为计算机能够处理和理解的形式，并利用这些知识进行有效的推理和决策。为了实现这一目标，人工智能系统需要通过不同的表示方法将知识组织起来，从而使机器能够理解、推理，并在复杂环境中做出判断。

知识表示是将世界中的信息编码为计算机能够理解和操作的形式。常见的表示方法包括符号表示、语义网络、框架表示和规则表示等。

① 符号表示依赖于抽象的符号和逻辑结构来描述世界中的事实和规则。在符号表示中，知识通常以一组离散的符号和它们之间的关系来呈现，适用于结构化且明确的知识，如数学定理或逻辑推理。符号表示方法强调通过严格的语法和语义规则来推导和推理。

② 语义网络通过节点和边来表示实体及其相互关系，着重于表示知识中实体间的语义联系。每个节点代表一个概念，而边则表示不同概念之间的关系。语义网络可以有效地捕捉到更丰富、更灵活的知识结构，是知识表示和推理中用于表示复杂、动态关系的一种重要工具。它广泛应用于自然语言处理、Web 语义理解等领域。

③ 框架表示则提供了一种层次化的结构，用来对复杂的知识进行有效建模。框架可以看作是多层次的知识组织结构，每一层描述了不同的属性和关系。通过这种结构，人工智能系统能够更好地组织和理解复杂的、具有多重属性的对象或事件。框架表示方法常用于场景理解、知识图谱等方面。

④ 规则表示使用“IF…THEN…”结构来定义条件与结果之间的关系，特别适用于描述因果关系和决策规则。规则表示通过对一系列条件进行检查来推导出适当的行动或结论，广泛应用于专家系统中。它使得系统能够通过简单的逻辑规则处理复杂的推理任务，在医学诊断、金融决策等领域表现突出。

推理是人工智能的另一个关键部分，它使得人工智能系统能够从已有的知识中得出新的结论或做出决策。推理主要可以分为演绎推理和归纳推理两种类型。

① 演绎推理是基于已知的规则和前提进行推导，目的是得出必然的结论。例如，给定一个普遍性的规则和特定事实，演绎推理能够准确地推导出符合规则的结论。这种推理方式通常用于定理证明、法律推理等领域，强调从一般到特殊的逻辑推导。

② 归纳推理则是通过观察特定数据或现象中的模式，归纳出一般性的规律或假设。例如，通过分析大量的气候数据，归纳推理可以帮助发现气候变化的趋势。归纳推理并不保证结论的绝对正确性，但它能为实际决策提供有价值的预测依据。这种推理方式在机器学习和数据分析中尤为重要。

在人工智能系统中，知识表示与推理相辅相成。良好的知识表示能够为推理提供清晰、准确的基础，而推理则使得系统能够在新的情境下应用这些知识，做出合理的决策。随着技术的发展，知识表示与推理在医疗诊断、法律推理、自动驾驶、智能搜索等多个领域的应用逐渐深化。

（2）机器学习与统计学习

机器学习是人工智能的核心领域之一。机器学习的核心任务是通过对大量数据的学习，自动发现数据中的规律和模式，并利用这些模式进行预测、决策或分类。根据训练数据的类型和学习过程的不同，机器学习方法可分为监督学习、无监督学习、半监督学习等几大类别。

监督学习是最常见的机器学习方法之一，它通过带标签的训练数据来训练模型，学习如何从未标记的输入数据中预测输出结果。在监督学习中，每个输入数据点都有一个与之对应的标签或结果，模型的目标是通过学习输入与输出之间的映射关系，进而对新的未见数据进行准确预测。监督学习广泛应用于分类问题（如图像分类、文本分类）和回归问题（如房价预测、股市预测）。

不同于监督学习，无监督学习使用的是没有标签的数据。其目标是从数据中发现潜在的结构或模式，而不是直接预测输出结果。无监督学习常用于数据挖掘任务，如聚类和降维。聚类算法可以将相似的数据点分组，从而揭示数据的内在结构；而降维算法则用于降低数据的维度，帮助在高维数据中发现更具意义的特征。

半监督学习结合了监督学习与无监督学习的优点，利用少量的有标签数据和大量的无标签数据进行训练，特别适用于数据标注困难或代价高昂的场景。在这种学习方式中，模型既利用标注数据进行指导学习，也利用未标注数据来提升学习效果。半监督学习在图像标注、语音识别等领域中得到了广泛应用，能够在标注数据稀缺的情况下提高模型的性能。

随着深度学习技术的飞速发展，机器学习的应用取得了显著进展。深度学习通过构建多层次的神经网络模型，能够自动从数据中提取高层次的特征，解决传统机器学习方法无法有效处理的复杂问题。深度神经网络通过多层次的特征表示，能够处理图像、语音和文本等非结构化数据，广泛应用于图像识别、语音识别、自然语言处理等领域。在这些应用中，深度学习不仅显著提高了准确率，还推动了许多新技术的诞生，如卷积神经网络在图像分类中的应用，循环神经网络在语音和序列数据处理中的应用等。

（3）自然语言处理

自然语言处理（natural language processing，NLP）是人工智能领域的一个关键方向，旨在使计算机能够理解、生成人类语言并与人类进行流畅交互。随着人工智能技术的进步，NLP逐渐成为跨行业应用的重要工具，其研究领域涉及文本分析、机器翻译、情感分析、信息抽取、对话系统等多个方面，每一项技术都为实现语言理解和生成提供了基础。

文本分析是NLP的核心任务之一，旨在将自然语言转化为计算机能够理解和处理的结构化数据。文本分析的常见步骤包括分词、词性标注、句法分析和语义分析。分词是将连续的文本拆分成词汇单元；词性标注则为每个词赋予语法角色，如名词、动词等；句法分析通过确定句子中各个成分之间的关系，帮助理解句子的结构；语义分析则尝试推断句子背后的意义，如词汇的多义性、上下文的推理等。通过这些分析，计算机能够更好地理解文本的结构和含义。

机器翻译是NLP中的重要应用，旨在自动将一种语言的文本翻译成另一种语言。随着深度学习技术的发展，基于神经网络的神经机器翻译（neural machine translation，NMT）方法成为主流。与传统的基于规则的翻译方法相比，NMT能够更准确地捕捉句子的语义和上下文，从而提高翻译的质量和流畅度。当前，神经机器翻译在多个语言对之间已取得显著进展，在跨语言交流、文档翻译等领域得到广泛应用。

情感分析通过分析文本中的情感色彩，评估其正面、负面或中立的情感倾向。情感分析广泛应用于社交媒体监控、品牌管理、客户反馈分析等领域，帮助企业和组织快速识别用户情绪，洞察市场趋势。情感分析不仅仅局限于情绪分类，还可以细化到识别具体的情感种类，如喜悦、愤怒、悲伤等，从而为更精准的用户体验优化提供依据。

信息抽取旨在从大量的文本数据中自动提取出结构化的信息，如人物、地点、事件、时间等实体及其关系。这一技术在新闻摘要、法律文档分析、医学文献检索等领域具有广泛应用。信息抽取帮助计算机从海量的非结构化数据中筛选出关键信息，为进一步的决策支持和知识发现提供便利。

对话系统通过自然语言与用户进行互动，模拟人类与计算机之间的对话。对话系统不仅仅包括智能助手（如Siri、Google Assistant）和客服机器人，还涉及语音识别、语义理解和生成技术。它们能够根据用户的提问或命令进行响应，提供信息查询、任务执行或问题解决等服务。近年来，随着深度学习和强化学习技术的应用，对话系统的交互能力得到了显著提升，能够更好地理解复杂的语境和用户需求。

自然语言处理不仅是语言学与计算机科学的交汇点，也是推动人工智能智能化应用的重要技术支柱。随着大数据技术和计算能力的不断提升，NLP的研究和应用将继续拓展，解决更多复杂的语言理解和生成任务，进而推动智能化社会的建设。

（4）计算机视觉

计算机视觉是人工智能中的一个核心领域，致力于使计算机能够“看”和“理解”图像及视频信息。这一领域的目标是通过计算机模拟和增强人类视觉感知能力，从而实现图像处理、物体识别、视频分析等复杂任务。随着深度学习技术的进步，计算机视觉取得了显著的突破，广泛应用于自动驾驶、安防监控、医疗影像分析、智能制造等多个行业。

计算机视觉的研究内容涵盖多个方向，包括但不限于以下几个重要领域：

图像识别：图像识别旨在从图像中识别出物体、场景或特定的特征。通过分析图像中的像素和局部特征，计算机能够识别和分类图像中的内容。CNN 作为图像识别的核心技术，利用多层的卷积操作自动提取图像的高层次特征，大大提高了图像识别的准确性和效率。CNN 的引入使得计算机视觉在面对复杂的视觉任务时，能够取得与人类接近的性能。

目标检测：目标检测不仅需要识别图像中的物体类别，还要准确地定位物体的位置。在目标检测中，计算机不仅需要知道图像中出现了什么物体，还需要确定物体的边界框（bounding box）。这一技术广泛应用于自动驾驶中的障碍物检测、安防监控中的入侵检测等场景。现代目标检测算法如 YOLO（you only look once）和 Faster R-CNN，已经能够在实时条件下高效地进行目标检测，并且能够识别多种物体。

图像分割：图像分割是将图像分割成多个区域或对象的过程，使得每个区域可以单独处理和分析。图像分割不仅仅是对物体进行分类，还关乎每个像素点的精确分类，从而获得图像的精细结构。图像分割在医学影像、自动驾驶以及遥感图像处理中具有重要应用。例如，在医学影像中，图像分割技术可以帮助分离出肿瘤、血管等结构，辅助医生进行诊断。

姿态估计：姿态估计是计算机视觉中的一项重要技术，主要用于确定人体或物体在空间中的位置和姿势。通过分析视频或图像中的人体骨架，姿态估计能够准确地推断出人的姿势，如行走、跑步、坐下等动作。这一技术在虚拟现实、增强现实以及运动分析等领域得到了广泛应用。

人脸识别：人脸识别是计算机视觉中的一个特殊任务，旨在通过分析人脸图像来识别个人身份。通过提取人脸的特征点并与已知数据库中的人脸进行匹配，计算机可以实现高效且准确的身份验证。人脸识别技术已广泛应用于安防监控、移动设备解锁、社交媒体以及金融领域的身份认证中。

随着计算机视觉技术的持续进步，尤其是深度学习和卷积神经网络的推动，计算机视觉在多个行业的应用场景日益丰富。它不仅为传统领域带来效率提升，还推动了新兴技术的发展，如自动驾驶、机器人视觉、智能医疗等，预计在未来将会在更多领域发挥重要作用。

（5）机器人学

机器人学是人工智能的一个关键分支，涉及硬件设计、传感器技术、运动控制和人工智能算法的深度融合。机器人不仅仅是简单的自动化设备，它们还需要具备感知环境、规划路径、执行任务和通过实时反馈调整行为的能力。随着人工智能、计算机视觉、机器学习等技术的不断进步，现代机器人已经能够在复杂的环境中自主操作，甚至与人类协作，完成越来越复杂的任务。

在机器人学的研究和应用中，有以下几个重要的技术领域需要深入探讨。

感知技术：感知是机器人系统的基础，决定了机器人如何理解其周围的环境。通过传感器（如摄像头、激光雷达、深度传感器、声呐等），机器人能够实时获取关于环境的数据。这些传感器能够为机器人提供关于障碍物、目标物体、地形变化等的重要信息。基于这些感知数据，机器人能够构建一个准确的环境模型，感知到物体的位置、大小、形状以及动态变化。这些感知信息是机器人决策和行动的基础。

路径规划：路径规划是机器人学中的核心任务之一，目的是计算出机器人从当前位置到目标位置的最佳路线。在规划过程中，机器人不仅要考虑环境中的障碍物，还需分析道路条件、效率、能耗等多重因素。现代路径规划技术采用了各种算法，如A*算法、迪杰斯特拉算法（Dijkstra's algorithm）、快速探索随机树（RRT）等，这些算法能够高效地计算出最优路径或近似最优路径，帮助机器人避开障碍物并顺利完成任务。

运动控制：运动控制是机器人执行任务的实际操作环节，涉及如何让机器人根据规划路径进行精确的动作。运动控制不仅要保证机器人的动作准确无误，还需要适应环境的变化。例如，当机器人遇到意外障碍或地面不平时，运动控制系统需要实时调整机器人的动作，确保其能够继续执行任务。控制理论、动力学、力学等学科为机器人运动控制提供了理论基础，确保机器人的运动平稳、高效且符合安全要求。

多机器人协作：多机器人协作是机器人学的一个重要研究方向，特别是在需要完成复杂任务时，单一机器人可能难以高效地完成。多机器人协作指的是多个机器人之间通过通信、协调与合作，共同完成某一任务。这类任务包括协作搬运、自动化生产、环境监测、搜救任务等。在这种协作过程中，机器人们需要相互协调，分工合作，通过共享感知数据、任务分配和策略调整来实现整体目标。例如，在一个仓储系统中，多个机器人可能需要一起搬运物品，协同工作以提高效率，避免碰撞和冲突。

随着人工智能、深度学习、机器人硬件和通信技术的不断发展，机器人学正进入一个前所未有的快速发展阶段。未来的机器人将不仅能执行简单的机械动作，还能在复杂、多变的环境中完成更多样化的任务，甚至在人类生活和工作中扮演重要角色。

人工智能的这些领域不仅在技术层面上取得了长足进展，也在实际应用中实现了从传统领域到新兴领域的跨越。随着计算能力的提升、大数据的积累以及深度学习等技术的突破，人工智能正在快速改变各行各业，推动着智能化、自动化的进程。

0.4 人工智能的三大流派

人工智能在其发展历程中，逐步形成了多种研究流派，其中最具代表性的是符号主义、联结主义和行为主义。这三大流派在理论基础、研究方法和对智能本质的理解上各具特色，代表了人工智能研究的不同发展方向。符号主义源于逻辑学和计算机科学，主张智能是通过符号操作和规则推理来实现的；联结主义受到生物学和神经科学的启发，认为智能源自神经元之间的连接和互动，通过神经网络模拟人类认知过程；行为主义则起源于心理学，强调通过外部行为来定义和测量智能，智能体通过与环境的交互不断优化行为策略。

这三大流派的理论和方法不仅奠定了人工智能的研究基础，也推动了技术的不断革新。符号主义为早期的专家系统和知识表示奠定了基础，联结主义则在深度学习的兴起中焕发出新的生命力，而行为主义的理念广泛应用于强化学习和智能机器人中。尽管三者在智能的定义和实现路径上存在差异，但它们的共同目标是探索和实现机器智能的本质。

0.4.1 符号主义

符号主义是人工智能最早的研究流派之一，起源于20世纪50年代，其哲学基础深深植根于传统的计算机科学和逻辑学。符号主义的核心观点认为，智能的本质可以通过符号操作来模拟和实现，人类的认知过程实际上是符号的处理过程。这一理论的基石是经典计算理论。

符号主义的核心思想体现在“符号表示”和“符号操作”两个方面，具体含义如下。

符号表示：符号表示是对现实世界的抽象过程，它通过符号将事物、现象和概念编码，使计算机能够理解和处理。例如，语言中的单词、图像中的对象、数学中的定理等，都是通过符号来表示的。这些符号不仅可以代表具体的物理对象，也可以表达更复杂的概念。

符号操作：符号操作则是指对这些符号进行一系列的推理和规则应用，推导出新的结论或解决方案。符号主义认为，所有的认知活动——包括思维、语言、推理和决策——都可以通过符号的组合、排列和操作来完成。智能的实现依赖于符号系统的规则和操作。

符号主义的代表性模型之一是专家系统。专家系统的基本思想是将领域专家的知识转化为规则，并通过这些规则进行推理和决策。它通常包括规则库（存储领域专业知识）和推理引擎（负责执行推理过程）。例如，在医学诊断领域，专家系统通过一系列规则来模拟专家的诊断过程，从而提供合理的判断。

另一个重要的符号主义模型是产生式系统（production system）。这种系统的核心思想是将知识转化为产生式规则（“IF…THEN…”形式的规则），以模拟专家的推理过程。经典的 Mycin 系统就是基于这种产生式规则的专家系统，它用于医学领域的诊断。

符号主义的影响还体现在逻辑推理和自动定理证明中。在符号主义看来，人的思维过程可以通过严格的逻辑规则来描述，因此，符号操作和推理可以通过形式化的逻辑系统来实现。许多早期的人工智能系统都依赖于符号逻辑来进行定理证明和问题求解。

尽管符号主义在人工智能的早期发展中取得了一些显著的成果，但其局限性逐渐显现。首先，符号主义的系统往往依赖大量人工编码的知识，而这种知识的获取和表示极为复杂和困难。尤其是在处理复杂的、未被完全定义的任务时，符号主义的规则体系显得力不从心。其次，符号主义假设智能活动是通过清晰且固定的符号系统来进行的，但人类的认知往往充满模糊性、不确定性以及情感和直觉的干扰，这使得符号主义的方法无法全面捕捉认知的动态特性。此外，符号主义还忽略了感知和情感因素在认知中的重要作用。

20 世纪 70 年代和 80 年代，随着新的人工智能研究方法和技术的发展，符号主义面临的这些局限性逐渐暴露出来，遭遇了来自其他流派——如联结主义（基于神经网络的模型）和行为主义（关注感知与环境交互的模型）的强烈挑战。

0.4.2 联结主义

联结主义作为 20 世纪 80 年代兴起的重要人工智能流派，在神经网络和深度学习的研究中，逐渐与符号主义并行发展。与符号主义的符号操作方法不同，联结主义强调并行处理和分布式表示，认为智能源自于神经网络中大量简单单元之间的连接和互动。

联结主义的哲学思想深受生物学和神经科学的启发，认为智能并非单一符号操作的结果，而是大脑神经元之间复杂连接模式和活动的体现。神经网络中的每个单元（类似于生物神经元）通过加权连接与其他单元相互作用，信息通过这些连接传递，从而形成分布式的知识表示。智能的实现依赖于神经元单元之间的互动以及通过这些互动进行模式识别。这一观点的起源可追溯到感知机模型。感知机模型是一种基础的神经网络结构，最初由单层神经网络组成，但随后发展为多层神经网络。网络中的每个单元通过加权连接与其他单元交互，从而实现信息的传递和处理。

联结主义的一大核心理念是分布式表示，即信息并非存储在单一符号中，而是分布在网络的多个连接之间。智能的本质是通过大规模神经元单元的相互作用来解决问题，这种分布式的知识表示方式使得神经网络能够捕捉到复杂的模式。联结主义的代表性模型——卷积神经网络，通过多层神经元逐层提取数据特征，能够在没有明确编程规则的情况下，从大量数据中自动学习和识别模式。

联结主义的优势在于其强大的自适应能力和模式识别能力，在大数据环境下表现尤为突出。深度学习模型通过反复训练，从海量数据中提取复杂特征，从而在诸如图像处理、语音识别等任务中取得了显著成就。

然而，联结主义也面临着一些挑战。首先，神经网络的“黑箱”特性使得其内部决策过程难以解释，这在某些应用场景中可能带来理解和信任上的问题。此外，深度神经网络的训练通常需要大量的计算资源和数据支持，这使得训练过程不仅费时费力，而且在某些情况下可能无法高效实施。

总的来说，联结主义通过模拟生物神经网络的结构与学习机制，为人工智能的发展提供了一种新的视角，并在图像识别、语音处理等多个领域取得了突破性的进展。然而，如何克服其可解释性和计算资源的挑战，仍然是未来研究的关键方向。

0.4.3 行为主义

行为主义是人工智能领域中与符号主义和联结主义并行发展的另一重要流派，源自心理学的行为主义学派。20 世纪初期，心理学家约翰·华生和 B. F. 斯金纳的行为理论认为，心理学的研究应集中于可观察的行为，而非内在的心理过程。因此，与符号主义注重内部符号表示、联结主义关注神经网络的互动不同，行为主义强调智能不仅仅是大脑内部的复杂认知活动，而且可通过个体的行为表现出来，能够通过这些外部行为推测其背后的智能机制。

行为主义的代表性方法之一便是强化学习（reinforcement learning）。强化学习的核心思想与行为主义的哲学观念高度契合，它认为智能体通过与环境的交互，并根据环境反馈（奖励或惩罚）调整自己的行为策略，从而实现目标的最大化。这种机制模拟了人类和动物通过外部反馈来学习和适应环境的过程。

行为主义的优势在于其强大的行为驱动特性，即智能体能够通过与环境的互动和反馈机制，逐步实现学习和适应。通过强化学习，智能体能够自主地探索和优化其行为策略，从而高效地解决各种任务需求。

然而，行为主义也存在一定的局限性。例如，行为主义过于强调行为的优化，忽视了智能体内部的认知过程与理解能力。尤其在处理需要深刻理解、推理和抽象思维的任务时，行为主义的模型通常表现得较为薄弱。

0.5 人工智能的社会学意义

人工智能是当前科技领域最为活跃和引人关注的前沿技术之一。随着计算能力、算法和数据处理技术的飞速发展，人工智能不仅在学术研究和技术应用领域取得了显著进展，而且已经开始深刻地影响社会各个方面。人工智能的社会意义是多维的，它既带来了极大的经济效益，也引发了对伦理、法律、公平和就业等问题的广泛关注。

人工智能的应用能够极大提升生产力，这是其直接的社会意义之一。人工智能技术通过自动化、优化决策和流程管理等手段，提高了各行各业的效率。例如，在制造业中，智能化生产线和机器人自动化已经替代了大量传统的人工劳动，显著提高了生产效率，降低了成本，并提高了产品质量。在许多传统行业，人工智能技术的引入已经实现了从生产线到供应链管理的全面升级。人工智能在金融、医疗、交通、零售等行业的应用，也创造了新的商业模式并推动了经济的持续增长。例如，人工智能在金融领域通过算法交易、高频交易和智能风控，帮助金融机构提高了投资回报并降低了风险。在医疗领域，人工智能通过大数据分析和智能化诊断，不仅提高了诊疗效率，还减少了误诊率，推动了个性化医疗的发展。随着人工智能技术在更多行业的渗透，社会的整体生产效率正在不断提高，经济发展潜力正在不断释放。

然而，人工智能的发展不仅仅局限于提高生产效率，它对社会福利和公共服务也产生了深远的影响。在医疗、教育、公共安全等领域，人工智能的广泛应用正在提升社会服务质量、降低成本、促进资源的合理分配。在医疗领域，人工智能正在通过提高诊断精度、加速药物研发、优化治疗方案等方式，推动医疗行业的变革。基于深度学习的医学影像分析可以帮助医生更早地发现癌症等疾病，提高早期诊断率。此外，人工智能还能够在基因组学、个性化医学等领域加速科学研究，为患者提供更精确的治疗方案。尤其是在医疗资源紧缺的地区，人工智能能够帮助医生进行远程诊疗，提高医疗服务的可及性。在教育领域，人工智能使教育变得更加个性化和高效。智能教育系统能够根据学生的学习进度和兴趣定制个性化的教学方案，帮助学生更加有效地掌握知识。同时，人工智能也能够减轻教师的负担，通过自动批改作业、进行智能辅导等方式，让教育资源得到更广泛的应用。在公共安全方面，人工智能的应用使得犯罪预测、交通管理、灾害预警等工作变得更加智能化。通过大数据分析和机器学习，人工智能能够帮助警方预测和识别犯罪活动，提高犯罪侦查效率。此外，人工智能技术还可以用于智能化的城市交通管理系统，缓解交通拥堵，提高交通安全。

与此同时，人工智能的发展对就业市场产生了深远的影响。一方面，人工智能的发展催生了大量的新职业和新的就业机会。例如，人工智能领域的工程师、数据科学家、机器学习专家、算法开发者等新兴职位正在成为高需求职业。另一方面，人工智能技术可能替代一些传统工作岗位，特别是那些重复性、低技能的岗位。例如，在制造业、物流、客户服务等行业，机器人和自动化系统已经开始取代人工劳动，这可能会导致短期内一些行业的就业岗位减少。随着人工智能技术的普及，许多传统职业正在发生变化，许多领域的从业者需要通过不断学习和培训，掌握新的技能，以适应人工智能带来的变化。在这一背景下，职业培训和终身学习显得尤为重要。各国政府和社会应加强对劳动者的技能培训，帮助他们顺应人工智能带来的变革，避免劳动力市场的不平衡和技术鸿沟的扩大。

此外，随着人工智能技术的广泛应用，其带来的伦理和社会责任问题日益成为关注的焦点。人工智能的决策能力和对大数据的依赖，使其面临一系列伦理困境，尤其在数据隐私、算法公平性、透明度和责任归属等方面引发了广泛的质疑和警惕。如何在推动技术发展的同时，确保其不会对社会产生负面影响，成了业界和社会共同关心的议题。

数据隐私是人工智能应用中的一个核心伦理问题。为了提升人工智能系统的效能，尤其是在个性化推荐、健康管理、金融服务等领域，通常需要依赖大量的用户数据。然而，这些数据的收集、存储和使用过程中，往往缺乏足够的透明度和充分的隐私保护措施，导致个人信息的泄露和滥用。例如，个人的敏感信息如健康状况、消费行为等，若未得到妥善保护，可能会被不当使用或滥用。因此，如何在确保数据利用价值的同时维护用户的隐私权利，成为人工智能技术应用中的关键问题。为了应对这一挑战，许多国家和地区已经出台了相关法规，如欧洲的《通用数据保护条例》（GDPR）就明确规定了数据保护标准，力图避免个人数据的非法收集和滥用，并为公民提供更强的数据隐私保护。

算法歧视是人工智能应用中另一个重要的伦理问题。人工智能系统的训练依赖于大量历史数据，而这些数据往往受到历史性偏见和社会不平等的影响。例如，在招聘、贷款审批、司法判决等领域，人工智能系统可能会将历史上存在的性别、种族或其他社会偏见复制到其决策中，从而使某些群体遭受不公平待遇。这种歧视不仅会加剧社会不平等，还可能进一步侵蚀公众对人工智能技术的信任。为了避免算法歧视，研究者和开发者需要关注如何设计公平的算法，去除训练数据中的偏见，确保人工智能系统的决策能够对所有群体公平公正。与此同时，算法透明度和可调性也成了讨论的重点，如何让算法能被审计和调整，以确保其不偏不倚，是当前人工智能伦理研究的核心任务之一。

人工智能决策的透明度和可解释性问题，也广泛引起了社会的关注。许多现代人工智能系统，尤其是基于深度学习的模型，由于其复杂的结构和高度的“黑箱”特性，使得其决策过程难以被人类理解或追溯。这一特性使得人工智能系统在一些关键领域的应用面临信任危机，特别是在医疗、金融、司法等关乎人类福祉和权益的领域。当人工智能作出关键决策时，若缺乏足够的透明度和可解释性，可能导致用户、管理者甚至社会对这些决策产生怀疑，甚至对人工智能系统产生排斥。因此，增强人工智能系统决策过程的可解释性和透明度，成为技术开发者和政策制定者的一个重要任务。通过设计可解释的人工智能模型和引入审计机制，可以让人工智能的决策过程更具可信度，并在必要时进行调整和优化，确保其决策的合理性和公正性。

总之，人工智能的社会意义远不止技术创新和经济效益的提升，它正深刻影响着社会结构、文化、伦理、法律等多个层面。人工智能的快速发展不仅带来了前所未有的生产力和便利，也对社会的方方面面产生了深远的影响。从就业市场的变革到社会价值观的重塑，从文化传播方式的改变到法律体系和伦理规范的挑战，人工智能正在推动全球社会朝着一个全新的方向演进。因此，未来人工智能的进步不仅依赖于技术的创新和突破，还需要政策制定者、研究者、企业和公众的共同参与，确保人工智能在促进社会进步的同时，能够最大限度地减少潜在风险，实现全面的、普惠的社会效益。

第 1 篇

符号主义人工智能

符号主义（symbolism）是一种基于逻辑推理的智能模拟方法，又称为逻辑主义（logicism）、心理学派（psychologism）或计算机学派（computerism）。其理论核心建立在物理符号系统假设和有限合理性原理之上。作为人工智能研究的早期主流方向，符号主义在人工智能的发展历程中占据了重要地位。

符号主义的理论核心可以归结为“认知即计算”。该学派的理论假设基于以下两大核心观点：一大观点是物理符号系统假设（physical symbol system hypothesis），即人类认知和思维的基本单元是符号。认知过程是符号表示上的运算。这一假设认为，人类是一个物理符号系统，计算机同样也是物理符号系统。因此，通过符号操作，计算机可以模拟人类的认知过程，从而实现智能行为。符号主义学派的另一观点则认为，知识是智能的基础，其核心在于知识表示与逻辑推理。知识表示即用符号形式化地描述世界中的事实与规则。逻辑推理则是通过启发式搜索和规则的运算解决问题。知识、推理和运用成为符号主义人工智能的三个核心要素，这种方法试图通过研究人类认知系统的功能机理，模拟人类的左脑逻辑思维。

符号主义作为人工智能早期研究的主流方法，取得了一系列开创性的成就。这些成就不仅验证了符号主义理论的可行性，还推动了人工智能从概念走向实践，为后续研究奠定了重要基础。

数学逻辑作为一门研究形式系统和推理规则的学科，为符号主义提供了核心理论支撑。数学逻辑从 19 世纪末开始迅速发展，到 20 世纪 30 年代，逻辑理论已被用于描述智能行为。计算机的出现为符号主义提供了实现逻辑演绎系统的基础。1957 年，纽厄尔（Allen Newell）和西蒙（Herbert A. Simon）等人开发了“逻辑理论家”（logic theorist，LT），这是符号主义的代表性成果之一，也是人工智能研究的一个重要里程碑。“逻辑理论家”的开发目标是模拟人类的数学推理能力，其核心包括：知识表示和推理引擎。LT 采用启发式搜索优化了推理路径的选择，提升了系统效率。

符号主义随后经历了一条从启发式算法到专家系统再到知识工程的发展道路。启发式算法是符号主义人工智能中一个重要的进展。它结合了符号表示和启发式知识，为解决复杂问题提供了有效的策略。启发式算法的核心思想是通过规则和经验知识引导问题的求解过程，以此减少搜索空间，避免穷举所有可能的解。它并不是通过计算所有可能的解来寻找最优解，而是利用问题的特性，通过合理的猜测和推理，在较短的时间内找到一个“足够好”的解。启发式算法主要依赖于以下几个要素。

① 启发式规则：经验性知识或先验知识，用于指导问题求解的方向，避免在无关的路径上浪费计算资源。

② 启发式搜索：使用启发式规则来搜索可能的解决方案，通常采用图搜索技术，借助启发式估价函数来估计解的优劣。

③ 贪心策略：启发式算法通常使用贪心策略，即在每一步选择当前看来最优的解决方案，虽然这样不一定能保证全局最优，但在许多实际应用中能够获得较好的解。

启发式算法广泛应用于解决需要推理和搜索的复杂问题。

专家系统是符号主义人工智能的又一突破，它利用人工构建的知识库和推理引擎，模拟人类专家的决策过程，解决专业领域中的复杂问题。专家系统的成功开发标志着人工智能从理论研究进入实际应用阶段，尤其在医疗、金融、法律等行业产生了深远影响。

专家系统通常由以下几个关键组成部分构成：

① 知识库：存储领域知识，通常采用规则、事实和定理的形式表达。知识库的构建是专家系统最为核心的部分，涉及专家领域的深度知识积累。

② 推理引擎：根据用户输入和知识库中的规则进行推理与决策，模拟专家在解决问题时的思考过程。推理引擎可以基于不同的逻辑方法，如前向推理（forward chaining）和后向推理（backward chaining）来进行推理。

③ 用户界面：使用户能够与专家系统进行交互，输入问题并接收系统输出的建议或解决方案。

④ 解释器：用于解释专家系统的推理过程，增加系统的透明性，使其能够输出推理过程的依据，帮助用户理解其决策。

经典专家系统如由斯坦福大学开发的医疗诊断专家系统 Mycin，其主要用于诊断血液感染疾病。Mycin 系统能够根据患者的症状、实验室数据及其医学背景，给出可能的诊断结果及治疗建议。它的成功应用大大提升了医疗诊断的效率。化学分析专家系统 DENDRAL，通过分析分子结构，帮助化学家推断未知分子的化学结构，尤其在质谱分析中取得了显著的成果。

随着专家系统的应用逐渐深入，符号主义逐步向知识工程（knowledge engineering）方向扩展。知识工程是构建、管理和应用知识库的系统化过程，它不仅涵盖了专家系统的开发，还广泛应用于其他人工智能系统中的知识表示与推理任务。知识工程的核心任务是将专家领域的隐性知识转化为可操作的显性知识，并将其存储在计算机系统中。其关键任务包括知识获取、知识表示以及知识库管理。知识工程在许多行业如医疗、金融业等中产生了深远影响。

尽管符号主义在人工智能的早期阶段取得了诸多突破性成就，并为知识表示和逻辑推理奠定了理论基础，但随着研究的深入，其局限性逐渐显现。这些局限性不仅暴露了符号主义在处理复杂现实问题时的不足，也成为推动人工智能向其他方向（如联结主义）转型的重要动力。如常识是人类智能的重要组成部分，涵盖了关于世界运作的一般规律、隐含的约定以及背景知识。然而，符号主义在处理常识知识时面临着一系列挑战。首先，常识知识的数量庞大且分散，难以通过人工构建的方式全面表示。例如，描述“水能流动”这一简单现象，不仅涉及水的物理属性，还涉及动态行为以及环境的限制等多个层面。对于符号系统来说，这种多层次、多维度的知识难以通过严格的符号规则进行统一表示和处理。其次，常识知识并非全部精确定义的规则。许多常识知识具有模糊性、语境依赖性或文化差异性，难以形式化表达。符号系统往往依赖于明确的规则和条件表示，而常识知识在很多情况下并没有固定的形式或标准化的定义。例如，“水会流动”这一事实，在不同的上下文中可能有不同的解释和推论，符号系统难以捕捉这种灵活性和适应性。符号系统在常识推理中还面临着所谓的“复杂性爆炸”问题。常识推理常常需要检索大量的知识点并生成多个候选推理路径，而规则和条件的组合会迅速导致推理分支的快速增长。随着知识的扩展，推理路径的组合会急剧增加，计算的复杂度随之攀升，尤其在涉及多层次、相互依赖的知识时，推理过程的计算效率大幅下降。举例来说，考虑常识推理：“如果玻璃杯掉到地上，它可能会碎。”这一推理不仅需要表示“玻璃是易碎的”，还需要考虑“地面硬度对冲击结果的影响”，以及推理“冲击强度是否超过玻璃的承受极限”。这类推理过程涉及大量隐式的背景知识，符号系统在执行这类推理时通常会面临无法在有限时间内得出结论的问题。

符号主义强调明确的规则和精确的知识表示，这导致其在面对含有不确定性的问题时表现不佳。例如：符号系统通常假设问题是完全信息环境，但现实中常面临信息缺失的情况；符号系统难以处理模糊逻辑，例如“天气有点冷”中的“有点”无法被明确量化为符号规则。

现实世界中，许多问题的环境具有动态变化的特征，而符号系统在应对动态环境时表现出一定的局限性。符号推理通常是离线处理过程，难以实现快速响应。例如，在自动驾驶领域，障碍物检测需要实时反应，但符号系统往往过于缓慢，无法迅速应对突发的环境变化。此外，动态环境中的不确定因素可能会改变规则的适用性，例如股票市场的波动或天气变化，符号系统难以应对这种高度变化的情境。在自动驾驶中，车辆必须实时处理动态场景，如预测前车是否会变道、应对突然出现的行人，或根据交通信号灯状态调整行驶策略。为了能够应对这些复杂的场景，符号系统通常需要事先构建各种可能的规则，但由于环境的高度不确定性和变化，这些规则难以涵盖所有可能的情况。

符号主义模拟了人类左脑的逻辑推理能力，但这种方法忽略了人类智能的其他重要方面。人类常常通过直觉进行快速决策，而不是仅依赖逻辑推理。符号系统在模拟这一直觉性决策过程时，面临着巨大的挑战，因为直觉决策本质上是非线性的，符号系统难以捕捉这一特性。此外，人类的行为还受到情感、动机和社会背景的驱动，而符号系统则忽略了这些因素。例如，在处理复杂的人际交互或理解幽默、讽刺等情感表达时，符号系统显得尤为薄弱。符号系统无法有效模拟这些非逻辑性的智能行为，例如，图像识别和语音处理任务更适合使用联结主义方法来解决，这些任务通常依赖于模式识别和对大规模数据的学习，而符号系统的逻辑推理能力在这方面表现有限。

符号主义人工智能为我们提供了一个结构化、系统化的框架，通过逻辑推理和知识表示方法，能够有效地处理许多智能任务。然而，它在面对不确定性和模糊信息时，表现出了显著的局限性。随着人工智能技术的发展，新的推理方法和表示方式，如基于概率的推理方法、模糊逻辑以及深度学习的结合，逐渐成为解决这些问题的有力工具。尽管如此，符号主义人工智能仍然在许多领域，特别是需要精确推理和知识表示的任务中，保持着其不可替代的优势。

第 1 章

知识表示方法

1.1 知识表示基本概念

1.1.1 知识的基本定义

知识是一个复杂且多维的概念，通常被定义为人类所掌握的信息、经验和技能的集合。它不仅仅是死记硬背的事实，更是理解、应用和创新的基础。在信息与数据的层次上，知识处于最上层，具有更高的洞察力和价值。

首先，知识的基本定义可以归结为：知识是经过加工和组织的信息，可用于理解、解释和预测事物。与其相对的是数据和信息。数据是未经过处理的原始事实，而信息是数据经过分析和解释后形成的有意义的内容。知识则是在信息的基础上，通过人类的理解和认知形成的，能够指导实践和决策。

1.1.2 知识的类型

知识可以根据其可传递性和表现形式分为显性知识和隐性知识。

显性知识，也称为外显知识，是可以被文档化、系统化、共享和传授的知识。比如教科书、操作手册和数据库中的知识等。显性知识易于被记录，因此在学习和知识管理中占有重要地位。

隐性知识，是指那些不易言传、难以进行书面表达的个人经验和技能。例如，骑自行车、打篮球等技能，往往依赖于个人的实践与体会。隐性知识的获取通常需要通过实践和经验的积累，而其传播则依赖于师徒传承、交流和合作。

1.1.3 知识的重要性

知识不仅是个体发展的基础，也是社会进步和科技创新的驱动力。它涵盖了科学、技术、文化等各个领域，影响着我们的决策过程和思维方式。在人工智能的背景下，知识的表示与应用变得尤为重要。智能系统需要通过有效的知识表示来理解和推理，从而做出准确的决策。

1.2 知识的特征

知识是人类认知和发展的基石，它在社会、经济和文化中扮演着至关重要的角色。理解知识的特征对于有效利用和传播知识至关重要，因为这些特征影响着我们如何获取、分享和应用知识。

1.2.1 可传递性

可传递性是知识的重要特性，指其在个体、群体或系统间传播与共享的能力。它使知识不局限于个人思维，而能在教育教学、企业管理、社会网络等场景中广泛流动，借助课堂讲授、在线课程、知识库和社交平台等多种途径实现传播，进而推动学习、协作与创新，加速知识的积累与应用。

1.2.2 可累积性

可累积性是知识的核心特性，指其在不断学习、研究与实践中持续扩展与深化的能力。这一特性使知识在个体、学术、教育与社会文化层面上得以传承与发展，例如科学研究基于前人成果推进学科进步，教育中知识层层递进构建学习体系，传统文化通过代际传承不断演变与创新，从而推动社会持续进步与人类文明的发展。

1.2.3 动态性

知识的动态性指其在时间推移和环境变化中不断演变与适应的特性，体现于科学技术的持续更新、社会文化的变迁、组织知识的快速调整以及个体的持续学习。正是这种不断修正与发展的能力，使知识得以紧跟时代步伐，推动创新与社会进步。

1.2.4 情境性

情境性是指知识的有效性和适用性依赖于具体的环境与背景，在医学、教育、企业决策及社交网络中都体现出对特定情境的高度适应性。这一特性强调知识不是孤立存在的，只有结合具体语境，才能实现其最大价值与实际效果。

1.2.5 复杂性

知识的复杂性体现在其多层次结构、跨学科融合、文化差异与动态变化中，使其难以被完全掌握和定义。这种复杂性要求我们具备系统思维和适应能力，以在多变环境中有效理解、整合和运用知识，从而推动个人成长与社会创新。

1.2.6 不确定性

知识具有模糊性、争议性和局限性，表现为科学理论的不断修正、实际应用中的不可预见性以及信息环境中的真假难辨。理解这种不确定性有助于我们在研究、决策和学习中保持开放与批判的思维，以更灵活地应对复杂多变的现实世界。

1.3 知识在人工智能中的重要性

知识在人工智能中发挥着至关重要的作用，影响着系统的发展和应用。以下是几个关键领域。

（1）知识驱动的系统

知识图谱是人工智能理解复杂信息的基础。通过连接实体和关系，知识图谱使机器能够获取更深层次的语义理解。此外，专家系统利用特定领域的知识进行决策，广泛应用于医疗、金融等行业，帮助提供准确的建议和洞察。

（2）机器学习与数据

数据的质量对知识的形成至关重要。优质的数据不仅能帮助模型训练，还能在分析中提取有价值的知识。结构化数据（如数据库）与非结构化数据（如文本、图片）的处理方式不同，因此知识管理在这一过程中至关重要，良好的知识管理能够确保数据的有效利用和知识的提炼。

（3）自然语言处理

在自然语言处理中，知识的语义理解提升了机器对人类语言的解析能力。通过结合外部知识库，人工智能模型可以在对话和文本分析中提供更准确的回答，增强用户体验。

（4）自动化与智能化

知识使得机器能在复杂环境中做出智能决策。例如，在自动驾驶中，人工智能需要实时处理多种信息，知识的运用可以确保决策的安全性和快捷性。同时，伦理问题也与知识紧密相关，可确保人工智能系统在执行任务时具备透明性和公平性。

随着技术的进步，知识将在人工智能领域扮演更关键的角色。知识获取与人工智能将协同进化，推动新的应用和模式的形成。然而，这也带来挑战，如如何确保知识的准确性和更新速度，以及如何处理知识共享中的隐私问题。

总的来说，知识不仅是人工智能的基础，更是其发展的推动力。理解和管理知识，将促进我们进一步探索人工智能的潜力。

1.4 知识表示

随着人工智能技术的发展，知识表示在知识管理和机器认知方面变得越来越重要。本节将讨论三类不同的知识表示方法及一些具体的知识表示方法的优缺点及其应用。

1.4.1 符号表示

符号表示是知识表示的一种重要方法，广泛应用于人工智能领域。它通过特定的符号和符号组合来表示知识，具有直观、易于理解的特点。符号表示法包括个体符号、谓词符号、函数符号等。在知识表示中，符号表示法能够清晰地表达概念、关系和规则，有助于人工智能系统进行推理和决策。

具体来说，符号表示法可以将现实世界中的事物抽象为符号，通过符号之间的逻辑关系来表达事物的属性和关系。例如，在专家系统中，符号表示法可以用于表示领域知识和规则，帮助系统解决问题。此外，符号表示法还具有较强的灵活性，可以根据需要定义新的符号和关系，扩展知识表示的能力。

1.4.2 逻辑表示

逻辑表示是知识表示的一种重要方法，主要包括命题逻辑和一阶谓词逻辑。命题逻辑通过命题的真假来表示知识，涉及基本命题、复合命题及其真假关系。一阶谓词逻辑则通过谓词和量词来描述对象之间的关系，能够表示更复杂的知识和推理过程。在逻辑表示中，谓词公式及其性质起到关键作用，它们能够准确地表示知识间的逻辑关系。此外，一阶谓词逻辑表示法还具有明确性、可读性和可推理性等特点，使得逻辑表示成为知识表示中不可或缺的一部分。通过逻辑表示，我们可以将复杂的知识转化为计算机可理解的形式，从而实现知识的有效利用和推理。

1.4.3 语义表示

语义表示是一种高级知识表示方法，它通过语言的形式化结构来表示概念、关系和事物的含义。这种方法利用词汇、短语和句子结构来表达知识，更贴近自然语言。语义表示能够更准确地捕捉知识的深层含义，提高知识处理的效率和准确性。在实际应用中，语义表示广泛应用于自然语言处理、智能问答系统等领域。通过语义分析，系统能够更准确地理解人类语言，实现智能交互和知识推理。语义表示是知识表示中的重要一环，对于实现人工智能的智能化、高效化具有重要意义。

1.4.4 比较与分析

比较与分析部分的内容主要包括对不同知识表示方法的比较及其优缺点分析。

首先，可以将各种知识表示方法如命题逻辑和一阶谓词逻辑、产生式表示法、框架表示法以及知识图谱进行对比。可以分析它们在表达复杂知识、处理不确定性、支持推理和决策等方面的差异。

命题逻辑和一阶谓词逻辑在表达逻辑关系方面非常强大，但在处理复杂现实世界中的不确定性问题时可能显得不足。产生式表示法适用于表达程序性知识，但在表达声明性知识方面可能不够直观。框架表示法能够较好地表达知识的结构和层次，但构建复杂的框架系统可能需要较高的成本。知识图谱则能够直观地表达实体之间的关系，但在构建大规模知识库时面临挑战。

综上所述，不同的知识表示方法各有优缺点，应根据具体应用场景选择合适的方法。在实际应用中，还可以将多种知识表示方法结合使用，以弥补单一方法的不足。

随着人工智能技术的飞速发展，知识表示在知识管理和机器认知方面的重要性日益凸显。通过对这些方法的研究，我们发现每种方法都有其独特的优势，但同时也存在一定的局限性。在实际应用中，需要根据具体场景选择合适的知识表示方法，并有可能将多种方法结合使用，以更全面地表示和处理知识。并且，随着技术的发展，知识表示方法也在不断创新和完善，未来可能会有更多新的方法和技术出现。因此，对于人工智能和大数据领域的从业者来说，持续学习和关注知识表示方法的最新进展至关重要。知识表示作为人工智能领域的重要组成部分，其研究和发展具有重要意义。

1.5 命题逻辑及一阶谓词逻辑

1.5.1 命题

命题是指能够被判定为真或假的语句。在逻辑学中，命题是分析和推理的基本单位。一个有效的命题必须具有明确的表述，以避免歧义，例如“今天是晴天”可以被判断为真或假。然而，“请打开窗户”并不是命题，因为它无法被判定为真假。

命题的核心特点是其真实性或虚假性，这种二值性使得逻辑推理成为可能。命题可以用符号表示，例如用字母 P 表示“今天是晴天”。在逻辑推理中，命题是构建复合命题的基础，可通过逻辑连接词将多个命题结合形成复杂的逻辑结构。了解命题的定义，构成了进一步探讨命题逻辑和其相关概念的基础。

此外，命题需具备具体性和明确性。一个有效的命题应避免模糊和多义的表述。例如，“天气不错”就不够具体，而“今天是晴天”则明确可判定。另一个特点是命题不可分割性，即命题作为逻辑基础单元无法进一步拆分，除非将其转化为复合命题。

命题主要分为两类：简单命题和复合命题。简单命题是指不包含其他命题的独立陈述，能够单独判断真值。例如，“今天是晴天”就是一个简单命题。其特征是直接可验证，且不依赖于其他命题。复合命题则由两个或多个简单命题通过逻辑连接词结合而成。这种连接可以是“与”“或”“非”等。例如，“今天是晴天且我会去跑步”是一个复合命题，它包含两个简单命题。复合命题的真值取决于其组成部分的真值。

命题的逻辑连接词用于将简单命题组合成复合命题，从而构建更复杂的逻辑结构。常见的逻辑连接词包括“与”“或”“非”“蕴含”和“等值”。

① 与（AND，$\wedge$）：连接两个命题，当且仅当两个命题都为真时，复合命题才为真。如“今天是晴天且我会去跑步”（$P \wedge Q$）仅在两个条件同时满足时为真。

② 或（OR，$\vee$）：连接两个命题，只要至少有一个命题为真，复合命题就为真。例如，“今天是晴天或我会去跑步”（$P \vee Q$）在任一命题为真的情况下成立。

③ 非（NOT，$\neg$）：用于否定一个命题。若命题为真，则其否定为假，反之亦然。例如，对于命题“今天是晴天”（P），其否定为“今天不是晴天”（$\neg P$）。

④ 蕴含（IMPLIES，$\rightarrow$）：表示条件关系。如“如果今天是晴天，那么我会去跑步”（$P \rightarrow Q$）仅在前提为真且结论为假时为假。

⑤ 等值（IFF，$\leftrightarrow$）：表示两个命题的真值相同。如果两个命题同时为真或同时为假，复合命题成立，如“今天是晴天当且仅当我会去跑步”（$P \leftrightarrow Q$）。

通过这些逻辑连接词，可以构建出复杂的逻辑关系，为进一步的逻辑推理和分析奠定基础。

1.5.2 谓词

谓词是逻辑中的一个基本概念，用于表达对象的特征、性质或关系。与命题不同，谓词本身不能独立地被判定为真或假，而是依赖于特定对象的赋值。简单来说，谓词可以视为一个带有一个或多个变量的陈述。例如，谓词“是偶数”[$P(x)$]表示如果将特定数值代入 x，则可以判断该数值是否为偶数。此时，$P(x)$本身并非命题，因为它在没有具体数值时无法确定真值。通过赋值，例如$P(4)$，我们可以确定该表达式的真值。

谓词的灵活性和表达能力使其成为一阶逻辑的基础，能够表示更复杂的逻辑关系。这为后续的逻辑推理和知识表示提供了强大工具，帮助我们对对象属性和关系进行深入分析。

谓词由若干部分构成，主要包括谓词符号和参数（arguments）。通常，谓词的基本形式为$P(x_1,x_2,\dots,x_n)$，其中P是谓词符号，而$x_1,x_2,\dots,x_n$是参数，代表个体词（包括变量、常量或函数项）。自由变量是指在整个逻辑公式中未被量词（$\forall$ 或$\exists$）约束的变量。例如，在谓词“是学生”[$S(x)$] 中，当单独使用时 x 是自由变量；但若被量词约束 [如 $\forall x S(x)$]，则 x 成为约束变量。通过给 x 赋予具体的常量值 [如 S（张三）]，可以将谓词转化为命题。量词不是谓词的组成部分，而是作用于谓词的逻辑运算符，用于约束变量的取值范围。常用的量词包括全称量词（$\forall$）和存在量词（$\exists$）。全称量词表示所有可能的对象，而存在量词表示至少存在一个符合条件的对象。例如，$\forall x S(x)$表示“所有 x 都是学生”，而$\exists x S(x)$表示“存在某个 x 是学生”。这样的结构使得谓词能够灵活地表达复杂的逻辑关系和属性，从而满足多样的推理需求。

① 全称量词（universal quantifier）。它表达了一种普遍的性质或规则。例如，考虑谓词“是偶数”[$E(x)$]，结合全称量词，我们可以表示为$\forall x$ [$E(x) \to x$ 是偶数]，意味着所有 x 都具备“偶数”的特征。全称量词常用于数学证明和定理，适用于描述普遍适用的规律。

② 存在量词（existential quantifier）。结合谓词如“是质数”[$P(x)$]，可以写作 $\exists x P(x)$，即“存在某个 x 是质数”。这表明在考虑的对象中至少有一个满足该条件。存在量词在寻找和证明某些特定性质时非常重要，特别是在存在性定理的证明中。

这两种量词为逻辑表达提供了强大的工具，使我们能够构建复杂且具有深刻意义的逻辑关系。例如，“对于每个自然数 x，存在一个自然数 y，使得 $y > x$”可以表示为：$\forall x \in \mathbf{N}$，$\exists y \in \mathbf{N}$，使得 $y > x$。这种组合使得谓词逻辑能够更加全面地描述对象关系和属性，具有很大的应用价值。

谓词和命题在逻辑推理中扮演着不同的角色。命题是完整的陈述，可以独立判断真值，如“今天是晴天”。而谓词则是带有变量的表达式，本身不能直接判断真值，只有在赋予特定数值后，才形成一个具体的命题。在逻辑推理中，谓词通过量词连接不同的对象或事物，用于表达广泛的性质或关系。例如，表达“所有学生都及格”的量词是全称量词，形式为$\forall x[S(x) \to P(x)]$，其中$S(x)$表示“x 是学生”，$P(x)$表示“x 及格”。这一结构能够涵盖多个对象，并引入条件。

因此，谓词是命题的基础，通过对变量的赋值和量词的应用，谓词可以产生一系列具体命题，从而推动逻辑推理和严谨的数学证明。这样，谓词与命题相辅相成，共同构建了逻辑表达的框架。

1.5.3 谓词公式

谓词公式是形式逻辑中的一种表达式，用于描述带有变量的命题。它由一个或多个谓词符号、自由变量、量词（如全称量词和存在量词）以及逻辑连接词（如“与”“或”“非”等）构成。谓词公式不仅能表示个别对象的性质，还可以推广到所有对象或某些对象，从而进行更复杂的逻辑推理。

在逻辑体系中，谓词公式的引入使得我们能够处理不确定性和一般性。例如，公式 $\forall x\left[P(x)\rightarrow Q(x)\right]$ 表达了“对所有 x，如果 x 满足性质 P，则也满足性质 Q”。在这种方式下，谓词公式成为判断、推理和证明的重要工具，能够帮助我们建立更加严密的逻辑框架。理解谓词公式的构成和运用，对于深入学习逻辑学及其应用至关重要。

谓词公式由多个基本组成部分构成，其中主要包括如下元素：

① 谓词符号：表示属性或关系的符号，如 $P(x)$、$R(x,y)$ 等，P 和 R 为谓词的名称，x 和 y 为变量。

② 自由变量：公式中的自由变量（如 x、y）代表特定对象，是谓词的输入参数。

③ 量词：用于指示变量范围的符号，包括全称量词（$\forall$）和存在量词（$\exists$）。全称量词表明某一性质对所有对象都成立，而存在量词则表示至少存在一个对象满足该性质。

④ 逻辑连接词：连接不同部分的符号，通过“与”（$\wedge$）、“或”（$\vee$）、“非”（$\neg$）等操作构成复杂的逻辑结构。

这些元素结合在一起，构成了具有严密逻辑结构的谓词公式，使其能够表达广泛的逻辑关系和推理规则。

谓词公式主要分为三种类型：原子公式、复合公式和闭合公式。

① 原子公式：原子公式是最基本的谓词公式，没有内部结构，通常由一个谓词符号和对应的变量组成。例如，$P(x)$ 表示“x 满足 P 属性”。原子公式是构建更复杂公式的基础。

② 复合公式：复合公式由一个或多个原子公式通过逻辑连接词构成。比如，$P(x)\wedge Q(y)$ 表示“x 满足 P 且 y 满足 Q”。复合公式允许我们结合多个条件，形成更复杂的逻辑表达。

③ 闭合公式：闭合公式是指所有变量都被量词量化的公式，意味着这些公式不再包含自由变量。例如，$\forall x\exists y\left[P(x)\wedge Q(y)\right]$ 表示“对每个 x，存在一个 y，使得 x 和 y 满足 P 和 Q”。闭合公式常用于逻辑证明和推理，因为它们可以被直接赋予真值。

同时，谓词公式的构建遵循一系列严格的语法规则，以确保逻辑表达的准确性。这些规则包括：

① 基本构造：原子公式由谓词符号和对应变量组成，如 $P(x)$、$R(x,y)$。每个谓词的参数数目须与其定义相符。

② 量词的使用：量词必须直接作用于其后面的变量。例如，在公式 $\forall xP(x)$ 中，变量 x 紧跟在全称量词 $\forall$ 后面。

③ 逻辑连接词：复合公式通过逻辑连接词构成，如“与”（$\wedge$）、“或”（$\vee$）、“非”（$\neg$）等。逻辑连接必须遵循优先级规则，通常使用括号来明确表达式的组合关系。

④ 变量的范围：公式中的每个变量在其量词的作用范围内有效，超出此范围则视为自由变量。闭合公式中，所有变量必须被量词量化。

谓词公式是逻辑表达的重要工具，通过原子公式、复合公式和闭合公式等类型，清晰地表达对象之间的关系和性质。其构成包括谓词符号、变量、量词和逻辑连接词，遵循严格的语法规则以确保逻辑严谨性。掌握谓词公式的类型和构建方法，对于深入理解逻辑推理和数学证明具有重要意义，有助于建立系统的逻辑思维能力。

1.5.4 谓词公式的性质

谓词公式的性质是理解其逻辑行为的基础，揭示了公式在不同条件下的有效性和可推理性。重点关注以下几个性质，有助于深入理解谓词逻辑的应用。

（1）真值性

谓词公式的真值依赖于其变量的取值。一个公式在特定域内的真值指示了其逻辑有效性。例如，考虑公式$\forall x P(x)$，它在域内的每个元素都满足谓词P时才为真。如果存在元素不满足P，则该公式为假。

存在量词$\exists$的真值则表示至少有一个特定变量使得公式成立，例如$\exists x P(x)$在至少有一个对象满足$P(x)$时为真。谓词公式的真值不仅与变量的具体取值有关，还与所考虑的对象集合有关，因此理解这一性质对于进行逻辑推理和构建有效的论证至关重要。

通过分析真值性质，可以更好地理解和应用谓词逻辑，从而增强逻辑推理能力。

（2）一致性

谓词公式的一致性是指在某个逻辑系统中，无法同时推出一个命题及其否定。这一性质是逻辑系统可靠性和有效性的基础，确保系统中的所有命题是相容的。

在谓词逻辑中，一致性意味着不存在某一公式A和其否定$\neg A$同时为真。例如，如果一个系统可以证明命题P，并且也能够证明其否定$\neg P$，这说明系统内的逻辑规则存在矛盾，从而导致不一致。

确保一致性通常依赖于形式化的方法和证明技术。例如，可以通过构建模型来验证一个系统是否一致，若在某个模型中所有公式都真实成立，则该模型支持系统的一致性。反之，如果能够构造出一个模型使得P和$\neg P$同时为真，则系统是不一致的。

理解一致性在逻辑推理和数学基础研究中至关重要，因为一致性的缺失会导致理论的崩溃，影响到命题证明的有效性和可靠性。因此，保持一致性是逻辑系统设计和应用的核心要求。

（3）完备性

谓词逻辑的完备性是指在该逻辑系统中，所有可证明的命题都可以通过逻辑推理得到证明。这意味着如果某个命题在所有模型中为真，则该命题必然能够在系统内被证明。

例如，如果我们有一个谓词公式A，且在任何模型中A都是真，那么根据完备性原则，我们可以确保存在一个有效的推理过程，使得A在该逻辑系统中可以被正式证明。这一性质保证了逻辑系统的强大与一致性，使得推理过程不仅仅是寻求真值，还要确保每个真命题都有相应的逻辑证明。

完备性的证明通常依赖于构造性的方法，如希尔伯特系统或自然演绎法。通过将每一个逻辑推理步骤系统化和形式化，确保所有合法的推导都能在系统中实现。

完备性的重要性在于它为我们提供了一个保证，确保逻辑推理的严谨性和可靠性，使得数学和逻辑理论能有效地进行证明和推理。理解完备性能够帮助我们深入掌握逻辑系统的结构和功能，是逻辑学研究的核心内容之一。

（4）可决定性

谓词逻辑的可决定性是指是否存在一个有效的算法，可以在有限的步骤内决定任意一个谓词公式的有效性。具体来说，若一个逻辑系统是可决定的，那么对于每一个谓词公式 A，我们可以有效地判断其是否为真。

然而，经典的谓词逻辑（如一阶逻辑）证明是不可决定的。这意味着不存在一个普适的算法能够对所有一阶谓词公式确定其真值。根据哥德尔不完全性定理，某些逻辑命题无法被证明或反驳，这进一步强调了不可决定性的问题。

在实际应用中，虽然一阶逻辑是不可决定的，但对于特定类型的逻辑系统（如某些有限模型或有界谓词逻辑），我们仍然可以设计有效的决策算法。这使得这些特定系统在实践中可用于自动推理和形式验证。

理解可决定性对于逻辑和计算机科学至关重要，因为它关系到算法的可行性及自动化推理的局限性。这一性质帮助我们明确逻辑系统的范围与边界，促进深入探讨算法与推理的关系。

理解这些性质是理解逻辑系统的重要基础。这些性质不仅揭示了逻辑表达的内在关系，还为推理和理论证明提供了明确框架。真值性强调了变量取值对公式有效性的影响；一致性则确保了系统中命题的相容性，避免逻辑矛盾；完备性保证了所有可证明命题都能在系统内找到相应证明，增强了推理的可靠性；可决定性则探讨了算法在判断公式真值时的局限性。掌握这些性质对于深入学习和应用谓词逻辑至关重要，它们不仅为我们提供了分析逻辑推理的工具，也为理论与实践的结合奠定了基础。

1.5.5 一阶谓词逻辑知识表示方法

一阶谓词逻辑是知识表示的强大工具，广泛应用于计算机科学、人工智能和信息系统等领域。其基本理念是通过形式化的逻辑表达式，准确描述现实世界中的对象、属性和关系。这种方法不仅提供了丰富的表达能力，还能进行有效的推理和推论，从而支持自动化决策和智能系统的开发。理解一阶谓词逻辑的知识表示方法，能够帮助我们更好地构建复杂的知识体系，并实现灵活、高效的信息处理。

（1）符号系统

一阶谓词逻辑的符号系统由多个基本成分构成，这些成分共同形成了其表达能力。主要符号包括如下几种。

① 常量。代表特定的对象，例如 a、b 等，用于指代特定个体。

② 变量。通常用 x、y、z 等表示，代表可以取不同值的对象，在推理中充当占位符。

③ 谓词。表示对象之间的关系或对象的性质，如 $P(x)$ 可以表示“x 是学生”。谓词通常以大写字母开头。

④ 函数符号。用于表示对象间的映射关系，例如 $f(x)$ 表示以 x 为输入的函数值。

⑤ 量词。

全称量词 $\forall$：表示“对所有”，如 $\forall x P(x)$，表示所有 x 都满足 P。

存在量词 $\exists$：表示“存在至少一个”，如 $\exists x P(x)$，表示存在某个 x 使得 $P(x)$ 成立。

⑥ 逻辑连接词。用于连接公式的元素，包括与（$\wedge$）、或（$\vee$）、非（$\neg$）、蕴含（$\rightarrow$）、等值（$\leftrightarrow$）。

这些符号系统为构建一阶谓词逻辑公式奠定了基础，使我们能够精确表达复杂的知识结构和推理关系。

（2）知识表示的基本结构

在一阶谓词逻辑中，知识通常通过公式的构造来表示，主要包括原子公式、复合公式以及量化公式。

① 原子公式。这是最基本的表达单元，由一个谓词和其相应的参数构成。原子公式的形式为$P(t_1,t_2,\cdots,t_n)$，其中P是一个n元谓词，$t_1,t_2,\cdots,t_n$可以是常量、变量或函数符号。举例来说，$\text{Likes}(\text{John},\text{Math})$表示"约翰喜爱数学"，是一个原子公式。

② 复合公式。通过逻辑连接词将多个原子公式组合而成的公式。复合公式的结构可以通过应用逻辑连接词来构造，例如：

合取（与）：$A \wedge B$表示A和B同时为真。

析取（或）：$A \vee B$表示A或B至少有一个为真。

否定（非）：$\neg A$表示A不为真。

蕴含：$A \rightarrow B$表示如果A为真，则B也为真。

③ 量化公式：结合量词如全称量词和存在量词形成的更加复杂的公式。例如，$\forall x\ \text{Likes}(x,\text{Math})$表示"所有人都喜爱数学"，而$\exists y\ \text{Student}(y) \wedge \text{Likes}(y,\text{Math})$表示"存在至少一个学生喜爱数学"。

通过这些基本结构的组合和嵌套，一阶谓词逻辑能够表达复杂的知识和推理关系，使其在知识表示中发挥重要作用。

（3）实例分析

在一阶谓词逻辑中，将现实中的知识转化为公式能够非常直观地展示其结构。以下是几个具体的实例，以说明如何用一阶谓词逻辑表示不同类型的知识。

① 简单陈述。

例子：表示"苏珊是学生"。

表示：$\text{Student}(\text{Susan})$。这里，Student是谓词，表示学生的属性，而Susan是常量，指代特定对象。

② 属性与关系。

例子：表示"约翰喜爱数学"。

表示：$\text{Likes}(\text{John},\text{Math})$。在此，Likes是谓词，表示关系，John和Math分别为对象。

③ 全称量词。

例子：表示"每个学生都喜爱数学"。

表示：$\forall x[\text{Student}(x) \rightarrow \text{Likes}(x,\text{Math})]$。这一公式表达了对于所有$x$，如果$x$是学生，则$x$喜爱数学。

④ 存在量词。

例子：表示"存在一个学生喜爱数学"。

表示：$\exists y[\text{Student}(y) \wedge \text{Likes}(y,\text{Math})]$。此公式表示至少存在一个学生$y$喜爱数学。

通过这些实例，可以看到一阶谓词逻辑如何有效地描述复杂的知识结构，支持对对象、属性和关系的清晰表达。这种形式化的方法为进一步的逻辑推理和知识处理奠定了基础。

（4）应用领域

一阶谓词逻辑在现代计算机科学和人工智能的多个领域中发挥着重要作用，其知识表示能力使得复杂的数据处理和推理成为可能。

首先，在人工智能领域，一阶谓词逻辑被广泛应用于智能代理和机器人技术。通过将知识形式化，智能系统能够进行有效的推理和决策，从而自动执行复杂任务。例如，智能助手利用基于逻辑的知识库，能理解用户的自然语言查询，并提供相关的信息和建议。

其次，知识图谱是另一重要应用领域。在知识图谱中，一阶谓词逻辑用于建模实体及其关系。这种逻辑结构不仅便于存储和管理信息，还支持推理，使得系统能够发现隐含的知识。例如，系统可以通过逻辑推理识别不同实体之间未显式定义的关系，从而提升信息检索的准确性。

在自然语言处理方面，一阶谓词逻辑同样扮演着关键角色。将自然语言句子转换为逻辑表达式，使得计算机可以更深入地理解文本含义。这种转换有助于进行语义分析和上下文理解，为更精确的信息提取和问答系统提供支持。

此外，形式验证是确保软件和硬件系统安全性的重要手段。在这一领域，一阶谓词逻辑被用于验证程序的正确性，确保其行为符合预期。通过逻辑推理，开发者能够检测潜在的错误和漏洞，从而提高系统的可靠性和安全性。

最后，在数据库理论中，一阶谓词逻辑为查询语言设计提供了基础。利用这种逻辑，用户可以精确地表达查询条件，提升数据库操作的灵活性和效率。这种形式化的方法使得复杂的数据管理和操作变得可行和高效。

总的来说，一阶谓词逻辑的知识表示方式不仅在理论上具有重要性，更在实际应用中推动了智能系统的进步与发展。其广泛的应用领域显示出逻辑表达的力量和价值。

1.5.6 一阶谓词逻辑表示法的特点

本小节将深入探讨一阶谓词逻辑的独特特点，揭示其在知识表示与推理中的关键作用。

（1）表达能力

一阶谓词逻辑具备出色的表达能力，能够有效地描述和建模现实世界中的各种信息。这一逻辑体系使用常量、变量、谓词和函数符号等基本构件，形成了灵活且强大的知识表示方式。

首先，通过常量，我们可以精确指定特定对象。例如，常量“John”可以明确指代一个特定的人。变量则允许我们表示尚未确定的对象，使用像 x、y 这样的符号，可以在公式中广泛应用。

谓词是表达对象特性及二元或多元关系的关键。例如，谓词 $\text{Likes}(x, y)$ 可以用来表示对象 x 喜爱对象 y。这样，通过结合常量和变量，我们可以创建原子公式，如 $\text{Likes}(\text{John}, \text{Math})$，明确传达“约翰喜爱数学”的信息。

一阶谓词逻辑还支持逻辑连接，这使得我们能够构建复合公式。通过逻辑连接词如“与”（$\wedge$）、“或”（$\vee$）和“非”（$\neg$）等，多个原子公式可以结合在一起，描述更复杂的情况。例如，$Likes(John, Math) \wedge Likes(John, Science)$ 可以表示“约翰喜爱数学和科学”。

最重要的是，一阶谓词逻辑引入了量化的概念，使得知识表示更为广泛和灵活。全称量词（∀）可以用来表示对所有对象的描述，而存在量词（∃）则用于表示至少存在一个对象。这种能力使得我们可以表达诸如“所有学生都喜爱数学”或“存在一个学生喜爱数学”的逻辑关系。

一阶谓词逻辑的表达能力不仅允许我们清晰地定义对象及其关系，还能够灵活组合不同的逻辑结构，从而有效地表示复杂的知识，为后续的推理和决策奠定基础。

（2）形式化特征

一阶谓词逻辑作为一种知识表示方法，其形式化特征显著，主要表现在其明确的语法和语义特征上。这种逻辑具有清晰的逻辑结构和推理规则，确保了逻辑表达的一致性和可靠性。在知识表示与推理的过程中，形式化特征至关重要。它确保知识的精确表达，减少了产生误解和歧义的可能性。

在一阶谓词逻辑中，形式化特征不仅保证了逻辑的严谨性，还促进了系统的准确性。通过对逻辑语句的精确定义和分类，一阶谓词逻辑能够清晰地描述事物之间的逻辑关系，从而促进自动推理的发展。在人工智能领域，这种逻辑的形式化特征使得机器能够更准确地理解和处理知识，提高了系统的智能化水平。

此外，一阶谓词逻辑的形式化特征还体现在其严格的推理规则上。这些规则确保从已知知识中推导出新知识的准确性和有效性。通过演绎推理和归纳推理等方法，一阶谓词逻辑能够处理复杂的逻辑推理问题，为知识工程提供有力的支持。

总的来说，一阶谓词逻辑的形式化特征确保了知识的精确表达，促进了推理的准确性和系统的智能化。在未来的发展中，一阶谓词逻辑将继续发挥其形式化优势，在知识表示与推理领域发挥核心作用，为人工智能的发展提供有力支持。

（3）推理能力

一阶谓词逻辑表示法支持演绎和推理是其核心特点之一。通过命题和谓词的表示，一阶谓词逻辑为知识表示提供了严谨的逻辑框架，支持从已知事实推导出未知结论。这种表示法能够处理复杂的逻辑关系，如量词的使用使得能够表达存在和全称的命题，从而支持更高级的推理任务。在实际应用中，一阶谓词逻辑能够描述现实世界的各种关系和事实，使得人工智能系统能够根据这些关系进行逻辑推理，从而做出决策。总之，一阶谓词逻辑表示法为演绎和推理提供了强大的支持，是人工智能领域重要的知识表示方法之一。

（4）可扩展性

一阶谓词逻辑表示法具有出色的可扩展性。它允许使用谓词和变量来描述更为复杂和广泛的关系和情况，从而适应不同领域的知识表示需求。通过定义新的谓词和变量，可以轻松地扩展逻辑表示法以涵盖新的概念和关系，使其能够适应变化的环境和新的应用场景。此外，一阶谓词逻辑表示法还能够通过引入新的函数和关系，描述更为细致和精确的现象，从而提高了知识表示的灵活性和准确性。因此，一阶谓词逻辑表示法在知识表示领域具有广泛的应用前景。

（5）普适性

一阶谓词逻辑表示法具有普适性强的特点。普适性体现在其广泛的应用领域和强大的描述能力上。一阶谓词逻辑可以描述个体和个体之间的关系，以及个体的属性和状态，这使得它成为一种通用的知识表示方法。与其他表示法相比，一阶谓词逻辑更能够准确地表达现实世界中的复杂情况和关系，具有更强的表达能力和灵活性。因此，一阶谓词逻辑表示法在人工智能和知识表示领域具有重要的应用价值。

命题逻辑及一阶谓词逻辑是人工智能与大数据领域重要的知识表示方法。命题逻辑通过命题的真假来研究推理问题，具有直观、易于理解的特点。一阶谓词逻辑则通过谓词来描述对象之间的关系，能够更精确地表示现实世界中的复杂情况。

命题逻辑是基础性的逻辑表达方式，它通过命题的"真"或"假"来判断推理的有效性。在大数据处理中，命题逻辑可以帮助我们筛选和整合数据，提高数据的准确性和可靠性。

一阶谓词逻辑则是对命题逻辑的扩展，通过引入个体、关系和属性等概念，能够更精确地描述现实世界中的事物和现象。在人工智能领域，一阶谓词逻辑被广泛应用于知识表示、自然语言理解和智能推理等方面。

1.6 产生式表示法

产生式表示法是一种常用于人工智能领域的知识表示方法。它以产生式规则为基础，通过一系列的条件和动作来描述知识。在产生式系统中，知识被组织成一系列的规则，每个规则描述了一个条件和一个与之关联的动作。当条件满足时，相应的动作就会被执行。这种方法便于处理规则间的关系和推理过程，特别适用于表示具有因果关系和流程性的知识。

1.6.1 产生式

产生式是一种基本的知识表示方法，它以条件-动作对的形式存在，用于描述知识中的因果关系。在产生式系统中，每个产生式都包含一个条件部分和一个动作部分。当条件得到满足时，系统将执行相应的动作，从而实现知识的运用和问题的解决。

产生式的组成要素主要包括条件部分和动作部分。

① 条件部分。是产生式中的触发条件，通常由一系列逻辑表达式或规则构成。当这些条件得到满足时，产生式将被激活。条件的设定必须精确且具有可执行性，以确保系统能够正确判断是否执行相应的动作。

② 动作部分。是产生式中指定的执行动作，通常是一个或多个操作步骤。当条件部分得到满足时，系统将执行该动作部分所指定的操作，以实现知识的运用或问题的解决。动作部分应具有明确性和可执行性，以便系统能够准确地执行相应的操作。

这两个部分共同构成了产生式的基本框架，使得知识能够以条件-动作对的形式进行表示和运用。

产生式作为一种知识表示方法，具有以下几个特性。

① 条件触发性。产生式的动作执行依赖于条件的满足程度。只有当条件被触发并得到满足时，才会执行相应的动作。这种条件触发性使得产生式能够根据具体情况灵活地执行动作。

② 动作明确性。产生式中定义了具体的动作，这些动作是明确且可执行的。这使得

系统在条件满足时能够准确地执行相应的操作，从而实现知识的运用和问题的解决。

③ 灵活性。产生式可以灵活地表示各种类型的知识和规则。无论是简单的条件-动作对，还是复杂的逻辑规则，都可以通过产生式进行表示。这使得产生式能够适应不同领域的需求。

④ 可扩展性。产生式系统可以通过添加新的产生式来扩展系统的功能和知识库。这种可扩展性使得系统能够随着需求的变化和知识的增长而不断发展和完善。

⑤ 简单性和直观性。产生式的结构和表示方式相对简单和直观，易于理解和使用。这使得产生式成为一种常用的知识表示方法，广泛应用于各种领域中。

产生式的这些特性使其成为一种有效的知识表示方法，在人工智能和知识工程领域中发挥着重要作用。

1.6.2 产生式系统

产生式系统是一种基于条件与动作匹配的知识表示和问题求解方法。通过一系列产生式规则，系统能够根据条件自动执行相应的动作，实现知识的运用和问题的解决。

产生式系统的组成要素主要包括以下部分。

① 产生式规则：系统中的核心元素，由条件和动作组成，用于描述知识的运用和问题的求解过程。

② 知识库：存储了大量的产生式规则，是系统进行知识表示和问题求解的基础。

③ 推理机：负责在知识库中搜索匹配的产生式规则，并评估条件是否满足，执行相应的动作。

这些组成要素共同构成了产生式系统的基础架构，使得系统能够有效地进行知识表示和问题求解。

产生式系统的工作原理主要是基于匹配与执行的过程，可以概括为接收、匹配、评估、执行、循环这五个步骤。

① 接收输入：系统接收外部输入或问题描述。

② 搜索匹配：推理机在知识库中搜索与当前问题或输入匹配的产生式规则。

③ 条件评估：评估规则中的条件是否得到满足。

④ 动作执行：当条件满足时，执行相应的动作，可能包括进一步的问题求解或输出结果。

⑤ 循环迭代：如果问题未解决，系统继续循环执行匹配、评估和执行的步骤，直到问题解决或达到某种终止条件。

产生式系统的特点主要体现在以下几个方面。

① 灵活性：产生式系统能够灵活地表示和运用各种类型的知识和规则。

② 可扩展性：通过添加新的产生式规则，可以方便地扩展系统的功能和知识库。

③ 模块化：系统结构模块化，便于维护和升级。

④ 通用性：产生式系统适用于多个领域，可以用于人工智能、知识工程、专家系统等。

这些特点使得产生式系统成为一种高效、可扩展且通用的知识表示和问题求解方法。

1.6.3 产生式系统——动物识别系统

动物识别系统是人工智能领域的一个重要应用，其基于图像处理和机器学习技术实现对动物的自动识别。产生式系统作为一种知识表示方法，在动物识别系统中发挥着关键作用。

首先对动物识别系统的需求进行分析。

（1）用户需求

动物识别系统的用户主要包括野生动物爱好者、生态保护人员、动物园管理人员等。用户需求主要集中于准确、快速地识别动物种类及特征，以支持科学研究、动物保护以及日常管理等工作。

（2）识别精度要求

为满足用户需求，动物识别系统必须具备高精度的识别能力。系统需能精确捕捉和分辨动物的关键特征，包括毛色、体态、行为模式等，从而确保对动物种类的准确判断。

（3）系统性能要求

系统性能是动物识别系统不可或缺的一部分。系统需具备快速响应的能力，以适应不同场景下的实时识别需求。同时，系统的稳定性与可靠性也是关键因素，需确保在各种环境下都能稳定运行，提供持续的服务。

综合以上需求，动物识别系统的目标是为用户提供一个便捷、高效的动物识别工具。通过高精度的识别能力和优异的系统性能，支持科学研究、动物保护及日常管理等工作，为生态保护和可持续发展做出贡献。

在动物识别的具体实现中，产生式系统的应用主要体现在知识库的构建和推理机的设计两个方面。

（1）知识库的构建

知识库的构建是产生式系统应用的基础。知识库中存储了各种动物的详细特征、行为模式等知识，以产生式规则的形式进行表示。这些规则描述了动物的各种属性，如体型、毛色、眼睛形状、生活习性等，以及这些属性之间的关系。在动物识别过程中，系统会根据用户输入的图像或描述，匹配知识库中的产生式规则。例如，如果用户输入了一张狮子的图像，系统会匹配知识库中关于狮子的产生式规则。这些规则可能包括狮子的体型特征、毛色、头部形状等。系统会逐一比对规则中的条件部分与图像中的特征，找到匹配的规则。

（2）推理机的设计

推理机的设计也是产生式系统应用的关键。推理机会根据匹配的规则，进行推理和决策。如果多个规则都匹配成功，推理机会根据规则的优先级和逻辑关系，选择最符合的动物种类。如果遇到不确定的情况，推理机还会综合考虑多种因素，如图像的清晰度、特征的可辨识度等，给出最终的识别结果。

产生式系统的灵活性还使得它可以根据需要添加新的动物种类和特征。当有新的动物种类需要识别时，只需要将该动物的相关知识和特征以产生式规则的形式添加到知识库中，就可以通过推理机进行匹配和识别。

总之，产生式系统在动物识别中的应用是通过构建知识库和设计推理机来实现的。它能够将动物的各类特征以产生式规则的形式进行存储和表示，通过匹配和推理，实现对动物的快速、准确识别。

以野生动物监测为例，产生式系统在动物识别系统中发挥着重要作用。假设我们需要对一个自然保护区中的野生动物进行监测，系统通过摄像头捕捉图像数据，然后利用产生式系统进行识别。

① 数据收集：系统收集大量野生动物图像数据，包括各种鸟类、哺乳动物等。

② 特征提取与匹配：系统提取图像中的特征，如动物的形状、颜色、纹理等，并与产生式规则进行匹配。

③ 识别结果：系统根据匹配结果识别出动物的种类，并生成报告。报告包括识别出的动物种类、数量、活动情况等。

④ 数据分析与应用：通过对识别结果进行分析，我们可以了解自然保护区的生物多样性、动物活动规律等信息，为生态保护提供有力支持。

1.6.4 产生式表示法的特点

产生式表示法作为一种知识表示的重要形式，在现代人工智能领域中得到广泛应用，它的主要优势体现在其独特的结构和表达方式中。这一表示方法不仅在复杂度和应用范围上展现了强大的灵活性，而且还在实际执行中呈现出直观的机制特点。当然，它也面临着一些潜在的限制和挑战。下面将对其优势和潜在限制进行详细的探讨。

首先，分析优势。

① 灵活性：产生式表示法能够灵活地表示各种类型的规则和知识，无论是简单的条件-动作对还是复杂的逻辑规则，都能轻松应对。

② 直观性：产生式的结构和表示方式相对简单和直观，易于理解和使用。

③ 易于实现：产生式系统易于构建和编程实现，便于将领域专家的知识和经验转化为计算机可执行的程序。

④ 条件触发机制：产生式系统根据条件判断是否执行动作，能够根据实际情况做出灵活的响应和调整。

其次，分析潜在限制。

① 复杂性：对于复杂的问题和领域，产生式的数量和复杂性可能会增加，导致系统的管理和维护变得复杂。

② 效率问题：在某些情况下，产生式系统的执行效率可能不如其他知识表示方法高。

③ 不完整性：产生式表示法的灵活性，可能导致知识的表示不够完整或存在冗余。

尽管产生式表示法具有其独特的优势，但在实际的知识表示任务中往往需要结合其他知识表示方法（如语义网络、框架等）使用，以便发挥其综合优势，进而更好地满足具体问题的需求。与单一的知识表示方法相比，结合多种知识表示方法可以更好地处理复杂性和不确定性问题，从而提高人工智能系统的性能。因此在实际应用中，选择哪种知识表示方法主要取决于问题的具体需求和领域的特点。

1.7 框架表示法

1.7.1 框架表示法的概念

框架表示法是一种知识表示方法，它以框架（frame）为基本单位来组织和表示知识。

框架是一种数据结构，用于描述某一事物的属性以及这些属性之间的关系。在人工智能领域，框架表示法被广泛应用于表示领域知识、事件和情境等。通过框架，我们可以系统地组织和表达复杂领域中的知识，以便于计算机理解和处理。

1.7.2 框架表示法的起源

框架表示法的起源可以追溯到20世纪50年代的人工智能初期。随着计算机技术的发展和人工智能研究的深入，人们开始尝试用计算机来模拟人类的思维和知识表示过程。框架表示法作为一种有效的知识组织方式，逐渐在人工智能领域得到广泛应用。

早期的框架表示法主要关注于对静态知识的表示，如概念、属性和关系。随着研究的深入，框架表示法开始关注动态知识，如事件、过程和情境。这使得框架表示法能够更好地适应复杂领域知识的表达和处理。

框架表示法的发展也受到了语言学、心理学和哲学等学科的影响。特别是语义网络的发展，为框架表示法提供了重要的理论基础和技术支持。

1.7.3 框架的一般结构

框架可以看作是由实体、属性和槽位等构成的特定结构。

① 实体是框架中的基本单位，代表现实世界中的对象或概念。在框架表示法中，实体是知识的载体，用于描述特定领域中的事物，如人、物体、事件等。

② 属性是描述实体特征的信息，它定义了实体的性质和行为。属性可以是数据类型的属性（如颜色、大小等），也可以是关系类型的属性（如家庭成员关系等）。属性在框架表示法中起着关键作用，帮助描述实体的细节和特征。

③ 槽位是框架中预留的位置，用于填充实体的属性值。槽位的作用是将实体的属性值和框架结构关联起来，实现知识的组织和存储。通过填充槽位，我们可以将实体的具体信息添加到框架中，形成完整的知识表示。

实体、属性和槽位等组成部分在框架表示法中协同工作，实现知识的结构化表示和组织。

1.7.4 用框架表示知识的例子

（1）案例选择

生物分类是一个具有代表性且易于理解的领域，可以用框架表示法来展示其知识组织方式。在生物分类中，各类生物可以被视为框架中的实体，这些实体具有共同的属性和特征。例如，动物这一类实体可以包括哺乳动物、鸟类、爬行动物等子实体，而这些子实体又可以进一步细分。

通过框架表示法，我们可以清晰地表示出生物分类的层次结构，以及各类生物之间的关系。此外，我们还可以利用框架表示法来表示生物的属性和特征，如动物的习性、食性、生活环境等。这样的知识组织方式有助于我们更好地理解和研究生物分类，为生物科学领域的研究提供有力的支持。

（2）具体实现

我们通过动物分类这一具体的例子来展示如何用框架表示知识。

首先，构建框架。在这个例子中，我们可以设定一个“动物”的框架，这个框架将包含各种动物实体。

接下来，填充实体。在“动物”框架下，我们可以添加各种动物实体，如“猫”“狗”“鸟”等。这些实体将作为框架中的具体对象。

然后，为每个实体添加属性。例如，对于“猫”这个实体，我们可以添加属性如“颜色”“品种”“习性”等。这些属性将描述实体的特征和行为。

最后，定义槽位。槽位是用来填充属性值的位置。例如，“颜色”这个属性下可以有“红色”“蓝色”“绿色”等槽位。我们可以根据具体动物的属性来填充这些槽位。

通过这个过程，我们可以将动物分类的知识用框架表示出来。每个动物都有一个对应的框架，包含其属性和属性值。这样的表示方式使得知识的组织更加结构化，便于理解和操作。通过这种方式，我们可以进一步扩展和丰富框架中的知识和信息。

1.7.5　框架表示法的特点

（1）结构化表示

框架表示法的特点之一是结构化表示知识，即它能够有效地组织和管理领域知识。通过定义框架、实体及其属性，框架表示法能够将复杂的知识结构化为一系列相互关联的结构。这种结构化表示使得知识更加条理清晰，易于理解和操作。同时，框架表示法还能够支持属性的分层和槽位的填充，进一步增强了知识的结构化表示能力。因此，框架表示法是一种有效的知识表示方法，有助于实现知识的有效组织和管理。

（2）丰富的语义表达能力

框架表示法的第二个特点是其拥有丰富的语义表达能力。框架能够明确地表示实体、属性和关系，通过槽位填充的方式，可以表达复杂的语义信息。框架表示法能够处理自然语言中的同义词、近义词等语义差异，使得知识的表达更加精确和丰富。此外，框架表示法还支持对知识的推理和演绎，能够处理更加复杂的语义关系，为人工智能系统的智能行为提供了强大的支持。

（3）灵活性

框架表示法的灵活性是其另一显著特点。框架表示法可以根据不同领域和场景的需求进行适应和调整。它允许根据不同的实体和属性定义框架，并根据需要添加槽位来填充属性值。这种灵活性使得框架表示法能够适应各种复杂的知识表示需求，无论是生物分类、历史事件还是其他领域，都能有效地组织和管理知识。此外，框架表示法还可以与其他知识表示方法结合使用，进一步提高知识的表示和处理能力。

（4）与其他表示方法的对比优势

框架表示法与其他知识表示方法相比，具有独特的优势。其结构化表示方式使得知识更有条理，且能表达丰富的语义信息，有助于知识推理和应用。此外，框架表示法具有灵活性和适应性，能广泛应用于不同领域和场景。相比之下，命题逻辑和一阶谓词逻辑侧重于逻辑表达，产生式表示法侧重于规则系统，而框架表示法更能综合表达复杂知识，具有更强的知识组织能力。

近年来，框架表示法在人工智能领域的发展非常迅速，其应用已经扩展到更多的领域。在自然语言处理领域，框架表示法被广泛应用于语义理解和知识图谱的构建。此外，随着深度学习技术的发展，框架表示法与神经网络结合，形成了一种新的知识表示方法，能够更好地处理复杂的知识结构和关系。同时，一些研究者也在探索如何将框架表示法应用于情感分析和文本生成等领域。

尽管框架表示法已经取得了显著的进展，但仍面临一些挑战。首先，构建大规模的框架知识库需要大量的手工标注数据，这是一个既耗时又耗资源的过程。其次，框架表示法的语义丰富性虽然强，但如何有效地进行推理和更新知识仍是待解决的问题。此外，随着数据规模的不断增长，如何有效地存储和查询大规模的知识框架也是一个挑战。

1.8 知识图谱

在现代信息技术领域，知识图谱作为一种重要的知识表示方法，已经成为人工智能领域研究的热点之一。它能够将实体、概念及其之间的关系以网络结构的方式进行描述和存储，为人工智能提供了丰富的语义信息和知识资源。知识图谱在智能问答、搜索引擎、推荐系统等领域的应用，极大地推动了人工智能技术的发展和应用。

1.8.1 知识图谱定义

知识图谱是一种基于图模型的知识表示方法，通过网络结构将实体、概念及其之间的关系进行描述和存储。具体来说，知识图谱由节点和边组成，其中节点表示实体，如人物、地点、事件等特定对象；边则表示实体之间的关系，如隶属关系或关联关系。此外，每个节点和边都可以附带属性信息，用于提供更详细的描述，如时间、地点或其他特征。这样的结构使得知识图谱能够有效地展示数据之间的复杂关联，提供语义丰富的信息查找和推理能力。因此，知识图谱在处理和理解大规模复杂数据方面具有显著优势。

知识图谱的起源可以追溯到语义网领域的研究，其发展与自然语言处理、数据挖掘等紧密相关。随着语义网技术的发展，知识图谱作为结构化的知识表示方式逐渐崭露头角。早期，知识图谱主要关注实体间关系的抽取和存储，为搜索引擎等应用提供了丰富的语义信息。随着深度学习技术的发展，知识图谱在语义推理、智能问答等领域取得了关键突破，逐渐成为人工智能领域的重要支撑技术。其发展过程经历了从简单实体关系到复杂语义网络的关键转变，为人工智能应用提供了强大的知识支持。

知识图谱的组成要素主要包括节点（实体）、边（关系）和属性。节点是知识图谱中的基本单元，用于表示客观世界中的实体，如人、事物、地点等。边则表示实体之间的关系，描述了实体之间的关联和互动。属性则为节点和边提供了丰富的特征描述，用于刻画实体和关系的特性。

这些要素在知识图谱中发挥着至关重要的作用。节点作为知识图谱的基本单元，存储了现实世界中的大量信息。边则通过语义关联将孤立的节点连接起来，形成了知识图谱的网络结构。属性为节点和边提供了详细的描述信息，使得知识图谱更加丰富和精准。这些要素互相关联，共同构成了知识图谱。节点和边通过关联形成了一张巨大的网络，而属性则为这些关联提供了详细的语义信息。在知识图谱中，每个要素都扮演着重要的角色，共同支撑起了知识图谱的复杂结构和丰富内容。

知识图谱的特点主要包括结构化存储、易于查询和语义关联等。知识图谱采用图模型进行结构化存储，能够有效组织和管理大量数据，方便查询和检索。其易于查询的特点体现在直观的图形界面和高效的查询算法上，用户可以通过简单的操作获取相关信息。此外，知识图谱还具有强大的语义关联能力，能够建立实体之间的关联关系，并在数据处理和知识推理方面发挥优势，提高知识的利用效率和智能化水平。

知识图谱在搜索引擎、智能问答和推荐系统等领域具有广泛应用。通过整合结构化数据和非结构化数据，知识图谱提高了搜索引擎的智能化水平，增强了智能问答系统的响应能力，并提高了推荐系统的准确性。知识图谱对人工智能的发展起到了推动作用，有助于实现更智能、更高效的应用场景。

1.8.2　知识图谱的表示

知识图谱表示是将实体、概念及其之间的关系以图形结构的方式进行描述和存储的过程。本小节将详细介绍知识图谱的表示方法。

知识图谱表示是知识图谱构建中的核心环节，其涉及将知识以图谱的方式进行表示。所谓知识图谱表示，就是把人类所掌握的知识通过图谱的形式呈现出来。在这种表示方式下，实体（如人物、地点、公司等事物、概念）被表示为图中的节点，而描述实体之间的联系，如父子关系、同事关系等关系则被表示为连接节点的边。通过这种方式，知识图谱能够直观地展示实体间的复杂关系，便于人们理解和查询。此外，知识图谱表示还包括对实体属性的描述，这些属性为实体提供了丰富的特征信息。总之，知识图谱表示旨在将海量的、结构化的知识以可视化、易于理解的方式呈现出来，为人工智能应用提供强大的知识支持。

（1）知识图谱的数据模型

知识图谱的数据模型是其核心构建模块，其中包括节点、边和属性。节点代表实体或概念，比如人物、地点或事件。边则描述了节点之间的关系，例如“作者”和“作品”之间的“撰写”关系。这种图结构使得知识图谱可以有效地表达复杂的、多层次的知识。

数据模型的设计过程中，节点和边需要进行类型化。例如，节点可以被分类为“人物”或“公司”，边可以被分类为“朋友”或“雇员”。这种类型化有助于提高查询和推理的效率和准确性。

此外，节点和边可以拥有多个属性。节点属性可以是“年龄”“位置”等，边属性可能是“时间戳”或“权重”。这些属性为知识图谱提供了更丰富的上下文信息，支持更复杂的分析和应用。

在技术实现方面，知识图谱通常使用图数据库进行存储和管理，如Neo4j、JanusGraph等。这些数据库专为处理大规模图数据而设计，支持高效的图查询和分析。

总体而言，知识图谱的数据模型通过节点、边和属性的有机结合，实现了知识的结构化表达，为搜索引擎、推荐系统和智能问答提供了坚实的基础。

（2）知识图谱的构建过程

知识图谱的构建是一个复杂且系统的过程。首先，我们需要进行知识源获取，这包括从各种数据资源中提取实体、关系等信息。接着，进行知识融合，将不同来源的知识进行整合，消除歧义，确保知识的准确性和一致性。然后，构建知识图谱的模式层，定义实体和关系的结构，形成知识图谱的骨架。最后，通过算法和计算资源对图谱进行丰富和优化，实现知识的动态更新和扩充。整个过程需要严谨的数据处理和专业的知识工程技能，以确保知识图谱的质量和有效性。

（3）知识图谱表示的实际应用

知识图谱表示的实际应用十分广泛。在搜索引擎中，知识图谱能够为用户提供更精准的搜索结果，通过实体链接和语义分析，理解用户的搜索意图，并返回相关的实体信息和关系路径。此外，在智能问答、推荐系统等领域，知识图谱也发挥着重要作用。通过表示实体和关系，知识图谱为人工智能提供了丰富的语义信息，推动了相关领域的发展。

1.8.3 知识图谱的架构

知识图谱架构是构建知识图谱的核心组成部分，对于知识图谱的构建和高效运行具有至关重要的作用。它通过系统地组织和管理知识图谱中的各种实体、关系及其语义信息，确保了知识图谱的完整性和高效查询能力。

知识图谱的架构是对知识表示、存储和处理的整体设计，主要由数据层、模式层和计算层等部分构成。数据层负责收集和存储原始数据，模式层则通过定义实体、关系和属性来对数据进行建模和抽象，而计算层负责推理和查询等高级处理。这些部分紧密联系、相互作用，共同实现对知识的有效管理、推理和应用。通过知识图谱的架构，我们能更高效地获取、处理和理解信息，从而推动人工智能技术的发展。

知识图谱架构中的数据层是知识图谱的基础层次，主要用于存储和管理实体、关系和属性等数据元素，为其他层次提供数据支持。数据层通过存储这些实体、关系和属性来构建知识图谱的网络结构。它采用图数据库等技术来存储这些数据，以便进行高效的查询和检索。同时，数据层还负责数据的索引、清洗、整合和更新等工作，确保数据的质量和准确性。

知识图谱架构中的模式层是整个知识图谱的核心组成部分之一，它基于数据层的基础数据，进行知识的建模和推理。模式层的主要作用是对知识图谱中的实体、属性、关系等进行定义和描述，以实现知识的有效组织和查询。构成模式层的关键任务包括知识图谱的模式设计、实体关系抽取以及语义关系建模等。

① 模式设计：根据领域知识和业务需求，设计知识图谱的模式，包括定义实体、属性、关系以及关系的层级结构等。

② 实体关系抽取：从数据中识别并抽取实体间的关联关系，是构建知识图谱的重要步骤。

③ 语义关系建模：基于实体关系，构建语义网络，明确实体间的语义联系，为知识推理提供基础。

模式层基于数据层的数据，进行知识的深度分析和建模。通过实体关系抽取和语义关系建模，将零散的数据转化为结构化的知识体系。在此基础上，模式层进行知识推理，挖掘知识间的隐含关系，丰富知识图谱的内容。

在知识图谱中，模式层扮演着举足轻重的角色。它是连接数据层和计算层的桥梁，决定了知识图谱的丰富度和查询效率。没有模式层的精心设计，知识图谱的构建将失去方向，知识的组织和查询将变得混乱无序。

计算层在知识图谱架构中主要负责处理图谱中的复杂计算任务。它包含了知识图谱计算平台、算法库以及计算资源等。计算层的作用在于支持知识图谱的计算需求，包括实体关系抽取、语义推理等。通过调用算法库中的算法，计算层能够高效地处理图谱数据，同时与其他层次（如数据层和模式层）协同工作，共同实现知识图谱的构建、查询和推理等功能。

在知识图谱架构中，数据层、模式层和计算层之间有着紧密的相互作用关系。数据层提供原始数据，模式层进行知识抽取和建模，计算层进行推理和查询处理。这三者协同工作，共同构建高效的知识图谱系统。其中，数据层的动态更新和模式层的精准建模能够推动计算层提升推理性能，而计算层的优化又能反哺数据层和模式层，提高整体系统的效能。协同工作对于知识图谱整体性能至关重要。

1.8.4 知识图谱的典型应用

知识图谱作为一种强大的知识表示方法，在各个领域的应用日益广泛并展现出其重要性。它能够将实体、概念及其关系以网络结构的形式进行描述和存储，为智能问答、搜索引擎、推荐系统等提供了强大的支持。通过知识图谱，我们可以更高效地获取、整合和使用知识，推动人工智能的发展。

（1）搜索引擎

利用知识图谱可以提高搜索引擎的搜索效率和准确性。例如，搜索引擎在解析用户查询时，可以引入知识图谱中的实体和关系信息，通过语义分析理解用户意图，从而提供更精准的搜索结果。此外，搜索引擎还能利用知识图谱进行语义搜索和知识推荐。比如，当用户搜索某个词时，搜索引擎能够基于知识图谱中与该词相关的其他知识点，为用户推荐相关词汇、相关话题或相关文章等。知识图谱的应用使得搜索引擎能够更准确地理解用户需求，提供更丰富、更有价值的信息。例如，在搜索引擎中输入“北京旅游景点”，知识图谱可以帮助搜索引擎理解用户的需求并推荐相关的景点、交通、住宿等信息，从而提高搜索效率和用户体验。

总的来说，知识图谱对搜索引擎的改进效果显著，能够带来很大的实际价值。

（2）智能问答系统

智能问答系统借助知识图谱，能够更深入地理解和回答用户的问题。通过构建包含各种实体和关系的知识图谱，智能问答系统可以迅速定位与问题相关的知识点，进而提供准确的答案。例如，在问答匹配过程中，知识图谱能够帮助系统识别问题的核心意图，从而从海量数据中精准提取相关信息。在意图识别方面，知识图谱通过理解实体之间的关系和语义上下文，能够更准确地判断用户的真实意图。

知识图谱在智能问答系统中扮演了关键角色，它提高了问答匹配的精准度，增强了系统的语义理解能力。通过不断优化知识图谱的结构和内容，智能问答系统的问答准确性将得到进一步提升。

（3）推荐系统

推荐系统利用知识图谱实现个性化推荐的过程是：通过深入分析用户行为数据和兴趣偏好，挖掘知识图谱中的实体和关系，将用户与商品或服务进行关联，从而为用户提供精准推荐。在电商领域，知识图谱能够展示商品间的关联关系，如购买 A 商品的用户通常也会购买 B 商品，通过挖掘这种关系，提高推荐的精准度。在社交媒体中，知识图谱可以根据用户的社交行为和兴趣图谱，推送与用户兴趣相关的内容或用户。

知识图谱在提高推荐系统的精准度和用户满意度方面发挥了重要作用，通过深度挖掘实体和关系，为用户提供更加个性化和符合需求的推荐。

（4）其他应用领域

知识图谱在其他领域的应用日益广泛。在金融服务领域，知识图谱可用于风险管控、客户分析和投资决策等，通过挖掘实体关系和语义信息，提高金融业务的智能化水平。在医疗健康领域，知识图谱助力疾病诊断、药物研发和健康管理，通过整合医学知识和患者数据，提升医疗服务的精准性和效率。未来，知识图谱在这些领域的应用前景广阔，有望推动相关行业的创新和升级。

知识表示方法是人工智能领域中的核心部分，它涉及如何有效地存储和表达知识。命题逻辑及一阶谓词逻辑表示法具有强大的逻辑表达能力，能够清晰、准确地描述知识。产生式表示法注重知识的操作和处理，适用于构建智能系统。框架表示法则通过结构和槽位的方式，直观地表示知识的层次和关系。而知识图谱作为近年来新兴的知识表示方法，通过图模型的方式，将实体、概念及其关系以网络结构的形式进行表示和存储，具有直观、易于查询和语义关联等特点，成为人工智能领域的重要技术。

展望未来，相信知识表示方法必将继续向更加智能化、自动化和高效化的方向发展。随着深度学习、自然语言处理等领域的不断进步，知识图谱等新型知识表示方法将发挥更大的作用，实现更为复杂和精准的知识处理和应用。同时，各种知识表示方法的融合与互补也将成为未来的重要趋势，以满足不同领域、不同场景下的知识表示需求。

第 2 章

确定性推理方法

本章将探讨知识的搜索与推理，这一主题在人工智能研究中占据了核心地位。尽管相关研究历史悠久，但至今其依然是活跃的研究领域。知识的表示、搜索和推理方法多种多样，对于同一问题，可能存在不同的搜索策略，各种方法的有效性也有所不同。因此，深入理解这些搜索与推理机制，对于发展智能系统至关重要。

在问题求解过程中，知识的表示和证明同样重要。可以将问题表示为待证明的定理，然后通过消解原理和消解反演的方法进行证明。这种方法通常采用正向推理规则进行正向搜索，试图直接证明定理的有效性。反演证明则采取相反的方法，通过假设定理的否定为真，并试图推导出矛盾，从而证明定理的正确性。这样的策略有效利用了逻辑推理的基本原则，为求解复杂问题提供了有力的支持。

双向搜索是一种混合方法，结合了正向和逆向搜索的优点，能够更灵活地应对问题求解的复杂性。当两个方向的搜索路径相交时，搜索便成功结束。这种策略在处理某些复杂问题时，表现出了更高的效率。

规则演绎系统是另一种重要的推理机制。它通过使用 IF-THEN 规则进行推理，分为正向、逆向和双向三种形式。正向规则演绎系统从事实推导目标，适用于已知事实的情况；而逆向规则演绎系统则从目标回溯到事实，能够处理多种目标表达。双向规则演绎系统的出现则有效地结合了正向和逆向的优点，提高了搜索效率。

产生式系统与规则演绎系统关系密切，由数据库、产生式规则和控制策略构成。其推理过程同样可分为正向、逆向和双向三种策略，在实际应用时，可灵活运用不同策略以应对不同类型的问题。产生式系统以其清晰的结构和有效的推理能力，得到了广泛应用。

非单调推理是本章讨论的另一个重要主题，它特别适用于处理复杂的、不完全的信息。非单调推理允许系统在引入新信息时修改之前的结论，反映了现实世界的动态特性。通过缺省推理和真值维持系统（TMS），非单调推理在智能系统中提供了一种有效地处理知识变化的机制。缺省推理允许在缺乏充分证据的情况下做出合理的假设，而 TMS 则确保系统在面临新信息时能够维持知识库的相容性。

综上所述，知识的搜索与推理是人工智能研究中的重要组成部分。通过不同的搜索策略、推理系统和非单调推理机制，研究人员能够设计出更加灵活和智能的系统，以适应不断变化和复杂的环境。这一领域的不断发展，不仅推动了人工智能的进步，也为解决现实问题提供了强有力的支持。未来，随着技术的进一步发展，知识的搜索与推理方法将继续演化，为构建更高效的智能系统奠定基础。

2.1 推理的基本概念

2.1.1 推理的定义

在符号主义人工智能中，推理指的是通过逻辑规则或已知信息，推导出新的结论的过程。这种推理是基于形式化的逻辑和符号操作，用于从前提推导出结论，通常以确定性的方法进行，即在给定特定规则和前提的情况下，推理的结果是确定的，不存在不确定性或模糊性。

2.1.2 推理方式及其分类

对于推理的方式，根据分类依据不同，有四种分类方式。

（1）演绎推理、归纳推理、默认推理

依据推出结论的途径，可以将推理划分为演绎推理、归纳推理和默认推理。

① 演绎推理（deductive reasoning）是一种从全称判断推导出单称判断的推理过程。它从已知的普遍真理或规则出发，推导出具体个例的结论。在演绎推理中，如果前提为真，推理过程遵循逻辑规则，则结论必然为真。其特点是三段论式，例如：

前提 1：所有哺乳动物都有脊椎。

前提 2：鲸鱼是哺乳动物。

结论：鲸鱼有脊椎。

② 归纳推理（inductive reasoning）是通过观察多个具体事例，推导出一个普遍性的结论。与演绎推理不同，归纳推理的结论并不必然为真，可能存在例外，故而存在完全归纳推理和不完全归纳推理。归纳推理通常用于预测或提出假设。例如：

观察 1：工厂中每个抽检样本均合格。

结论 1：工厂质检合格（不完全归纳推理）。

观察 2：工厂中每个产品均合格。

结论 2：工厂质检合格（完全归纳推理）。

③ 默认推理（default reasoning）是一种在信息不完整的情况下，根据常规或典型情况假设某个事实为真的推理方式。这种推理通常用于在缺乏确凿证据的情况下得出结论，所以推理出的结论可能会因为新信息的到来而被撤销。默认推理适用于处理不确定性问题，特别是在信息不完全或动态变化的环境中。例如：

前提 1：鸟类通常会飞。

前提 2：企鹅是鸟类。

结论（默认推理）：企鹅会飞。

在默认推理中，推理系统使用的是通常的情况（鸟类通常会飞）来推导结论（企鹅会飞），但当新的信息（企鹅不会飞）出现时，这个结论可能需要修改。

（2）确定性推理、不确定性推理

依据推理时所用知识的确定性，可以将推理划分为确定性推理、不确定性推理。

① 确定性推理（deterministic reasoning）是在已知的、确定的前提和逻辑规则下，推导出一个必然的、不可否认的结论。只要前提为真，并且推理遵循严格的逻辑规则，结论也必然为真。确定性推理常见于演绎推理中，使用清晰明确的逻辑规则，如数学证明、符号逻辑等。例如：

前提：设有一个数 n，且 n 是偶数。根据偶数的定义，存在整数 k，使得 $n=2k$。

推理过程：根据 $n=2k$，我们知道 n 可以被 2 整除，因为任何 $2k$ 形式的数都可以被 2 整除。

结论：因此，n 可以被 2 整除。

② 不确定性推理（non-deterministic reasoning）是在信息不完全、模糊或含有不确定性的条件下，推导出可能为真的结论。这种推理的结论并不必然为真，通常需要根据概率、启发式规则、经验知识或模糊逻辑来进行推断。不确定性推理常见于归纳推理、默认推理中，尤其适合在处理复杂或动态环境时使用。例如：

前提：最近三天早晨天空都布满了厚厚的云层，而在这三天中有两天下雨。今天早晨，我们又看到了类似的云层。

推理过程：根据经验，当天空布满厚云时，下雨的概率较高，因此我们可以推测今天也可能会下雨。

结论：今天有可能会下雨。

（3）单调推理、非单调推理

依据推理过程中推出的结论是否越来越接近最终目标，我们可以将推理划分为单调推理、非单调推理。

① 单调推理（monotonic reasoning）是指，随着新信息的加入，推理系统中的结论不会被撤销或改变，推得的结论越来越接近最终目标。也就是说，如果我们根据已有前提得出一个结论，增加新的前提只会增加新的结论，而不会使已有结论失效。逻辑系统的“推理能力”是单调递增的。例如：

前提：根据现有法律，任何人如果未经许可进入他人财产（如房屋、土地、建筑物等），构成非法入侵。

推理过程：如果某人 A 未经允许进入了某人 B 的财产，我们可以推导出 A 构成非法入侵。

新增信息：引入一条新的法律规定，即“如果非法入侵时造成了财产损害，入侵者需要赔偿损失”。这条规定不会影响我们原先关于 A 非法入侵的结论，而是增加了对新的情境的处理（是否需要赔偿）。

结论：A 的非法入侵结论依然成立，新的信息不会推翻之前的结论，只会增加可能的后续处理（赔偿）。

② 非单调推理（non-monotonic reasoning）是指，随着新信息的加入，之前的结论可能会被撤销或改变，使得推理退回先前某一步，重新开始推理。这种推理系统允许推理结果在新信息到来时发生变化，因此推理能力不是单调递增的。非单调推理通常用于处理不确定性或动态环境，特别是在现实世界中，新的事实可能推翻之前的假设或结论。例如：

前提：病人表现出咳嗽、发热和疲劳的症状。根据这些症状，医生初步判断病人可能患有普通流感。

推理过程：医生根据已知信息，做出诊断并准备开始治疗。

新增信息：后来，医生通过血液测试发现病人有细菌感染的迹象，表明病人实际上患有细菌性肺炎，而不是流感。

结论：根据新的检测结果，医生撤销之前的“流感”诊断，并重新推断病人的病情是“细菌性肺炎”。

（4）启发式推理、非启发式推理

依据推理中是否运用与推理有关的启发性知识，我们可以将推理划分为启发式推理、非启发式推理。

① 启发式推理（heuristic reasoning）是一种基于经验法则或启发式规则的推理方式，通常用于解决复杂问题，可以避免穷举搜索，通过引导过程找到近似解或可接受的解。启发式推理并不保证得到最优解，但它通过使用已知的启发信息，大大加快了推理或问题求解的速度。例如：

前提：拼图初始状态是打乱的，目标是恢复拼图的顺序。

推理过程：使用启发式方法，比如将“曼哈顿距离”（每块拼图与其目标位置之间的距离）作为估价函数。我们每次选择移动一个拼图块，使总的曼哈顿距离最小化。通过这种启发式的估价，拼图块的移动次序会更接近最终目标，而不需要穷举所有可能的拼图块移动方式。

结论：虽然这并不保证我们找到最短的移动序列（即最优解），但启发式推理帮助我们更快找到一个可接受的解，减少了搜索空间。

② 非启发式推理（non-heuristic reasoning）是一种基于严格逻辑或确定规则的推理方式，不依赖经验法则或近似的启发信息。它通常是系统地、完全地探索问题空间，确保推导出最优解或一个正确的结论。非启发式推理可能较为缓慢，因为它通常要求穷举所有可能性，但它保证解的正确性和最优性。例如：

前提：起点和终点的位置已知，迷宫的结构复杂，有许多岔路和死胡同。

推理过程：使用深度优先搜索（DFS）等非启发式的搜索方法，从起点开始，一条一条路径地进行尝试，直到找到终点。在此过程中，DFS 不使用任何额外的信息或经验，而是系统地遍历每一个可能的路径，即使这可能会经过许多死胡同。它会确保最终找到一条通向终点的路径。

结论：DFS 在遍历所有可能路径后，找到了一条从起点到终点的路径。尽管这种方法能够找到解，但它可能非常耗时，因为需要探索迷宫中的所有路径。

2.1.3 推理的方向

推理的方向可以分为正向、逆向、混合和双向，它们的区别主要在于推理过程的推进方式，即从什么样的起点开始推理、如何达到结论或目标。

（1）正向推理

正向推理（forward reasoning）又称“事实驱动推理”，是从已知的前提（事实或初始信息）出发，逐步应用推理规则，得出新的结论。它是从初始状态向目标状态推进的推理过程。为此，我们需要先引入初始已知事实、知识库、可用知识集这三个概念。

初始已知事实：这些事实可以是用户提供的输入、系统的初始条件或从外部环境获取的感知数据。它们被存储在数据库（DB）中，作为推理的基础。

知识库（KB）：知识库包含一系列规则，这些规则描述了如何从某些前提（已知事实）推导出新的事实。

可用知识集（KS）：在知识库中，找到与当前已知事实匹配的所有规则，即找到“可适用”的规则。可适用的规则是那些其前提与当前已知事实匹配的规则。

正向推理的步骤如下。

步骤 1：从已知事实中找到与之匹配的规则，构成 KS。

步骤 2：根据冲突消解策略，在 KB 中选择一条规则进行推理，得出新事实并更新 DB。

步骤 3：重复步骤 2，直到推理终止。

假设数据库中的已知事实是：$A=2$，$B=3$。

知识库中包含以下规则：如果 $A=2$，则 $C=5$；如果 $B=3$，则 $D=6$；如果 $C=5$，则 $E=10$。

此时，基于初始已知事实，可用知识集是：$A=2 \rightarrow C=5$；$B=3 \rightarrow D=6$。

这时，我们将 $C=5$ 和 $D=6$ 置入 DB 中，并重复步骤 2，检索 KB 并使用规则 $C=5 \rightarrow E=10$，可以得到 E=10，同时将其置入 DB。

如果目标是推导出 E 的值，推理过程到此结束。如果没有其他待求解目标，且知识库中无更多可适用规则，推理过程也将终止。

（2）逆向推理

逆向推理（backward reasoning）称为目标驱动推理，是一种从目标出发，逐步回溯寻找支持该目标的前提的推理方式。它的工作流程与正向推理相反，始终围绕目标展开推理，目的是验证假设是否成立。

逆向推理的步骤如下：

步骤 1：选定一个不在数据集中的假设目标。

步骤 2：在 KB 中寻找假设目标的证据，形成 KS。

步骤 3：从 KS 中选出一条知识，并将该知识的一个运用条件作为新的假设目标。若假设在 DB 中，则假设成立。否则，重复步骤 2，直到推理终止。

（3）混合推理

混合推理（hybrid reasoning）是一种结合了正向推理和逆向推理的推理方法，旨在克服单纯使用正向推理或逆向推理的缺陷，提升推理的效率和效果。

正向推理是从已知的事实出发，通过规则不断推导出新的结论。然而，正向推理可能会产生大量不相关的结论，尤其是在规则数量较多时，容易导致盲目推理、效率低下。逆向推理是从目标出发，通过回溯寻找支持该目标的前提。逆向推理的缺点在于，如果提出的假设目标不符合实际情况，整个推理过程可能陷入低效状态，甚至完全无解。

混合推理试图通过同时或交替使用正向推理和逆向推理来提高推理效率。它不仅可以避免正向推理的盲目性，还能减少逆向推理的目标选择盲目性。混合推理有两种常见的策略：先正向后逆向、先逆向后正向。

① 先正向后逆向：首先通过正向推理得出一些初步的中间结论，然后利用逆向推理进一步验证这些中间结论的可信度或确定性，最终找到正确的目标。

在这种混合推理策略中，正向推理用于从已知事实出发，探索可能的目标，生成中间结论。然后，使用逆向推理从中间结论或候选目标出发，进一步验证这些结论的正确性。该方法可以帮助缩小解空间，提升逆向推理的效率。

先正向后逆向混合推理步骤如下：

步骤 1（正向推理）：从已知事实出发，利用规则进行推理，得出一系列中间结论。若需要逆向推理，这些中间结论可以看作是逆向推理的假设。

步骤 2（逆向推理）：从该目标出发，利用逆向推理验证是否有足够的证据支持这一目标。通过回溯寻找该目标成立的前提，直到找到能够支持该结论的已知事实。

步骤 3：判断是否需要继续正向推理。如果需要，重复步骤 1。

一个医学诊断的例子能很好地说明这种推理：

正向推理：从已知症状出发，推理可能的疾病。假设医生发现患者发热、咳嗽和头痛，通过正向推理可以推导出几种可能的疾病，如流感、肺炎等。在推导出的疾病中，医生选择“流感”作为一个假设。

逆向推理：通过逆向推理验证流感是否符合其他症状，例如是否伴随有疲倦、全身酸痛等。如果这些症状都能匹配，目标假设“流感”成立。

这种方法首先通过正向推理减少了盲目性，然后使用逆向推理进一步验证可能的目标，提高了诊断的效率和准确性。

② 先逆向后正向：先通过逆向推理假设一个目标，并回溯寻找前提。然后，通过正向推理扩展已知的事实，推导出更多与目标相关的结论，进一步加速推理过程。

在这种混合推理策略中，首先进行逆向推理，从假设目标出发，回溯寻找前提。如果发现需要的前提和条件太多，逆向推理可能会变得复杂或难以继续。在这种情况下，可以通过正向推理进一步扩展已知的事实，帮助推导出更多的结论，从而加速逆向推理的过程。

先逆向后正向混合推理步骤如下：

步骤 1（逆向推理）：假设一个目标，并从目标出发，利用逆向推理寻找支持该目标的前提。

步骤 2（正向推理）：通过正向推理，从现有已知事实出发，寻找更多与目标相关的事实，进一步扩展推理空间，以加速逆向推理的完成。

步骤 3：判断是否需要继续逆向推理。如果需要，重复步骤 1。

下面这个故障诊断的例子能很好地说明这种推理。

逆向推理：假设机器故障的原因是电路问题，技术人员开始逆向推理，寻找与电路相关的异常情况。然而，电路故障可能涉及多个复杂的前提，难以直接推导出足够的证据。

正向推理：技术人员可以从已知的其他故障现象出发，通过正向推理分析是否存在其他相关问题（例如电压不稳、设备过热），从而找出更多的相关线索。这些新推导出的结论可以帮助进一步验证电路问题的可能性。

通过正向推理扩展已知信息，能够有效加速逆向推理的过程，缩短寻找前提的路径。

（4）双向推理

双向推理（bidirectional reasoning）是一种将正向推理与逆向推理同时进行的推理方式，通过两者在中间某个步骤“碰头”，从而有效缩短推理路径。这种推理方法的基本思想是从起点和目标同时展开推理，正向推理从已知事实出发，逆向推理从目标结论出发，两个推理过程在某个中间状态相遇时，整个推理过程便结束。

双向推理步骤如下：

步骤 1：正向推理从已知事实开始，不断推导出新的中间结论，直到推导出目标或推理链条遇到一个未解事实。

步骤 2：逆向推理从目标结论开始，不断寻找可以支持目标成立的前提，直到找到与正向推理的中间结论相一致的前提或事实。

步骤 3：当正向推理和逆向推理的路径在某一状态"碰头"，即两者的推理链条相遇时，推理结束，此时证明了问题的解或得到了目标的结论。

下面这个迷宫求解的例子能很好地说明这种推理。

正向推理：从迷宫的起点开始，探索可能的移动方向，逐步走出迷宫，记录每一步的路径，直到找到一条可能的路线或路径被阻挡。

逆向推理：从迷宫的出口开始，逆向回溯每一个可能的路径，直到回溯到起点或某个中间位置。

碰头：当正向推理的路径和逆向推理的路径在某个位置相遇时，这条路径就是从起点到出口的解。这种方式避免了遍历整个迷宫的每一条可能路径，显著提高了求解效率。

2.1.4　冲突消解策略

在推理系统中，特别是在基于规则的推理（如专家系统）中，冲突消解策略是指在存在多个匹配规则或冲突时，系统选择哪条规则优先应用的机制。由于推理过程中可能会遇到多种情况，例如一对多（多个规则与已知事实匹配）、多对一（多个事实可以应用同一个规则），因此如何在这些冲突中选择合适的规则是至关重要的。

（1）已知事实与知识库中规则匹配的三种情况

在推理过程中，已知事实与知识库中的规则进行匹配时，通常有三和可能的情况：恰好匹配成功（一对一）、不能匹配成功、多种匹配成功（一对多、多对一）。

① 恰好匹配成功（一对一）。这种情况是指已知事实与某条规则的前提条件完全匹配，并且没有其他的规则适用。在这种情况下，系统直接应用该规则，推导出新的结论。这是最简单的情况，不涉及冲突。

例如：已知事实 $A=2$，规则 $A=2\to B=5$，这时系统会立即应用该规则，得出 $B=5$。

② 不能匹配成功。如果已知事实与知识库中的任何规则都不匹配，则系统无法继续推理。这种情况下可能需要重新获取新的事实，或者修改推理策略。

例如：已知事实 $A=3$，而所有规则的前提条件都需要 $A=2$，这种情况下系统无法找到匹配的规则，推理过程会停止。

③ 多种匹配成功（一对多、多对一）。当已知事实与多个规则的前提条件都匹配时，称为一对多匹配。此时系统需要在多个匹配规则中选择哪一条规则优先应用。多对一匹配的情况是指多个事实可以应用同一个规则。

例如：已知事实 $A=2$，但系统中有两个规则，即 $A=2\to B=5$、$A=2\to C=6$。此时系统需要决定是优先推导出 $B=5$ 还是 $C=6$。

（2）常用的冲突消解策略

当推理过程中出现多个规则匹配的情况时，冲突消解策略用于选择最适合应用的规则。以下是几种常见的冲突消解策略：按针对性排序、按已知事实的新鲜性排序、按匹配度排序、按条件个数排序。

① 按针对性排序。在这种策略下，系统优先选择那些与当前已知事实的关系最直接、最有针对性的规则。这种策略考虑规则是否与当前推理任务有直接相关性，选择与当前情境最匹配的规则。当某些规则的前提与当前问题更加相关时，系统可以根据针对性优先应用这些规则。例如：

在医学诊断中，医生会根据病人的症状选择最相关的疾病进行诊断。如果病人有咳嗽、发热和喉咙痛的症状，医生会优先考虑“流感”这一可能性，因为这些症状与流感高度相关。而对于其他可能的疾病（如“过敏”），虽然也能匹配，但不如流感相关性强。

② 按已知事实的新鲜性排序。在这种策略下，系统优先选择那些使用了最新推导出的事实作为前提条件的规则。这里的“新鲜性”指的是事实生成的时间，越新的事实越优先用于推理。这种策略常用于动态系统或实时系统中，随着新的信息不断加入，推理系统会优先使用最新的事实进行推理，避免使用过时的或不相关的事实。例如：

新闻推荐系统通常会优先向用户推荐最近发生的事件。当用户浏览有关某个突发新闻的文章时，系统会优先展示与之相关的最新新闻，而非几天前的旧报道。这种策略确保用户获取的是最新、最相关的信息。

③ 按匹配度排序。在这种策略下，系统优先根据已知事实与规则前提之间的匹配度，选择那些与事实匹配度最高的规则。匹配度可以根据前提条件与已知事实匹配的数量或质量来定义。通常，前提条件与更多事实匹配的规则会优先被选择。当多个规则都与事实部分匹配时，系统会根据匹配度来决定优先使用哪个规则。例如：

一个在线购物推荐系统分别设置了以下两条规则：“如果用户浏览过任何运动鞋，则推荐相关的运动配件”“如果用户浏览过红色运动鞋，则推荐相关的运动服”。当用户浏览了“红色运动鞋”时，由于后一个规则匹配度更高，因此系统优先推荐运动服。

④ 按条件个数排序。在这种策略下，系统优先根据规则前提条件的数量进行排序，优先选择那些前提条件数量较多的规则。前提条件越多，说明该规则的适用性越严格，因此在冲突中可能具有更高优先级。这种策略适用于那些包含多个前提条件的复杂规则，它们通常能提供更精确的推理结果。例如：

在保险索赔过程中，理赔专员会审核多个条件以决定是否批准索赔。如果有两个索赔请求，一个符合两个条件，另一个符合三个条件，专员会优先审批符合三个条件的索赔请求，因为它的适用性更强，风险更小。

推理是认知科学、人工智能和哲学等多个领域的核心概念，涉及从已知信息中得出新结论的过程。它是人类思维的重要组成部分，能够帮助我们分析问题、做出决策和解决复杂情况。推理的过程通常依赖于逻辑规则、知识表示以及证据的有效性，从而形成一个系统化的推理框架，帮助我们在复杂的信息环境中作出明智的决策。

然而，推理的复杂性和多样性也带来了诸多挑战。首先，不同类型的推理面临不同的有效性和可靠性问题。演绎推理虽然提供了更高的确定性，但依赖于前提的准确性；一旦前提错误，推导出的结论也将失去有效性。相对而言，归纳推理虽然可以处理不确定性，但其结论往往缺乏强有力的证据支持。因此，如何在推理过程中评估信息的质量、权重和相关性成为一个重要课题。此外，推理的自动化和计算实现也带来了技术上的挑战，尤其是在非单调推理和不确定性推理等复杂推理系统中，设计高效且可靠的算法是当前研究的热点之一。推理不仅仅是逻辑的运用，更是对知识和经验的整合和应用，这使得推理在人工智能和机器学习中的发展具有极大的潜力，但同时也要求我们对推理机制进行深入理解和优化，以应对不断变化的现实问题和信息环境。

2.2 自然演绎推理

自然演绎推理（natural deduction）是一种逻辑推理的形式化方法，它通过应用经典逻辑的推理规则，从已知为真的前提条件出发，逐步推导出新的结论。与其他推理方法不同，自然演绎推理特别强调推理过程的直观性和自然性，符合人们日常思维中的推理方式，使得这一方法在逻辑学、数学以及计算机科学等领域得到了广泛应用。它不仅用于推导命题的真理性，还用于证明复杂的逻辑公式、定理以及算法的正确性。

自然演绎推理中使用了多种推理规则，以下是两种主要的推理规则：

（1）假言推理

定义：如果有条件句 $P \to Q$，则由 P 可以推出 Q。

举例："如果 X 是金属，则 X 能导电"，"铜是金属" 推出 "铜能导电"。

（2）拒取式推理（否定后件）

定义：如果有 $P \to Q$ 且 $\neg Q$（Q 为假），可以得出 $\neg P$（P 也为假）。

举例："如果下雨，则地上就湿"，"地上不湿" 推出 "没有下雨"。

例：

已知事实：

① 凡是容易的课程小王（Wang）都喜欢；

② C 班的课程都是容易的；

③ ds 是 C 班的一门课程。

求证：小王喜欢 ds 这门课程。

证明：

定义谓词：

$\mathrm{EASY}(x)$：x 是容易的；

$\mathrm{LIKE}(y,x)$：y 喜欢 x；

$\mathrm{C}(x)$：x 是 C 班的一门课程。

已知事实和结论用谓词公式表示：

$\forall(x)\left[\mathrm{EASY}(x) \to \mathrm{LIKE}(\mathrm{Wang},x)\right]$

$\forall(x)\left[\mathrm{C}(x) \to \mathrm{EASY}(x)\right]$

$\mathrm{C}(\mathrm{ds})$

$\mathrm{LIKE}(\mathrm{Wang},\mathrm{ds})$

应用推理规则进行推理：

$\forall(x)\left[\mathrm{EASY}(x) \to \mathrm{LIKE}(\mathrm{Wang},x)\right] \to \mathrm{EASY}(x) \to \mathrm{LIKE}(\mathrm{Wang},x)$

$\forall(x)\left[\mathrm{C}(x) \to \mathrm{EASY}(x)\right] \to \mathrm{C}(x) \to \mathrm{EASY}(x)$

所以，$\mathrm{C}(\mathrm{ds}),\mathrm{C}(x) \to \mathrm{EASY}(x) \to \mathrm{EASY}(\mathrm{ds})$

所以，$\mathrm{EASY}(\mathrm{ds}),\mathrm{EASY}(x) \to \mathrm{LIKE}(\mathrm{Wang},x) \to \mathrm{LIKE}(\mathrm{Wang},\mathrm{ds})$

自然演绎推理的结构和逻辑步骤清晰明了，使得证明过程能够被直观理解。每一步推理都有明确的前提和结论，易于跟踪和分析，适合教学和学习。它提供了多种推理规则，允许在不同的上下文中灵活选择合适的规则进行推导。这种灵活性使得推理能够适应各种复杂情境。自然演绎推理可以与领域特定的启发式知识相结合，提高推理的效率和准确性。通过引入额外的知识，可以更好地指导推理过程，从而获得更相关的结论。在计算机科学中，自然演绎推理被用来验证程序的正确性和算法的有效性；在数学定理的证明过程中，数学家们通常会从公理、定义和已知定理出发，通过一系列逻辑推理步骤推导出新的定理。

但是，在复杂的推理过程中，随着推理规则和中间结论的增加，可能会导致组合爆炸。这意味着可能的推理路径和中间结论的数量呈指数级增长，从而增加计算复杂性，降低推理效率。由于推理规则的丰富性和灵活性，生成的中间结论数量可能迅速增加。这种现象不仅消耗计算资源，还可能使推理过程变得混乱和难以管理，特别是在处理复杂问题时。

2.3 谓词公式化为子句集方法

谓词公式化为子句集方法是逻辑推理和自动定理证明中的一种技术，主要用于将复杂的谓词逻辑公式转换为一种更加标准化的形式——子句集。这一方法便于逻辑推理、证伪和其他形式的推理操作。

2.3.1 基本概念

原子（atom）谓词公式是逻辑表达式中最基本的单元，不能进一步分解成更简单的命题。它们通常以谓词符号及其参数的形式表示。

文字（literal）是原子谓词公式及其否定的统称。每个原子谓词公式都有一个对应的否定，构成了该公式的正负文字。

子句（clause）是由一个或多个文字的析取（“或”）组成的逻辑表达式。任何形式的文字的析取式都称为子句。

空子句（empty clause）是不包含任何文字的子句，通常记作 NIL。它被认为是永假的，因为没有任何条件能使其为真。空子句在逻辑推理中常用来表示矛盾或推导失败。

子句集（clause set）是由多个子句（可以包含空子句）构成的集合，用于表示整个逻辑系统的语义和推理规则。

2.3.2 子句集化简方法

（1）消去连接词→和↔

反复使用如下等价公式：

$$P \to Q \Leftrightarrow \neg P \vee Q$$
$$P \leftrightarrow Q \Leftrightarrow (P \wedge Q) \vee (\neg P \wedge \neg Q)$$

（2）减少否定符号的辖域

反复使用如下等价公式，把否定符号移到紧靠谓词的位置上：

$\neg(\neg P) \Leftrightarrow P$（双重否定定律）；

$\neg(P \wedge Q) \Leftrightarrow \neg P \vee \neg Q$（德摩根定律）；

$\neg(P \vee Q) \Leftrightarrow \neg P \wedge \neg Q$（德摩根定律）；

$\neg(\forall x) P(x) \Leftrightarrow (\exists x) \neg P(x)$（量词转换律）；

$\neg(\exists x) P(x) \Leftrightarrow (\forall x) \neg P(x)$（量词转换律）。

（3）变量标准化

受不同量词约束的变量有不同的名字。

（4）消去存在量词

若存在量词不出现在全称量词的辖域内（即它的左边没有全称量词），只要用一个新的个体常量替换受该存在量词约束的变元，就可消去该存在量词。

若存在量词位于一个或多个全称量词的辖域内，则需要该全称量词的函词替换受该存在量词约束的变元 y，然后再消去该存在量词。值得注意的是，是否在某个全称量词的辖域，请看化为前束范式之前的等式，且必须是在辖域内，如果是两个共享一个辖域可以交换，不做处理。

（5）化为前束范式

把所有量词都移到公式的左边，并且在移动时不能改变其相对顺序。

（6）化为 Skolem 标准形

Skolem 标准形的一般形式为 $(\forall x_1)(\forall x_2)\ldots(\forall x_n) M(x_1, x_2, \cdots, x_n)$。

$M(x_1, x_2, \cdots, x_n)$ 是 Skolem 标准形的母式，由子句的合取构成。

化为“子句合取”的规则：$P \vee (Q \wedge R) \Leftrightarrow (P \vee Q) \wedge (P \vee R)$。

（7）消去全称量词

母式中的全部变元均受全称量词的约束，全称量词的次序已无关紧要，因此，可以省掉全称量词。

（8）消去合取词

子句合取关系，改用子句集的形式表示出来。$P \wedge Q$ 变化为 $\{P, Q\}$。

（9）子句变量标准化

对子句集中的某些变量重新命名，使任意两个子句中不出现相同的变量名。

例：将下列谓词公式化为子句集。

$$\forall(x)\{[\neg P(x) \vee \neg Q(x)] \rightarrow (\exists y)[S(x, y) \wedge Q(x)]\} \wedge (\forall x)[P(x) \vee B(x)]$$

解：

① 消去蕴含符号：

$$\forall(x)\{\neg[\neg P(x) \vee \neg Q(x)] \vee (\exists y)[S(x, y) \wedge Q(x)]\} \wedge (\forall x)[P(x) \vee B(x)]$$

② 把否定符号移到每个谓词前面：

$$\forall(x)\{[P(x) \wedge Q(x)] \vee (\exists y)[S(x, y) \wedge Q(x)]\} \wedge (\forall x)[P(x) \vee B(x)]$$

③ 变量标准化：

$$\forall(x)\{[P(x)\wedge Q(x)]\vee(\exists y)[S(x,y)\wedge Q(x)]\}\wedge(\forall w)[P(w)\vee B(w)]$$

④ 消去存在量词，设 y 的函数是 $f(x)$，则：

$$\forall(x)\{[P(x)\wedge Q(x)]\vee[S(x,f(x))\wedge Q(x)]\}\wedge(\forall w)[P(w)\vee B(w)]$$

⑤ 化为前束形：

$$\forall(x)(\forall w)\{\{[P(x)\wedge Q(x)]\vee[S(x,f(x))\wedge Q(x)]\}\wedge[P(w)\vee B(w)]\}$$

⑥ 化为标准形：

$$\forall(x)(\forall w)\{\{[Q(x)\wedge P(x)]\vee[Q(x)\wedge S(x,f(x))]\}\wedge[P(w)\vee B(w)]\}$$

$$\forall(x)(\forall w)\{\{Q(x)\wedge[P(x)\vee S(x,f(x))]\}\wedge[P(w)\vee B(w)]\}$$

⑦ 略去全称量词：

$$Q(x)\wedge[P(x)\vee S(x,f(x))]\wedge[P(w)\vee B(w)]$$

⑧ 消去合取词，把母式用子句集表示：

$$\{Q(x),P(x)\vee S(x,f(x)),P(w)\vee B(w)\}$$

⑨ 子句变量标准化：

$$\{Q(x),P(x)\vee S(y,f(y)),P(w)\vee B(w)\}$$

2.4 鲁滨逊归结原理

鲁滨逊归结原理（Robinson's resolution principle）是由鲁滨逊（J. A. Robinson）于 1965 年首先提出。它是归结演绎推理中的一个重要理论，主要用于判断子句集的可满足性。该原理基于子句之间的合取关系，提供了一种有效的推理方法。

鲁滨逊归结原理的核心思想是，在一个子句集中，只要有一个子句不可满足，那么整个子句集就不可满足。这意味着，如果能够找到任何一个子句在特定解释下为假，那么就可以推断出整个子句集不能在该解释下为真。即：

① 检查子句集 S 中是否包含空子句，若包含，则 S 不可满足。

② 若不包含，在 S 中选择合适的子句进行归结，一旦归结出空子句，就说明 S 是不可满足的。

2.4.1 命题逻辑中的归结原理（基子句的归结）

设 C_1 和 C_2 是子句集中的任意两个子句，如果 C_1 中的文字 L_1 与 C_2 中的文字 L_2 互补，

那么可从 C_1 和 C_2 中分别消去 L_1 和 L_2 ，并将 C_1 和 C_2 中余下的部分按析取关系构成一个新的子句 C_{12} ，则称这一过程为归结，称 C_{12} 为 C_1 和 C_2 的归结式。

归结式 C_{12} 是其亲本子句 C_1 和 C_2 的逻辑结论。即如果 C_1 与 C_2 为真，则 C_{12} 为真。

子句集 S 是不可满足的，当且仅当存在一个从 S 到空子句的归结过程。

推论 1：设 C_1 与 C_2 是子句集 S 中的两个子句，C_{12} 是它们的归结式，若用 C_{12} 代替 C_1 与 C_2 后得到新子句集 S_1 ，则由 S_1 不可满足性可推出原子句集 S 的不可满足性，即 S_1 的不可满足性→ S 的不可满足性。

推论 2：设 C_1 与 C_2 是子句集 S 中的两个子句，C_{12} 是它们的归结式，若 C_{12} 加入子句集 S ，得到新子句集 S_1 ，则 S 和 S_1 在语义上是等价的，即 S_1 的不可满足性↔ S 的不可满足性。

2.4.2 谓词逻辑中的归结原理（含有变量的子句的归结）

设 C_1 和 C_2 是两个没有公共变元的子句，L_1 和 L_2 分别是 C_1 和 C_2 中的文字。如果 L_1 和 $\neg L_2$ 存在一个最一般的合一 σ，则称 $C_{12}=\left(\{C_1\sigma\}-\{L_1\sigma\}\right)\cup\left(\{C_2\sigma\}-\{L_2\sigma\}\right)$ 为 C_1 和 C_2 的二元归结式。

谓词逻辑中的归结原理遵循以下三条规则：

① 归结前，消去每个归结式中可以合一的文字；

② 换元消去两个归结式中相同的元素；

③ 一次归结只能消去一个变元。

鲁滨逊归结原理为逻辑推理提供了一种有效的方法，强调了子句集之间的合取关系和可满足性的重要性。对于谓词逻辑，归结式是其亲本子句的逻辑结论。对于一阶谓词逻辑，即若子句集是不可满足的，则必存在一个从该子句集到空子句的归结演绎；若存在一个从子句集到空子句的演绎，则该子句集是不可满足的。如果没有归结出空子句，则既不能说 S 不可满足，也不能说 S 是可满足的。

2.5 归结反演

归结反演是一种通过归结原理证明定理的逻辑推理方法，广泛应用于自动定理证明和逻辑推理中。归结反演的基本思想是将待证明的结论通过反向推理转化为矛盾，并通过一系列归结步骤推导出空子句，进而证明结论的真实性。

归结反演通过构建一个包含已知前提和待解决问题的逻辑子句集，并通过归结原理不断推导出新的子句，直到得到答案。首先，将已知的前提用谓词逻辑公式表示，并将其转化为标准化的子句集。接下来，将待求解的问题转化为谓词公式，并对其进行否定，然后与表示答案的谓词构成析取式。第三步是将问题的子句集与前提的子句集合并，形成一个完整的子句集，利用归结原理对子句集中的子句进行归结。归结是一个反复的过程，直到最终推导出一个表示答案的子句，或者产生矛盾（空子句），从而得出结论。

2.5.1 归结反演证明步骤

用归结反演证明的步骤如下。

① 将已知前提表示为谓词公式 F 。

② 将待证明的结论表示为谓词公式 Q，并否定得到 $\neg Q$ 。

③ 把谓词公式集 $\{F,\neg Q\}$ 化为子句集 S 。

④ 应用归结原理对子句集 S 中的子句进行归结，并把每次得到的归结式并入 S 中（并入 S 中不代表删除归结的原子句）。如此反复进行，若出现空子句，则停止归结，此时就证明了 Q 为真。

例：

某公司招聘工作人员，A 、B 、C 三人应试，经面试后公司表达如下想法：

① 三人中至少录取一人。

② 如果录取 A 而不录取 B ，则一定录取 C 。

③ 如果录取 B ，则一定录取 C 。

求证：公司一定录取 C 。

证明：

① $P(A)\vee P(B)\vee P(C)$ 。

② $P(A)\wedge\neg P(B)\rightarrow P(C)$ 。

③ $P(B)\rightarrow P(C)$ 。

把要求证的结论用谓词公式表示出来并否定，得：

④ $\neg P(C)$ 。

把上述公式化成子句集：

① $P(A)\vee P(B)\vee P(C)$ 。

② $\neg P(A)\vee P(B)\vee P(C)$ 。

③ $\neg P(B)\vee P(C)$ 。

④ $\neg P(C)$ 。

应用归结原理归结①②得到：

⑤ $P(B)\vee P(C)$ 。

应用归结原理归结③⑤得到：

⑥ $P(C)$ 。

应用归结原理归结④⑥得到：

⑦ NIL。

因此，公司一定录取 C。

归结反演的核心在于通过一系列逻辑推理步骤，将复杂的命题推理转化为可操作的形式。通过反复归结，系统地缩小推理空间，直至找到矛盾，从而证明命题为真。这种方法广泛用于逻辑推理、定理证明、专家系统等领域，能够有效处理复杂的逻辑推理问题。

2.5.2 归结反演求解问题步骤

应用归结原理求解问题的步骤如下。

① 已知前提 F 用谓词公式表示，并化为子句集 S ；

② 把待求解的问题 Q 也用谓词公式表示，然后将其否定，并与谓词 ANSWER 构成析

取式$(\neg Q \vee \text{ANSWER})$；

③ 把$(\neg Q \vee \text{ANSWER})$化为子句集，并入到$S$中构成新子句集$S'$；

④ 对子句集S'应用谓词归结原理进行归结；

⑤ 如果得到归结式ANSWER，则问题的答案就在ANSWER中。

例：

任何兄弟都有同一个父亲，John 和 Peter 是兄弟，且 John 的父亲是 David，问 Peter 的父亲是谁？

解：

第一步：将已知条件用谓词公式表示出来，并化成子句集，那么要先定义谓词。

定义谓词：

设$\text{Father}(z,x)$表示z是x的父亲。

$\text{Brother}(x,y)$表示x和y是兄弟。

将已知事实用谓词公式表示出来：

F_1：任何兄弟都有同一个父亲。

$(\forall x)(\forall y)(\forall z)\{\text{Brother}(x,y) \wedge \text{Father}(z,x) \rightarrow \text{Father}(z,y)\}$

F_2：John 和 Peter 是兄弟。

$\text{Brother}(\text{John},\text{Peter})$

F_3：John 的父亲是 David。

$\text{Father}(\text{David},\text{John})$

将它们化成子句集得：

$S_1=\{\sim\text{Brother}(x,y) \vee \sim\text{Father}(z,x) \vee \text{Father}(z,y)$,

$\text{Brother}(\text{John},\text{Peter}),\text{Father}(\text{David},\text{John})\}$

第二步：把问题用谓词公式表示出来，并将其否定与谓词ANSWER作析取。

设 Peter 的父亲是u，则有：$\text{Father}(u,\text{Peter})$。将其否定与ANSWER做析取，得$G:\sim\text{Father}(u,\text{Peter}) \vee \text{ANSWER}(u)$。

第三步：将上述公式G化为子句集S_2，并将S_1和S_2合并到S。

$S_2=\{\sim\text{Father}(u,\text{Peter}) \vee \text{ANSWER}(u)\}$

$S=S_1 \cup S_2$

S中各子句如下：

① $\sim\text{Brother}(x,y) \vee \sim\text{Father}(z,x) \vee \text{Father}(z,y)$。

② $\text{Brother}(\text{John},\text{Peter})$。

③ $\text{Father}(\text{David},\text{John})$。

④ $\sim\text{Father}(u,\text{Peter}) \vee \text{ANSWER}(u)$。

第四步：应用归结原理进行归结。

⑤ $\sim\text{Brother}(\text{John},y) \vee \text{Father}(\text{David},y)$，①与③归结$\sigma=\{\text{David}/z,\text{John}/x\}$。

⑥ $\sim\text{Brother}(\text{John},\text{Peter}) \vee \text{ANSWER}(\text{David})$，④与⑤归结$\sigma=\{\text{David}/u,\text{Peter}/y\}$。

⑦ $\text{ANSWER}(\text{David})$，②与⑥归结。

第五步：得到了归结式$\text{ANSWER}(\text{David})$，答案即在其中，所以 u=David。即 Peter

的父亲是 David。

2.5.3 归结反演的应用与局限性

归结反演方法不仅适用于定理证明，还广泛应用于各种基于规则的推理系统中。在专家系统中，归结反演可以用于推理复杂的诊断过程或决策过程；在数据库查询中，它可以用于推导复杂的查询结果。其灵活性和可扩展性使得归结反演能够处理各种规模的逻辑推理问题，特别是在处理复杂和多层次的逻辑推理时尤为有效。

归结反演的局限性在于，它依赖于将问题转化为标准化的逻辑子句集，这一过程对于非常复杂的自然语言表达式或模糊的逻辑表述可能存在一定难度。此外，归结过程本身也可能会产生大量的中间结果，导致推理效率下降，尤其是在处理大型逻辑系统时，推理的复杂度可能呈指数增长。因此，在实践中，归结反演往往需要结合启发式方法或者剪枝策略，以提高推理效率。

2.6 产生式系统

产生式系统（production system）是一种基于产生式规则的知识表示和推理框架，最早由波斯特（Post）于 1943 年提出。它通过规则对符号串进行替换，以实现知识的处理和推理。该系统在 1965 年被纽厄尔和西蒙应用于人类认知模型的构建，同时斯坦福大学也利用其框架开发了首个专家系统 DENDRAL。产生式系统主要用于描述不同的系统，这些系统都基于一个核心概念：产生式规则或条件-动作对。

在产生式系统中，知识被分为两大类：静态知识和动态推理。静态知识用事实来表示，包括事物、事件及其关系；而动态推理则通过产生式规则来实现。这些系统通常被称为基于规则的系统（rule-based system），其优势在于自然直观的表达方式、便捷的推理能力、模块化的处理以及灵活的表示能力。因此，产生式系统在多个领域获得了广泛应用。然而，由于求解效率较低和无法有效表示复杂结构性知识，这类系统在处理复杂问题时存在一定的局限性。

2.6.1 基本概念

产生式系统由以下三个主要组成部分构成。

① 总数据库。又称为全局数据库、上下文或黑板，用于存储求解过程中所需的各种信息，如初始状态、事实、推理结论和最终结果。当产生式规则的前提条件与总数据库中的事实匹配时，该规则便被激活，并将其结论作为新事实存入总数据库。

② 产生式规则。是规则库中存放的知识集合，通常以“IF 前提 THEN 结论”的形式表达。这些规则描述了在特定条件下应采取的操作。规则库的完整性和一致性对系统的效率和性能至关重要。

③ 控制策略。作为推理机制，由一组程序组成，负责控制产生式系统的运行。这一部分的主要任务包括选择与当前事实匹配的规则、处理多条匹配规则的冲突、执行规则操作并修改总数据库，最终实现问题的求解。

例：请给出八数码难题的产生式系统表示。给定一个九宫格，只有最后一行中间的格子被空出，其余八个格子无顺序且不重复地分布着 1～8 这八个数字，每次只能将数字移动一个位置，希望最后能达到顺序摆放并且只空出中间格的状态。

解：

① 总数据库：以状态为节点的有向图；状态描述：3×3 的矩阵。

② 产生式规则（更类似于移动限制）：

- IF<空格不在最左边>THEN<左移空格>；
- IF<空格不在最右边>THEN<右移空格>；
- IF<空格不在最上边>THEN<上移空格>；
- IF<空格不在最下边>THEN<下移空格>。

③ 控制策略：

按照“上、下、左、右”的顺序移动空格。

产生式系统的运行机制通常分为以下几个步骤。

① 匹配。当前数据库中的事实与规则的条件部分进行比较。如果匹配成功，规则便被触发。

② 冲突解决。当多个规则的条件部分同时满足时，系统需要决定优先使用哪条规则，这一过程称为冲突解决。

③ 操作。执行选定规则的操作部分，从而修改当前数据库，可能产生新的事实，使得其他规则的条件得以满足。

2.6.2　产生式系统的分类

产生式系统可以分为正向产生式系统、反（逆）向产生式系统、双向产生式系统。

（1）正向产生式系统（数据驱动控制）

总数据库：用状态描述。

产生式规则：F 规则-状态产生新状态。

从初始状态出发，不断地应用 F 规则，直到产生目标状态为止。

适用条件：初始节点数≤目标节点数。

（2）反（逆）向产生式系统（目标驱动控制）

总数据库：用目标描述。

产生式规则：B 规则-目标产生子目标。

从目标状态出发，利用反向的产生式规则（B 规则）不断地产生子目标，直到产生出与初始状态相同的子目标为止。

适用条件：初始节点数≥目标节点数。

（3）双向产生式系统

总数据库：既有初始状态描述，又有目标状态描述。

产生式规则：既有 F 规则，又有 B 规则。正向产生式规则用在初始方向的状态描述上，反向产生式规则用在目标状态描述上。从目标状态出发，利用反向的产生式规则（B 规则）不断地产生子目标，直到产生出与初始状态相同的子目标为止。

控制系统：判断选 F 规则还是 B 规则；判断已经产生的状态和目标是否能以某种方式匹配，从而满足结束条件。

结束条件：中间汇合时的状态。

适用条件：初始节点数与目标节点数都很多。

2.6.3 其他产生式系统

（1）可交换的产生式系统

在某些产生式系统中，规则应用的次序对产生的状态无影响，即从初始状态到目标状态不依赖规则次序，因此可应用不可撤回式控制策略，从而提高了产生式系统的效率，这类产生式系统就是可交换的产生式系统。举例：基于归结方法的产生式系统。

主要特征如下。

① 每一条对 D 可应用的规则，对于对 D 应用一条可应用的规则后所产生的状态描述仍是可应用的（可应用性）；

② 如果 D 满足目标条件，则对 D 应用任何一条可应用的规则所产生的状态描述也满足目标条件（可满足性）；

③ 对 D 应用一个由可应用于 D 的规则所构成的规则序列所产生的状态描述不因序列的次序不同而改变(无次序性)。

例：一个产生式系统是以整数的集合作为总数据库，新的数据库可通过把其中任意一对元素的乘积添加到原数据库的操作来产生。将某一个整数子集的出现作为目标条件，试说明该产生式系统是可交换的。

① 该产生式系统以整数的集合为总数据库，其规则是将集合中的两个整数相乘后加入数据库中。由于原来数据库是新数据库的子集，所以原来的规则在新数据库中均可以使用。所以满足可交换产生式系统的第一条性质。

② 该产生式系统以某个整数子集的出现为目标条件，由于规则执行的结果只是向数据库中添加数据，如果原数据库中已经满足目标了，即出现了所需要的整数子集，规则的执行结果不会破坏该整数子集的出现，那么新的数据库仍然会满足目标条件。满足可交换产生式系统的第二个性质。

③ 设 D 是该产生式系统的一个总数据库。对 D 施以一个规则序列后，得到一个新的数据库 D' 。该规则序列中的有些规则是可以应用于 D 的，这些规则用 R_1 表示。有些规则是不能应用于 D 的，这些规则用 R_2 表示。由于 R_1 中的规则可以直接应用于 D，所以 R_1 中规则的应用与 R_2 中规则的执行结果无关，也与 R_1 中其他规则的执行无关。所以可以认为，先将 R_1 中所有的规则对 D 应用，然后再按照原来的次序应用 R_2 中的规则。因此对于本例的情况，这样得到的总数据库与 D' 是相同的。而由于 R_1 中一条规则的执行与其他的规则无关，所以 R_1 中规则的执行顺序不会影响到最终的结果。因此满足可交换产生式系统的第三个条件。

（2）可分解的产生式系统

能够把产生式系统总数据库的状态描述分解为若干组成部分，产生式规则可以分别用在各组成部分上，并且整个系统的终止条件可以用各组成部分的终止条件表示出来的产生式系统，称为可分解的产生式系统。

在执行过程中，产生式系统的控制策略根据预设的标准选择适用的规则，使得知识的推理和应用得以高效进行。产生式系统通过清晰的结构和规则引导知识的推理过程，广泛应用于人工智能、专家系统和认知模型等领域。虽然它在复杂系统求解中存在一定的局限性，但凭借其模块化设计和直观的表达方式，依然是知识表示和推理的重要工具。

2.7 非单调推理

非单调推理是相较于传统的单调推理的一种重要推理方式，特别适用于处理不完全信息、动态变化和复杂假设等现实问题。在传统的逻辑系统中，推理的单调性意味着已知为真的命题不会因新命题的引入而失效。这一特性在某些情况下固然有其优势，但也导致了在许多实际应用中的局限性。

单调推理基于谓词逻辑的框架，允许引入新命题和证明新定理，而这些操作不会对现有真命题造成影响。这一特性在许多场合下可以简化推理过程。例如，增加一个新命题时，无需担心与现有知识的矛盾，这样就省去了对一致性的检查。此外，已证明的命题不必保留命题表，因为不会有命题被撤回。

然而，这种推理方式也存在明显缺陷。首先，在现实世界中，信息往往是不完全的，许多情况无法用单一的真命题进行描述。其次，现实世界是动态变化的，过去的知识可能在新的环境中失效。最后，在复杂问题的求解过程中，假设的生成和撤回变得尤为重要，而单调推理无法有效处理这些情况。

非单调推理则允许在面对不完全或动态的信息时，做出合理的假设和推断。这种推理的灵活性体现在其允许撤销之前的推理结果。例如，当获取新的信息后，先前基于假设得出的结论可能不再成立，这一过程即为非单调推理的核心特征。

2.7.1 缺省推理

缺省推理（default reasoning，也称为默认推理）是非单调推理的一个重要类型。当系统缺乏某一信息时，若没有相反的证据，就可以做出一定的推测。例如，假设你到朋友家做客，路过花店时可能会假设“你的朋友喜欢花”，这一假设基于一般规律，即大多数人喜欢花。然而，如果随后发现你的朋友对花过敏，那么这一假设便需要被撤回。

缺省推理的形成依赖于对一般规律的应用，而这些规律往往是基于经验或常识。例如，“大多数人喜欢花”“大多数狗有尾巴”等，都是常见的缺省推理基础。这种推理方式的灵活性使得在信息不完全的情况下仍能够进行合理推断。

在缺省推理中，有两种主要形式：最可能选择和约束推理。

最可能选择指在不完全知识的条件下，选择最有可能为真的情况。比如，当不知道某个朋友是否喜欢特定类型的食物时，可以基于普遍的经验做出推测。

约束推理则要求在能够证明某些对象具备特定属性时，才能认为它们具备该属性。以“划船过河”为例，求解过程可能涉及许多潜在的障碍，如缺乏船桨、船漏水等。在这种情况下，系统不必去验证所有可能的问题，而是可以假设只有那些被明确证明为真的信息才是有效的，从而推进推理过程。

在非单调推理中，知识并不是完全确定的，很多情况下，系统只能基于已知信息进行推断。例如，如果系统已知某个命题 X 不能被证明，那么它可以得出结论 Y。此时，推理的有效性并不依赖于对所有信息的绝对掌握，而是依赖于已知信息的推理能力。这种不完全性在逻辑系统中带来了新的挑战，因为在某些情况下，如何判定某个命题是否可被证明是不可判定的。因此，非单调推理的定义可以被重新考虑为：如果在某个特定时间内无法证明 X，则可以推断 Y。

在一个快速变化的世界中，完全知识的状态不会持久存在。这引出了框架问题，即如何有效管理和描述动态变化的状态。框架问题强调了在每次状态改变时，系统需要不断更新其知识库，以适应新的环境条件。在处理这种动态变化时，非单调推理表现出更大的灵活性。系统可以取消不再有效的命题，并用更为准确的信息替代它们。这种动态更新的能力使得非单调推理能够更好地适应现实世界的复杂性。

2.7.2 真值维持系统

真值维持系统（truth maintenance system，TMS）是一种用于支持推理过程的非单调推理系统，旨在维持知识库中的信息一致性。与传统的推理系统不同，TMS 并不专注于生成新的结论，而是专注于保持已生成命题之间的相容性。当新的信息或证据引入时，TMS 会识别并处理不相容的命题，通过回溯和调整信念集来恢复一致性。其核心在于对知识库中的命题进行有效管理，以便在动态变化的环境中保持其有效性和可靠性。

在 TMS 中，每个命题或规则被称为节点，这些节点的状态可以是两种之一：IN（被认为是真）或 OUT（不被认为是真，或没有理由相信）。节点的状态决定了其在推理过程中的有效性和可靠性。每个节点都配备了一张证实表，记录证实节点有效性的不同方式。

IN 节点：至少有一个有效的证实节点，意味着当前存在支持其为真的理由。

OUT 节点：当前没有有效证实，意味着缺乏支持其为真的理由。

这种结构允许系统在缺乏直接证据时，依赖推理链中的其他节点进行判断。尽管 OUT 节点看似无用，但它们的保留对于未来可能的推理至关重要。

在非单调推理中，假设和推断往往是基于初始的 IN 节点建立的。然而，随着新信息的出现，初始节点可能会变成 OUT，导致基于其推理的其他节点也必须更新为 OUT。此时，保留这些 OUT 节点显得尤为重要，因为一旦原始节点重新变为 IN，之前依赖于它的推理链可以迅速恢复，无需重新生成。这种机制保证了知识库的高效管理，减少了不必要的计算和推理。

TMS 的关键在于如何有效地管理节点的证实。每个节点都有一个证实表，分为支持表（support list，SL）和条件证明（conditional proof，CP）。

（1）支持表[SL（IN-节点）（OUT-节点）]

SL 用于表示一个节点的有效性依赖于其他节点的状态。如果所有在 IN 表中的节点均为 IN，且在 OUT 表中的节点均为 OUT，则该节点被视为有效。SL 能直观地展示节点之间的依赖关系。

例如，下述节点：

① 现在是冬天[SL()()]；

② 天气是寒冷的[SL①()]。

节点①的 SL 证实的 IN 表和 OUT 表为空，表明它不依赖于任何其他节点中当前的信念或缺少信念。这类节点称为前提。而节点②的 SL 证实的 IN 表中已含节点①。这说明导致节点②可信任结论的推理链依赖于当前在节点①的信念。如果在将来某个时刻，TMS 除掉了节点②的前提节点①，那么，由于节点②失去了依据，因而也要从 IN 表中除去。

（2）条件证明[CP（结论）（IN-假设）（OUT-假设）]

CP 用于表示具有前提条件的结论。若所有 IN 假设节点均为 IN，而 OUT 假设节点均为 OUT，则结论节点被认为是有效的。条件证明的处理较为复杂，因为它需要考虑多个前提之间的相互关系。

条件证明（CP）的证实表示有前提的论点。无论何时，只要在 IN 假设中的节点为 IN，OUT 假设中的节点为 OUT，则结论节点往往为 IN。于是，条件证明的证实有效。处理 CP 比 SL 更难。事实上，TMS 是通过把它们转换成 SL 证实来进行处理的。TMS 将显式证实与当前相信为真（即在 IN 表上）的命题一起存储。当查出不相容时，它只消除必须删去者。如前所述，此过程称为面向从属关系的回溯。

总而言之，非单调推理特别适用于处理复杂问题，例如在知识表示、人工智能和决策支持系统中，它能够灵活应对不断变化的环境。其实际应用涵盖了许多领域，如自然语言处理、机器学习和智能决策系统等。它不仅能够帮助系统在动态环境中保持知识的一致性，还能提高推理的灵活性和适应性。这种推理机制模拟了人类在面对不确定性时的思维方式，使得人工智能系统能够更好地理解和应对现实世界的复杂性。综上所述，非单调推理为处理信息变化和不确定性提供了一种强有力的工具，是智能系统设计和实现中的关键组成部分。

2.7.3　非单调推理的优势与局限性

非单调推理在人工智能和知识表示领域扮演着重要的角色，其主要优点在于能够灵活处理不完全信息和不断变化的知识环境。与传统的单调推理系统相比，非单调推理允许推理过程中的信念和假设在新信息出现时进行调整和撤回。这一特性使得非单调推理特别适用于现实世界中的许多应用场景，例如医疗诊断、法律推理和动态系统建模。在这些场景中，信息往往是局部的、不确定的或随时间变化的，非单调推理能够通过缺省推理和框架问题等方法灵活应对这些挑战。此外，非单调推理提供了一种有效的方式来生成和维护假设，使得系统能够在不确定条件下进行推理，从而提高决策的质量和准确性。

然而，非单调推理也存在一些显著的缺点，主要体现在其复杂性和不确定性方面。首先，非单调推理的逻辑框架通常比单调推理复杂，这使得设计和实现非单调推理系统变得更加困难。推理过程可能涉及多个假设和信念的相互作用，导致系统在面对冲突或不一致信息时的处理变得复杂。其次，非单调推理依赖于当前信息的有效性和可靠性，这意味着在信息不完整或不准确的情况下，推理结果的可信度可能会受到影响。此外，由于非单调推理的撤销机制，某些之前被认为有效的推理可能在新的信息出现时被推翻，从而导致信念的不稳定性。这种不确定性可能使得系统的推理过程难以预测和控制，进而影响到决策的可靠性。因此，尽管非单调推理在处理复杂和动态问题方面具有优势，但其内在的复杂性和不确定性仍然是应用中的重要挑战。

第2篇

行为主义人工智能

行为主义（behaviorism），又被称为行为论，是心理学中的一种理论学派，主张通过可观察和可直接测量的行为来研究心理现象，而不是研究那些无法被科学证据支持的内在意识。行为主义的核心思想认为，个体，无论是人类还是动物，其所有行为都是对外界环境刺激的反应，并且这些反应是由个体过去的经验所塑造的结果。具体而言，个体的行为是受其所处环境中的激励、惩罚、刺激及其行为结果所引发的强化机制影响的。人工智能的发展过程中，逐步吸收了行为主义的这些观点，形成了一种被称为行为主义人工智能的独特领域。

行为主义作为心理学的一大理论流派，最早起源于20世纪初期，由约翰·华生（John B. Watson）和B.F.斯金纳（B. F. Skinner）等心理学家所提出。行为主义心理学认为，心理学研究的对象应该是那些能够被直接观察和测量的外在行为，而不是难以直接研究的主观内在心理状态。华生在其经典的刺激-反应（stimulus-response theory，S-R）理论中，提出了行为是对外部刺激的自动反应，而不涉及意识或认知的参与。斯金纳则进一步提出了操作性条件反射理论，提出通过正强化（奖励）和负强化（惩罚）可以有效地塑造个体的行为。在这方面，巴甫洛夫的狗实验作为行为主义心理学的经典案例，被广泛引用以说明刺激与反应的关系。

随着行为主义思想的传播和影响，它对人工智能的发展也产生了深远的启示。20世纪中期，许多计算机科学家受到行为主义理论的启发，开始思考如何从行为主义的视角来开发能够自主学习和行动的机器。他们认为，机器可以通过与环境的持续互动，逐步学习无需通过知识表示和推理的智能行为。早在1948年，诺伯特·维纳（Norbert Wiener）就在他的著作《控制论》中首次指出："控制论是基于自控理论、统计信息论和生物学发展的学科，机器的自适应、自组织和自学习能力是由系统输入输出的反馈行为所决定的。"这一理论标志着行为主义在控制论中的引入，并为后续的行为主义人工智能研究奠定了基础。

行为主义人工智能的崛起可以追溯到20世纪50年代，当时研究人员通过模拟动物和人类的学习过程来开发智能系统。然而，那个时期的人工智能研究主要集中在符号主义范式上，通过符号和规则构建智能系统的框架。尽管如此，行为主义思想并未消失。20世纪60年代，艾伦·纽厄尔（Allen Newell）和赫伯特·西蒙（Herbert A. Simon）提出了"通用问题解决器"（general problem solver），体现出对行为的更多关注。与此同时，随着退火算法、粒子群算法等模拟生物群体智能的算法逐步被提出，行为主义的影响也在持续扩大。特别是斯金纳提出的操作性条件反射理论，为强化学习（reinforcement learning）的发展提供了重要理论支持。强化学习通过与环境交互，依靠试错和反馈的过程，逐步学习如何在复杂环境中执行特定任务。

行为主义人工智能的核心观点在于，智能行为是主体与其周围环境持续交互的结果。通过对复杂行为进行分解，可以将其视为多个简单行为的组合，并可通过逐步迭代和反馈不断优化。与符号主义依赖于先验知识不同，行为主义人工智能不需要大量的知识表示，也不依赖于联结主义所需要的庞大样本数据，而是通过持续的环境刺激和反馈强化，逐渐形成适应复杂、不确定和非结构化环境的智能行为。

进入20世纪90年代，强化学习进一步发展，Q-learning和策略梯度（policy gradient）等技术逐渐成为主流，推动了行为主义人工智能的广泛应用。在这一时期，行为主义人工智能打破了符号主义的主导地位，特别是在那些需要自主决策和适应复杂环境的任务中表现出了显著的优势。行为主义思想强调，智能个体必须通过与真实环境的持续交互，逐渐学习如何处理各种复杂情况，从而在未知环境中进行有效操作。目前，行为主义人工智能的实现途径主要有两种：进化计算和强化学习。这两种方法通过不同的方式，使个体能够在与环境的持续交互中学习并优化行为。

随着深度学习和大数据技术的发展，行为主义人工智能在现代人工智能领域焕发了新的生命力。特别是深度强化学习的兴起，它将深度神经网络与强化学习相结合，使得智能系统能够在复杂的环境中学习并执行高效的策略。最具代表性的案例之一是谷歌DeepMind团队开发的AlphaGo，其通过深度强化学习技术，在围棋比赛中击败了人类世界冠军，充分展示了行为主义人工智能在复杂策略游戏中的潜力与应用前景。

行为主义人工智能的应用范围不仅限于围棋这样的复杂策略游戏，它还广泛应用于自主系统、智能交通管理、金融交易等领域。行为主义的方法论不仅模仿人类行为，还能够通过学习应对从未见过的模式或策略，适应新环境，这使得它在复杂、不确定环境下的应变能力尤为突出。

大量的实际任务都可以看作是搜索任务。如最优解问题，可以看作是在大量的参数组合中搜索最佳的参数。再如路径规划问题中寻找最佳的路径。在本篇中，我们将从搜索策略引入，逐步介绍相应的算法，详细探讨行为主义在人工智能领域的发展历程、关键概念以及它在现代人工智能研究中的重要地位。

第3章

搜索策略

3.1 搜索概念

搜索是人工智能领域中解决问题的核心方法之一。通过搜索，我们可以从初始状态逐步寻找一系列步骤，最终到达目标状态。广义地讲，寻找最优解也可以看作一个搜索问题。搜索问题的基本结构可以被简化为：如何在给定的初始状态和目标状态之间，通过合理的步骤或行动，将系统从起点成功引导至终点。这个过程包含了几个关键概念：状态表示、状态空间、目标状态和搜索策略。

① 状态表示。问题的每一个可能情况或配置都可以表示为一个状态。状态的表示方法取决于具体问题的性质。例如，在八数码问题中的状态可以表示为3×3矩阵，其中包含数字1到8和一个空格。

② 状态空间。问题的所有可能的状态及其之间的转换关系组成的结构化空间，通常使用图或树来表示。在状态空间中，节点代表系统的状态，边代表状态之间的合法转换。状态空间的规模可以非常庞大，例如八数码问题的状态空间包含数十万种状态。

③ 目标状态。问题最终需要达到的状态。在八数码问题中，目标状态是所有方块按照升序排列，并且空格位于特定位置。

④ 搜索策略。如何在状态空间中选择下一步行动的规则或算法。搜索策略的有效性直接影响问题求解的效率与速度。好的搜索策略可以有效降低计算成本，快速找到解决方案，尤其是在资源有限的情况下。

根据上述四个概念，搜索问题的求解过程实际上是一个在状态空间中寻找最优路径或最优状态的过程。根据具体的应用场景，问题的规模和复杂度可能会大大不同，这就要求我们选择合适的搜索策略来导航这个状态空间。

3.1.1 状态空间的搜索策略

状态空间是将问题的所有可能状态及其转换关系表示为一个结构化的空间，是问题的所有可能状态及其之间的转换关系的集合，通常被表示为有向图或树，图或树由节点和边构成。节点代表系统的一个状态。边代表从一个状态到另一个状态的转换，通常由动作或操作导致。路径是从初始状态到目标状态的一系列边的集合。这种表示法能够系统化地描述问题的所有可能发展路径，从而为搜索策略提供基础。而状态空间的搜索策略决定了在这个图或树结构中如何进行导航和扩展，以高效地找到目标状态。

一般而言，搜索策略可以分为盲目搜索策略和启发式搜索策略两大类。盲目搜索策略也称为无信息搜索策略。这种策略不依赖于问题的具体信息，纯粹通过宽度或深度探索所有可能路径。例如，宽度优先搜索（BFS）和深度优先搜索（DFS）都是典型的盲目搜索策略。

启发式搜索策略利用启发信息来指导搜索过程，从而提高搜索效率。常见的启发式搜索算法包括 A*算法和贪婪最佳优先搜索。这些算法依赖于启发函数，以帮助评估当前状态距离目标状态的“估计代价”，并优先探索那些看似更有希望的路径。

3.1.2 状态空间的图描述

状态空间可以通过图（graph）来直观地表示。在图结构中，节点表示系统的状态，边则代表状态之间的转换。这种图可以是有向的（directed graph），也可以是无向的（undirected graph）。在有向图中，边的方向代表状态转换的方向性。

如图 3-1 中有六个节点，表示状态空间由六种状态构成。节点之间的边及箭头表示了状态的转换关系。A 到 B 的转变是单向的，即只能从 A 状态变化到 B 状态，而不能从 B 状态变化到 A 状态。而 A 到 C 的转变是双向的，表明两种状态可以相互转换。

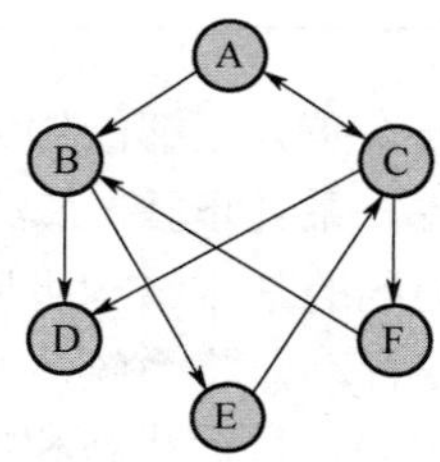

图 3-1 状态空间的图描述示意图

此外，状态空间的边可能会带有权重（weighted graph），表示从一个状态转移到另一个状态的代价或成本。这些代价可能是移动次数、距离、能量消耗等。在这种情况下，找到最优路径的目标就是找到权重最小的路径。

在实际问题中，状态空间可能存在环（cycles），即可能回到已经访问过的状态，如图 3-1 的 B→E→C→F→B。识别并处理这些环是优化搜索算法的重要步骤。在某些情况下，问题的状态空间可能是无环的（acyclic graph），例如某些逻辑推理问题。

通过对状态空间进行合理的图描述和分析，我们可以更好地理解问题的性质，并选择合适的搜索策略来找到高效的解决方案。

图涉及的概念具体内容如下：

节点（vertices）：表示系统的状态或配置。

边（edges）：表示状态之间的转换，通常与操作或动作相关联。可以是有向的（directed），也可以是无向的（undirected）。有向图中，边的方向表示状态转换的方向。根据图的性质，可以对问题进行更深入的分析，例如确定是否存在环（cycles），路径是否唯一，以及如何最优地搜索图。

有向图（directed graph）：状态空间通常是一个有向图，因为状态转换具有方向性。

有权图（weighted graph）：某些状态空间的边可能有权重（即转换代价或成本）。例如，路径的能量消耗、路径的距离等，这种权重可以帮助确定最优路径。

环（cycles）和无环图（acyclic graph）：状态空间中可能存在环（例如在迷宫问题中可能回到已经访问过的状态）。在某些情况下，状态空间是无环的，例如有些逻辑推理问题不允许重复状态。

3.1.3　八数码问题

为了更清晰地理解上述这些概念，下面通过经典的八数码问题（eight puzzle）来进一步说明。八数码问题是一种拼图游戏的数学抽象。在一个拼图游戏中有 3×3 的方格，其中 8 个方格内有带有图案的小方块，它们可以拼成一个完整图案。在玩的时候，先随机打乱，然后通过滑动小方块调整位置，最终拼成完整图案。玩家需要考虑如何最快即用最少的滑动次数拼好拼图。

这个游戏就是经典的八数码问题。在这个问题中，玩家通过滑动方块，将一个 3×3 的方格内的数字方块排列成特定顺序。我们可以将每一个小方块用一个数字表示，缺口用 0 表示。于是在一次游戏中，八数码问题的初始状态和目标状态可以表示为图 3-2。

2	8	3
1	6	4
7		5

(a) 初始状态

1	2	3
8		4
7	6	5

(b) 目标状态

图 3-2　八数码问题

于是八数码问题的每一种可能的情形都可以用一个 3×3 的矩阵来表示，这就是该问题的状态表示。3×3 的矩阵的所有可能排列组合的集合即为该问题的状态空间。由于八数码问题有 9 个位置（包含 8 个数字和 1 个空格），因此状态空间的大小为 9!（9 的阶乘，362880 种可能性），但实际上，由于一些排列是不可达的（不可通过合法移动从初始状态达到），状态空间的实际大小约为 181440 种状态。目标状态是问题希望达到的状态，即最终的解。在八数码问题中，目标状态是将所有数字方块按升序排列，空格位于特定位置。目标状态在图 3-2 中已经给出。如何从初始状态到达目标状态，就需要具体的搜索策略，目前已经有了多种搜索策略，不同的搜索策略有不同的特点和应用场景。下面就一些基本策略做简单介绍。

3.2 盲目搜索策略

盲目搜索策略（uninformed search strategies，USS），也被称为无信息搜索策略，它不依赖于任何领域的知识或启发信息。这意味着在搜索过程中，算法不会使用关于目标状态的任何额外信息，而是基于状态空间的结构进行遍历。由于不考虑目标状态的具体位置或路径成本，盲目搜索策略通常需要探索大量无效的路径，效率较低。然而，这种方法的优势在于简单且适用于任何问题，无需特定领域知识。常见的盲目搜索策略包括宽度优先搜索（BFS）、深度优先搜索（DFS）、迭代深化深度优先搜索（IDDFS）、一致代价搜索（uniform-cost search）和回溯策略。

3.2.1　宽度优先搜索

宽度优先搜索（breadth-first search，BFS）的核心思想是从初始节点出发，逐层遍历状态空间。算法首先判断当前节点是否为目标节点，如果是则结束搜索。如果不是，则扩展当前节点的所有子节点，并将这些子节点加入队列，依次检查这些子节点是否为目标节点。该过程将继续直到找到目标节点或遍历完所有可能的状态。

在八数码问题中，如图 3-3 所示，与初始状态相连的子节点即将初始状态中的 8 下移或 5 右移后达到的状态，然后再探索操作后的状态的后续状态，逐步深入，直到找到最终解。在八数码这个例子中，从初始状态通过 3 步操作到达目标状态。其路径①→②→⑤→⑨为最短路径。

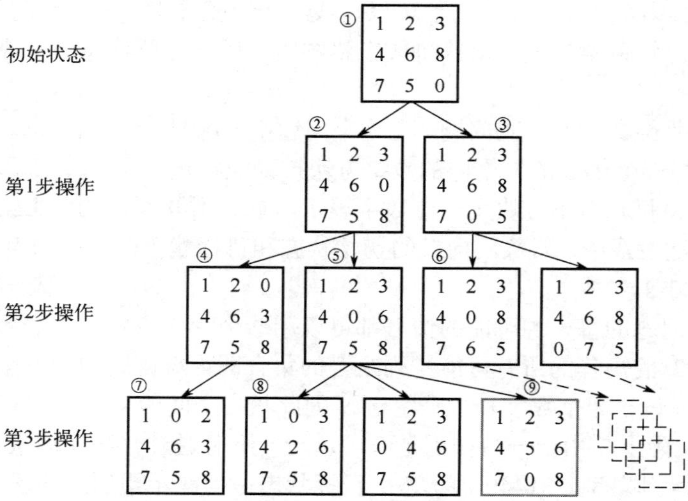

图 3-3　八数码问题搜索示意图

从求解过程中我们会发现，宽度优先搜索每一步操作都将所有可能的路径寻找一遍，直到某一步操作时某一条路径到达目标状态。该方法的一个显著优势是，如果目标状态存在，该方法一定能够找到最短路径，因为它按层次逐步扩展状态空间，直到目标状态出现。然而，宽度优先搜索的缺点是空间复杂度较高，因为每次都需要存储所有已探索的节点，这在状态空间较大时会占用大量内存。因此，它适用于状态空间较小且要求最优解的情况。

3.2.2 深度优先搜索

深度优先搜索（depth-first search，DFS）的核心思想是沿着一条路径尽可能深入探索，直到达到叶节点或无法继续，然后回溯到上一个未完全搜索的节点，继续探索另一条路径。与宽度优先搜索不同，深度优先搜索优先考虑深入，而不是宽度优先的层次结构。

我们还是用图 3-3 八数码问题举例，因为八数码问题可以一直移动，其深度可以是无限的，这里我们假设问题的深度为 3。按某种规则，首先搜索①→②→④→⑦，由于④没有更多子节点，回溯到②，②还有子节点⑤，于是搜索①→②→⑤→⑧，然后回到节点⑤，搜索⑤的其他子节点，最后找到路径①→②→⑤→⑨。

我们刚才假设问题的深度为 3，但实际上，在八数码问题中，操作可以无限进行下去，也就是说对于某些问题而言，深度可能是无限的。深度优先搜索策略中如何解决这个问题呢？有两种方案：一种是检测循环路径，即每次操作后，回顾新的状态（节点）是否已经出现在路径中，如果是，则停止该路径的搜索，回溯到重复出现的状态（节点）的上一状态（节点）；另一种方法是设定最大搜索深度，当搜索达到该深度时停止探索，并回溯到上一层的状态（节点）。

对于八数码问题，理论表明，实际上从初始状态到目标状态最多需要 31 步，也就是规定最大搜索深度为 31 即可。但是有许多问题，一开始并不知道深度设定为多少合适。设定的深度太小，可能就找不到从初始状态到目标状态的路径。设定的深度太大，计算量就会太大。因此对经验的要求就比较高。

深度优先搜索策略相较于宽度优先搜索而言，其优势在于深度优先搜索不需要记录很多信息，因此内存消耗较小，其劣势则是找到的是较早出现的解，而可能不是最优解，因此，该策略适用于路径较深或解空间较大且不要求最优解的情况。

3.2.3　迭代深化深度优先搜索

迭代深化深度优先搜索（图 3-4）结合了深度优先搜索和宽度优先搜索的优点。迭代深化深度优先搜索在每一轮搜索时设定一个最大搜索深度，然后使用深度优先搜索在该深度范围内进行探索。如果在该深度范围内未找到解，迭代深化深度优先搜索会将深度限制增加，并再次使用深度优先搜索进行探索。通过这种方式，迭代深化深度优先搜索能够避免深度优先搜索陷入无限循环，同时保留了宽度优先搜索保证最优解的能力。

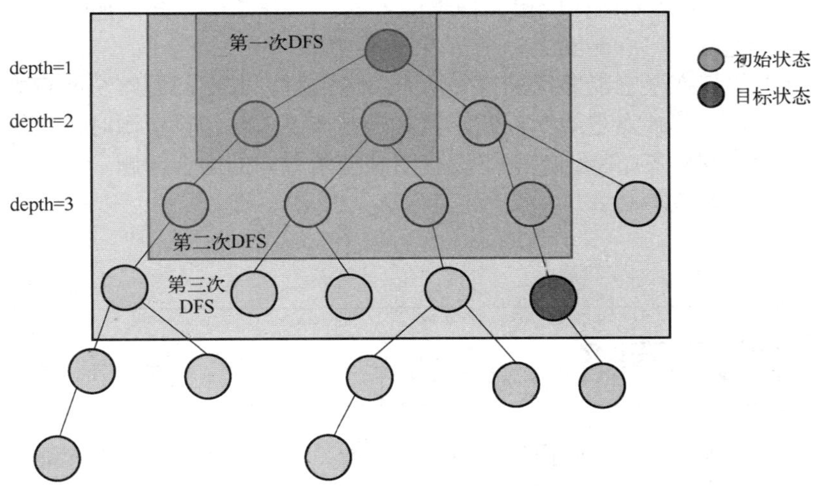

图 3-4　迭代深化深度优先搜索示意图

迭代深化深度优先搜索的优势在于它不仅节省了内存，还能确保在解的代价一致时找到最优解。该方法的缺点是每次增加深度时需要重复探索某些节点，虽然这会增加时间复杂度，但通常情况下这种代价是可以接受的，特别是在搜索空间较大且需要最优解的场景中。

3.2.4　一致代价搜索

一致代价搜索（uniform-cost search）是一种基于代价最小优先的搜索策略，它优先扩展路径代价最小的节点，而不是像宽度优先或深度优先那样仅考虑路径长度。在一致代价搜索中，每条边都有一个代价（或权重），算法会根据这些代价来选择扩展节点的顺序，确保每次选择代价最小的路径进行扩展。

一致代价搜索特别适用于每个操作都有不同代价的情况。例如，在路径规划问题中，不同路径的长度可能不同，因此使用一致代价搜索能够找到代价最低的路径，而不只是最短路径。该算法能够保证找到全局最优解，但如果存在零代价的操作，可能会陷入死循环。

为了避免这一问题，一致代价搜索在检测目标节点时并不是在节点生成时进行，而是在节点扩展时进行。这确保了所有可能的路径都被评估，以找到代价最低的路径。

3.2.5 回溯策略

回溯策略是一种系统地搜索所有可能解的策略。回溯策略求解首先需要定义问题的一个解空间，这个空间至少包含问题的一个最优解。回溯策略求解的下一步是组织解空间，使之便于搜索。典型的组织方法是图或树。一旦确定了解空间的组织方法，这个空间即可按深度优先搜索方式从开始节点进行搜索，当搜索到某一条路径无法到达目标状态时，算法将回退到之前的状态，继续探索未访问的路径。这种策略适用于空间较大、无明显线索的搜索问题。回溯策略可以看作是深度优先搜索策略在树结构中运用的特例。

回溯策略的基本步骤如下。

① 定义解空间：确定问题的解空间，并确保其中至少包含一个最优解。

② 组织解空间：使用图或树的结构组织解空间，以便于搜索。

③ 深度优先搜索：使用深度优先搜索的方式，从开始节点开始递归地探索解空间，当发现某条路径无解时，回溯到上一个节点继续搜索。

回溯策略的优点在于它能够保证找到所有可能的解，并在问题解空间较大时，能够系统地遍历每条路径。其缺点是效率较低，尤其是在需要大量计算资源时，可能导致时间和内存的消耗过大。回溯策略特别适用于没有明确搜索方向的组合问题，但它在某些问题中可能不如启发式搜索策略高效。

3.3 启发式搜索策略

盲目搜索策略虽然简单，但由于它没有方向性，往往需要大量探索才能找到解，效率较低。因此，启发式搜索策略应运而生。启发式搜索策略是一种高效解决复杂问题的搜索方法，它基于启发信息的引导，通过减少无效的状态探索，从而加速搜索过程。与盲目搜索不同，启发式搜索依赖于问题领域的具体知识，利用这些知识来判断某个状态与目标状态的接近程度。通过估计每个状态到目标状态的距离，启发式搜索能够更加精确地引导算法探索那些可能最优的路径。这种方法尤其适合用于那些状态空间特别大、通过盲目搜索难以找到解的问题。

启发式搜索策略广泛应用于诸如人工智能、路径规划、游戏决策和组合优化等领域。在这些应用中，启发式搜索能够显著提高搜索效率，使得智能体能够在复杂的环境中快速找到最佳解决方案。

尽管启发式搜索策略能够减少大量的无效搜索，但它仍然面临一些挑战。启发式搜索策略的最大优势在于通过合理的启发信息引导搜索方向，从而降低了搜索复杂度。然而，启发信息本质上是对目标状态的估计，因此它可能并不总是准确。错误的启发信息可能会引导算法走向错误的方向，导致次优解甚至无解。

前面提到的盲目搜索策略，由于没有明确的方向性，随着搜索的深入，状态空间的大小会呈指数级增长。因此，在大规模状态空间中，盲目搜索策略很可能无法找到解，或者需要极大的计算资源。相比之下，启发式搜索策略通过结合经验和直觉，可以有效地引导搜索过程，避免大量无效探索。这种方法可以大大减少搜索时间，尤其在高维度或复杂的问题中效果显著。

然而，启发式搜索的局限性在于它只依赖于问题的有限信息。由于启发式搜索无法预见每一步在状态空间中的具体行为，它的每次选择只能是基于当前状态到目标状态的估计。因此，启发式搜索有时可能得到次优解或者完全找不到解，这在启发信息不准确的情况下尤为常见。

启发信息（heuristic information）是启发式搜索策略的关键，其往往基于经验或对问题的深刻理解，能够有效地指导搜索方向。它通过为搜索提供特定领域的知识，帮助算法判断某个状态离目标状态的远近。启发信息的质量直接决定了启发式搜索的效率，好的启发信息能够准确地估计出搜索路径的代价，并显著减小搜索空间。

启发信息可以分为以下几种类型。

① 陈述性启发信息。这种启发信息用于精确描述问题的状态，使得状态空间更加紧凑，从而减少对无关状态的探索。例如，在路径规划问题中，可以使用曼哈顿距离来估算当前状态与目标状态的距离，从而减少不必要的路径探索。

② 过程性启发信息。此类启发信息用于设计操作算子，减少算法所需的操作步骤。例如，某些规则或模式能够帮助减少状态空间中的无效路径，从而加快搜索过程。

③ 控制性启发信息。控制性启发信息是指与搜索策略和控制结构相关的领域知识。这类信息用于协调整个搜索过程，确保算法在有限资源下高效运行。

估价函数（evaluation function）是启发式搜索的核心。估价函数通过计算从当前状态到目标状态的最小代价估计值来指导搜索过程。通常，估价函数用$f(n)$表示，其中n是当前状态，$f(n)$定义为从初始节点S_0到当前节点n的实际代价$g(n)$加上从当前节点n到目标状态的估计代价$h(n)$：

$$f(n)=g(n)+h(n) \tag{3-1}$$

在公式中，$g(n)$是从初始状态到当前状态的实际代价，而$h(n)$是从n节点到目标节点的最佳路径的估计代价，又称为启发信息。实际代价$g(n)$可以根据已生成的搜索树实际计算出来，$g(n)$代表了从初始节点经过n节点到达目标节点的总代价估值中实际已付出的部分。保持$g(n)$项就保持了搜索的宽度优先成分，$g(n)$的比重越大，越倾向于宽度优先搜索方式，这有利于搜索的完备性，但会影响搜索效率。

估计代价$h(n)$是对未生成的搜索路径做某种经验性的估计。这种估计来源于对问题解的某些特性的认识，希望依靠这些特性来更快地找到问题的解，所以启发信息依靠$h(n)$体现。所以$h(n)$被称为启发函数。$h(n)$的比重越大，表示启发性能越强。

一个好的启发函数可以显著提高搜索的效率。例如，在八数码问题中，曼哈顿距离是常用的启发函数之一。它通过计算每个方块与其目标位置的水平和垂直距离来估计当前状态到目标状态的距离。在这种情况下，$h(n)$的值越小，表示当前状态越接近目标状态。

在某些情况下，如果我们只关心达到目标状态的路径，而不关心路径的代价，则可以忽略$g(n)$，此时估价函数仅依赖于$h(n)$：

$$f(n)=h(n) \tag{3-2}$$

这种情况下，算法更倾向于快速找到解决方案，而不考虑代价的最小化。然而，当$h(n)$远大于$g(n)$时，可能会导致搜索过程中的偏差，影响搜索的完备性。

给定一个问题后，根据该问题的特性和解的特性，可以有多种方法定义估价函数，用不同的估价函数指导搜索，其效果可以相差很远。因此，必须尽可能选择最能体现问题特性的、最佳的估价函数。

启发式搜索的算法种类繁多，每种算法在不同的应用场景中表现出不同的优势。以下是几种常见的启发式搜索算法。

① 贪心搜索（greedy search）。贪心搜索是一种启发式搜索策略，它总是选择当前启发函数值最小的节点进行扩展。虽然贪心搜索计算效率较高，但它并不能保证找到最优解，因为它只考虑当前状态最接近目标状态的路径，可能会忽略全局最优路径。

② A*搜索算法（A search）。A*搜索算法是启发式搜索中最经典的一种，它结合了启发函数和实际代价，确保搜索过程既高效又能够找到最优解。通过计算$f(n)=g(n)+h(n)$的最小值，A*搜索能够在所有可能路径中找到总代价最小的路径。

③ 蒙特卡罗树搜索（Monte Carlo tree search，MCTS）。MCTS是一种基于随机模拟的启发式搜索算法，常用于复杂的博弈问题。MCTS通过随机模拟每个节点的可能路径，并根据模拟结果评估路径的优劣，进而选择最优的扩展方向。MCTS的优势在于它适合处理高维度、复杂的状态空间，如围棋和国际象棋等策略游戏。

3.3.1 贪心搜索

贪心搜索（greedy search）是一种简单且快速的启发式搜索算法，基于“每一步都做出局部最优选择”的策略。该算法的主要目标是通过在每一步选择当前最优的节点，从而期望最终找到全局最优解。然而，由于它只考虑当前节点到目标状态的代价，而不考虑已经走过的路径代价，贪心搜索有时可能会陷入次优解甚至是无解。

贪心搜索的优势就在于它的简单性和高效性。在应对状态空间巨大、计算资源有限的情况时，它能够在短时间内找到一个相对较好的解决方案，尽管这个解决方案不一定是全局最优解。因此，贪心搜索策略被广泛应用于路径规划、图搜索、数据压缩等领域，尤其是在问题规模较大且需要快速反应的领域表现尤为突出。

贪心搜索的算法实现步骤如下。

贪心搜索使用启发函数$h(n)$来估计从当前状态n到目标状态的距离或代价。启发函数$h(n)$越小，表示当前节点距离目标状态越近。在每一步，贪心搜索总是选择启发函数值最小的节点进行扩展，而忽略已经走过的路径代价$g(n)$。以下是贪心搜索的基本步骤。

① 定义启发式估价函数$f(n)$。该函数用于估算从节点n到目标节点的代价。通常，$f(n)$仅依赖于启发函数$h(n)$，而忽略实际路径的代价$g(n)$。

② 创建开放列表（OPEN）和关闭列表（CLOSED）。开放列表用于存储尚未处理的节点，关闭列表用于存储已处理过的节点。将初始节点添加到开放列表中，开始搜索。

③ 循环搜索。只要开放列表不为空，重复以下操作：

从开放列表中选取$f(n)$值最小的节点n，并将其从开放列表中移除，添加到关闭列表中。

检查节点 n 是否为目标节点。如果是，则搜索结束，返回解决方案；如果不是，则扩展节点 n 的所有子节点，并将未处理的子节点添加到开放列表中。

这种方法的优势在于通过启发函数指导搜索，算法能够快速找到目标节点，尤其在状态空间较大的问题中，能够显著提高搜索速度。然而，由于贪心算法不考虑整体路径代价，它并不能保证找到全局最优解。

贪心搜索的计算速度较快，特别是在启发函数设计得当时，它能够迅速接近目标状态。这使得贪心搜索成为在时间紧迫情况下的一种有效搜索策略。由于贪心搜索只需要考虑启发函数值最小的节点，它的空间复杂度较低，适用于大规模状态空间。

但是，由于贪心搜索只考虑当前步骤的最优选择，忽略了之前路径的实际代价，它可能会陷入局部最优解，而无法找到全局最优解。在一些情况下，启发函数仅是对目标状态的估计，如果启发函数不准确，无法保证每次扩展的节点都位于最优路径上，那么贪心搜索得到的可能是次优解。

3.3.2　A*搜索算法

A*搜索算法是一种经典且强大的启发式搜索算法，它结合了路径的实际代价和启发式估计来引导搜索过程，旨在找到从初始状态到目标状态的最优路径。与贪心搜索算法不同，A*搜索算法同时考虑了已走过的路径代价和未来可能的潜在代价，因此能够在特定条件下保证找到最优解。该算法广泛应用于路径规划、图搜索和人工智能领域，因其效率和完备性而备受推崇。

A*搜索算法通过估价函数 $f(n)$ 来指导搜索，其中 $f(n)$ 是由两部分组成的。

① $g(n)$：从初始状态到当前状态 n 的实际代价，也被称为耗散值。根据问题的不同，$g(n)$ 可以表示路径长度、所需时间、费用等。

② $h(n)$：从当前状态 n 到目标状态的估计代价，被称为启发函数。$h(n)$ 反映了当前状态到目标状态的预估距离或代价。

于是 $f(n)$ 代表的是从初始状态经过中间状态 n 到达目标状态的最小代价。

A*搜索算法通过选择 $f(n)$ 最小的节点进行扩展，确保搜索过程既考虑当前路径的代价，又考虑未来的潜在代价。因此，如果启发函数 $h(n)$ 是可接受的（即从不高估实际代价），则A*搜索算法一定能找到最优解，这就是A*搜索算法的最优性。这意味着，算法在每一步都做出最优选择，最终返回的解一定是全局最优的。如果解存在，A*搜索算法一定能找到解，这就是A*搜索算法的完备性。一定能找到解是因为A*搜索算法会遍历整个搜索空间，直到找到目标状态或者确定无解为止。只要解存在，A*搜索算法就一定能通过合理的代价评估找到路径。

A*搜索算法的性能依赖于启发函数的质量。好的启发函数能极大地减小搜索空间，提高搜索效率。然而，如果 $h(n)$ 的估计过于保守或不准确，算法将会退化为盲目搜索策略。

A*搜索算法的执行过程可以分为以下几个步骤。

（1）初始化

创建一个开放列表，用于存储待扩展的节点。

创建一个关闭列表，用于存储已扩展的节点。

将初始状态加入开放列表，设其代价 $f(n)=g(n)+h(n)$，其中 $g(n)=0$，$h(n)$ 是初始状态到目标状态的启发式估计值。

（2）选择节点进行扩展

从开放列表中选择估价函数 $f(n)$ 值最小的节点 n 进行扩展。

（3）生成后继节点

根据当前节点 n 的所有可能操作，生成所有后继节点，并计算它们的代价 $f(n)=g(n)+h(n)$。

（4）检查后继节点

如果某个后继节点已在关闭列表中，跳过它。

如果某个后继节点不在开放列表中，将其加入开放列表，并设置其 $f(n)$ 值。

如果某个后继节点已在开放列表中，但新的路径代价更低，则更新该节点 $f(n)$ 值，并将其父节点设为当前节点。

（5）目标检测

如果当前扩展的节点是目标节点，搜索结束。返回从初始状态到目标状态的路径。如果开放列表为空，则搜索失败，表示无解。

（6）重复步骤（2）～（5），直到找到目标状态或开放列表为空

为了更好地理解 A*搜索算法，我们通过一个更加直观、易于理解的例子来说明 A*搜索算法的工作原理。这个例子将基于现实生活中的场景：从一座城市导航到另一座城市。假设我们有一张地图，地图上有几个城市，城市之间由道路连接。我们的目标是从城市 A 前往城市 G，找到最短的路径。城市之间的道路长度（公里）会告诉我们行驶的实际代价[$g(n)$]，而我们可以使用航线距离（即直线距离）作为启发函数[$h(n)$]，来估算当前城市到目标城市的潜在代价。

我们有如图 3-5 所示城市和它们之间的距离（公里），每个字母代表一个城市，每条边表示两座城市之间的距离。

如果我们开车只能走公路而不能直接走直线到目标，但我们知道每座城市与目标城市 G 的直线距离，于是我们可以使用这个信息帮助我们估算当前城市到目标城市的潜在距离。

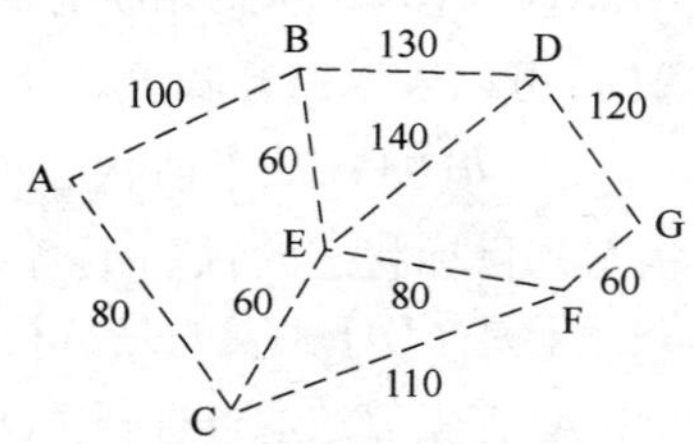

图 3-5　城市及城市之间公路里程图

我们定义每座城市到目标城市 G 的直线距离为启发函数 $h(n)$：

$h(\text{A})=220$

$h(\text{B})=180$

$h(\text{C})=140$

$h(\text{D})=100$

$h(\text{E})=110$

$h(\text{F})=50$

$h(\text{G})=0$（因为G是目标）

按照 A*搜索算法步骤求解：

（1）初始化

将起点城市 A 加入开放列表（open list），并计算它的实际代价 $g(\text{A})$ 和启发代价

$h(\mathrm{A})$。

实际代价 $g(\mathrm{A})=0$（因为我们从 A 出发，还没有移动）。启发代价 $h(\mathrm{A})=220$（A 到目标城市 G 的直线距离）。则总代价 $f(\mathrm{A})=g(\mathrm{A})+h(\mathrm{A})=0+220=220$。

（2）扩展城市 A

当前开放列表中只有 A，因此选择它进行扩展。

A 的相邻城市是 B 和 C。我们计算它们的代价：

对于城市 B：

实际代价 $g(\mathrm{B})=g(\mathrm{A})+\mathrm{A到B的路程}=0+100=100$。

启发代价 $h(\mathrm{B})=180$（B 到 G 的直线距离）。

总代价 $f(\mathrm{B})=g(\mathrm{B})+h(\mathrm{B})=100+280=280$。

对于城市 C：

实际代价 $g(\mathrm{C})=g(\mathrm{A})+\mathrm{A到C的路程}=0+80=80$。

启发代价 $h(\mathrm{C})=240$（C 到 G 的直线距离）。

总代价 $f(\mathrm{C})=g(\mathrm{C})+h(\mathrm{C})=80+140=220$。

因为 $f(\mathrm{B})=280大于f(\mathrm{C})=220$，所以我们选择城市 C 进行下一步扩展。

（3）扩展城市 C

C 的相邻城市是 A（已访问）、E 和 F。我们只扩展未访问的城市。

对于城市 E：

实际代价 $g(\mathrm{E})=g(\mathrm{C})+\mathrm{C到E的路程}=100+60=160$。

启发代价 $h(\mathrm{E})=110$（E 到 G 的直线距离）。

总代价 $f(\mathrm{E})=g(\mathrm{E})+h(\mathrm{E})=160+110=280$。

对于城市 F：

实际代价 $g(\mathrm{F})=g(\mathrm{C})+\mathrm{C到F的路程}=100+110=210$。

启发代价 $h(\mathrm{F})=50$（F 到 G 的直线距离）。

总代价 $f(\mathrm{F})=g(\mathrm{F})+h(\mathrm{F})=210+50=260$。

因为 $f(\mathrm{E})=280$ 大于 $f(\mathrm{F})=260$，所以我们选择城市 F 进行下一步扩展。

（4）扩展城市 F

F 的相邻城市是 C、E 和 G，易得选择城市 G 代价最小。

于是，我们找到了到达目标城市 G 的路径，算法结束。返回路径 A→C→F→G。

在这个示例中，A*搜索算法在每一步选择 $f(n)$ 值最小的城市进行扩展，这个 $f(n)$ 结合了两部分信息：从起点到当前城市的实际代价 $g(n)$（通过已知道路长度计算）和从当前城市到目标城市的估计代价 $h(n)$（基于直线距离的启发函数）。通过这种方法，算法既能保证路径长度最短，又能高效地避免不必要的搜索。

A*搜索算法的性能在很大程度上取决于启发函数的质量。一个合理且准确的启发函数能够有效减小搜索空间，提高搜索速度。如果启发函数低估了实际代价，搜索过程可能会进行过多不必要的扩展，导致效率下降；而如果启发函数过于激进，高估了实际代价，算法可能会错过最优解。因此，设计一个既能有效引导搜索，又不会偏离最优路径的启发函数至关重要。

A*搜索算法的完备性和最优性依赖于启发函数的可接受性。当启发函数满足可接受条件时，即启发函数不会高估实际代价，A*搜索算法总能保证找到最优解，并且该解是全局最优的。因此，在实际应用中，选择合适的启发函数至关重要。

3.3.3 蒙特卡罗树搜索算法

蒙特卡罗树搜索（Monte Carlo tree search，MCTS）是一种用于决策过程的启发式搜索算法，其基础是蒙特卡罗方法，并结合了树形结构来解决复杂的决策问题。蒙特卡罗树搜索可以有效地在一个巨大的搜索空间中通过启发式的方式找到最优解，其核心理念是通过对状态空间的探索与利用的权衡，找到一条最优的决策路径。这种算法特别适合在决策次数（树深度）非常多的情况下，在 2^N（N 是决策次数或树的深度）空间中进行启发式搜索，逐步收敛到一个最优解。与传统的搜索算法不同，MCTS 将随机性引入决策过程中，在一定的反馈机制下不断调整策略，最终通过反馈的迭代优化，找到最优的路径或解。这使得蒙特卡罗树搜索在许多复杂的环境中，如博弈、机器人决策、人工智能等领域，具有极大的应用潜力。

蒙特卡罗树搜索的工作原理基于树形结构，如图 3-6 所示。在这棵博弈树上，每个节点代表当前的状态，节点中包含了多种信息，包括当前状态的估计价值、该节点的访问次数、父节点和子节点的关系等。这些信息不仅帮助构建决策路径，还为后续的模拟和优化提供了重要的数据基础。在整个搜索过程中，MCTS 的算法结构分为四个主要步骤：选择（selection）、拓展（expansion）、回溯（backup）和决策（play）。通过这四个步骤的反复执行，MCTS 能够在庞大的状态空间中逐步找到最优解。

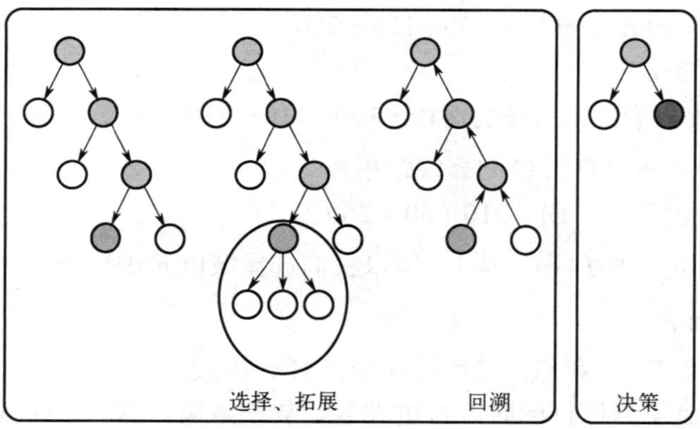

图 3-6　蒙特卡罗树搜索算法示意图

（1）算法步骤

① 选择（selection）。在 MCTS 的搜索过程中，第一步是选择已经存在的节点，并进一步从中挑选出最有潜力的子节点进行搜索。在这个阶段，算法的目标是找到还没有被充分探索的节点，以便在后续阶段进一步进行模拟。选择过程的核心机制是通过一种被称为多项式上置信树算法（polynomial upper confidence tree，PUCT）的方式进行选择，PUCT 算法能够根据一个特定的评分机制为每个子节点计算一个分数。具体的公式如下：

$$U(s,a)=Q(s,a)+C_{\text{puct}}P(s,a)\frac{\sqrt{\sum_b N(s,b)}}{N(s,a)+1} \tag{3-3}$$

式中 $Q(s,a)$——节点的价值函数，它代表了当前节点未来有可能获得的奖励值，价值函数的值越大，意味着这个节点可能带来越大的回报；

$P(s,a)$——在状态 s 下采取动作 a 的先验概率，通常这个概率由深度学习网络或启发式规则给出；

$N(s,a)$——该节点被访问的次数，即在搜索过程中，这个节点被采样的频率；

$\sum_b N(s,b)$——父节点所有子节点的访问次数之和，这部分用于计算该节点的相对重要性；

C_{puct}——一个系数，用于控制探索与利用之间的平衡。

所以上式中的第一项代表某个节点的价值，这个价值越大，表示探索这个节点越有可能获取较大的奖励；第二项如果不考虑先验概率（这个概率由深度学习网络产生），那么这个值就和子节点被采样到的次数成反比，如果一个节点很少被采样到，那么第二项的访问次数的比值就会很大，从而就会增加 $U(s,a)$ 的值，让这个节点更容易被采样到。

因此，$U(s,a)$ 的第一项和第二项分别代表智能体的探索和利用两部分，而 C_{puct} 系数控制了这两个部分之间的平衡，我们可以根据具体的问题来调节这个值的大小，让蒙特卡罗树搜索偏向于探索更好的节点或者探索尽可能多的节点。

通过不断选择分数最高的节点，算法可以不断向下探索，直到找到一个子节点。在此过程中，节点的价值函数反映了其未来可能获得的奖励值，而访问次数则控制了算法的探索深度。通常来说，未被访问的节点更有可能被选中，因为探索未开发区域有助于发现新的高价值节点。

② 拓展（expansion）。在选择阶段找到子节点后，MCTS 将进入拓展阶段。此时，算法会评估子节点的状态，并决定是否可以拓展新的子节点。如果当前子节点不是最终状态（即游戏未结束或者决策过程未完成），算法将生成该节点的所有可能的后续状态。具体来说，算法会基于当前的状态信息，查询强化学习环境中所有可能的动作，并为每个动作创建一个对应的新子节点。通过这种方式，MCTS 能够不断拓展搜索树，增加搜索的深度和宽度。

在子节点的建立过程中，我们需要考虑一个函数 $[V,P(s,a)]=f(s)$，其中 $f(s)$ 当前状态的特征，V 是当前局势的价值，$P(s,a)$ 对应的是在状态 s 下，采取动作 a 的先验概率。

这样，根据先验概率的值就能新建子节点用于接下来的搜索。在现代的蒙特卡罗树搜索算法实现中，特别是在深度学习的背景下，这个估价函数通常由一个神经网络来实现。例如在 AlphaGo 中，$[V,P(s,a)]=f(s)$ 函数由一个深度学习模型决定，这个模型的输入是棋盘状态的特征对应的张量，输出是当前局势的价值 V 和所有子节点的先验概率 $P(s,a)$。

蒙特卡罗树搜索算法的目的之一就是训练这个深度学习模型，让模型能够根据当前的棋盘状态准确地估计价值和先验概率。

③ 回溯（backup）。在拓展了子节点之后，需要考虑的一步是回溯。

因为在刚才的路径中我们从父节点出发得到了一条路径，路径的子节点更新以后，需要考虑子节点的拓展对于父节点的影响，这里就要从子节点出发，反向回溯对应的决策路径，更新对应的价值函数。这里的价值函数使用的是所有到达过的子节点的价值的平均值，如下式所示：

$$Q(s,a)=\frac{1}{N(s,a)}\sum_{s'|s,a\to s'}V(s') \tag{3-4}$$

假如最终到达的子节点的价值函数的值是 $V(s')$，如果子节点不是最终节点，那么这个值由前面提到的函数 $[V,P(s,a)]=f(s)$ 估计得到；如果子节点是最终节点，那么这个值由最后的胜负状态决定：如果是平局，则这个值为 0；如果获胜一方是当前节点的玩家，则这个值为+1，反之则为−1。在更新价值函数的同时，我们也需要更新回溯路径上每个节点的访问次数 $N(s,a)$，让这个值加一。

④ 决策（play）。在蒙特卡罗树搜索算法中，多次重复执行“选择—拓展—回溯”，直到达到一个指定的次数。访问节点的次数代表不同节点的重要性，一般来说，访问次数越高，代表当前节点的价值越高，越应该被选择。

由下面的公式可以估算出父节点的所有子节点概率 $\pi(a|s)$，其中 T 表示温度系数，温度系数越高，则意味着访问次数多的节点和访问次数少的节点的概率差距越大。当温度趋于零的时候，访问次数最高的节点的概率趋于 1，访问其他节点的概率趋向于 0。根据这个概率值，蒙特卡罗树搜索算法就可以进行采样，由当前父节点继续推进至下一个子节点，这就是决策的过程。在决策后可以继续进行“选择—拓展—回溯”这一循环。

$$\pi(a|s)=\frac{N(s,a)\frac{1}{T}}{\sum_b N(s,b)\frac{1}{T}} \tag{3-5}$$

（2）蒙特卡罗树搜索算法常见的应用

① 金融风险评估和投资决策。蒙特卡罗搜索算法可以用来模拟股票价格、利率、汇率等金融变量的随机波动，并基于这些模拟结果计算出投资组合的风险和收益。这种方法可以帮助投资者更好地评估不同投资方案的风险和收益，并做出更合理的投资决策。

② 统计物理学。蒙特卡罗树搜索算法可以用来模拟物质在不同温度、压力、浓度等条件下的行为，从而研究物质的性质和行为规律。这种方法在材料科学、地球科学、化学等领域都有广泛的应用。

③ 机器学习。蒙特卡罗树搜索算法可以用来训练神经网络和优化模型参数。例如，蒙特卡罗树搜索算法可以用来训练 AlphaGo 等游戏人工智能系统，马尔可夫链蒙特卡罗方法可以用来进行贝叶斯统计推断等。

④ 计算流体力学。蒙特卡罗树搜索算法可以用来模拟流体的运动和相互作用，从而研究液体、气体等流体的物理性质和行为规律。这种方法在航空航天、能源等领域都有广泛的应用。

⑤ 生物医学。蒙特卡罗树搜索算法可以用来模拟光子在生物组织中的传输和散射过程，从而研究组织的结构和功能，在光学成像和治疗等方面具有广泛的应用。

⑥ 游戏开发。蒙特卡罗树搜索算法可以用来模拟游戏中的随机事件和决策，从而增

强游戏的真实感和可玩性。例如，蒙特卡罗树搜索算法可以用来实现游戏中的智能体决策。

3.3.4　启发式搜索策略的应用

（1）棋类游戏

在棋类游戏中，启发式搜索算法被用于评估棋局并预测对手的行动。以 AlphaGo 为例，它结合了深度学习和启发式搜索算法（如蒙特卡罗树搜索），通过模拟大量可能的棋局变化来评估每一步棋的优劣。AlphaGo 的估价函数不仅考虑了棋盘上的局部特征，还考虑了全局特征。通过这种方式，AlphaGo 能够在复杂的棋局中做出最优的决策。

（2）通信网络

在通信网络中，启发式搜索算法被用于优化网络结构、资源分配和流量控制等方面。通过考虑网络拓扑结构、带宽限制、流量需求等多种因素，构建估价函数来评估不同网络配置的性能。然后利用启发式搜索算法来搜索最优或次优的网络配置方案，以提高网络的整体性能和稳定性。

（3）故障诊断

在复杂系统的故障诊断中，启发式搜索算法能够根据故障现象和系统结构来快速定位故障源。通过构建估价函数来评估不同故障假设的合理性或可能性，并利用启发式搜索算法来搜索最有可能导致当前故障现象的故障源。这种方法能够显著减少维修时间和成本，并提高故障诊断的准确性和效率。在实际应用中，启发式搜索算法常常与其他故障诊断技术结合使用，以形成更加全面和有效的故障诊断体系。

第4章

智能算法及其应用

想象一下，现在你要去一家从未去过的餐馆，这家餐馆藏在一条复杂的小巷子里，而你只知道餐馆的具体方位。于是你有三种选择到达这个餐馆：

① 盲目地走：你知道方位，在每个路口你都可以自行选择方向，尝试找到这家餐馆。虽然你最终可能会找到它，但你可能会走到死胡同而绕路，这将花费很多时间和精力。

② 问路人：你可能会得到确切的答案或者模糊的答案，一般来说你得到的信息量和到餐馆的距离成反比，太远时，你可能什么信息也得不到。这花费的时间和精力也不会太少。

③ 使用导航软件：你可以打开导航软件，这个软件会分析所有可能的路径，并根据交通情况、最短距离等信息推荐最佳路线。它还会根据你的实时位置调整路线，使你能更快到达目的地。

我们可以根据这个例子进行简单的类比，第一种就是盲目搜索，第二种就是启发式搜索，第三种就是智能算法。

智能算法起源于对自然界的现象和生物行为的理解和模仿。比如人们研究发现，生物在繁衍过程中会有基因的遗传变异和交换，会优胜劣汰，以不断适应环境，个体也变得越来越强。人们通过模仿自然界的这种进化机制，提出了遗传算法。人们观察蚂蚁寻找食物的过程，发现每一只蚂蚁看似在随机游走，实际上它们通过信息素构成一个复杂的搜索系统，相互之间有密切的关联性，从而能高效率地找到食物。人们通过模仿蚂蚁寻找食物的过程，提出了蚁群算法。与之类似，人们还提出了模仿狼群觅食行为的狼群算法、模仿鲸群的鲸群算法、模仿退火过程的退火算法、模仿鸟群觅食过程的粒子群优化算法等。

以上提到的算法都可以归纳为群智能算法，即一种通过群体中个体的交互与分布式协同实现快速优化搜索的策略。遗传算法还包含了根据和环境的交互情况来找到良好表现的行为这一行为主义思想，即基于心理学家斯金纳提出的操作性条件反射理论（operant conditioning）。该理论认为行为的学习是通过生物与环境互动过程中受到的奖励和惩罚来进行的，这一概念后来成了强化学习的基本思路。在很长一段时间，强化学习因为价格昂贵且稳定性差而被认为理论可行但实际运用很困难。直到近十几年，随着神经网络的爆发，特别是 AlphaGo 在围棋领域的成功，强化学习再一次登上舞台。

下面将系统地介绍群智能算法和强化学习。

4.1 群智能算法

群体智能（swarm intelligence，SI）是一种由分布式个体（如生物或机器人）通过局部交互自发涌现出的集体智能现象。群体智能的概念最早由 Beni、Hackwood 和 Wang 于 1989 年在研究分布式机器人系统时提出。群体智能不同于个体智能，后者依赖于个体的计算和处理能力，而前者强调个体之间的协作，通过简单的局部规则实现复杂的全局行为。

群体智能起源于对自然界中群体行为的观察和模拟。大自然中，许多生物展现出令人惊叹的集体智慧。例如，蚂蚁群通过信息素的标记找到食物最短路径，蚂蚁通过释放信息素来标记食物来源的路径，其他蚂蚁根据信息素的浓度选择路径，逐渐形成一条最优路径。信息素会随着时间逐渐挥发，从而防止蚂蚁陷入过时的路径。再例如鸟群和鱼群通过简单的局部规则形成有序的群体移动，鸟群和鱼群通过遵守简单的行为规则，如保持与邻居的距离、与邻居速度一致和趋向群体中心，能够形成有序的集体移动。这些现象启发了科学家研究如何通过简单个体的交互实现复杂行为。

20 世纪 60 年代，Holland J 首先提出了遗传算法，这是最早受生物进化启发提出的群智能算法。该算法在函数优化、组合优化、背包问题、图像划分和车间调度问题等方面广泛应用。此后，许多学者对遗传算法的收敛速度、性能等方面进行了深入研究。

20 世纪 80 年代和 90 年代，计算机科学家逐渐意识到，通过借鉴自然界的群体行为模式，计算机可以用来解决复杂的优化问题。这一时期，人工智能领域也兴起了基于自然启发的算法，例如遗传算法和模拟退火。20 世纪 90 年代，蚁群算法和粒子群优化算法的提出标志着群智能算法在计算机科学中的真正发展。

群智能算法又叫仿生智能优化算法，受自然界中生物群体智能行为和物理现象启发所提出。群体智能强调分布式控制和自组织现象，即系统中的每个个体都是自主的，没有中央控制，各自依靠局部信息和与邻居互动来做决策。这种机制使得群体智能系统具备高度的适应性和鲁棒性，当局部个体失效时，整体系统仍然能够保持运作。

此外，群体智能的局部规则与全局行为关系揭示了个体与集体之间的微妙互动：通过个体简单的行为规则，最终能够形成高效的集体解决方案。这一思想不仅广泛应用于计算机算法的设计，如蚁群算法和粒子群优化算法，还为解决现实中的复杂问题提供了新思路。在讲具体的算法前，我们需要先说明分布式控制、自组织现象、局部规则与全局行为等概念。

4.1.1 分布式控制

分布式控制是群体智能的核心思想之一，强调通过去中心化的方式来实现系统的协同和优化。与传统的集中式控制系统不同，分布式控制系统没有一个中央控制器来指挥全局，而是依赖于各个个体之间的局部交互和反馈。每个个体在分布式系统中都是自主的，仅基于自己可获得的局部信息和与邻居之间的相互作用来做出决策。这种结构具备高度的鲁棒性和灵活性，能够有效应对复杂、动态的环境。

分布式控制的概念源于对自然界中生物群体行为的观察。生物学家和计算机科学家注意到，许多群体行为并不依赖于某个个体的全局视野，而是通过简单的规则和局部交互来产生复杂的整体行为。例如，蚂蚁群体寻找食物的行为，并非由某只蚂蚁“指挥”，而是通过个体之间的信息素传递和路径选择逐步形成最优策略。同样，鸟群和鱼群的集体运动，也并非有领导者在控制它们的飞行或游动，而是每只鸟、每条鱼都遵循简单的局部规则，如保持与邻居的距离、匹配速度以及趋向集群中心，这些局部交互最终导致群体的有序移动。

这种现象激发了科学家们在人工系统中采用分布式控制的灵感。在分布式系统中，没有一个单独的中央控制点，因此不存在单点故障的风险，这使得系统更加稳定和抗干扰。同时，分布式控制可以更好地适应动态的环境，因为个体可以根据局部环境的变化自发调整行为，而不需要等待中央控制器的指示。

分布式控制的最显著特点是没有中央控制器。在传统的集中式系统中，所有的个体或子系统都依赖一个中央单位来调度和协调，而一旦中央控制失效，整个系统将无法正常运作。相比之下，分布式控制系统中，个体是自主的，不依赖于全局控制信号。这种去中心化的设计使系统具有更强的鲁棒性和抗干扰能力。

举个例子，蜂巢中的工蜂在没有中央指令的情况下，通过简单的行为规则和化学信号（如信息素）的传递，共同完成复杂的任务，如觅食、筑巢和防卫。每只工蜂根据局部感知和周围环境进行独立决策，而这些决策最终促成了整个蜂群的有序、高效运作。

在分布式控制系统中，每个个体具有自主性。它们根据自己所获得的局部信息做出决策，而这种信息通常来自邻近的其他个体或环境。例如，粒子群优化算法中，每个粒子根据自身位置的适应度（局部信息）以及群体中其他粒子的经验（邻近个体的信息）来更新位置。这种自主性赋予系统极高的灵活性，能够应对环境变化。

此外，本地交互在分布式控制中至关重要。系统中的个体通过与周围个体的交互来获取信息和做出决策，而不是依赖全局信息。这种局部信息的传播往往能够迅速、有效地影响整个系统。例如，蚁群算法中的蚂蚁通过释放信息素来标记路径，其他蚂蚁感知到信息素的浓度后，会趋向信息素更浓的路径。虽然个体的视角非常局限，但通过这种局部信息的传播，群体最终能够找到最优路径。

分布式控制是群体智能中的一个关键概念，它强调通过去中心化的方式来实现系统的整体协作与优化。通过局部交互、自主决策和自组织行为，分布式控制系统展现出了高度的适应性和鲁棒性，能够应对复杂多变的环境。随着科技的发展，分布式控制在各种领域中的应用将越来越广泛，并为解决许多现实世界中的复杂问题提供新的思路和方法。

4.1.2 自组织现象

自组织现象（self-organization）是群体智能系统中的重要概念，指的是个体在没有中央控制或外部干预的情况下，通过局部交互与反馈机制，自发形成有序结构或行为的过程。这一现象广泛存在于自然界、社会系统和人工系统中，并为群体智能的研究提供了理论基础。在群体智能中，自组织现象揭示了个体之间如何通过简单的规则互动，逐渐涌现出复杂的、全局性的行为模式。

自组织系统往往具有以下几个显著特点：

去中心化控制：自组织系统没有中央控制器或领导者。每个个体根据局部信息进行决策，整体行为是这些个体相互作用的结果。这种去中心化的控制使得系统更加灵活，能够适应环境的变化。

局部交互：自组织系统依赖于个体之间的局部交互。个体不需要知道全局的状态，只需基于与邻居的交互来调整自身行为。这些局部交互累积起来，逐渐影响整个系统的行为。

非线性行为：自组织系统的行为通常是非线性的，也就是说，个体之间的简单交互可能会导致系统产生复杂的全局行为。微小的局部变化，经过一系列的反馈和扩散，可能会对整个系统产生深远的影响。

动态适应性：自组织系统对环境变化具有高度的适应性。当系统的某些部分受到干扰或破坏时，个体可以迅速调整行为，重新组织出新的有序结构。这使得自组织系统具有高度的鲁棒性。

涌现性：自组织系统中的全局有序行为是由个体的局部行为自发涌现的，称为“涌现现象”（emergence）。这意味着全局行为并不是个体行为的简单叠加，而是通过个体之间的复杂互动逐渐形成的。涌现现象是自组织系统最显著的特征之一。

科学家们通过模拟自然界中的自组织行为，设计出了能够解决复杂问题的智能算法。

（1）蚁群算法

蚁群算法是基于蚂蚁觅食行为的自组织现象发展出来的优化算法。该算法特别适用于解决诸如旅行商问题（TSP）等组合优化问题。在蚁群算法中，每个人工蚂蚁都遵循类似于自然蚂蚁的信息素释放与路径选择规则。通过模拟大量蚂蚁在解空间中搜索路径，蚁群算法能够逐渐找到最优或接近最优的解。

蚁群算法中的自组织机制体现在以下几个方面。

① 信息素反馈：每个解路径通过释放“信息素”来标记路径质量，其他蚂蚁根据信息素浓度调整搜索方向。

② 正反馈机制：优质路径会吸引更多的蚂蚁，进而加强该路径的信息素浓度，逐渐逼近全局最优解。

③ 负反馈机制：信息素会随着时间逐渐挥发，防止蚂蚁过度依赖旧路径，保持系统的动态性和探索性。

这种自组织机制使得蚁群算法能够在没有中央控制的情况下，依靠局部信息和个体互动，逐步找到全局最优解。

（2）粒子群优化

粒子群优化（particle swarm optimization，PSO）算法受到了鸟群和鱼群集体行为的启发。在 PSO 算法中，每个粒子代表一个潜在解，粒子在搜索空间中通过不断更新位置来寻找最优解。每个粒子依据自身的历史最佳位置以及整个群体的历史最佳位置来调整速度和方向。

粒子群优化算法中的自组织现象有如下体现。

① 个体经验与群体经验的结合：每个粒子根据局部信息和群体信息做出调整，最终逐渐逼近最优解。

② 局部规则的累积效应：通过个体之间的局部信息共享，群体整体能够形成一种协调的搜索行为，最终收敛到最优解。

粒子群优化算法的成功之处在于其通过简单的个体行为和局部交互，能够自发地组织出有效的全局搜索策略。这种自组织特性使得粒子群优化算法在处理复杂优化问题时表现优异。

（3）无人机集群控制

无人机集群控制是自组织现象在工程领域的一个重要应用。在无人机编队任务中，集群中的每架无人机通过感知周围无人机的位置、速度和距离，自主调整自身的飞行方向和速度，从而实现群体的有序飞行。这种去中心化的控制方式使无人机集群具备了极高的灵活性和鲁棒性，能够在复杂、动态的环境中高效执行任务。

自组织现象在无人机集群中的应用包括如下。

① 去中心化控制：每架无人机自主决策，群体行为通过局部交互逐步形成，无需中央控制器指挥。

② 动态适应性：当某些无人机发生故障或环境变化时，其他无人机能够迅速调整飞行参数，保持队形的稳定性。

③ 高鲁棒性：由于系统的去中心化和自组织特性，即使部分无人机失效，集群仍然能够完成任务。

4.1.3 局部规则与全局行为

群体智能系统中的局部规则与全局行为之间的关系，是理解群体智能现象的关键。局部规则指的是系统中个体所遵循的简单行为规则，而全局行为则是整个系统中涌现出的复杂行为模式。在群体智能系统中，个体并不需要掌握全局信息，仅通过局部规则和与邻居交互，系统就能够自发涌现出全局协调、复杂的行为。这种从个体简单行为到群体复杂行为的涌现现象是群体智能的核心特征之一。

（1）局部规则的定义与特性

局部规则是指个体在群体智能系统中所遵循的简单行为准则。个体在做决策时并不需要掌握全局信息，它们的行为完全基于自身的状态和与邻近个体的交互。例如，在自然界中，蚂蚁、鸟、鱼等生物的群体行为都是基于个体间的局部交互来实现的。

局部规则具有以下几个特性。

① 简易性：局部规则通常是简单的，比如移动、跟随、避免碰撞等。

② 基于局部信息：个体只需基于自身的局部环境信息进行决策，通常无需掌握全局信息。

③ 高度可扩展性：局部规则适用于系统规模的扩展，当系统中个体数量增加时，系统仍能有效地运作。

正是由于局部规则的简单性和个体对全局信息的无需求，使得群体智能系统能够在复杂环境中保持高效的协同运作。

（2）全局行为的涌现

全局行为是指通过个体之间局部规则的相互作用，群体智能系统自发形成的复杂、协调的行为模式。值得注意的是，全局行为并不是由个体直接控制或设计的，而是通过个体间的局部交互逐渐涌现出来的。这种涌现现象在许多自然和人工系统中都有所体现。

涌现的全局行为往往具有以下几个特点。

① 复杂性：全局行为的复杂程度远远超出个体的简单行为。这是群体智能系统的关键优势之一，即通过个体简单的局部规则，可以产生高度复杂和协调的行为模式。

② 不可预测性：由于系统是自发形成的，全局行为的最终状态通常是不可完全预测的。局部规则的累积效应可能会导致系统表现出意想不到的特性或行为。

③ 自适应性：全局行为具有动态适应环境变化的能力，系统能够自发调整，以适应不断变化的外部条件。

（3）局部规则如何影响全局行为

局部规则与全局行为之间的关系通常表现为个体之间的局部交互逐渐形成某种宏观

的模式。这种关系在许多群体智能现象中都有明确的体现。

1）蚁群觅食中的局部规则与全局行为

蚁群觅食行为是局部规则与全局行为关系的经典例子。每只蚂蚁都遵循以下简单的局部规则：

① 当找到食物时，沿路径回巢并释放信息素；

② 根据信息素浓度选择路径，浓度越高的路径越可能被选择。

这些局部规则在个体层面非常简单，但通过多只蚂蚁的交互，系统能够形成一个全局行为，即蚁群逐渐找到从巢穴到食物源的最短路径。这条最短路径的形成是通过信息素的反馈机制实现的——最短路径上蚂蚁的往返时间更短，信息素累积的速度更快，因此更多蚂蚁会选择这条路径。这一现象揭示了局部规则通过正反馈机制逐步影响全局行为的过程。

2）鸟群飞行中的局部规则与全局行为

鸟群飞行是另一个展示局部规则如何影响全局行为的典型例子。在鸟群飞行时，每只鸟遵循三个简单的局部规则。

① 对齐：与邻近的鸟匹配飞行速度。

② 分离：与邻居保持一定的距离，避免碰撞。

③ 聚合：趋向鸟群的中心位置，避免与群体分离。

通过这些简单的局部规则，鸟群能够形成高度同步的全局飞行行为。这种全局行为不仅具有流动性，而且表现出高度的适应性。当外部条件改变时（如风向变化或捕食者出现），鸟群能够迅速调整方向和速度，形成新的飞行模式。这种协调飞行是每只鸟基于局部规则做出的独立决策的结果，展现了局部交互如何涌现出复杂的全局行为。

3）粒子群优化算法中的局部规则与全局行为

粒子群优化算法是一种基于群体智能的优化算法，受到了鸟群和鱼群群体行为的启发。在粒子群优化算法中，每个个体（粒子）遵循以下局部规则。

① 根据自身历史最佳位置更新速度。

② 根据群体中的全局最佳位置调整方向。

③ 更新位置，向着更优解前进。

尽管每个粒子只根据局部规则调整自身位置，但粒子群优化算法系统能够通过个体之间的信息共享和交互，逐步收敛到全局最优解。粒子群优化算法展现了局部规则如何通过个体间的信息共享和反馈机制，形成全局搜索优化的行为。

局部规则与全局行为的关系是群体智能系统中的核心要素。通过简单的局部规则，系统中的个体可以通过相互作用，自发涌现出复杂的全局行为。这种从个体到整体的涌现现象不仅解释了自然界中许多复杂群体行为的来源，也为解决复杂的优化问题提供了强有力的工具。局部规则与全局行为的研究为群体智能提供了理论基础，同时推动了分布式系统、人工智能算法等领域的创新与应用。

4.2 粒子群优化算法

粒子群优化算法是由 Kennedy 和 Eberhart 于 1995 年提出的一种基于群体智能的优化

算法，其灵感来源于对鸟群、鱼群等生物集体行为的研究。在PSO算法中，每个个体（称为粒子）表示一个潜在解，这些粒子在搜索空间中移动，通过合作与竞争来逼近最优解。PSO利用简单的局部更新规则，通过将个体的经验与群体的经验相结合来指导粒子的运动。

粒子群优化算法的核心思想是：粒子（个体）在搜索空间中按照一定的速度和方向移动，依靠自身的经验和群体中的最优经验来更新位置，从而逐步逼近最优解。

图4-1为决策空间中粒子移动示意图，其基本原理如下：一个由m个粒子（particle）组成的群体在D维搜索空间中以一定的速度飞行，速度决定了它们飞行的距离和方向。每个粒子代表搜索空间中的一只鸟。对于待求解的优化问题而言，一个粒子就是一个潜在解。所有的粒子都有一个由被优化的函数决定的适应值（fitness value），适应值是用于评估粒子在优化过程中优劣的一个指标，通常使用目标函数来计算。粒子的适应值反映了该粒子当前解的质量，也就是说，它表示该解在问题中的“好坏”程度。在飞行的过程中，粒子会利用自身的飞行经验和群体的飞行经验来动态调整自己，经过若干次迭代搜索，最终得到最优解。

粒子群优化算法先将一群粒子进行随机初始化，然后通过迭代寻找最优解。在每次迭代中，粒子通过跟踪两个“极值”来更新自己。一个极值是粒子本身找到的最优解，称为个体极值**Pbest**；另一个极值是整个种群目前找到的最优解，这个极值是全局极值**Gbest**。每个粒子在找到这两个极值时，通过下面的公式来更新自身的速度和位置：

$$\boldsymbol{v}_i(t+1)=\boldsymbol{v}_i(t)+c_1\left[\mathbf{Pbest}_i-\boldsymbol{x}_i(t)\right]+c_2\left[\mathbf{Gbest}-\boldsymbol{x}_i(t)\right] \tag{4-1}$$

$$\boldsymbol{x}_i(t+1)=\boldsymbol{x}_i(t)+\boldsymbol{v}_i(t+1) \tag{4-2}$$

式中，$\boldsymbol{v}_i(t)$是粒子的速度向量；$\boldsymbol{x}_i(t)$是当前粒子的位置；$\mathbf{Pbest}_i$表示粒子自身找到的最优解的位置；**Gbest**表示整个种群目前找到的最优解的位置；c_1和c_2是两个学习因子，分别称为粒子的“自身认识因子”和“社会认识因子”，分别用于调整$\mathbf{Pbest}_i$和**Gbest**对粒子吸引的影响强度，c_1和c_2的取值均为(0，2]的随机数；$\boldsymbol{v}_i(t+1)$是$\boldsymbol{v}_i(t)$、$\mathbf{Pbest}_i-\boldsymbol{x}_i(t)$和$\mathbf{Gbest}-\boldsymbol{x}_i(t)$等矢量的和。粒子每一维的速度都会被限定在一个最大速度$\boldsymbol{v}_{\max}$内。

粒子群优化算法中，若把群体内所有粒子都作为邻域成员，此时称为全局版粒子群优化算法；若把群体内部分成员组成邻域，称为局部版粒子群优化算法。在局部版粒子群优化算法中，一般有两种方式组成邻域：一种是索引号相邻的粒子组成邻域；另一种是位置相邻的粒子组成邻域。粒子群优化算法的邻域定义策略又称为粒子群的邻域拓扑。

粒子群优化算法流程见图4-2。

粒子群优化算法的具体流程如下。

（1）初始化粒子群

在粒子群优化算法中，首先要初始化粒子群，粒子群的数量一般是提前设定好的，通常与问题的复杂性和搜索空间的维度相关。初始化过程包括为每个粒子分配随机的初始位置和速度，通常是在问题定义的搜索空间范围内随机生成。包括了位置初始化和速度初始化。

① 位置初始化。每个粒子的初始位置是一个向量，该向量的维度与问题的维度相同。每个维度的值通常是从预设的上下限范围内随机选取的。

② 速度初始化。每个粒子的初始速度也是一个向量，它决定了粒子在每次迭代中移动的方向和幅度。粒子的初始速度也可以随机生成，通常速度的大小控制在一定范围内，以防止粒子在搜索空间中移动过快。

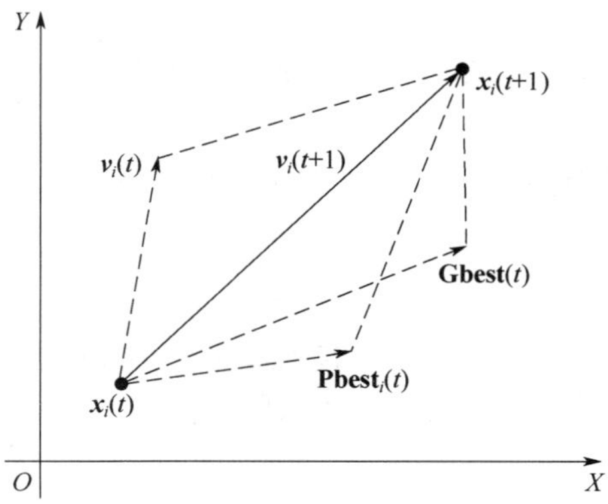

图 4-1　决策空间中粒子移动示意图

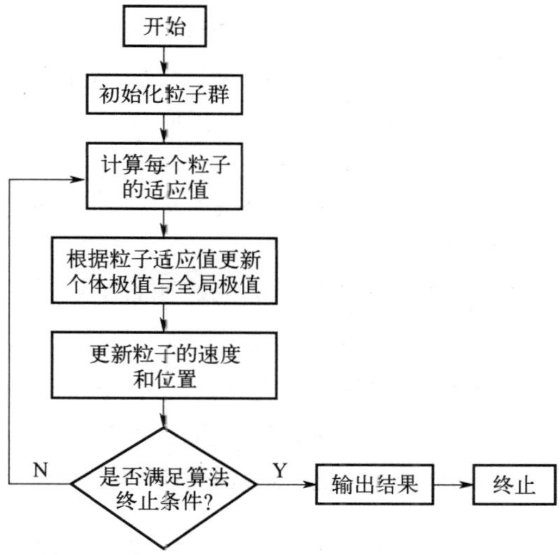

图 4-2　粒子群优化算法流程图

(2) 计算每个粒子的适应值

一旦粒子群被初始化完毕，每个粒子的初始位置就可以代入到目标函数中来计算其适应值。适应值反映了粒子当前位置的解在当前问题中的优劣。适应值函数是根据问题的具体需求定义的，可能是一个要最小化的误差函数（例如在回归问题中），或者是要最大化的利润函数。适应值越好，说明粒子的位置越接近问题的最优解。

(3) 根据粒子适应值更新个体极值与全局极值

对于每个粒子，它会记录自己从开始到当前为止找到的最优位置，称为个体极值（**Pbest**）。这个值在每次迭代中都会进行比较和更新。如果当前粒子的适应值比其历史上的个体极值要好，则更新该粒子的个体极值。

在整个粒子群中，还会找到一个全局极值（**Gbest**），它表示当前所有粒子找到的最优解。每一轮迭代都要更新 **Gbest**。

更新过程确保粒子不仅会在自己历史最优的路径上移动，同时也会受到整个群体最优解的引导，向最优解方向靠近。

(4) 更新粒子的速度和位置

粒子群优化算法的核心在于每个粒子的速度和位置更新过程。速度更新是基于粒子的当前速度、个体极值（**Pbest**），以及全局极值（**Gbest**）。更新的基本公式如下：

$$\boldsymbol{v}_i(t+1)=w\boldsymbol{v}_i(t)+c_1r_1\left[\mathbf{Pbest}_i-\boldsymbol{x}_i(t)\right]+c_2r_2\left[\mathbf{Gbest}-\boldsymbol{x}_i(t)\right] \tag{4-3}$$

其中，w 是惯性权重，代表控制粒子保持其当前运动方向的能力。如果惯性权重大，粒子会倾向于保持较大的移动步长，这有助于探索更广泛的解空间；如果惯性权重较小，粒子的步长变小，更容易在局部解附近进行精细搜索。

c_1 和 c_2 为学习因子，用于控制粒子向个体最优解和全局最优解靠拢的速度。通常设 $c_1=c_2$，以确保粒子既能遵循自己的经验，也能受到全局最优解的影响。

r_1 和 r_2 是随机数，用于引入随机性以增加搜索的多样性，防止粒子陷入局部最优。

通过速度更新公式，粒子获得了新的速度向量，然后通过位置更新公式［式（4-2）］来更新粒子的位置。

（5）判断终止条件

在每一轮迭代中，算法都会检查是否满足终止条件。常见的终止条件包括如下几种。

① 最大迭代次数：通常我们会预设一个最大迭代次数，比如1000次迭代，如果达到这个次数，算法自动停止。

② 适应值阈值：如果找到的解的适应值足够好，满足我们事先设定的目标，就可以提前终止算法。

③ 收敛条件：全局最优解在若干次迭代中没有发生显著变化，说明算法可能已经收敛，也可以选择终止。

（6）输出结果

如果满足终止条件，粒子群优化算法会输出当前找到的最优解，包括最优粒子的位置和该位置对应的适应值。这个最优解代表当前搜索空间中找到的近似最优解，通常对应于全局极值。

4.2.1 粒子群优化算法的参数调节

（1）惯性权重 w

惯性权重（inertia weight）是控制粒子当前速度在下一次迭代中所占比重的一个参数。它的作用是平衡全局搜索与局部搜索的能力。

当惯性权重 w 较大时，粒子倾向于保持原来的运动方向，从而可以探索较大的搜索空间。这有助于全局搜索，防止算法过早收敛于局部最优。当惯性权重 w 较小时，粒子运动的幅度较小，主要在局部区域内进行搜索，有助于精细搜索和局部收敛。

惯性权重有两种调节策略。

① 固定惯性权重。可以设置一个常数惯性权重，例如 $w = 0.7$，这种方式简单易行，但在实际应用中适应性较差。

② 线性递减惯性权重。为了平衡全局搜索和局部搜索，惯性权重通常会采用线性递减的方式：

$$w(t) = w_{max} - \left(\frac{w_{max} - w_{min}}{T}\right)t \tag{4-4}$$

式中，w_{max} 是初始权重；w_{min} 是最终权重；T 是最大迭代次数；t 是当前迭代次数。在算法早期使用较大的惯性权重来进行全局搜索，随着迭代次数的增加，逐步减小权重以加强局部搜索。

（2）加速因子 c_1 和 c_2

加速因子又被称为学习因子，分为自身认识因子、社会认识因子两种，分别用 c_1 和 c_2 表示，分别控制粒子向自身最优位置（个体极值 **Pbest**）和全局最优位置（全局极值 **Gbest**）靠拢的程度，从而决定了粒子在解空间中搜索的动力方向。

c_1 反映了个体经验的影响。如果 c_1 较大，粒子会更多地依赖自身的经验。

c_2 反映了社会学习的影响。如果 c_2 较大，粒子会更多地向群体的最优解靠拢。

加速因子的调节策略有默认设置和动态调整两种。

常见的默认设置是 $c_1 = c_2 = 2$。这种配置下，粒子对自身经验和群体经验的学习是平衡的。

在动态调整策略中，自身认识因子递减，社会认识因子递增：在优化早期，粒子可以更多依赖自身的经验进行探索，因此可以初始设定 c_1 较大，c_2 较小；随着迭代的进行，粒子逐渐依赖全局信息，c_2 应逐渐增大，c_1 减小。例如：

$$c_1(t)=c_{1\max}-\left(\frac{c_{1\max}-c_{1\min}}{T}\right)t \tag{4-5}$$

$$c_2(t)=c_{2\min}+\left(\frac{c_{2\max}-c_{2\min}}{T}\right)t \tag{4-6}$$

（3）粒子群大小

粒子群的大小是影响粒子群优化算法性能的一个重要参数。粒子群过小，可能导致算法容易陷入局部最优解；而粒子群过大，则会增加计算开销。对于低维、简单问题，通常使用较小的粒子群（例如 20 到 50 个粒子），以保证在足够多样性的前提下减少计算开销。对于高维、复杂问题，可以适当增加粒子的数量（例如 50 到 200 个粒子），这有助于在更大的搜索空间内找到全局最优解，但计算时间也会增加。

（4）速度限制 $\boldsymbol{v}_{\max}$

速度限制是为了防止粒子的速度在更新时变得过大，导致粒子跳出搜索空间或错过最优解。因此，速度限制的作用是对粒子的运动幅度进行约束。$\boldsymbol{v}_{\max}$ 的值通常是问题定义的搜索空间范围的一个比例。设定一个合理的速度限制，可以避免粒子过度跳跃，但也要防止速度过小导致粒子无法有效搜索。常见的设置是 $\boldsymbol{v}_{\max}=0.1\times$ 搜索空间范围。

（5）随机数 r_1 和 r_2

随机数 r_1 和 r_2 是在[0,1]之间的随机值，用于引入随机性，使得每个粒子在每次迭代中的更新具有多样性。它们通常会在每次速度更新时随机生成。随机数的作用是防止粒子群出现收敛速度过快、陷入局部最优解的情况。

（6）最大迭代次数

最大迭代次数决定了算法执行的终止条件之一。如果粒子群在设定的迭代次数内没有找到最优解，则算法会自动停止。该参数的设置与问题的复杂性相关，迭代次数过少可能导致算法未能充分搜索解空间，迭代次数过多则可能增加不必要的计算时间。

（7）终止条件

终止条件可以是预设的迭代次数，也可以是设定的最优解精度。如果算法在若干次迭代中，全局最优解没有发生明显变化，或者适应值已经达到目标精度，可以提前终止算法，从而节省计算资源。

粒子群优化算法的性能很大程度上依赖于参数的合理设置。惯性权重 w 决定了粒子在搜索空间中的探索与开发的平衡；学习因子 c_1 和 c_2 控制了粒子向个体和全局最优解靠拢的程度；粒子群大小影响了搜索的多样性和计算复杂度；速度限制防止粒子跳跃过大，错失最优解；……。通过对这些参数的合理调节，可以使粒子群优化算法在不同类型的问题上表现出良好的全局优化能力。

4.2.2 粒子群优化算法的应用

（1）无线传感器网络中的覆盖和能量优化

在无线传感器网络中，节点的布置和覆盖优化直接影响到整个网络的性能和寿命。通常情况下，为了确保监测区域的有效覆盖并延长网络的运行时间，需要对传感器节点的布局进行优化。而粒子群优化算法正是能够有效解决该问题的优化方法之一。

假设我们要优化一个二维监测区域中 n 个节点的布置，使得这些节点能够尽可能覆盖整个区域，并尽量减少节点的功耗。这一问题可以定义为一个多目标优化问题，目标包括：①最大化覆盖率；②最小化节点数量；③均衡功耗。

① 问题建模。考虑一个面积为 A 的矩形监测区域，布置的 n 个传感器节点分别具有有限的覆盖半径 R。每个传感器节点的覆盖范围为以节点为圆心、半径为 R 的圆形区域。节点的初始位置随机分布在监测区域中。

② 粒子群优化算法的应用步骤。

a．粒子表示。在粒子群优化算法中，每个粒子表示一个解方案，即每个粒子的位置向量表示一组节点的布置位置：

$$\boldsymbol{X}_i=\left\{\left(x_{i1},y_{i1}\right),\left(x_{i2},y_{i2}\right),\ldots,\left(x_{in},y_{in}\right)\right\} \tag{4-7}$$

其中，$\left(x_{ij},y_{ij}\right)$ 表示第 i 个粒子中第 j 个节点的位置坐标。

b．适应值函数（目标函数）。为了评估每个粒子的解的质量，需要设计适应值函数。适应值函数包括覆盖率、能耗两个方面。覆盖率是布置后覆盖的面积占总面积的比例。覆盖率越高，适应值越好。能耗是所有节点的功耗总和，功耗随传感距离增大而增加，因此期望节点之间的距离尽量小。

因此，适应值函数可表示为：

$$f\left(\boldsymbol{X}_i\right)=w_1\text{Coverage}\left(\boldsymbol{X}_i\right)-w_2\text{EnergyConsumption}\left(\boldsymbol{X}_i\right) \tag{4-8}$$

其中，w_1 和 w_2 是加权系数，用于平衡覆盖率和能耗。

c．粒子群优化算法的速度和位置更新。在粒子群优化算法中，每个粒子的速度和位置会根据当前最优解更新。速度更新公式为：

$$\boldsymbol{v}_{ij}\left(t+1\right)=w\boldsymbol{v}_{ij}\left(t\right)+c_1r_1\left[\mathbf{Pbest}_{ij}-\boldsymbol{x}_{ij}\left(t\right)\right]+c_2r_2\left[\mathbf{Gbest}-\boldsymbol{x}_{ij}\left(t\right)\right] \tag{4-9}$$

位置更新为：

$$\boldsymbol{x}_{ij}\left(t+1\right)=\boldsymbol{x}_{ij}\left(t\right)+\boldsymbol{v}_{ij}\left(t+1\right) \tag{4-10}$$

d．迭代过程。

- 初始化：随机生成 n 个节点的初始位置和速度。
- 计算适应值：根据覆盖率和能耗计算每个粒子的适应值。
- 更新位置和速度：根据上述公式更新每个粒子的位置和速度。
- 记录最优解：更新每个粒子的局部最优解 **Pbest** 和全局最优解 **Gbest**。
- 终止条件：当达到最大迭代次数或满足覆盖率阈值时，算法结束。

（2）基于 VSCPSO 算法的物流配送中心选址问题

随着互联网技术的发展和国民收入水平的提高，便捷高效的网络服务行业成为新职业，相应地，物流服务成为一个重要基础产业。在物流运送环节中，合理配置物流配送中心就成为物流公司节约运行成本和保障高效服务的一个重要手段，因此，物流配送中心的选址问题也变得非常重要。

物流配送中心选址问题最早是由学者 Weber 和 Friedrich 提出的，随后许多学者对该问题进行了研究并取得了一定的成果。物流配送中心的选址模型是具有复杂约束的非线性规划模型，其求解难度随着问题规模的增大而增加。传统方法在解决这些问题时有很大的局限性，而智能优化方法作为一种新兴的计算方法，在求解大规模复杂优化问题时具有明显优势。因此，下面主要将 VSCPSO 算法用于物流配送中心选址问题中，并给出问题的最佳选址和配送路线。

物流配送中心选址问题可看作在 n 个需求点给出 m 个配送中心的合理方位，并向各需求点配送物品。为了给出选址问题的数学模型，通常做如下的假定。

① 配送中心由配送范围内的需求量来确定，并且配送中心的规模总可以满足需求点的需求；

② 一个需求点只能由一个配送中心提供货物；

③ 为简化问题，不考虑货物的运输成本。

物流配送中心选址问题的数学模型为：

$$\min F=\sum_{i\in N}\sum_{j\in M_i}\omega_i d_{ij}Z_{ij} \tag{4-11}$$

$$\text{s.t.}\sum_{j\in M_i}Z_{ij}=1,\ \sum_{j\in M_i}h_j=p \tag{4-12}$$

$$Z_{ij},\ h_j\in\{0,1\},i\in N,j\in M \tag{4-13}$$

$$Z_{ij}\leqslant h_j,d_{ij}\leqslant s \tag{4-14}$$

其中，N 为需求点的个数；M_i 为备选配送中心；M 是所有可用的配送中心的集合；ω_i 是第 i 个需求点的需求量；d_{ij} 为需求点 i 到配送中心 j 的最近距离；h_j 是 0-1 变量，需求点被选为配送中心时用 $h_j=1$ 表示，否则用 $h_j=0$ 表示；Z_{ij} 也是 0-1 变量，配送中心为需求点供货用 $Z_{ij}=1$ 表示，否则 $Z_{ij}=0$；s 为配送中心与需求点的距离上限；p 为所选配送中心的数量。

物流配送中心选址问题求解的是离散空间问题，因此需要将连续数值空间转化成离散空间，这里采用整数编码方式，根据实际问题的需要，粒子可看作是维数为 m 的可行解，每个坐标表示配送中心的需求点。例如，在 n 个需求点选 m 个物流配送中心的问题，先初始化随机数 $X=(x_1,x_2,x_3,\cdots,x_n)$ 作为初始可行解，并升序排序得 $X=(x_1,x_2,x_3,\cdots,x_n)$，则 n 个客户需求点为 $L=(l_1,l_2,\cdots,l_n)$，m 个物流配送中心为 $Y=(l_1,l_2,\cdots,l_m)$。若客户需求点序号为 1,2,⋯,31，选择 6 个位置作为配送中心，则坐标位置（2,9,10,25,8,1）表示问题的一个可行解，也可表示 2、9、10、25、8、1 被选为配送中心。

下面给出 VSCPSO 算法求解物流配送中心选址问题的具体实现步骤。

步骤 1：参数设置。依据需求点的数量 n 设置配送中心数量 m 所需要的参数。

步骤 2：混沌初始化粒子的位置和速度，并将其映射到变量的取值范围，依据粒子的位置，按照就近原则将需求点分配到离它最近的配送中心。

步骤 3：根据配送中心的数量、需求点数量，按照公式计算每个粒子的适应值，并更新个体的历史最优解和全局最优解。

步骤 4：按照大尺度搜索和小尺度搜索对粒子的个体最优位置和全局最优位置进行更新。

步骤 5：若 Limit（通常是某个次数、代数、适应度函数值的变化幅度或某种度量）大于预设阈值，则在全局最优位置进行混沌变异，以某变异率取代种群中的部分粒子。

步骤 6：更新粒子的全局最优位置，并进行评价。

步骤 7：若达到迭代次数的最大值，则算法终止；否则继续执行步骤 4。

4.3 蚁群算法

20 世纪中叶，仿生学的兴起启发了人类从自然界生物的进化机制中汲取智慧。昆虫在群落层级的合作中往往是自组织的，即便这些合作在表面上显得简单，但它们的集体行为可以解决许多复杂问题。例如，单只蚂蚁的能力有限，但当蚂蚁组成蚁群时，会展现出智能化行为，能够完成觅食、筑巢、迁徙、清扫等任务。基于这一现象，Dorigo 等人提出了模拟蚁群觅食行为的群体智能优化算法——蚂蚁系统（ant system，AS，亦称蚁群算法），并将其应用于解决计算机算法学中经典的旅行商问题（traveling salesman problem，TSP）。2000 年，Bonabeau 等人首次发表了蚁群算法的研究综述；同年，Gutjahr 等人首次从有向图论的角度对蚁群算法的收敛性进行探讨，取得了初步的成果。随后，2002 年 8 月，《IEEE 进化计算汇刊》发表了一期蚁群算法的特刊，重点探讨了蚁群算法在离散优化问题中的应用，展示了该算法在该领域的科学价值。自 2006 年起，研究逐渐关注蚁群算法的时间复杂度分析。Neumann 和 Witt 首次提出了一种简单蚁群算法在拟布尔函数 OneMax 上的运行时间分析。接着，Gutjahr 和 Sebastiani 分析了蚁群算法的变体——最大最小蚁群系统（MMAS）在 OneMax、Needle-in-a-Haystack、LeadingOnes 及 OneMax-Needle-in-a-Haystack 函数上的时间复杂度，并与(1+1)EA 算法的性能进行了对比。Neumann 等人将该算法的运行时间分析推广至其他拟布尔函数，包括单峰函数（unimodal functions）和平原函数（plateaus functions）。Kotzing 等人从理论角度研究了蚁群算法在经典最小割问题中的性能，并讨论了不同参数设置对最小割问题求解时间复杂度的影响。此外，Sudholt 和 Thyssen 将有向无环图上的单目标最短路径问题扩展到其随机变体——随机最短路径问题，其中每条边的权重包含噪声，以表征延迟和不确定性。

目前，蚁群算法的研究不仅涵盖算法理论，还包括对仿真模型的探索，并不断有新的改进方案被提出。蚁群算法的研究和应用主要集中在英国、法国、德国、美国等欧美国家，而中国的相关研究始于 1998 年。尽管蚁群算法已在工程领域的多种优化问题上获得成功应用，但其仍存在待改进之处。例如，个体行为的随机性使得其在应对复杂优化问题时耗时较长，并且易陷入局部最优解。这些问题仍需进一步深入研究。

4.3.1 蚁群算法基本原理

蚁群算法的灵感来源于自然界中的蚂蚁觅食行为。蚂蚁个体之间没有复杂的沟通机制，但依靠信息素（pheromone），它们能够通过集体合作找到最短路径。蚂蚁在寻找食物时，会在路径上释放信息素，而其他蚂蚁倾向于选择信息素浓度较高的路径，逐渐形成一条全局最优或近似最优的路径。

蚂蚁在觅食的过程中，会在行进的路径上释放信息素，同时信息素也会挥发。如图 4-3～图 4-6 所示，当多只蚂蚁同时觅食时，某些蚂蚁偶然会找到较短的路径，这些蚂蚁可以在较短的时间内往返该路径，于是该路径上积累的信息素更多。因此，其他蚂蚁更有可能选择这条路径，使得较短的路径上信息素浓度不断增加，最终大多数蚂蚁都会选择这条路径。通过这一过程，蚂蚁群体在没有中央控制的情况下，通过局部的简单规则找到最优或近似最优的路径。

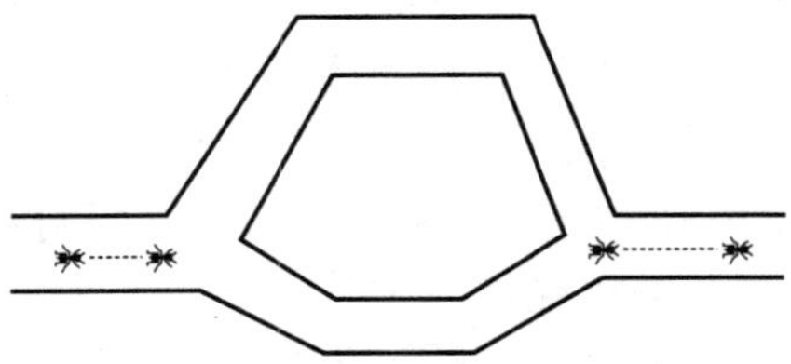

图 4-3　蚂蚁在觅食中有多条路径可选

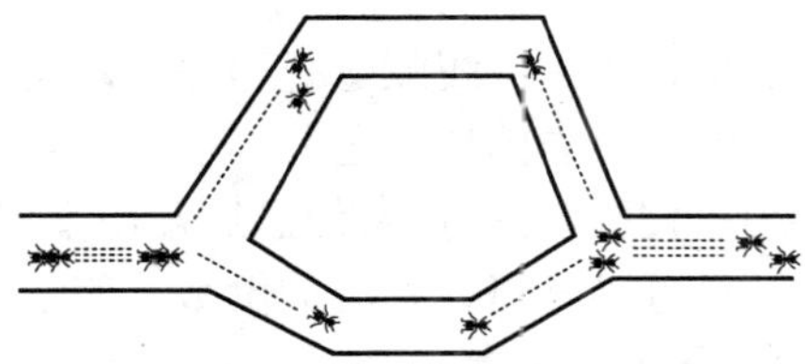

图 4-4　蚂蚁随机选择路径

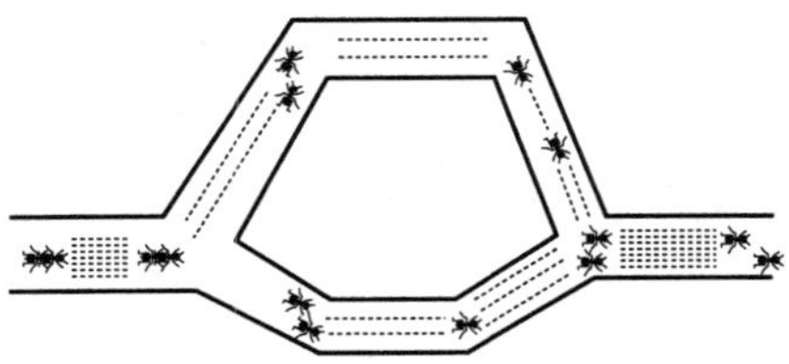

图 4-5　选择下方较短路径的蚂蚁在返回过程中释放更多的信息素

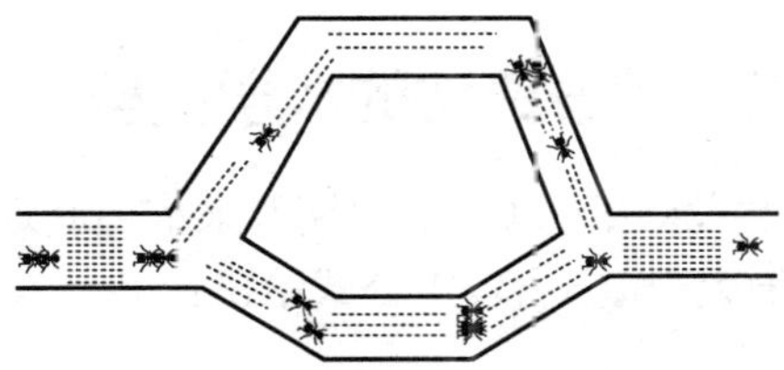

图 4-6　下方较短路径上信息素增多导致更多蚂蚁选择下方路径

4.3.2　蚁群算法的基本步骤

蚁群算法的核心思想是通过模拟蚂蚁觅食行为中的信息素更新机制，来引导求解的过程。该算法的基本工作流程可以概括为以下几个步骤。

① 信息素初始化。在问题空间中初始化每条路径的信息素浓度，初始信息素通常为一个较小的正值，确保算法可以随机探索多个路径。

② 构建解空间。每只蚂蚁从起点开始，依据某种概率选择下一步走向。在旅行商问题中，蚂蚁在城市之间移动，逐步构建解。选择下一个节点的概率依赖于当前路径上的信息素浓度和启发信息（通常为路径长度的倒数）。选择的概率由以下公式给出：

$$P_{ij}=\frac{\tau_{ij}^{\alpha}\eta_{ij}^{\beta}}{\sum\limits_{k\in \text{allowed}}\tau_{ik}^{\alpha}\eta_{ik}^{\beta}} \tag{4-15}$$

式中，P_{ij} 是蚂蚁从节点 i 移动到节点 j 的概率；τ_{ij} 是路径 $i\rightarrow j$ 上的信息素浓度；η_{ij} 是启发信息（如路径长度的倒数）；α 和 β 分别是信息素和启发信息的权重。

③ 局部搜索与解构建。蚂蚁沿着路径逐步构建解。在某些实现中，会加入局部搜索机制来优化当前解的质量。

④ 信息素更新。所有蚂蚁完成解构建后，依据找到的解来更新信息素。信息素的更新由以下公式决定：

$$\tau_{ij}(t+1)=(1-\rho)\tau_{ij}(t)+\sum\tau_{\text{all ants}}\Delta\tau_{ij} \tag{4-16}$$

式中，ρ 是信息素的挥发系数；$\Delta\tau_{ij}$ 表示蚂蚁本轮搜索对路径 $i\rightarrow j$ 的信息素贡献。

⑤ 全局更新。在每一轮迭代结束后，全局最优解也会更新。在全局更新过程中，信

息素会集中在最优路径上，使得后续的蚂蚁更容易选择该路径，最终实现解的收敛。

⑥ 迭代终止条件。算法会持续迭代，直至达到预设的终止条件（如固定的最大迭代次数或找到最优解）。

从以上算法步骤中，我们可以知道蚁群算法中的以下关键要素。

① 信息素浓度：信息素浓度是蚁群算法中的核心概念，它决定了蚂蚁选择路径的倾向。信息素越多，蚂蚁选择该路径的可能性越大。信息素浓度随时间逐渐衰减，这模拟了自然界中信息素的挥发过程，使得算法能够跳出局部最优解。

② 启发信息：启发信息通常用于引导蚂蚁做出更好的选择。例如，在旅行商问题中，启发信息可以是路径长度的倒数，路径越短，其被选择的可能性越大。

③ 正反馈机制：正反馈机制使得优秀的解得到强化，这在群体智能中是一种常见的模式。正反馈能够加速算法的收敛过程，使蚁群逐渐收敛于全局最优解。

4.3.3 蚁群算法的数学模型

蚁群算法可以用数学模型来描述其运作过程。对于路径选择问题，蚂蚁从节点 i 到节点 j 的转移概率由以下公式给出：

$$p_{ij}(t)=\frac{\left[\tau_{ij}(t)\right]^{\alpha}\left[\eta_{ij}(t)\right]^{\beta}}{\sum\limits_{k\in N_i}\left[\tau_{ik}(t)\right]^{\alpha}\left[\eta_{ik}(t)\right]^{\beta}} \tag{4-17}$$

式中，α 和 β 分别控制信息素和启发信息对转移概率的影响。

此外，信息素更新的基本公式为：

$$\tau_{ij}(t+1)=(1-\rho)\tau_{ij}(t)+\Delta\tau_{ij} \tag{4-18}$$

$$\Delta\tau_{ij}=\sum_{k=1}^{m}\Delta\tau_{ij}^{k} \tag{4-19}$$

式中，$\Delta\tau_{ij}^{k}$ 是第 k 只蚂蚁在路径 $i\to j$ 上增加的信息素量。

4.3.4 蚁群算法的进化与变种

尽管原始蚁群算法在解决复杂的组合优化问题上展现了很好的效果，但随着问题规模的增大和复杂度的提升，经典蚁群算法在收敛速度和全局搜索能力方面显现出一些不足。为了提升算法的性能，研究者们对原始蚁群算法进行了多方面的改进和优化，形成了许多新的变种。这些变种不仅增强了算法的求解能力，还扩展了其在不同领域中的应用范围。

在蚁群算法的研究历史中，几个经典变种具有较大的影响力，这些变种通过改进算法中的信息素更新策略、启发信息、搜索策略等，提升了算法的效率与稳定性。

（1）蚁群系统

蚁群系统（ant system，AS）是最早的蚁群算法版本，也是 Dorigo 等人最初提出的蚁群优化模型。蚁群系统主要针对旅行商问题（TSP）进行求解，其基本思想是通过信息素的积累和挥发机制逐步收敛到最优解。蚁群系统的主要不足在于收敛速度较慢，尤其在大规模问题上容易陷入局部最优解。

在蚁群系统中，路径上的信息素更新由以下公式决定。

$$\tau_{ij}(t+1)=(1-\rho)\tau_{ij}(t)+\sum_{k=1}^{m}\Delta\tau_{ij}^{k} \tag{4-20}$$

式中，ρ 是信息素挥发系数；$\Delta\tau_{ij}^{k}$ 是第 k 只蚂蚁在路径 $i\to j$ 上增加的信息素量。

（2）蚁群优化系统

蚁群优化系统（ant colony system，ACS）是对原始蚁群系统的改进版本，由 Dorigo 等人在 1997 年提出。该算法引入了全局与局部信息素更新机制，以及伪随机比例规则（pseudo-random proportional rule），提高了算法的全局搜索能力和收敛速度。

在蚂蚁选择路径时，立即对其经过的路径进行局部信息素更新，防止所有蚂蚁在初期集中到相同的路径上。局部信息素更新公式为：

$$\tau_{ij}(t)=(1-\xi)\tau_{ij}(t)+\xi\tau_0 \tag{4-21}$$

式中，ξ 是局部更新的参数；τ_0 是初始信息素浓度。

当所有蚂蚁找到解后，仅对当前最优路径进行全局信息素更新，增强最优路径上的信息素积累，公式如下：

$$\tau_{ij}(t+1)=(1-\rho)\tau_{ij}(t)+\rho\Delta\tau_{ij}^{\text{best}} \tag{4-22}$$

式中，$\Delta\tau_{ij}^{\text{best}}$ 是当前迭代中的最优路径对信息素的贡献。

ACS 改进了传统蚁群系统的搜索效率，通过结合局部和全局更新策略，能够更快地收敛到最优解，并且避免过早陷入局部最优。

（3）最大最小蚁群系统

最大最小蚁群系统（max-min ant system，MMAS）由 Stützle 和 Hoos 在 2000 年提出，其主要特点是对信息素浓度进行上下限约束，即每条路径上的信息素浓度被限制在一个最大值和最小值之间。这种策略避免了信息素过度积累导致的蚂蚁搜索多样性的丧失，同时还能防止过早收敛。

在 MMAS 中，信息素的更新遵循以下规则：

$$\tau_{ij}=\max\left[\tau_{\min},\min\left(\tau_{ij},\tau_{\max}\right)\right] \tag{4-23}$$

式中，$\tau_{\min}$ 和 $\tau_{\max}$ 分别是信息素浓度的下限和上限，确保路径上的信息素浓度不至于过高或过低。

4.3.5　蚁群算法的混合与交叉进化

（1）遗传蚁群算法

遗传蚁群算法（genetic ant colony algorithm，GACA）通过引入遗传算法中的选择、交叉和变异操作，增加解的多样性。在 GACA 中，每轮蚂蚁的解构建完成后，会将最优的解作为种群的一部分进行遗传算法操作，使得蚁群不仅能够通过信息素积累优化解，还能够通过遗传操作扩展搜索空间。

GACA 的适应值选择与交叉操作类似于遗传算法。遗传操作的概率由信息素浓度和解的质量共同决定：

$$P_{\text{crossover}} = \frac{\tau_{ij}}{\tau_{\max}} f(x) \tag{4-24}$$

式中，$f(x)$ 是当前解的适应值函数。

（2）模拟退火蚁群算法

模拟退火蚁群算法（simulated annealing ant colony algorithm，SA-ACO）结合了模拟退火算法的全局搜索能力，使用退火过程控制蚁群的搜索深度。在 SA-ACO 中，蚂蚁在选择路径时会根据一个温度参数来确定是否接受非最优解，从而防止陷入局部最优解。

SA-ACO 中路径选择的概率受温度 T 影响：

$$P_{ij}(t) = \exp\left(\frac{\tau_{ij}(t)}{T}\right) \tag{4-25}$$

随着温度逐渐下降，蚂蚁的搜索行为逐渐趋向于选择信息素较多的路径。

（3）人工蜂群蚁群混合算法

人工蜂群蚁群（artificial bee colony ant colony，ABC-ACO）混合算法是一种结合了人工蜂群（artificial bee colony，ABC）算法和蚁群（ACO）算法优点的混合优化算法。ABC 算法最初由 Karaboğa 在 2005 年提出，模拟蜜蜂群体觅食的行为，主要通过“侦察蜂”“雇佣蜂”和“观察蜂”这三类蜜蜂的协作来搜索全局最优解。而蚁群算法则基于蚂蚁个体通过信息素传递信息的机制来进行路径选择和优化。两者结合的 ABC-ACO 算法在解决复杂优化问题时，能够兼具全局搜索能力和局部搜索能力，同时具备较强的跳出局部最优的能力。

人工蜂群蚁群混合算法的基本思想是将人工蜂群算法中的“侦察行为”与蚁群算法的“信息素机制”结合在一起。在每轮迭代中，人工蜂群算法的“侦察蜂”负责探索新的解空间，发现潜在的优质解，而蚁群算法则利用信息素积累强化已经发现的优良解，进一步引导解的优化。

在每轮迭代中，人工蜂群中的侦察蜂负责对解空间进行全局探索，找到尚未被蚂蚁群体探索到的新区域。侦察蜂在解空间内随机搜索，类似于蚂蚁初期的随机探索行为，但其搜索策略具有更强的随机性。

ABC-ACO 混合算法的具体求解流程可以概括如下。

① 初始化种群：在搜索空间中初始化蜜蜂种群和蚂蚁种群，蜜蜂负责全局探索，蚂蚁负责局部搜索。初始化的蚂蚁和蜜蜂在解空间中随机分布。

② 蜜蜂侦察：侦察蜂随机在解空间内搜索潜在的优质解。通过全局搜索，侦察蜂能够发现尚未被蚂蚁探索的解空间区域，并通过选择策略评估其解的质量。

③ 蚂蚁搜索：每只蚂蚁根据当前路径上的信息素浓度以及局部启发信息选择下一步行动。根据蚂蚁的行动，更新信息素，并在最优解附近继续进行局部搜索。

④ 蜜蜂观察与雇佣：观察蜂根据侦察蜂发现的解进行局部优化，而雇佣蜂根据观察蜂的指引在该区域继续搜索，试图进一步提升解的质量。

⑤ 信息素更新：当所有蜜蜂和蚂蚁完成搜索后，根据本轮找到的最优解更新信息素。信息素的更新过程遵循以下规则：

$$\tau_{ij}(t+1) = (1-\rho)\tau_{ij}(t) + \sum_{\text{best paths}} \Delta\tau_{ij} \tag{4-26}$$

⑥ 重复迭代：不断迭代以上过程，直到满足终止条件（如达到最大迭代次数或找到全局最优解）。

人工蜂群蚁群混合算法结合了 ABC 和 ACO 两种算法的优势，在全局搜索和局部搜索之间达成了良好的平衡。

4.3.6　蚁群算法在动态环境中的变种

蚁群算法的传统假设是问题空间和目标函数是静态的，即在求解过程中问题的参数不会发生改变。然而，在现实世界中，许多问题是动态的，例如网络流量的动态变化、供应链的需求波动、实时调度中的环境变化等。面对这些动态变化的复杂系统，静态的蚁群算法难以快速适应，因此，为了使蚁群算法更好地适应动态环境，研究者们提出了许多专门用于动态环境的蚁群算法变种。动态环境中的蚁群算法在信息素更新和搜索策略上引入了灵活的适应机制，使得算法在环境发生变化时能够动态调整，保持其有效性。

（1）动态蚁群算法

动态蚁群算法（Dynamic ACO，DACO）是一种为应对环境变化而设计的改进型蚁群算法。在静态蚁群算法中，信息素更新是逐步收敛的，适合静态问题，而在动态问题中，环境的变化会导致原先的最优解失效，因此 DACO 通过引入环境适应机制，使得算法能够在检测到环境变化时，动态调整信息素的分布，以适应新的解空间。

在动态环境中，问题的约束、目标函数或解空间可能随时间发生变化。例如，在网络路由优化中，某些节点或链路的可达性可能会随网络流量负载的变化而改变；在生产调度问题中，机器的可用性和订单的优先级也可能发生波动。在这种情况下，DACO 引入了两项关键机制来提高其应对动态环境的能力：

① 环境变化检测：算法会周期性地检测环境是否发生变化，例如通过监控问题的约束条件或目标函数。如果检测到环境变化，算法会执行下一步的调整。

② 信息素自适应挥发：当检测到环境变化时，DACO 会暂时提高信息素的挥发速度，减少蚂蚁对过去信息素的依赖。这样做可以加速对新环境的适应，迫使蚂蚁群体探索新的解空间。在新解找到后，信息素挥发速度恢复正常。信息素挥发率的更新公式如下：

$$\rho'(t)=\rho+\Delta\rho \tag{4-27}$$

式中，ρ 是初始挥发率；$\Delta\rho$ 是根据环境变化幅度动态调整的信息素挥发率。

③ 动态更新策略：在信息素挥发机制之外，DACO 还可能引入动态更新策略，例如通过多样化蚂蚁的初始位置，或者调整蚂蚁的路径选择规则，以加快对新环境的适应。这种策略能够防止蚂蚁群体在环境发生变化后继续沿着过时的路径移动。

（2）多目标蚁群算法

多目标蚁群算法（multi-objective ACO，MOACO）是一种用于求解多目标优化问题的蚁群算法。与传统蚁群算法不同，MOACO 不仅仅优化单一目标，而且还同时考虑多个目标的优化，使得最终解不仅能够在某个目标上表现优异，还能够在所有目标之间达成均衡。例如，在物流调度中，既要优化运输成本，又要保证配送时间的最小化；在工程设计中，既要追求设计的经济性，又要保证性能的最佳。在这种情况下，单一目标的蚁群算法无法满足需求，因此 MOACO 引入了 Pareto 最优解的概念，使得蚂蚁在构建解时，不仅要考虑单一目标，还要在多个目标之间取得平衡。MOACO 的求解流程与经典蚁群算法类似，但每轮迭代后会进行 Pareto 前沿解的存储和更新，具体流程如下。

① 初始化：随机初始化蚂蚁种群，初始化信息素浓度，定义多个目标函数及其权重。

② 路径选择：每只蚂蚁根据目标函数的加权和进行路径选择，完成解的构建。

③ Pareto 前沿解更新：根据当前解的表现，更新 Pareto 前沿解集，保留表现优异的解。

④ 信息素更新：根据 Pareto 前沿解的质量，更新信息素浓度，信息素的更新过程遵循以下规则：

$$\tau_{ij}(t+1)=(1-\rho)\tau_{ij}(t)+\sum_{\text{best paths}}\Delta\tau_{ij} \tag{4-28}$$

式中，$\Delta\tau_{ij}$ 是由 Pareto 前沿解对路径 $i\rightarrow j$ 所产生的信息素增量。

⑤ 迭代收敛：不断迭代上述过程，直到达到最大迭代次数或解集收敛。

蚁群算法各主要变种的性能详细比较见表 4-1。

表 4-1 蚁群算法各主要变种的性能详细比较

算法	收敛速度	复杂度	优点	缺点
蚁群系统（AS）	中等。信息素的积累和挥发机制使得算法逐渐趋向于最优解，但收敛速度在大规模问题中较慢	低。由于没有额外的优化机制，算法的计算复杂度较低，适合中小规模问题	算法简单易实现，适合初学者理解和应用	收敛速度较慢，容易陷入局部最优，解决大规模问题的能力有限
蚁群优化系统（ACS）	较快。引入局部和全局信息素更新机制，能加速收敛，避免早期陷入局部最优	较高。通过局部信息素更新避免过度依赖某条路径，提升了跳出局部最优的能力	收敛速度明显提高，避免早期陷入局部最优，适用于中等规模问题	参数调整较复杂，特别是局部和全局更新的平衡需要精细调整
最大最小蚁群系统（MMAS）	较快。对信息素设置上下限，防止信息素过度集中在单一解上，加速算法收敛	中等。虽然增加了信息素控制机制，但计算复杂度并未显著提高	能有效防止早期收敛，提高了解的多样性和全局性	算法调参较复杂，需要精确设定信息素上下限
遗传蚁群算法（GACA）	快。通过结合遗传算法的交叉和变异操作，显著加速了算法收敛速度	高。将蚁群算法和遗传算法结合，导致计算量大幅增加，适合复杂问题的求解	全局搜索能力强，特别适合多峰值问题或复杂的非线性优化问题。	算法复杂度高，计算时间长，适用于大规模和高维度问题，不适合实时系统

4.3.7 蚁群算法应用

在上一节中，我们讨论了蚁群算法在动态环境中的变种，展示了该算法如何通过自适应机制处理动态变化问题。而在本节中，我们将进一步探讨蚁群算法在实际中的应用场景。随着蚁群算法的进化与优化，其在诸多领域得到了广泛应用，包括但不限于物流优化、网络路由、数据挖掘、图像处理，以及生物信息学。蚁群算法的强大适应性和全局搜索能力使其成为解决复杂问题的重要工具。

（1）冷链物流中的路径优化

冷链物流在运输生鲜食品和药品等易腐物品时，路径优化是至关重要的，因为需要在最短时间内将货物送到指定地点，同时保证在车辆运载能力范围内。蚁群算法在带时间窗的车辆路径问题（vehicle routing problem with time windows，VRPTW）中表现出色，尤其是在面对时间和容量的双重约束时。在一项研究中，蚁群算法被应用于冷链物流路径优化。研究中，蚁群算法的关键参数包括信息素的更新频率和启发信息。信息素表示某一条路径的“引力”——路径越短且符合时间窗约束，其信息素浓度越高。启发信息则由路径长度和时间窗的紧迫程度决定。

算法流程如下。

① 初始化：在地图中设定仓库和多个配送点，每个配送点都有时间窗要求。初始信息素 $\tau_{ij}(0)=\tau_0$ 均匀地分布在所有路径上。

② 蚂蚁构建路径：每只蚂蚁从仓库出发，在每一步选择下一个配送点 j，选择概率 P_{ij} 由路径的当前信息素浓度 τ_{ij} 和启发信息 $\tau_{ij}(0)$（通常取路径长度的倒数）决定：

$$P_{ij}=\frac{\tau_{ij}^{\alpha}\eta_{ij}^{\beta}}{\sum_{k\in \text{allowed}}\tau_{ik}^{\alpha}\eta_{ik}^{\beta}} \tag{4-29}$$

式中，α 和 β 是控制信息素和启发信息重要性的参数；allowed 表示满足时间和容量约束的下一个配送点集合。

③ 路径完成和信息素更新：每只蚂蚁构建完成一条路径后，会将信息素更新在路径上。信息素更新分为局部更新和全局更新。

局部更新：在每只蚂蚁访问路径时，路径上的信息素会减少，以减少该路径在本轮中的吸引力，防止早期路径陷入局部最优。局部更新公式为：

$$\tau_{ij}=(1-\rho)\tau_{ij}+\rho\tau_0 \tag{4-30}$$

式中，ρ 是信息素挥发系数；τ_0 是初始信息素值。

全局更新：当所有蚂蚁完成路径构建后，将在最优路径上增加信息素，以强化最优路径的吸引力。全局更新公式为：

$$\tau_{ij}(t+1)=(1-\rho)\tau_{ij}(t)+\sum_{k=1}^{m}\Delta\tau_{ij}^{k} \tag{4-31}$$

式中，$\Delta\tau_{ij}^{k}$ 表示第 k 只蚂蚁在其经过路径上的信息素增量，一般设置为与路径总长度成反比：$\Delta\tau_{ij}^{k}=\dfrac{Q}{L_k}$，其中 Q 是常数，L_k 是第 k 只蚂蚁的路径长度。

④ 迭代和收敛：重复蚂蚁构建路径和信息素更新过程，直到达到预定的迭代次数或路径不再改善。

（2）蚁群算法在网络路由与通信中的应用

网络通信中的路由问题是一个动态变化的优化问题，尤其在互联网和无线通信网络中，节点负载、带宽、延迟等网络参数会不断波动。蚁群算法凭借其自适应性和全局搜索能力，能够在复杂的动态环境中优化网络路由，确保数据包能够高效传输。

在网络通信中，数据包的传输路径会随着网络负载和延迟变化而波动。蚁群算法通过模拟数据包作为“蚂蚁”在网络中移动，并利用信息素积累机制，动态调整路由选择，能够快速找到网络中最优的传输路径。

每只“数据包蚂蚁”在网络中寻找从源节点到目的节点的最优路径，其路径选择由信息素浓度和网络参数（如带宽、延迟）共同决定。

在互联网数据传输中，蚁群算法能够根据实时网络状态，动态调整数据包的传输路径。例如，在视频流媒体服务中，蚁群算法可以帮助优化数据流的传输路径，减少视频卡顿，提高用户体验。

（3）蚁群算法在图像处理与计算机视觉中的应用

图像处理与计算机视觉是人工智能领域的重要分支，涉及图像分割、边缘检测、图像压缩等多项任务。蚁群算法凭借其全局搜索能力和群体智能的特性，能够在复杂的图像处理任务中表现出色。

图像分割是将图像划分为若干个区域的过程，通常用于目标检测、医学图像分析等任务。蚁群算法通过模拟蚂蚁在图像像素之间的移动，根据像素间的梯度信息选择路径，逐步找到最佳的分割线。

在图像分割中，每只蚂蚁从图像的某个初始像素开始，基于像素之间的灰度差值和相邻像素的梯度选择路径。蚁群算法利用信息素积累机制，最终形成一条最佳的分割线，将图像划分为不同的区域。

在医学图像分析中，蚁群算法被用于CT和MRI图像的自动分割。蚁群算法能够自动识别出图像中的肿瘤区域，极大提高了医生的诊断效率和准确性。图像中的每个像素点视为蚂蚁的路径节点，蚂蚁根据像素梯度的大小选择路径，信息素随着路径的优化而逐渐增加。

4.4 进化算法

进化算法，也被称为演化算法（evolutionary algorithms，EAs），是一类受到自然界生物进化过程所启发的优化算法。其通过模拟生物进化过程中的选择、变异和重组等机制，从而解决复杂的优化问题。因其强大的全局搜索能力和广泛的适用性，进化算法不仅在理论研究中占据重要地位，还在工程、经济、人工智能等领域得到广泛应用。本节将详细探讨进化算法的起源、发展过程及其在现代计算中的重要性。

进化算法的思想根源可以追溯到达尔文的自然选择理论，这一理论为理解和模拟适应性优化提供了重要启示。达尔文在其进化论中提出，生物体通过自然选择和遗传变异逐步适应环境，从而实现了物种的进化。在这一漫长的进化过程中，各种生物从简单、低级的形态逐步发展为复杂、高级的形式。为了在变化的环境中生存，生物个体必须进行多层次的生存竞争，包括种群内部个体之间的竞争、不同种群间的资源争夺，以及生物与无机环境之间的相互作用。适应能力较强的个体往往能够存活并繁殖，而适应能力较弱的个体则逐渐被淘汰。达尔文将这一过程概括为“自然选择”，并总结为“适者生存”的原则。

这一理论为科学界提供了关于优化和适应性的全新视角。通过对自然界中生物进化过程的系统研究，生物学家发现，自然选择的机制在塑造生物多样性方面发挥了关键作用。从最早的单细胞生物到现今多种多样且高度复杂的生命形式，生物界的演化历程不仅体现了自然选择理论的深刻意义，也证明了这一机制在推动种群适应性提升中的核心作用。与自然选择相关的进化研究成果已被广泛接受，并被应用于多个领域，为进化算法的提出与发展奠定了理论基础。

根据孟德尔与摩根的遗传学理论，遗传物质以指令密码的形式存在于每个细胞中，并通过基因排列在染色体上。每个基因在染色体中具有特定的位置，负责控制生物体的某些特性。不同基因组合会赋予个体不同的环境适应性，通过基因杂交与突变，能够产生对环境更具适应能力的后代。在自然选择的作用下，适应值较高的基因结构得以保留下来，逐步形成经典的遗传学染色体理论，为揭示遗传与变异的基本规律提供了科学依据。现代遗传学进一步深入研究了基因的本质、功能、结构、突变和调控机制，为遗传工程的快速发展开辟了新的方向。

在生物体中，遗传物质集中于细胞核内的染色体上，这些染色体中的基因承载了生物性状的遗传信息，是决定个体特征的根本。生物体所表现出的外在特征实际上是染色体结构的具体体现，而染色体结构的变化与优化，则是驱动生物进化的核心机制。随着染色体发生变异和重组，生物体的形态和功能逐步发生演变，这一过程构成了生物进化的本质。基因的独特组合赋予了生物多样性，而基因结构的稳定性则确保了物种得以持续繁衍。同时，基因的杂交与突变为生物适应环境变化提供了动力，推动了进化进程。遗传信息通过基因在父代与子代间传递，不断引发适应性特征的变异与增强，这一过程是生物进化的核心动力之一。

生物进化需要满足以下四个基本条件：首先，种群必须由多个个体组成，形成一个有足够基数的群体；其次，群体内的个体需存在差异性，或表现出显著的多样性特征；再次，种群成员必须具备自我繁殖能力，以确保进化的延续；最后，不同个体在环境中的适应能力存在差异，具备优良基因结构的个体更容易存活并繁衍后代，而较弱的个体则逐渐被淘汰。这些条件共同作用，构成了生物进化的关键驱动力，推动物种在适应环境的过程中不断优化与发展。

生物群体的进化过程可以通过三种基本机制来实现，这些机制共同作用，驱动种群的适应性变化与进化。

自然选择：进化的核心驱动力，决定了生物群体在环境中发展的方向。能够适应环境变化的个体通常表现出更高的生存能力，因此在种群中占据主导地位。这些适应性良好的个体将其优良的基因特征传递给后代，使得相关染色体性状得以在自然选择中长期保留，从而推动种群整体的适应性提升。

杂交：通过随机重组父代染色体上的遗传信息，为种群引入新的遗传组合。这种重组过程能够产生不同于父代的染色体结构，增加后代的多样性。值得注意的是，生物进化并不依赖记忆，其适应环境的信息都存储在种群的基因库（gene pool）中，能够通过遗传被下一代继承。这种机制不仅保持了种群的连续性，还提供了灵活应对环境变化的能力。

突变：进化中另一种关键机制，通过随机改变父代染色体上的基因结构，产生携带新染色体的后代。突变通常具有突发性、间断性和不可预测性，尽管这种过程不可逆，但它是保持群体遗传多样性的重要手段。正是突变为种群提供了应对新环境挑战的可能性，防止了遗传信息的单一化和固化。

此外，生物进化是一个开放系统，受外界环境反馈的持续影响。这种反馈机制可以被视为外部对生物群体的“评价”，反映了个体在环境中的生存价值与机会。在竞争环境中，适应性较差的个体逐渐被淘汰，而适应性较强的个体则通过繁衍继续保留其基因。这种动态的反馈机制构成了生物进化的外部动力，使得群体能够在不断变化的环境中优化其生存策略与基因组合。

生物的进化过程实际上是一个持续循环的过程，在这一过程中，生物群体不断地适应变化的环境。这一过程的本质可以视为一种优化过程，其在计算机科学中的应用具有重要的启示意义。因此，20 世纪 50 年代，计算机科学领域开始借鉴自然界的进化机制，探索通过模拟生物进化来解决复杂的优化问题。1954 年，挪威科学家尼尔斯·奥尔·巴里切利（Nils Aall Barricelli）在其计算生物学研究中首次提出了使用数值模拟来研究进化过程的想法，并发表了一系列关于模拟人工选择的论文。这些早期的探索为后续进化算法的发展提供了理论基础，基于生物进化过程的计算模拟方法逐渐在计算机科学中得到推广和应用，推动了进化计算领域的兴起。

4.4.1 进化算法的三大分支

尽管到目前为止进化计算的发展不过20余年，但其思想可以追溯到20世纪50年代。一般认为，进化计算（evolutionary computation，EC）包括三个组成部分：①由美国密歇根大学约翰·霍兰德（John H. Holland）教授提出的遗传算法；②由德国科学家英戈·雷亨伯格（Ingo Rechenberg）和汉斯·保罗·施维费尔（Hans-Paul Schwefel）提出的演化策略（evolution strategies，ESs）；③由约翰·科扎（John Koza）提出的遗传规划（genetic programming，GP）。他们用不同的进化控制模式模拟了生物进化过程，从而形成了三种具有普遍影响的模拟进化的优化计算方法。这三种方法也统称为进化算法（evolutionary algorithms，EAs）。

（1）遗传算法

遗传算法（genetic algorithm，GA）的提出可以追溯到20世纪60年代末。美国密歇根大学的约翰·霍兰德及其学生率先提出遗传算法，并在1975年出版的经典著作《自然与人工系统中的适应性》（*Adaptation in Natural and Artificial Systems*）中得到了系统化的阐述。霍兰德的研究源自对一类动态系统适应性问题的深入探索，这些问题涉及生物学、社会学、控制工程以及人工智能等多个领域。他试图通过数学和计算模型捕捉这些系统在不断变化的环境中逐步调整行为和性能以适应外部条件的过程，这些过程统称为“适应性过程”。霍兰德认为，尽管适应性现象往往表现出极大的复杂性，但其可以通过简单的模拟机制进行有效建模。他的目标是构建一个通用的适应性过程描述框架，并在计算机上进行实验模拟，以探讨自然系统（如生物进化）和人工系统（如智能算法）如何对环境变化作出响应。在这一背景下，遗传算法应运而生。

与此同时，布雷默曼（Hans Bremermann）、德容（Kenneth De Jong）等学者在遗传算法的实际应用上做出了重要贡献。他们将遗传算法推广到参数优化问题，显著拓展了其应用场景。这一阶段的研究表明，遗传算法不仅是对自然进化现象的一种计算模拟，更是一种强大的通用优化工具（general-purpose optimization method）。特别是其在优化问题求解中的适应性搜索能力，表现出了巨大的潜力。

遗传算法通过模拟自然界的遗传和选择过程，在问题的解空间中进行全局搜索。种群中的每个“个体”代表一个潜在解，通过模拟自然选择中的“适者生存”，结合交叉（crossover）和变异（mutation）操作，遗传算法在每一代中生成更优的解。经过若干代的迭代，算法会逐步逼近问题的最优解。

遗传算法之所以在众多领域得到广泛应用，主要归功于其以下特点。

- 简单性：遗传算法结构简单，容易实现，且无需对问题本身的数学性质有深入了解。
- 全局搜索能力强：相比传统优化算法，遗传算法能够跳出局部最优，探索更大的解空间。
- 适应性：适用于复杂、多维度和非线性优化问题。

从理论研究到实际应用，遗传算法已成为优化领域中不可或缺的工具，广泛应用于工程设计、机器学习、经济管理、生物信息学、智能控制等诸多领域，为解决复杂的优化问题提供了强有力的手段。

（2）演化策略

演化策略由德国科学家英戈·雷亨伯格（Ingo Rechenberg）和汉斯·保罗·施维费尔（Hans-Paul Schwefel）在 20 世纪 60 年代首次提出，是一种专注于连续参数优化的进化计算方法。与遗传算法相比，演化策略更加注重自适应搜索策略的设计，通过简单而高效的机制，模拟生物种群在自然选择中的进化过程，不断优化解的质量。

演化策略的核心操作包括变异和选择，而非遗传算法中复杂的交叉操作。通过引入高斯分布等统计模型对个体进行变异，演化策略能够实现搜索范围和精度的动态调整，从而在解空间中进行更为高效的探索。选择机制则优先保留适应性较高的个体进入下一代，确保种群的质量在迭代过程中稳步提升。这种机制在全局搜索能力和局部优化效率之间提供了良好的平衡。

由于其实现简单且不依赖于目标问题的梯度信息，演化策略被广泛应用于工程优化与控制领域。例如，它在工业设计中被用来优化结构参数以满足性能、成本等多重约束，在自动控制中用于机器人路径规划或系统调节。此外，近年来演化策略还被用于机器学习中的参数优化，展现了强大的适应性和鲁棒性。

通过逐步生成候选解、评估适应性并选择最优解，演化策略成功地模拟了生物进化的自然过程。其自适应的变异机制和稳健的优化能力，使其成为解决复杂优化问题的重要工具，同时为进化计算领域提供了丰富的理论支持和实践价值。

（3）遗传规划

遗传规划（genetic programming，GP）是由约翰·科扎（John Koza）于 1992 年提出的一种算法，是遗传算法的扩展，旨在实现自动化程序生成。遗传规划通过模拟自然界的遗传进化过程，从随机生成的一组公式或程序群体出发，逐步演化出能够满足特定目标的程序或函数群体。这种技术通过对程序结构的迭代优化，不断提升其性能，被广泛应用于自动化问题求解。

遗传规划的核心是以树状结构表示个体（即待优化对象），树形个体是问题解决方案的编码形式，具有功能节点和终端节点两类基本元素。功能节点（function node）位于树的内部，表示程序中的函数和操作，如算术运算（加减乘除）、逻辑操作或用户自定义函数，这些节点构成了遗传规划的函数集（function set）。终端节点（terminal node）位于树的叶子部分，包含变量、常量或无参数函数，代表特定问题的输入，这些节点组成了终端集（terminal set）。算法通过对功能节点和终端节点的灵活组合，生成表达复杂逻辑和计算过程的程序结构。

为了防止生成过于复杂的树状结构，遗传规划通常设置树的最大深度限制。当某一节点达到最大深度时，算法将约束该节点的扩展操作，以控制个体的复杂度并提高计算效率。通过代际演化，遗传规划不断优化群体中的程序，使其逐步接近问题的最优解决方案。

遗传规划在机器学习、人工智能和数据挖掘等领域得到了广泛应用。例如，它被用于特征提取、分类模型构建、符号回归以及算法设计等任务，展现了强大的适应性和创新性。作为一种强大的启发式公式演化工具，遗传规划为解决复杂的计算和优化问题提供了重要支持，并为自动化智能技术的发展奠定了理论和实践基础。

4.4.2　进化算法的应用

自 20 世纪 90 年代以来，随着计算机技术的进步和多学科交叉研究的兴起，进化算法得到了迅速发展。特别是在处理多目标优化问题、大规模优化问题以及动态环境下的优化问题方面，进化算法展示了其独特的优势，并得到广泛应用。

（1）多目标优化

多目标优化问题要求在多个相互冲突的目标之间找到平衡，传统的优化方法通常难以应对。而进化算法通过同时保留多个解（即“种群”），可以有效地探索多目标问题的解空间。诸如 Pareto 最优解集的概念使得进化算法在工程设计、经济调度等领域得到了广泛应用。

代表性算法包括非支配排序遗传算法Ⅱ（NSGA-Ⅱ），这是最常用的多目标进化算法之一，使用快速非支配排序和拥挤距离来引导种群进化，使其找到均匀分布的 Pareto 最优解集。还包括强度 Pareto 进化算法 2（SPEA2），通过外部存档机制和强度值评价函数，SPEA2 可以有效处理多个目标并生成多样化的解。

（2）大规模优化

随着数据规模和问题复杂度的增加，传统的优化方法在处理大规模问题时往往力不从心。进化算法由于其群体搜索的特性，具备强大的全局搜索和局部搜索能力，能够在庞大的搜索空间中高效地找到接近最优的解。因此，它被广泛应用于大数据分析、网络优化等领域。在大规模优化中，常用方法是将高维问题分解成多个低维子问题，分别使用进化算法进行求解。这类方法如分解协同进化算法（cooperative co-evolutionary algorithm，CCEA），通过分解问题减轻计算负担；还有如子种群与多岛模型，通过将整个种群划分为多个子种群，每个子种群负责探索不同的解空间区域，进化算法能够提高处理大规模问题的效率。

（3）动态环境下的优化

现实世界中的优化问题往往是动态变化的，传统优化方法在环境变化时需要重新计算，而进化算法则通过其自适应机制，具备鲁棒性强的特性，可以在环境变化时快速调整搜索方向，保持对最优解的追踪。这使得进化算法在实时系统、动态调度等场景中展现出显著优势。

（4）其他

进化算法的发展历程展示了自然界的启发如何为计算机科学带来革命性的变化。随着技术的不断进步和需求的增加，进化算法必将在更广泛的领域中发挥其潜力，推动科学与工程的进一步发展。

进化算法作为一种强大的优化工具，随着人工智能、深度学习和大数据技术的融合，将在更多领域中发挥重要作用。未来，进化算法可能会与其他智能算法如神经网络、强化学习等进一步结合，形成更加高效和智能的优化方法。

4.4.3 基本遗传算法

遗传算法是进化算法的一种经典形式。基本遗传算法模拟了生物进化中的选择、交叉和变异等过程，用于搜索最优解或近似最优解。与传统的启发式优化搜索算法（如爬山方法、模拟退火算法、Monte Carlo 方法等）相比，遗传算法（以及广义上的进化算法）的主要本质特征在于群体搜索策略和简单的遗传算子。群体搜索使遗传算法得以突破邻域搜索的限制，可以实现整个解空间上的分布式信息采集和探索；遗传算子仅仅利用适应值度量作为运算指标进行随机操作，降低了一般启发式算法在搜索过程中对人机交互的依赖。本节将详细介绍基本遗传算法的基本原理、操作步骤及其应用领域。

（1）基本遗传算法的基本原理

遗传算法基于达尔文的自然选择理论和遗传学的基本原理。它模拟了自然选择和遗传过程中的繁殖、杂交和突变现象。在利用遗传算法求解问题时，问题的每一个可能解都被编码成一个“染色体”，即个体，若干个体（所有可能解）构成群体（解空间）。在遗传算法开始时，总是随机地产生一些个体（即初始解），根据预定的目标函数对每一个个体进行评估，给出一个适应值，基于此适应值，选择一些个体用来产生下一代，选择操作体现了“适者生存”的原理，“好”的个体被用来产生下一代，“坏”的个体则被淘汰；然后选择出来的个体，经过交叉和变异算子的再组合生成新的一代，这一代的个体由于继承了上一代的一些优良性状，因而在性能上要优于上一代，这样逐步朝着最优解的方向进化。因此，遗传算法可以看成是一个由可行解组成的群体逐步进化的过程。遗传算法基本原理见图 4-7。

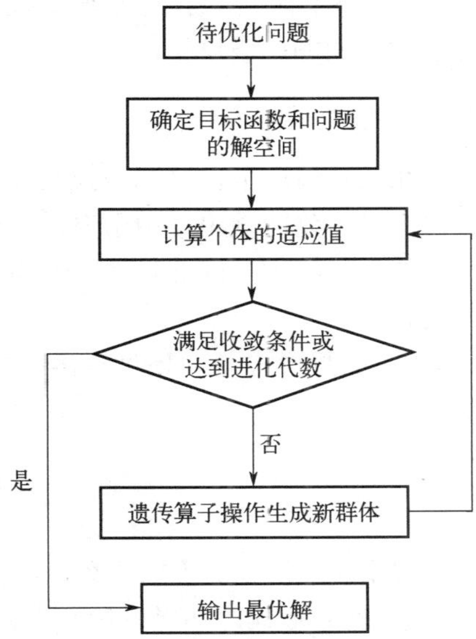

图 4-7　遗传算法基本原理

其基本思想可以概括为以下几点。

1）编码与解码

问题的解通常需要进行编码，即将解表示为一种适合遗传操作的数据结构，通常是二进制串或实数向量。编码后的个体通过遗传操作进行进化，最终解码回实际问题的解空间。

若用二进制编码表示个体，则二进制数转化为十进制数的解码公式可以为：

$$F\left(b_{i1},b_{i2},\cdots,b_{il}\right)=R_i+\frac{T_i-R_i}{2^l-1}\sum_{j=1}^{l}b_{ij}2^{j-1} \tag{4-32}$$

式中，$\left(b_{i1},b_{i2},\cdots,b_{il}\right)$为某个个体的第 i 段，每段长度都为 1，每个 b_{ik} 都是 0 或者 1；T_i 和 R_i 是第 i 段分量 X_i 的定义域的两个端点。

在实际应用中，根据问题的不同，解的编码也可以是实数编码、符号编码或其他形式。

2）适应值函数（fitness function）

适应值函数是遗传算法中非常关键的组成部分，Holland 在早期研究中将群体结构适应性改变方法称为遗传计划（genetic plan）。适应值函数是遗传算法中驱动自然选择过程的基础，通过评估每个个体的适应值来指导算法选择更优良的个体繁衍下一代，从而优化整个种群。其通过评估每个个体（解）在解空间中的表现优劣，决定个体在种群中的生存概率。适应值函数通常基于问题的目标函数构建，它将一个潜在解（即种群中的一个个体）映射为一个数值，该数值称为适应值（fitness value），表示该解在问题中的“好坏”程度。适应值越高，说明该个体的质量越好，被选中生成下一代的概率越大。

适应值函数的设计依赖于具体问题的性质，一般需要满足以下要求。

- 目标相关：适应值函数应能反映优化目标的质量。对于最大化问题，适应值函数的值应与目标函数的值一致或成正比；对于最小化问题，可以通过取目标函数的倒数或使用其他处理方式使适应值与目标函数值保持一致。
- 避免极端值：适应值函数不应让部分个体的适应值过高，否则这些个体会被过度选择，导致种群多样性降低，进而陷入局部最优。这种现象称为适应值悬崖（fitness cliff）。

- 平滑性：适应值函数应尽量避免出现剧烈的变化。

适应值函数的具体形式根据问题的性质有所不同。

在最大化问题中，适应值函数通常直接是目标函数，因为目标是使得个体的适应值尽可能大。例如，假设目标函数为$f(x)$，那么适应值函数可以定义为：

$$\text{Fitness}(x)=f(x) \tag{4-33}$$

在这种情况下，目标是找到使$f(x)$最大的x值。

在最小化问题中，由于遗传算法通常倾向于选择适应值高的个体，因此我们需要将目标函数进行某种形式的转换，使得较小的目标函数值对应较大的适应值。常见的方法有以下几种。

① 倒数形式：如果目标函数为$g(x)$，且目标是最小化$g(x)$，则适应值函数可以定义为：

$$\text{Fitness}(x)=\frac{1}{g(x)+\varepsilon} \tag{4-34}$$

式中，ε是一个小的正数，用于避免目标函数值为零时出现除零错误。

② 差分形式：如果目标函数$g(x)$有已知的上界$g_{\max}$，则可以定义适应值函数为：

$$\text{Fitness}(x)=g_{\max} \tag{4-35}$$

这样，目标函数值越小，适应值越高。

在某些情况下，适应值的范围可能相差很大，导致部分个体的适应值过于占优，从而影响种群的多样性。为了解决这个问题，可以使用归一化适应值的方法，将适应值缩放到一定范围（如0到1之间），以保持种群的平衡性。

如果适应值函数设计不当，容易导致早熟收敛，即算法在初期快速收敛到局部最优解，而非全局最优解。解决这个问题的一种方法是引入多样性保持机制，例如增加变异率，或者使用自适应适应值函数。如果适应值函数在某些区域变化过于平缓（即许多个体的适应值非常接近），遗传算法将难以区分这些个体的优劣，这会减缓算法的收敛速度。在这种情况下，可以考虑加速适应值函数，使得适应值的差异更明显，以便算法能够更有效地选择出表现较好的个体。对于某些复杂问题，线性的适应值函数可能无法有效反映解的质量。为了更好地引导遗传算法，可以设计非线性适应值函数，例如将适应值进行非线性变换（如平方或取对数），以增强对优秀个体的区分。

下面用背包问题和函数优化问题两个例子说明适应值函数的设置。

在背包问题中，目标是最大化背包中的物品价值，同时不超过背包的容量约束。假设每个个体表示一个选择方案（即某些物品被选择放入背包），其适应值函数可以设计为：

$\text{Fitness}(x)$ = 物品的总价值 − 惩罚因子 × max（0，总重量−背包容量）

在这个例子中，惩罚因子用于处理超重情况，使得超出背包容量的方案得到较低的适应值。

在函数优化问题中，假设我们希望优化一个二维函数$f(x,y)$的最大值，适应值函数可以简单地定义为：

$$\text{Fitness}(x)=f(x,y) \tag{4-36}$$

如果这是一个最小化问题，我们可以将其转化为：

$$\text{Fitness}(x)=\frac{1}{f(x,y)+\varepsilon} \tag{4-37}$$

3）种群与代际进化

种群是遗传算法操作的基本单元，代表了解空间中一组可能的解。每个解（个体）通常通过编码（如二进制、实数、符号等）表示为染色体（chromosome），染色体由多个基因位组成。种群是遗传算法的基础，算法通过在种群中进行选择、交叉和变异等操作来逐步优化个体的表现。

种群的基本参数是种群规模（population size）。种群规模是指在每一代中，种群包含的个体数量。种群规模直接影响算法的搜索能力和计算成本。

较大种群：种群规模大时，搜索空间广，容易找到多样化的解，但计算成本较高，进化过程也会变得较慢。

较小种群：种群规模小时，计算更快，但容易缺乏多样性，导致算法陷入局部最优。

因此，种群规模的选择是遗传算法中的重要参数调优问题，通常通过实验来找到合适的值。

代际进化是遗传算法中通过迭代演化逐步优化解的过程。每一代都由一组个体组成的种群构成，通过选择、交叉和变异等操作生成新的种群，并不断替换旧的种群。这一过程模拟了自然界生物代代相传的进化过程，逐渐演化出更适应环境的个体。

代际进化具有以下特征。

- 适应值驱动进化：代际进化的核心在于个体的适应值决定了它们在下一代中存活的概率。适应值高的个体有更大机会参与繁殖和基因重组，因此好的解会逐步积累，而不良的解则会被淘汰。
- 群体进化：遗传算法的进化是群体的演化，而非单个个体的优化过程。这种群体进化机制可以有效地避免陷入局部最优解。
- 多代积累效应：代际进化不是一蹴而就的，它需要通过多代的累积和繁衍逐步逼近最优解。每一代都会通过选择、交叉和变异不断优化种群的表现，使整个种群朝着全局最优解方向收敛。

种群和代际进化在遗传算法中密不可分。种群是解的载体，代际进化是解优化的过程。通过代代相传的选择、交叉和变异，种群中的个体逐步改进，最终找到问题的最优解或接近最优解。

（2）基本遗传算法的操作步骤

基本遗传算法的操作流程通常包括以下几个步骤。

① 初始化种群。遗传算法从一个随机生成的初始种群开始，这个种群通常包含多个个体，每个个体代表问题的一个可能解。种群的基因序列是随机生成的，这确保了初始种群的多样性。种群规模一般在几十到几百个个体之间。

② 适应值评估。使用适应值函数对种群中的每个个体进行评估，计算出它们的适应值。适应值反映了每个个体在当前问题中的表现，是选择操作的依据。

③ 选择。根据个体的适应值，选择出优秀的个体参与下一代的繁殖。通常适应值高的个体被选中的概率更大，类似于生物进化中的“优胜劣汰”原理。常见的选择方法包括：

轮盘赌选择（roulette wheel selection）：根据个体的适应值比例进行随机选择，适应值高的个体更容易被选中。

锦标赛选择（tournament selection）：随机挑选若干个体进行比较，选择适应值最好的个体。

精英保留（elitism）：将适应值最高的个体直接保留到下一代，避免最优解被意外淘汰。

④ 交叉。交叉是代际进化中的核心操作，它模拟了生物遗传中的基因重组过程。两个父代个体通过交叉操作生成一个或多个子代个体。交叉操作通过重新组合父代个体的基因，产生新的个体，使得新一代个体具备父代个体的某些优良特性。交叉操作的目的是通过基因重组产生多样性，增强算法的搜索能力。

常见的交叉方法包括如下。

- 单点交叉：随机选择一个交叉点，交换父代染色体的后半部分。
- 双点交叉：选择两个交叉点，交换父代染色体中间部分的基因。
- 均匀交叉：随机决定每个位点的基因是来自父亲还是母亲。

⑤ 变异。变异操作是引入种群多样性的重要手段，模拟了自然界的基因突变现象。在变异操作中，随机选择个体中的某些基因位点，将其值进行修改。例如在二进制编码中，将某个位点从 0 变为 1 或从 1 变为 0。变异发生的概率通常较低，但在防止算法过早收敛、跳出局部最优解中起到关键作用。

⑥ 演化。将新生成的后代替换部分或全部父代个体，形成新的种群。根据不同的种群更新策略，可能会完全或部分替换旧种群。完全替换指用子代替换上一代所有个体。部分替换指保留部分优秀的父代个体，混合子代个体，形成新一代种群。通过多代进化，种群逐步向最优解逼近。

⑦ 终止条件。当满足终止条件（如达到最大进化代数或找到最优解）时，算法结束，输出最优解。例如：

- 达到预定的最大迭代次数。
- 种群中的最优个体在若干代中未发生显著变化，表示算法已收敛。
- 找到适应值足够高的解，满足优化目标。

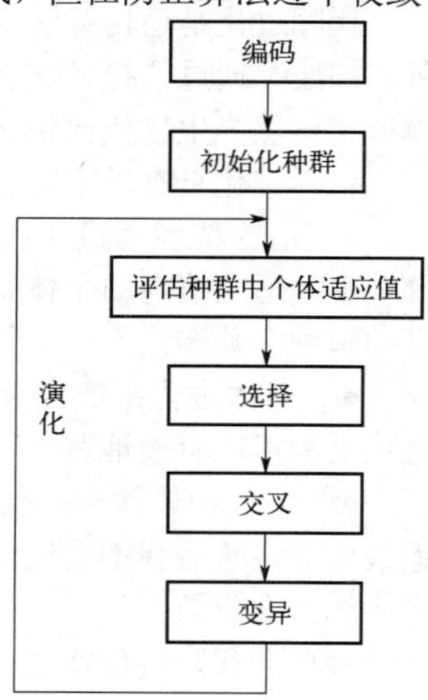

图 4-8 遗传算法的操作步骤

遗传算法的操作步骤见图 4-8。

其伪代码如下：

```
GA_Algorithm():
1. 初始化种群 P←随机生成初始种群
2. 评估每个个体的适应值 F←计算种群中每个个体的适应值
While not 满足终止条件 do:
3. 选择 P'<-从种群 P 中选择出适应值较高的个体作为父代 P'
4. 交叉 P''<-对 P'中的个体进行交叉操作，生成新的子代种群 P''
5. 变异 P'''<-对 P''中的个体进行随机变异，生成变异后的新个体 P'''
6. 更新种群 P<-使用 P'''作为新的种群
7. 评估新种群的适应值 F<-计算新种群中每个个体的适应值
输出最优解
```

（3）基本遗传算法的应用领域

为了更好地理解基本遗传算法，下面以最大化二进制函数这个优化问题为例，展示其应用过程。

设目标函数为 $f(x)=x^2$，其中 x 为一个 5 位的二进制串，对应的十进制数值范围为 0 到 31。目标是找到使得 $f(x)$ 最大的二进制串。

步骤 1：初始化种群。

假设初始种群为以下 5 个二进制串：

- 01011（对应十进制 11）；
- 11001（对应十进制 25）；
- 00010（对应十进制 2）；
- 10111（对应十进制 23）；
- 01100（对应十进制 12）。

步骤 2：适应值评估。

计算每个个体的适应值：

- $f(01011)=11^2=121$；
- $f(11001)=25^2=625$；
- $f(00010)=2^2=4$；
- $f(10111)=23^2=529$；
- $f(01100)=12^2=144$。

步骤 3：选择操作。

采用轮盘赌选择，个体被选择的概率与其适应值成正比。根据适应值，个体 11001 和 10111 可能被更频繁地选择。

步骤 4：交叉操作。

假设选择了 11001 和 10111 进行交叉操作，交叉点设在第三位；

父代 11001 与 10111 交叉后可能产生：11011 和 10101。

步骤 5：变异操作。

对交叉后的个体进行变异操作，假设对 11011 的第二位进行变异，结果变为 10011。

步骤 6：代际更新。

用新生成的后代 10011 和 10101 替换掉适应值较低的个体（如 00010 和 01011），形成新种群。

步骤 7：终止条件。

重复上述步骤直到达到最大代数或找到最优解。在多次进化后，种群中可能会出现 11111（即 31，对应适应值 961），达到最优解。

（4）基本遗传算法的优势与局限性

基本遗传算法具有强大的优化能力，广泛应用于复杂问题的求解。具有以下优势。

① 全局搜索能力强：遗传算法通过在解空间中的并行搜索和基于种群的进化策略，能够避免陷入局部最优解。选择、交叉、变异等操作使得遗传算法具有探索不同区域、寻找全局最优解的能力，尤其适用于复杂的非线性问题。

② 适用性广泛：遗传算法可以处理连续和离散的多种优化问题，并且对目标函数的

形式没有特殊要求。例如，无需目标函数的梯度信息或可导性，适合处理不规则、不连续或高维问题。

③ 鲁棒性强：遗传算法对初始条件和问题环境的变化具有较强的鲁棒性。即使初始解不佳或搜索空间复杂，它依然能够通过代际进化逐渐逼近最优解。因此，它在处理噪声、模糊和不确定性较高的问题时表现出色。

④ 可并行计算：遗传算法中的个体评估和操作可以并行执行，因为每个个体的适应值评估相互独立。这使得遗传算法在并行计算环境中具有显著的优势，能够提高算法的效率。

⑤ 易于与其他算法结合：遗传算法可以与其他优化算法（如模拟退火、局部搜索、神经网络等）结合使用，形成混合算法，以增强其性能。例如，遗传算法可以用作全局搜索算法，而其他算法则进行局部搜索，因而遗传算法可以提高整体优化效果。

然而，它并非万能，也存在一些局限性。

① 计算成本高：遗传算法需要评估种群中每个个体的适应值，交叉和变异操作会生成大量新个体，尤其在大规模种群和复杂问题上，计算代价会迅速上升。若适应值函数复杂，计算开销可能显著增加，导致算法运行缓慢。

② 收敛速度较慢：尽管遗传算法具有较强的全局搜索能力，但由于它依赖于随机操作（如交叉和变异），其收敛速度较慢。在寻找最优解的过程中，往往需要多代进化才能逐渐逼近最优解。这使得遗传算法在一些问题上可能显得效率较低。

③ 早熟收敛问题：遗传算法有时会出现早熟收敛，即种群中的个体较早趋于一致，导致种群的多样性降低，进而陷入局部最优解。这种情况通常发生在适应值差异过大时，选择压力导致优秀个体过度繁殖，而其他个体被过快淘汰。

④ 参数敏感性：遗传算法的性能高度依赖于一些关键参数的设置，例如种群规模、交叉率、变异率等。这些参数的设置往往需要通过试验进行调整，缺乏理论上的指导。如果参数设置不当，可能导致算法表现不佳。

⑤ 解的精度不高：遗传算法倾向于寻找全局范围内的近似最优解，而非精确最优解。对于某些需要高精度解的优化问题，遗传算法可能无法提供足够的精度，尤其在问题的搜索空间较大或解的分布较为复杂时。

⑥ 适应值函数设计困难：适应值函数的设计对算法性能影响重大，而在复杂问题中，构建一个合适的适应值函数可能具有相当大的挑战性。如果适应值函数设计不合理，可能导致遗传算法在进化过程中产生误导，从而降低算法效率甚至无法找到可行解。

4.4.4 遗传算法的改进算法

基本遗传算法因其简洁的设计和广泛的应用而受到广泛关注。然而，随着实际问题的复杂化，基本遗传算法在处理某些问题时可能会暴露出局限性，例如收敛速度慢、对参数敏感等。为了提高遗传算法的性能，研究人员提出了多种改进方法。本节将介绍几类常见的遗传算法改进技术，并探讨它们的应用场景和效果。

（1）自适应遗传算法

自适应遗传算法（adaptive genetic algorithm，AGA）通过动态调整遗传算法的参数（如交叉率和变异率），以提高算法的搜索性能。

在基本遗传算法中，交叉率和变异率等参数通常是固定的，但这些参数对算法的性能影响很大。不恰当的参数设置可能导致许多问题。例如：

- 过高的交叉率：算法容易陷入局部最优解，缺乏全局搜索能力。
- 过低的交叉率：算法无法充分探索解空间，收敛速度较慢。
- 过高的变异率：搜索变得过于随机，无法稳定收敛。
- 过低的变异率：种群缺乏多样性，容易早熟收敛。

因此，自适应遗传算法根据种群的进化状态自适应地调整这些参数，从而更好地平衡全局搜索和局部搜索的能力，避免早熟收敛问题，防止陷入局部最优解。

通常在进化早期，适当保持较高的交叉率和变异率，以确保种群具有足够的多样性，能够进行全局搜索。而在进化后期，逐步降低变异率，提高交叉率，从而加速算法的收敛过程，避免陷入局部最优。如果父代个体的适应值较低，则增加交叉率，鼓励基因重组，以产生更多新的解，同时适当增加变异率，以增强搜索能力；如果适应值较高，则适当降低交叉率，减少破坏性重组，同时降低变异率，保持较优解的稳定性。

典型的自适应调节公式如下：

① 交叉率：

$$P_{c}=\begin{cases}P_{cmax}, f_i<\overline{f}\\ P_{cmin}, f_i\geqslant\overline{f}\end{cases}\tag{4-38}$$

式中，P_{cmax} 和 P_{cmin} 分别是交叉率的最大和最小值；f_i 是个体的适应值；$\overline{f}$ 是种群的平均适应值。

② 变异率：

$$P_{m}=\begin{cases}P_{mmax}, f_i<\overline{f}\\ P_{mmin}, f_i\geqslant\overline{f}\end{cases}\tag{4-39}$$

式中，P_{mmax} 和 P_{mmin} 分别是交叉率的最大和最小值。

自适应遗传算法通常结合精英保留策略，即每一代中保留适应值最高的个体进入下一代，以避免最优解在交叉和变异过程中被破坏，从而保证算法的稳健性。

但自适应遗传算法动态调整参数和评估进化状态可能会增加算法的计算复杂度，特别是在种群规模较大、问题复杂时，自适应机制的引入可能增加计算开销。此外，自适应策略的效果往往依赖于问题本身的特性，适应一种问题的自适应遗传算法未必在另一种问题中表现良好。因此，自适应遗传算法仍需针对不同问题进行调优。

（2）精英保留策略

精英保留（elitism）策略是遗传算法中的一种改进策略，旨在提高算法的收敛效率并避免最优解在进化过程中被破坏或丢失。它的基本思想是在每一代进化过程中，将当前种群中最优的个体（称为“精英”个体）直接保留到下一代，而不参与交叉和变异操作。这保证了至少有一部分最优解能传递到后代，从而加速算法的收敛，保证算法性能的稳定性。

在基本遗传算法中，个体通过选择、交叉和变异等操作生成新的下一代个体。这种随机操作虽然能够有效地探索解空间，但也可能破坏当前种群中的最优个体，使算法错过了已经找到的优秀解。

精英保留策略通过在每一代进化时，将当前种群中适应值最高的一个或多个个体直接保留到下一代，保证这些最优解不会因为交叉或变异操作而丢失。这样做有以下两大好处：

一是防止退化，即使随机变异或交叉导致其他个体适应值降低，精英保留策略也能够确保最优解得以延续，避免算法退化；二是加速收敛，通过直接保留最优个体，遗传算法能够更快地逼近最优解，减少不必要的搜索和波动。

通常，精英保留策略通过以下几步进行操作：

① 评估种群适应值：在每一代进化时，首先计算种群中每个个体的适应值，找出适应值最高的一个或多个精英个体。

② 保留精英个体：将这些适应值高的个体直接保留到下一代，不参与交叉和变异操作，确保它们不被破坏。

③ 执行常规遗传操作：对于种群中的其他非精英个体，按照标准的遗传算法，进行选择、交叉和变异操作来生成新的个体。

④ 更新种群：将精英个体与通过遗传操作生成的新个体组成新的种群，进行下一代的进化。

精英保留策略中的一个关键参数是精英比例，即每代中保留多少比例的精英个体。这个比例通常根据具体问题和算法需求进行设置，常见的精英比例在1%～10%之间。如果精英比例过高，可能会导致种群过早收敛，丧失多样性；如果比例过低，精英保留策略的效果不明显。

精英保留策略广泛应用于遗传算法的改进，特别是在多目标优化问题中。该策略能够有效提高遗传算法的收敛速度和解的质量，减少最优解的丢失风险。然而，过度使用该策略可能导致种群多样性降低，容易陷入局部最优。因此，合理设置精英个体的数量和比例，并结合其他多样性保持方法，是提升遗传算法性能的关键。

（3）多种群遗传算法

多种群遗传算法（multi-population genetic algorithm，MPGA）是对经典遗传算法的一种扩展。该算法将种群划分为多个子种群，每个子种群在独立进化一段时间后，通过迁移机制（即个体迁移或信息交换）进行交流，从而提高算法的全局搜索能力和抗早熟能力。

在多种群遗传算法中需要理解以下几个核心概念：

① 多个子种群：在多种群遗传算法中，初始种群被分割为多个子种群，每个子种群独立进行选择、交叉和变异等遗传操作。各个子种群的运作在一定程度上相当于平行的遗传算法，分别搜索解空间的不同区域。

② 种群间的迁移机制：子种群之间并不是完全孤立的。多种群遗传算法设置了一个迁移机制，即在某些代数或条件下，允许一些优质个体从一个子种群迁移到另一个子种群。这种迁移有助于将子种群中的优秀基因扩散到整个种群，从而避免局部种群的过早收敛和多样性丧失。

常见的迁移策略包括：

- 固定周期迁移：每隔固定代数在子种群之间交换个体。
- 适应值驱动迁移：当某个子种群的进化停滞时，进行迁移以引入新的基因多样性。
- 随机迁移：不定期随机选择子种群进行迁移。

③ 异步进化：每个子种群可以独立进化并执行不同的遗传操作，进化过程不需要同步进行。每个子种群都有自己的进化策略和参数，增强了算法在全局搜索上的灵活性。

常见的多种群模型有如下几种。

- 岛屿模型（island model）：每个子种群被视为一个“岛屿”，这些岛屿之间定期交换个体。岛屿模型是多种群遗传算法中最常见的一种模型，能够很好地平衡子种群的独立性和信息交流。

- 栖息地模型（habitat model）：该模型通过模拟生态系统中的栖息地分布，将种群分布在不同的栖息地中，不同栖息地间允许个体的适度迁移。
- 元种群模型（metapopulation model）：该模型假设存在一个大的种群，其由若干子种群组成，子种群之间的迁移和信息交流更为频繁，个体在整个种群中流动。

多种群遗传算法在处理复杂的全局优化问题时效果显著。它能够有效避免算法过早收敛，提高了找到全局最优解的概率。该算法广泛应用于高维度优化问题、动态优化问题以及多目标优化问题中。然而，多种群遗传算法的参数设置和迁移机制设计较为复杂，需要根据具体问题进行调整。

（4）混合遗传算法

混合遗传算法（hybrid genetic algorithm，HGA）是一类将遗传算法与其他优化方法（如局部搜索、模拟退火、粒子群优化等）相结合的改进算法，旨在通过集成不同优化方法的优点，克服遗传算法本身的一些局限性，提高全局和局部搜索的效率，最终增强算法的求解能力。

混合遗传算法的核心思想是将遗传算法与其他算法有机结合，以下是常见的几种混合方式。

① 局部搜索与遗传算法结合

在遗传算法的进化过程中，每隔一定代数对某些个体进行局部搜索（如爬山算法、禁忌搜索、模拟退火等），提升这些个体的适应值。这种方法能够提高局部最优解的精度，并加速收敛。这种策略称为模因算法（memetic algorithm），是一种典型的混合遗传算法。

② 模拟退火与遗传算法结合

遗传算法用于全局搜索，而模拟退火算法用于局部搜索和跳出局部最优解。通过模拟退火的温度控制机制，可以进一步优化遗传算法产生的解，增强其跳出局部最优的能力。

③ 粒子群优化与遗传算法结合

粒子群优化具有强大的全局搜索能力，遗传算法具有良好的种群多样性管理。将两者结合可以利用粒子群的快速收敛特性和遗传算法的全局多样性来提升整体性能。

常见的混合策略有以下几种。

① 全局搜索和局部搜索的交替：遗传算法在全局搜索的过程中，每隔若干代数执行局部搜索操作。局部搜索可以在个体附近更精细地搜索，使得整个搜索过程不仅能够探索全局，还能在找到优质解后进行深入的局部优化。

② 多级优化策略：将不同的算法应用于不同的阶段。例如，遗传算法在前期进行全局搜索，收敛到一定程度后，再通过模拟退火、爬山算法等进行局部优化。

③ 动态适应策略：根据种群的进化状态动态调整混合策略。例如，早期使用更多的全局搜索（遗传算法），后期使用更多的局部搜索（如爬山算法、模拟退火）以加速收敛。

混合遗传算法在需要平衡全局搜索和局部优化的问题中有广泛应用，如在解决复杂工程优化问题、组合优化问题等方面表现出色。它不仅继承了遗传算法的全局搜索能力，还通过引入局部搜索提高了解的质量和收敛速度，广泛应用于机器学习、数据挖掘和工业工程等领域。

（5）量子遗传算法

量子遗传算法（quantum genetic algorithm，QGA）是一种融合了量子计算思想的遗传算法。旨在利用量子力学中的叠加、量子并行性等特性来增强传统遗传算法的搜索能力。量子遗传算法引入了量子比特（qubit）的概念，并利用量子计算特有的高效并行性和全局搜索能力，试图解决传统遗传算法面临的一些问题，如收敛速度慢、局部最优等。

量子遗传算法在经典遗传算法的框架中引入了量子计算的概念。在量子遗传算法中，个体由量子比特组成，量子比特可以同时表示 0 和 1（叠加态）。通过量子旋转门等操作，量子遗传算法能够以概率方式搜索解空间，从而提高全局搜索能力。

① 量子比特（quantum bit，qubit）：在量子遗传算法中，个体的基因由量子比特表示。不同于经典遗传算法中的二进制编码，量子比特可以处于叠加态，即一个量子比特可以同时表示“0”和“1”的概率组合。这使得每个个体能够表示更多的信息，从而加速对解空间的探索。

② 量子叠加和并行性：由于量子比特可以同时表示多种状态，整个种群能够在搜索过程中保持多样性，从而在解空间中进行并行搜索。量子叠加态使得算法能够同时探索多个可能的解，增强了全局搜索能力。

③ 量子门操作：量子遗传算法中的遗传操作（如选择、交叉、变异）通过量子门来完成。量子门可以通过调整量子比特的概率幅度，直接改变个体的状态。常用的量子门操作包括 Hadamard 门、旋转门等，用于实现量子态的变换和更新。

④ 量子测量：在每一代中，需要对量子比特进行量子测量，将量子态“坍缩”成经典的“0”或“1”状态，以便进行适应值评估。通过测量获得的经典信息可以用于选择优秀个体进行进一步进化。

量子遗传算法在高维优化问题和复杂搜索空间中表现出色。由于量子计算的并行特性，量子遗传算法在处理大规模问题时具有显著优势，特别是在解决 NP 难问题和大数据优化问题时显示出潜力。尽管当前的量子计算技术尚不成熟，但量子遗传算法为解决复杂优化问题提供了一条有前景的路径。在未来量子计算机发展到更高水平时，量子遗传算法有望在各类优化问题中展现出显著的优势。

（6）遗传算法的其他改进技术

除了上述几种主要的改进方法，遗传算法的改进技术还包括如下。

① 约束处理方法：通过惩罚函数、可行性保持器等方法处理遗传算法中的约束问题，使其能够应用于约束优化问题。其基本思想是确保算法在优化过程中不仅追求目标函数的最优解，还要满足所有约束条件。这些约束可以是设计的限制、物理约束或其他类型的限制条件。有效的约束处理方法能够确保找到的解既是最优的，又是可行的。

② 多目标遗传算法：基本思想是通过遗传算法的演化过程，找到一个代表最佳折中解的解集，而不是单一的最优解。采用帕累托最优（Pareto optimality）概念，找到尽可能最优解的集合，提供一组不同的折中解供决策者选择。

③ 并行遗传算法：利用并行计算技术，将遗传算法在多核、多 GPU 或集群环境下并行化，从而加速算法的收敛过程并提高解的质量。主要的并行实现方式包括数据并行、任务并行、集群并行和分布式遗传算法。每种方式都有其特定的优点和挑战，可以根据具体的计算资源和优化需求来选择合适的并行策略。通过有效的并行化，遗传算法可以更快地处理大规模和复杂的优化问题。

（7）总结

遗传算法是一种强大的优化技术，能够模拟自然选择过程进行全局搜索。然而，基本遗传算法在某些复杂问题上可能存在陷入局部最优、收敛速度慢、多样性丧失等问题。为了解决这些问题，如自适应遗传算法、精英保留策略等许多改进方法被提出。这些方法极大地丰富了遗传算法的应用场景并提高了其解决问题的能力，使遗传算法的性能得到了显著提升。这些改进不仅解决了基本遗传算法的某些局限性，还为遗传算法的广泛应用铺平了道路。

然而，它们也带来了计算复杂性增加、参数设计复杂、实现难度提高等挑战。因此，如何在不同问题和应用场景中选择合适的改进技术是关键，需要综合考虑问题规模、资源约束和算法性能等因素。

未来，随着计算技术的不断进步，遗传算法的改进研究必将继续推动智能优化技术的发展，为解决更为复杂的科学和工程问题提供新的可能性。

4.4.5　遗传算法的应用

遗传算法凭借其强大的全局搜索能力和对复杂问题的适应性，在多个领域得到了广泛应用。无论是在工程优化、机器学习、经济管理，还是在生物信息学和人工智能中，遗传算法都发挥了重要作用，同时应用实践又促进了遗传算法的发展和完善。

（1）工程优化中的应用

工程优化问题通常涉及多目标、多约束和大规模的复杂搜索空间。遗传算法由于其对问题的可微性和连续性没有严格要求，因此在工程优化领域得到了广泛应用。

1）结构优化

在土木工程和机械工程中，结构优化是一个关键问题。遗传算法被广泛用于优化结构设计中的形状、尺寸和材料分布，以提高结构的性能和稳定性。例如，在桥梁和建筑物的设计中，遗传算法可以优化结构的承载能力，通过选择合适的材料组合和分布，帮助设计师在保持结构承载能力的同时尽可能减少材料的使用量，从而降低总成本。我国深圳湾体育中心就是一个采用遗传算法优化设计的具体实例，为了优化钢结构的重量并确保其承载能力，设计团队使用遗传算法进行拓扑优化，帮助设计师找到在保证结构强度的前提下最节约材料的设计方案，大幅降低了建设成本。

2）电力系统优化

遗传算法在电力系统的优化调度中也表现突出。它可以用于解决电力网络中的负荷分配、发电调度和电网规划问题，优化系统的运行效率和可靠性。例如，遗传算法可以优化发电机的调度策略，以最小化燃料消耗和排放。

3）控制系统设计

在自动控制领域，遗传算法被用于优化控制系统的参数和结构设计。比如，在 PID 控制器的参数整定中，传统的 PID 控制器调参方法，例如 Ziegler-Nichols 法，虽然简单有效，但在面对复杂系统或需要较高精度时可能效果不佳。遗传算法则通过全局搜索和优化，能够在更大的参数空间中找到接近全局最优的 PID 参数组合，以提升系统的响应速度、稳定性和鲁棒性。

具体而言，假设一个温度控制系统的 PID 控制器要优化。通过遗传算法设置初始种群，编码不同的 PID 参数组合。适应值函数可能基于系统上升时间、超调量和稳态误差计算，并通过多代迭代逐渐优化。在几代迭代后，遗传算法可以找到一个使温度快速上升、超调少、稳态误差小的 PID 参数组合。

（2）机器学习中的应用

随着人工智能的兴起，遗传算法在机器学习中的应用也日益广泛。它不仅可以用于神经网络的训练和参数优化，还能应用于特征选择、模型选择等多个方面。

1）神经网络训练和参数优化

遗传算法可以用来优化神经网络的权重和结构。在传统的反向传播算法可能陷入局部最优的情况下，遗传算法通过全局搜索可以有效避免这一问题。遗传算法还可以自动设计神经网络的结构，如选择合适的层数和节点数，从而提高网络的泛化能力。

2）特征选择

在大规模数据集的特征选择问题中，遗传算法表现出色。通过选择最佳的特征子集，遗传算法可以提高机器学习模型的性能，同时减少计算成本和过拟合风险。例如，在图像识别和文本分类任务中，遗传算法能够有效筛选出最具代表性的特征，提高分类器的准确性。

3）模型选择

在模型选择问题中，遗传算法可以用于选择最优的模型结构或算法组合。比如在集成学习中，遗传算法可以优化基学习器的组合权重，或者选择最佳的算法参数，提升模型的整体性能。

（3）经济管理中的应用

遗传算法在经济管理领域也有广泛应用，遗传算法与现代计算机强大的运算能力结合，使金融交易中瞬息万变的诸多因素能够为人所理解并能加以利用，使交易者更多地依赖于计算机的速度。特别是在投资组合优化、供应链管理和资源分配等方面，目前已经有很多基于遗传算法的软件包得到了应用。

1）投资组合优化

在金融领域，投资组合优化是一个经典问题。遗传算法可以用于优化资产配置，最大化投资组合的预期收益并最小化风险。通过对历史数据的分析，遗传算法能够找到不同资产的最佳配置比例，从而为投资者提供最优的投资策略。

2）供应链管理

在供应链管理中，遗传算法可以优化供应链中的各个环节，如生产调度、库存管理、运输路径规划等。遗传算法能够在复杂的供应链网络中找到最优的调度方案，以降低成本、提高效率。例如，在物流配送中，遗传算法可以优化车辆的配送路径，最小化总运输成本和时间。

3）资源分配

在经济管理的资源分配问题中，如生产计划、项目调度、人员分配等，遗传算法因其强大的搜索能力和适应性被广泛应用。例如，遗传算法可以用于优化生产计划，平衡不同生产任务之间的资源分配，最大化企业的生产效率。

（4）生物信息学中的应用

随着基因组学和生物信息学的发展，遗传算法在这些领域的应用也越来越重要。它被用于基因序列分析、蛋白质结构预测、进化树构建等复杂问题中。

1）基因序列分析

在基因组学中，遗传算法被用于基因序列的比对和分析。由于基因序列的复杂性和高维度，传统的比对算法难以高效处理这类大规模数据，而遗传算法可以通过全局搜索策略，找到序列之间的最佳比对，揭示基因之间的相似性和差异。

2）蛋白质结构预测

蛋白质结构预测是生物信息学中的一个核心问题。遗传算法通过模拟自然选择的过程，可以在庞大的结构空间中搜索最稳定的蛋白质结构。与其他优化方法相比，遗传算法能够更有效地避免局部最优，找到接近自然状态的蛋白质构象。

3）进化树构建

进化树用于表示物种之间的进化关系。遗传算法通过优化进化树的结构，使其更好地反映物种的真实演化历史。这在研究生物进化、物种分类和基因传递等方面具有重要意义。

（5）人工智能中的应用

在人工智能领域，遗传算法与其他智能算法结合，展现出强大的解决问题能力。特别是在游戏人工智能、自动程序生成和机器人路径规划等方面，遗传算法得到了广泛应用。

1）游戏人工智能设计

遗传算法被用于训练和设计游戏中的人工智能，使其具备学习和自适应能力。例如，在策略游戏中，遗传算法可以优化人工智能的决策树或策略集，使其在与人类玩家的对抗中表现更为智能。此外，遗传算法还可以用于生成游戏中的关卡、角色和环境，实现自动化的游戏设计。

2）自动程序生成

在自动化领域，遗传算法被用于自动生成计算机程序或算法，以解决特定问题。遗传编程（genetic programming，GP）就是一种基于遗传算法的自动程序生成方法。通过演化计算，遗传编程能够自动生成满足特定功能的程序，广泛应用于算法设计、自动控制和人工智能等领域。

3）机器人路径规划

在机器人学中，遗传算法被用于机器人路径规划，帮助机器人在复杂环境中找到最优路径。例如，在自主导航任务中，遗传算法可以优化机器人的运动路径，避免碰到障碍物并最小化能耗。这种应用在工业机器人、自动驾驶汽车和无人机领域具有重要意义。

（6）遗传算法在其他领域的应用

遗传算法的应用不仅限于上述几个领域，在许多其他领域也显示出了巨大的潜力。举例如下。

① 化学化工：用于化学反应优化、分子设计和药物筛选等。

② 通信与网络：用于网络流量优化、路由选择和频谱分配等问题。

③ 环境科学：在生态模型、污染控制和可持续发展研究中发挥重要作用。

遗传算法作为一种强大的优化工具，因其灵活性、适应性和全局搜索能力，在众多领域得到了广泛应用。随着技术的发展和新领域的不断涌现，遗传算法的应用范围将进一步扩大。未来，遗传算法可能会与其他前沿技术（如量子计算、深度学习等）更加紧密地结合，继续推动科学技术的进步和发展。

4.4.6　其他群智能算法

（1）差分进化法

差分进化法（differential evolution，DE）是一种基于种群的随机优化算法，由 Rainer Storn 和 Kenneth Price 于 1995 年提出。它是一种进化算法，通过模拟自然界中进化的过程，特别是通过变异、交叉和选择操作来优化复杂问题的解。差分进化法以其简单性、鲁棒性和高效性而著称，尤其在处理非线性、多峰、多约束的全局优化问题上表现突出。

差分进化法的核心思想是利用种群中个体之间的差分来生成新的候选解，从而实现全局搜索和局部搜索的平衡。算法从一个随机初始化的种群开始，每个个体代表一个潜在的解，种群通过不断地变异、交叉和选择操作逐步进化，最终收敛到最优解或近似最优解。

在差分进化法中，种群中的每个个体被称为目标向量（target vector）。算法的主要步骤包括变异、交叉和选择。

① 变异（mutation）。变异是差分进化法的关键操作。在种群中随机选择三个不同的个体，计算其中两个之间的差异向量，然后以一定的缩放因子将这个差异向量加到第三个个体上，生成一个变异向量（mutant vector）。这一过程通过调整个体之间的距离，探索更优解的可能区域。变异策略的选择直接影响算法的性能和收敛速度，常见的变异策略包括“DE/rand/1”“DE/best/1”等。

② 交叉（crossover）。变异产生的新个体通过交叉操作与目标个体进行组合，以产生“试验向量（trial vector）”。交叉操作有两种常见方式：二进制交叉和指数交叉。二进制交叉根据设定的交叉率（crossover rate，CR），逐个维度地决定试验向量是继承自变异向量还是目标向量。指数交叉则从随机位置开始，连续地将变异向量的值赋给试验向量，直到超过设定的交叉长度。交叉操作增加了种群的多样性，防止过早收敛。

③ 选择（selection）。在选择阶段，将试验向量与目标向量进行对比，如果试验向量的目标函数值更优，则它会取代目标向量，成为下一代种群的一部分。否则，目标向量保持不变。通过这种选择机制，差分进化法确保了种群质量的逐代提高，逐步逼近全局最优解。

差分进化法在其简单的框架下展现了强大的搜索能力，这得益于其高效的全局探索和局部开发能力的结合。它不仅在处理连续优化问题方面表现优异，还可以通过修改和扩展来解决离散优化、约束优化、多目标优化等更复杂的问题。差分进化法的优点在于其较少的控制参数（如种群大小、变异因子和交叉率），易于实现和调整，同时具有较强的全局搜索能力和对局部最优的跳出能力。

差分进化法在工程优化、机器学习参数优化、神经网络训练、图像处理、金融建模和生物信息学等众多领域得到了广泛应用。与其他进化算法（如遗传算法、演化策略）相比，差分进化法在处理高维复杂问题时通常能更快收敛且稳定性更好。

（2）萤火虫算法

萤火虫算法（firefly algorithm，FA）是一种基于群体智能的优化算法，由 Xin-She Yang 在 2008 年提出。该算法灵感来源于自然界中萤火虫之间通过闪光来吸引彼此的行为。萤火虫算法模拟了这种自然现象，用于解决各种优化问题，尤其在全局优化和多峰函数优化方面展现了良好的性能。

萤火虫算法的核心思想基于两个关键概念：亮度和吸引力。亮度是用来表示一个解的质量或优劣程度的指标，通常与目标函数值相关联。吸引力则是亮度的函数，代表一个萤火虫对其他萤火虫的吸引程度。亮度越高的萤火虫，其吸引力也越强。在萤火虫算法中，萤火虫被假定为在搜索空间中移动的个体，而它们之间的相互吸引力会影响它们的运动方向和距离。

萤火虫的吸引力不仅取决于亮度，还与萤火虫之间的距离相关。随着距离的增加，吸引力会逐渐减弱，这种现象用来模拟现实世界中光线传播的物理特性。因此，算法中每只萤火虫倾向于朝着比自己更亮的萤火虫移动，靠近更优的解。为了避免所有萤火虫集中在一个局部最优点上，算法还引入了随机性，使得萤火虫有一定概率向任意方向移动，这种机制帮助它们跳出局部最优，探索更广阔的解空间。

在算法的迭代过程中，每只萤火虫都会根据其他萤火虫的相对亮度和距离，调整自己的位置。具体来说，较亮的萤火虫会吸引较暗的萤火虫向其靠近，这样的移动方式促使整个群体逐步向最优解靠拢。随着迭代次数的增加，群体中的萤火虫会逐渐集中在一个或多个全局最优解附近，从而找到问题的最优解或近似最优解。

萤火虫算法因其简单性和有效性，被广泛应用于连续和离散优化问题，如函数优化、约束优化、路径规划、图像处理和机器学习等领域。它尤其适用于多峰优化问题，因为它能够在多个最优点之间有效地搜索和跳转，避免陷入局部最优解。相比于粒子群优化和蚁群优化等基于群体智能的算法，萤火虫算法在处理复杂优化问题时表现出更强的全局搜索能力和收敛性能。

（3）人工鱼群算法

人工鱼群算法（artificial fish swarm algorithm，AFSA）是一种基于群体智能的优化算法。该算法借鉴了鱼群觅食、聚群和追尾等行为，用于求解各种复杂优化问题。人工鱼群算法的主要目标是通过个体之间的信息交流和协同合作，在搜索空间内高效地寻找全局最优解。

在人工鱼群算法中，每个“人工鱼”代表一个潜在的解，它们在多维搜索空间中进行移动和探索。鱼群的行为受到三种基本行为的驱动：觅食行为（prey）、聚群行为（swarm）、追尾行为（follow）。人工鱼群算法通过模仿鱼群在自然界中的这三种基本行为，从而引导群体逐渐趋近全局最优解。

首先，觅食行为是鱼群最基本的行为，反映了鱼类寻找食物的过程。在算法中，人工鱼根据周围环境信息评估当前状态的食物浓度，即目标函数值，然后随机选择一个方向和距离进行移动。如果新位置的食物浓度（即目标函数值）更高，则接受这个位置；否则，继续随机选择其他方向，直到找到更优的位置或达到最大尝试次数。这种行为确保了个体在搜索空间内进行广泛的探索，以避免陷入局部最优解。

聚群行为反映了鱼群的集体运动特征，即鱼群在行动时会倾向于集中在群体中心附近。在算法中，人工鱼根据其邻域内其他鱼的位置和目标函数值来判断是否向群体中心移动。如果移动后能够获得更高的食物浓度（更好的目标函数值），则人工鱼向群体中心移动。聚群行为使得算法具有一定的局部收敛特性，有助于提升群体搜索效率和稳定性。

而追尾行为反映了鱼类之间的跟随行为，通常表现为一条鱼追随其邻域内的优秀个体。在人工鱼群算法中，人工鱼在一定范围内观察其他鱼的状态，如果发现某个个体所在的位置食物浓度更高，则向该个体靠近。追尾行为可以增强算法的局部搜索能力，使鱼群能够迅速向较优的区域聚集，提升搜索效率。

为了避免算法在搜索过程中陷入局部最优解，人工鱼群算法还引入了一个随机行为机制。这个机制允许人工鱼在当前环境下随机选择一个新位置进行尝试，增加了算法的探索能力和跳出局部最优解的概率。此外，算法中的参数如视野、步长、拥挤因子等也可以动态调整，以适应不同的优化问题和搜索空间。

人工鱼群算法因其简单性和灵活性，被广泛应用于函数优化、数据聚类、路径规划、图像处理和神经网络训练等领域。与其他群智能算法相比，如粒子群优化和蚁群优化，人工鱼群算法能够更好地平衡全局搜索与局部搜索之间的关系，特别是在处理高维、多峰、复杂约束的优化问题时显示出较强的性能。

（4）人工蜂群算法

人工蜂群算法（artificial bee colony algorithm，ABC 算法）是一种基于群体智能的优化算法，由 Derviş Karaboğa 在 2005 年提出。该算法灵感来源于蜜蜂觅食行为，通过模拟蜂群在寻找食物源过程中的信息共享和合作机制，来求解各种复杂的优化问题。人工蜂群算法以其简单性、灵活性和强大的全局搜索能力，广泛应用于函数优化、数据挖掘、机器学习、路径规划等领域。

人工蜂群算法的核心思想是借鉴蜜蜂在觅食过程中的不同角色和行为来完成搜索优化任务。蜂群中的蜜蜂分为三种角色：雇佣蜂（employed bees）、观察蜂（onlooker bees）和侦察蜂（scout bees）。这些蜜蜂通过不同的行为模式在搜索空间中协同工作，以找到并开发最优解。

雇佣蜂（employed bees）行为：每只雇佣蜂对应一个特定的食物源（即一个潜在的解），负责在其邻域内寻找新的食物源位置（解）。在算法的每次迭代中，雇佣蜂通过随机选择一个相邻位置，计算新位置的适应值（目标函数值）。如果新位置的适应值比当前食物源更优，则更新当前食物源的位置和适应值。这种邻域搜索机制使得雇佣蜂在解的局部区域内进行深入开发，以找到更优的解。

观察蜂（onlooker bees）行为：观察蜂根据雇佣蜂共享的信息来选择食物源。每只观察蜂在选择食物源时，依据食物源适应值的概率来决定是否飞向该食物源，从而在邻域内进一步探索。高适应值的食物源被选择的概率更大，这使得观察蜂倾向于开发更优的解区域。这样的机制确保了蜂群集中在优质解附近，同时保留了一定的多样性。

侦察蜂（scout bees）行为：当一个食物源经过多次搜索后，其适应值未能得到改进时，该食物源被认为已经枯竭，雇佣蜂会转变为侦察蜂。侦察蜂随机选择新的搜索区域，寻找新的食物源位置。这一行为类似于随机重启策略，有助于跳出局部最优解，增强算法的全局搜索能力。

在人工蜂群算法的运行过程中，这三种角色的蜜蜂不断地协同工作：雇佣蜂负责在各自的邻域内进行局部搜索，观察蜂根据概率选择更优的区域进一步开发，而侦察蜂则通过随机搜索扩展全局搜索空间。通过这些机制，蜂群能够有效地在全局搜索和局部搜索之间取得平衡，从而提高优化的效果和效率。

人工蜂群算法具有简单易实现、控制参数少和收敛速度快的特点。它的几个关键参数，如雇佣蜂和观察蜂的数量、最大循环次数、食物源数目等，可以根据问题的复杂性进行调整。相较于其他群智能算法（如粒子群优化、蚁群优化），人工蜂群算法在处理多峰优化问题时，通常表现出更好的全局搜索能力和较强的跳出局部最优解的能力。

此外，人工蜂群算法的自适应性强，易于与其他优化技术相结合，形成混合算法，以进一步提高优化性能。因此，它在工程优化、图像处理、路径规划、模式识别和大数据分析等领域得到广泛应用，成为一种有效的全局优化工具。

（5）狼群算法

狼群算法（wolf pack algorithm，WPA）是一种基于群体智能的优化算法，灵感来源于自然界中狼群的捕猎行为和社会结构。狼群在捕猎过程中表现出的协同合作、信息共享和角色分工，使得它们在复杂环境中能够高效地找到猎物。这一算法通过模拟狼群的觅食、跟随、围攻等行为，用于求解各种复杂的全局优化问题。狼群算法以其简单性、适应性和较强的全局搜索能力，广泛应用于函数优化、机器学习、路径规划等领域。

狼群算法的核心思想是利用狼群中个体的协同合作和自适应行为来优化解。算法将狼群中的狼分为不同的角色，如头狼（alpha）、头领狼（beta）、战士狼（delta）和普通狼（omega），每种角色都有其特定的行为方式。通过这些角色的分工与合作，狼群能够在搜索空间中逐步逼近最优解。

① 觅食行为（hunting behavior）：在狼群算法中，觅食行为是个体狼寻找猎物（即最优解）过程中的重要行为。普通狼根据头狼的指示在搜索空间中进行局部搜索，尝试找到更优的位置。狼群中的每只普通狼会在当前所在位置的邻域内进行随机搜索，计算新位置的适应值（目标函数值）。如果新位置的适应值优于当前最优解，则更新最优解的位置和适应值。这一过程类似于局部搜索优化，确保狼群能够在特定区域内充分开发更优解。

② 跟随行为（following behavior）：在跟随行为中，普通狼会跟随头领狼和战士狼的方向移动，以靠近食物源或潜在猎物位置。这一行为模拟了自然界中狼群的合作性觅食策略。普通狼根据头狼的位置调整其移动方向，同时遵循一定的规则保持与其他狼之间的距离，以避免过度聚集而陷入局部最优解。跟随行为使得狼群中的个体狼能够快速聚集在更优的解附近，提高搜索效率。

③ 围攻行为（encircling behavior）：当狼群确定猎物的大致位置后，狼群会逐步包围猎物并进行攻击。在狼群算法中，围攻行为反映了个体狼对局部最优解的集中开发。头狼、头领狼和战士狼会逐步包围最优解区域，普通狼在围攻过程中根据头狼的方向和位置进行局部优化，逐步收敛到最优解。围攻行为能够增强算法的局部搜索能力，帮助狼群快速逼近全局最优解。

④ 探索行为（exploration behavior）：为了避免算法陷入局部最优解，狼群算法还引入了探索行为机制。当发现当前区域的搜索没有显著改善时，部分普通狼会进行随机跳跃或远离当前区域，以探索新的潜在搜索空间。这种探索行为类似于全局搜索机制，能够帮助狼群跳出局部最优解，扩大搜索范围，提高全局搜索能力。

狼群算法通过以上几种行为的相互作用，实现了全局搜索和局部搜索的平衡。它的核心优势在于能够高效地搜索复杂的、多峰的、多维的优化问题解空间。算法的几个重要参数，如种群规模、步长、最大循环次数等，可以根据问题的性质和规模灵活调整，以提高优化效果。

相较于其他群智能算法（如粒子群优化、人工蜂群算法），狼群算法在处理高维非线性优化问题时展现出更强的全局搜索能力和较好的收敛性能。此外，狼群算法的自适应性强，易于实现，并且能够很好地与其他优化方法相结合，形成混合算法，进一步提升优化性能。

狼群算法在工程优化、路径规划、机器学习、图像处理、模式识别等多个领域得到了广泛应用，成为一种有效的全局优化工具。它的协同搜索机制和自适应特性，使得狼群算法在解决复杂优化问题时展现出卓越的性能和应用潜力。

（6）蟑螂算法

蟑螂算法（cockroach algorithm，CA）是一种基于群体智能的优化算法，灵感来源于自然界中蟑螂的觅食行为和集群特性。蟑螂以其适应性强、分布广泛和生存能力顽强而著称。它们在面对外部威胁时会展现出复杂的群体行为，例如相互协作、快速躲避、趋向食物源等。蟑螂算法模拟了这些行为，用于求解复杂的全局优化问题。该算法因其简单性、鲁棒性和良好的全局搜索能力，适用于各种优化场景，包括函数优化、路径规划、数据聚类等。

蟑螂算法的核心思想是通过模拟蟑螂群体的觅食、避光、分散和聚集行为，在搜索空间中进行广泛的探索与开发。蟑螂在群体中通过信息共享和协作，能够快速找到最佳位置或最优解。以下是蟑螂算法的主要行为机制。

觅食行为（foraging behavior）：觅食是蟑螂最基本的生存行为，旨在找到食物源。在蟑螂算法中，觅食行为模拟了每只蟑螂在搜索空间内寻找更优解的过程。每只蟑螂在其邻域内随机选择一个新位置，并计算该位置的适应值（目标函数值）。如果新位置的适应值优于当前解，蟑螂会移动到新位置。这样的局部搜索策略可以确保算法对当前解附近的搜索空间进行充分探索。

避光行为（dispersing behavior）：在自然界中，蟑螂天性避光，会迅速逃离光照区域。在蟑螂算法中，避光行为用来模拟一种随机跳跃策略。当蟑螂在某个区域停留过久而没有找到更优解时，算法会触发避光行为，随机选择新的搜索方向并跳跃到一个远离当前区域的新位置。避光行为可以帮助算法跳出局部最优解，增强全局搜索能力，避免陷入局部最优。

分散行为（scattering behavior）：分散行为是蟑螂算法中的一种全局搜索策略。蟑螂个体在一定的概率下，会彼此分离开来，独立地在更广阔的搜索空间内进行探索。这一过程类似于探索行为，能够扩大算法的搜索范围，增加找到全局最优解的机会。分散行为的引入使得蟑螂算法在复杂、多峰的优化问题中能够更好地覆盖整个搜索空间。

聚集行为（assembling behavior）：聚集行为模拟了蟑螂群体在食物源附近的集体行动。在蟑螂算法中，当某些个体找到较优解后，其他个体会趋向于聚集到该位置附近。这一行为机制有助于群体快速集中到优质解区域，提高局部搜索的效率和收敛速度。聚集行为可以通过调整个体位置来促进全局优化，确保群体在收敛过程中不会过早失去多样性。

蟑螂算法通过以上几种行为的相互作用，实现了全局搜索和局部开发的有机结合。蟑螂个体之间的协作和信息共享，使得算法在解决复杂的多峰、多约束优化问题时，表现出较强的鲁棒性和适应性。蟑螂算法的几个关键参数，如个体数量、最大迭代次数、邻域搜索范围等，可以根据具体问题的特点灵活调整，以优化算法性能。

相较于其他群智能算法（如粒子群优化、蚁群优化和人工蜂群算法），蟑螂算法在处理高维非线性优化问题时表现出更好的全局搜索能力和更强的跳出局部最优的能力。此外，蟑螂算法易于实现，具有较少的控制参数，计算效率较高，适用于大规模的优化问题。

由于其高效性和适应性，蟑螂算法在工程优化、机器学习、路径规划、图像处理、模式识别等多个领域得到广泛应用。其群体合作与自适应探索的特性，使得蟑螂算法在求解复杂优化问题时展现出良好的性能和应用潜力。

（7）猫群算法

猫群算法（cat swarm optimization，CSO）是一种基于群体智能的优化算法，由 Chu 等人于 2006 年提出。该算法的灵感来源于猫的行为特征，尤其是它们的捕猎和休息行为。猫群算法通过模拟猫的这些独特行为，在搜索空间内进行全局探索和局部开发，以求解各种复杂的优化问题。猫群算法因其独特的行为模型、灵活性和强大的全局搜索能力，被广泛应用于函数优化、路径规划、数据挖掘、图像处理和机器学习等领域。

猫群算法的核心思想是将猫的行为分为两种模式：觅食模式（tracing mode）和休息模式（seeking mode）。每只猫在不同的模式之间切换，以模拟自然界中猫在追踪猎物和休息调整时的行为。通过这种模式转换，猫群算法能够在全局搜索和局部搜索之间取得平衡，从而提高优化的效果。

觅食模式：觅食模式模拟猫在发现猎物时的追踪行为。在此模式下，猫通过跟随目标（通常是当前最优解）来进行快速移动。在猫群算法中，觅食模式类似于粒子群优化中的速度更新和位置更新过程。每只猫根据当前最优解的位置和自己的历史最优位置，计算其下一步的速度和位置，从而逐步向更优的解靠拢。通过这一行为，猫群能够高效地在解空间内进行搜索，快速逼近最优解。

休息模式：休息模式模拟猫在休息时的状态调整行为。在此模式下，猫会根据其当前位置进行一系列的微小变化，以评估不同位置的适应值（目标函数值）。这一过程类似于局部搜索或邻域搜索，旨在通过局部调整找到更优的解。在算法实现中，每只猫在休息模式下会生成若干候选解，并计算这些解的适应值，根据适应值的变化情况选择是否更新当前位置。休息模式使得猫群算法能够在搜索过程中进行微调，增强局部开发能力。

猫群算法的独特之处在于两种行为模式之间的切换机制。在每个迭代过程中，猫群中的每只猫都有一定的概率选择进入觅食模式或休息模式，这种随机切换的策略确保了算法能够同时进行全局探索和局部开发，从而避免陷入局部最优解。觅食模式增强了全局搜索能力，使算法能够迅速覆盖广阔的搜索空间；而休息模式则增强了局部搜索能力，帮助算法在优质解区域内进行精细优化。

猫群算法的参数设置主要包括猫的数量、觅食模式和休息模式的切换概率、速度限制、候选解数量等。这些参数可以根据具体优化问题的复杂性和特点进行灵活调整，以优化算法性能。猫群算法的简单性和灵活性使其易于实现，并且具有较高的计算效率和适应性。

相比于其他群智能算法（如粒子群优化、人工蜂群算法、蚁群优化等），猫群算法通过引入觅食和休息两种模式，实现了全局搜索与局部开发的有效结合。它不仅能够有效避免算法陷入局部最优解，而且在处理高维、多峰的复杂优化问题时表现出较强的鲁棒性和搜索能力。

由于其独特的行为模型和灵活的模式切换机制，猫群算法在工程优化、路径规划、机器学习参数优化、图像处理等多个领域得到了广泛应用，成为一种有效的全局优化工具。其行为模拟的思想与实际优化问题紧密结合，使得猫群算法在解决复杂问题时展现出良好的性能和应用前景。

4.5 强化学习

强化学习是有别于前面群体智能的另一种智能算法。强化学习的基本框架可以描述为智能体（agent）在环境中通过选择动作（actions）来获得奖励（rewards）。智能体的目标是最大化其长期累积的奖励。这种学习机制反映了行为主义的思想：通过外部反馈来塑造智能体的行为，而无需理解其内在状态。

强化学习的目标是：智能体通过与环境互动，学会如何采取行动。智能体根据行为获得的奖励（将惩罚视为负奖励）调整行为，从而最大化长期累积的奖励，而无需先验知识。简单来讲，其基本思路就是模仿人类或其他动物在不断试错中学习的机制。例如，如何在电子游戏中获得高分取决于每一步操作的决策。通过强化学习，智能体可以像人类一样，通过反复训练适应游戏，在每一步操作中做出正确决策以获得高分。

游戏作为环境，智能体每做出一步操作，环境状态都会更新，同时智能体也会获得相应的奖励反馈。智能体的目标是在多次练习中学习一个控制策略，记作 π，给定一个状态，策略返回一个要执行的操作，以最大化预期回报（累积的奖励最大化）。强化学习就是要找到最优策略，即在环境中实现预期回报最大化的任一策略。从这一点看，强化学习和最优控制要解决的是相同的问题。

强化学习的挑战在于智能体需要通过试错来了解环境中行为的后果，而没有最优控制预设的状态转换动力学模型或者启发信息，它通过智能体与环境交互产生信息，并使用这些信息来更新其知识。通过感知—行动—再感知的循环，智能体不断学习并优化其控制策略。

总的来说，强化学习具有如下几个特点。

- 必须通过与环境的反复互动来推断最佳策略。智能体收到的唯一学习信号是奖励。
- 对环境的观察结果取决于智能体的行为，可能包含很强的时间相关性。
- 智能体必须具有处理长期时间依赖性的能力。因为一个行动的后果通常只有在环境发生多次转变后才会显现。

我们举个例子来理解这些概念。比如一个机器人要学习如何在复杂的环境中从一个地方到达另一个地方。我们可以用它每一个决策导致它与目的地的距离变化和消耗的时间作为奖励。每当机器人决定在某个路口沿某一个方向前行后（一开始没有任何信息时方向是随机的），它所处的环境就会得到相应的更新，并返回奖励。通过不断尝试机器人就会知道，在每一个路口如何选择方向奖励才能最大化。但累计奖励最大化并不意味着每一步奖励最大的选择是最佳的选择，因为在该步奖励最大的选择有可能让机器人走进死胡同而绕弯路导致整体的奖励变小。因此机器人必须要有长期时间依赖能力，这样它才能知道原来看似不错的选择在后面看来不是最佳的选择。在不断地进行迭代尝试后，机器人就能学会对于给定的地图如何最快地从出发点到目的地，甚至准确地估算需要的时间。

目前强化学习的实现主要有两种思路：一种是基于价值函数的方法；一种是基于策略搜索的方法。当然也可以两种方法相结合。

4.5.1 马尔可夫决策过程

强化学习问题通常可以用马尔可夫决策过程（Markov decision process，MDP）来描述。马尔可夫决策过程是用于描述随机性和顺序决策优化问题的数学框架。一个马尔可夫决策过程通常由状态空间（state space，S）、动作空间（action space，A）、状态转移概率（state transition probability，P）、奖励函数（reward function，R）、折扣因子（discount factor，γ）五个要素定义。下面我们分别详细介绍一下这五个要素。

状态空间是环境的可能状态的集合。一个状态 $s \in S$ 可以描述环境在某一时刻的所有信息。例如，在棋盘游戏中，一个状态可以是棋盘上所有棋子的摆放位置；在自动驾驶应用中，一个状态可以是包含了汽车的位置、速度、道路条件和周围车辆的状态等的信息。

动作空间是智能体在某一状态下可以执行的所有动作的集合。一个动作 $a \in A$ 是智能体为了改变状态或达到目标而采取的行为。例如，在棋类游戏中，动作可以是某一棋子的移动或新增；在机器人控制中，动作可以是一个电机的旋转角度。

状态转移概率[$P(s'|s,a)$]定义了在状态 s 下执行动作 a 后转移到状态 s'的概率。它反映了环境的随机性和不确定性。状态转移概率通常是由环境的物理规律或动力学模型决定的。智能体在某个状态下采取一个动作可能会有多个可能的下一个状态，这些状态的概率由状态转移概率矩阵 $\boldsymbol{P}$ 来定义。

奖励函数[$R(s,a,s')$]定义了智能体在状态 s 下执行动作 a 后转移到状态 s'所获得的即时奖励 R。奖励可以是正的，也可以是负的。它用于指导智能体的学习过程。例如，在围棋游戏中，拿掉对方棋子的状态会有正的奖励，而丢失棋子会有负的奖励。

折扣因子用于衡量即时奖励和未来奖励的重要性。折扣因子越接近于 1，智能体就越重视长期回报；如果 γ 接近于 0，智能体会更关注短期回报。

在马尔可夫决策过程的框架下，智能体通过与环境的交互，在每一个时间步 t 都要做出决策。决策过程（如图 4-9 所示）：

① 智能体观察当前环境状态 s_t，选择一个动作 a_t；

② 环境根据状态转移概率 P 将状态转换到下一个状态 s_{t+1}，并给出相应的奖励 R_t；

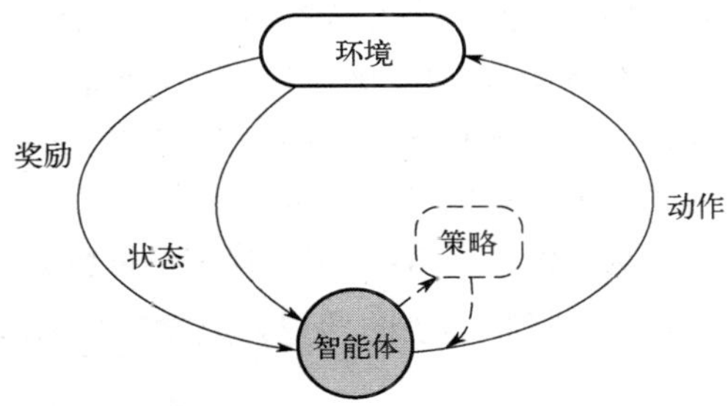

图 4-9　马尔可夫决策过程示意图

③ 智能体不断与环境交互，产生大量的 S、A、R 数据，以实际任务目标为导向，基于这些数据，强化学习算法可以让智能体做出更正确的决策，也就是找到一个策略 π，使得在一系列动作选择中获得的累积奖励最大化。

4.5.2 策略

策略（policy）是强化学习中的一个核心概念，它可以对应于生命体的“刺激-反应”模式，决定了智能体的动作，定义了智能体在特定状态下采取何种动作的规则。因此，策略可以视为将输入状态映射为下一步动作的函数。在某些情况下，策略可能是一个简单的函数或查询表，而在其他情况下，可能需要复杂的计算，例如在搜索过程中。策略可以分为确定性策略和随机策略两种。

确定性策略（deterministic policy）：确定性策略直接映射状态到动作，即每个状态对应一个确定的动作。形式上，一个确定性策略可以表示为$\pi: s \rightarrow a$，在状态 s 下选择一个固定的动作 $a=\pi(s)$。例如，在棋类游戏中，面对一个确定的棋盘状态，总是选择以往经验中胜率最大的一个行为方式移动或放置棋子，就是一个确定性策略。

随机策略（stochastic policy）：随机策略即在每个状态下选择一个动作的概率。它表示为条件概率分布 $\pi(as)$，即在状态 s 下选择动作 a 的概率。随机策略通常用于处理连续或高维的状态和动作空间，尤其在环境具有高度不确定性的情况下。例如，在股票交易中，随机策略可能更有效，因为市场的状态和变化往往无法完全预测。在棋类游戏中，面对一个确定的棋盘状态，根据以往不同行为带来的胜率选择一种行为也是随机策略。

策略的学习是强化学习的关键，智能体需要不断调整和优化策略，以在不同环境下获得更好的表现。通常情况下，强化学习一般使用随机策略，尤其是在训练和早期应用阶段。在学习时，随机策略通过引入随机性来更好地探索环境。同时，随机策略的动作具有多样性，这一点在多个智能体博弈时非常重要。采用确定性策略的智能体总是对同样的状态采取相同的动作，这会导致它的策略很容易被对手预测。

4.5.3 价值函数

智能体判断当前状态应该采取哪一个动作时，除了需要有策略以外，还需要判断不同行为的概率，而这个概率通常由行为的价值决定，价值用价值函数（value function）确定。某个状态的价值通常用从该状态 s 开始，直至终止状态时，累积奖励（也就是回报 G_t）的期望来表示。通俗来讲就是判断一个行为值不值，有多值，然后赋予一个采取该行为的概率。如何判断一个行为的价值呢，那就是使用价值函数。价值函数用于评估一个状态或一个状态-动作对的“好坏”。它帮助智能体评估当前策略的质量，并指导策略的改进。价值函数在智能体和环境不断交互的过程中得到完善。主要有两种类型的价值函数：状态价值函数（state value function）和状态-动作价值函数（state-action value function）。

状态价值函数[$V(s)$]：状态价值函数 $V^{\pi}(s)$ 表示在状态 s 下，按照策略 π 继续选择时，能获得的累积奖励的期望。数学定义为：

$$V^{\pi}(s)=E_{\pi}\left[\sum_{t=0}^{\infty}\gamma^{t}R(s_t,a_t)\overline{s_0}=s\right] \tag{4-40}$$

式中，E_{π} 表示在策略 π 下的期望；γ 是折扣因子；$R(s_t,a_t)$ 是即时奖励。状态价值函数提供了评估一个状态的长期好处的方法。

状态-动作价值函数[$Q(s,a)$]：由于每个状态 s_t 下都有很多的动作可以选择，因此给定一个状态-动作对 (s_t,a_t)，就可以给定一个函数来表示这个状态-动作对的优劣，进而选择一个最优的动作，这个函数就是状态-动作价值函数 $Q(s,a)$。$Q(s,a)$ 依赖于状态和刚刚执行的动作，是基于状态和动作的期望回报。如果一个智能体根据策略 π 来执行动作，则把它写为状态-动作价值函数 $Q^{\pi}(s,a)$。它表示在状态 s 下选择动作 a，然后按照策略 π 继续选择时，能获得的累积奖励的期望。数学定义为：

$$Q^{\pi}(s,a)=E_{\pi}\left[\sum_{t=0}^{\infty}\gamma^{t}R(s_t,a_t)\mid s_0=s,a_0=a\right] \tag{4-41}$$

状态-动作价值函数用于评估在特定状态下选择特定动作的长期回报，是许多强化学习算法的核心。

4.5.4 贝尔曼方程

贝尔曼方程（Bellman equation），又叫动态规划方程，是表示动态规划问题中相邻状态关系的方程。某些决策问题可以按照时间或空间分成多个阶段，每个阶段做出决策从而使整个过程取得最优效果的多阶段决策问题，可以用动态规划方法求解。某一阶段最优决策的问题，通过贝尔曼方程转化为下一阶段最优决策的子问题，从而初始状态的最优决策可以由最终状态的最优决策问题逐步迭代求解。

贝尔曼方程也是强化学习的核心理论之一，为价值函数的计算提供了递归关系，是强化学习算法的理论基础。

贝尔曼方程基于一个简单的思想：一个状态的价值等于从该状态出发的即时奖励加上所有可能的下一个状态的折扣价值的期望。对于状态价值函数 $V(s)$，贝尔曼方程定义为：

$$V^{\pi}(s)=\sum_{a\in A}\pi(a|s)\sum_{s'\in S}P(s'|s,a)\left[R(s,a)+\gamma V^{\pi}(s')\right] \tag{4-42}$$

式中，$\pi(a|s)$是在状态 s 下选择动作 a 的概率；$P(s'|s,a)$是执行动作 a 后从状态 s 转移到 s'的概率；$R(s,a)$是即时奖励；γ 是折扣因子。

对于状态-动作价值函数$Q(s,a)$，贝尔曼方程可以表示为：

$$Q^{\pi}(s,a)=\sum_{s'\in S}P(s'|s,a)\left[R(s,a)+\gamma\sum_{a'\in A}\pi(a'|s')Q^{\pi}(s',a')\right] \tag{4-43}$$

贝尔曼方程揭示了价值函数的递归性质，使得我们可以通过动态编程方法或其他迭代算法来逐步逼近价值函数。

4.5.5　经典强化学习算法

经典的强化学习算法通常可以分为三类：基于价值的方法、基于策略的方法和基于模型的方法。每一类方法都有其独特的优缺点和适用场景。在这一部分，我们将详细介绍这些经典算法的原理、实现方法以及在不同场景下的应用。

（1）基于价值的方法

基于价值的方法的核心思想是通过学习一个价值函数来估计每个状态或状态-动作对的价值，并根据这些价值来确定最优策略。这些算法通常不显示学习策略，而是间接通过价值函数来找到最优策略。最经典的基于价值的方法包括 Q-Learning 和 SARSA 算法。

1）Q-Learning

Q-Learning 是一种无模型（model-free）的离策略（off-policy）强化学习算法，这意味着它可以不依赖于当前策略来学习价值函数。Q-Learning 的目标是学习一个最优状态-动作价值函数$Q^{*}(s,a)$，它给出了在状态 s 下选择动作 a 所能获得的最大累积奖励的期望，从而使得智能体在每一个状态下都会选择使长期累积奖励最大的动作。

Q-Learning 算法通过更新状态-动作价值函数 $Q(s,a)$来逼近最优策略。它使用了一种称为“时间差分”（temporal difference，TD）的技术，根据当前经验对 Q 值进行更新。每次更新是通过贝尔曼方程来实现的：

$$Q(s,a)\leftarrow Q(s,a)+\alpha\left[R(s,a)+\gamma\max_{a'}Q(s',a')-Q(s,a)\right] \tag{4-44}$$

式中，$Q(s,a)$是当前状态 s 和动作 a 的 Q 值；α 是学习率（learning rate），控制更新步长的大小；$R(s,a)$是执行动作 a 后获得的即时奖励；γ 是折扣因子，衡量未来奖励的重要性；$\max_{a'}Q(s',a')$是在下一个状态 s'中所有可能动作 a'的最大 Q 值。

Q-Learning 算法的实现过程如下：

① 对所有 $s\in S$，$a\in A$，初始化$Q(s,a)$为任意值（通常为 0）。

② 在每个时间步 t，观察当前状态 s_t。

③ 根据当前状态 s_t 和策略[依概率随机选择一个动作或根据概率选择使 $Q(s_t,a)$ 最大化的动作]选择一个动作 a_t。

④ 执行动作 a_t，观察即时奖励 R_t 和下一个状态 s_{t+1}。

⑤ 使用贝尔曼方程更新 Q 值。

⑥ 将状态更新为 s_{t+1}，重复步骤③～⑤，直到收敛。

Q-Learning 的核心思想是通过不断更新 Q 值函数来逼近最优解。它不需要知道环境的状态转移概率，可以在未知环境中通过与环境的交互逐步学习。Q-Learning 尤其适用于离散状态空间和动作空间的问题，例如棋类游戏、迷宫导航等。Q-Learning 的实现也相对简单，只需要一个 Q 值表来存储每个状态-动作对的价值。理论上，在满足一定条件的情况下，Q-Learning 可以保证收敛到最优策略，但是对于状态和动作空间非常大的问题，Q 值表的存储和更新开销巨大。在奖励稀疏的环境中，Q-Learning 的收敛速度可能非常慢。目前，Q-Learning 已成功应用于多种问题，包括机器人导航、博弈论、推荐系统和自动交易等。例如，在棋类游戏中，Q-Learning 可用于训练智能体学习如何在给定状态下选择最佳棋步。

2）SARSA 算法

SARSA（state-action-reward-state-action）是一种在策略（on-policy）强化学习算法，与 Q-Learning 不同的是，SARSA 使用智能体在新状态下实际选择的动作来更新 Q 值，而不是使用所有可能动作中的最优值。SARSA 的名称来源于其更新过程涉及的五个要素：当前状态 s、当前动作 a、奖励 r、下一个状态 s'和下一个动作 a'。

SARSA 的更新规则如下：

$$Q(s,a) \leftarrow Q(s,a) + \alpha\left[R(s,a) + \gamma Q(s',a') - Q(s,a)\right] \tag{4-45}$$

式中，s'是下一个状态；a'是在下一个状态下选择的动作。

SARSA 算法实现过程如下。

① 对所有 $s \in S$，$a \in A$，初始化 $Q(s,a)$ 为任意值（通常为 0）。

② 在每个时间步 t，观察当前状态 s_t。

③ 根据当前状态 s_t 和策略[依概率随机选择一个动作或根据概率选择使 $Q(s_t,a)$ 最大化的动作]选择一个动作 a_t。

④ 执行动作 a_t，观察即时奖励 R_t 和下一个状态 s_{t+1}。

⑤ 根据下一个状态 s_{t+1} 选择下一个动作 a_{t+1}。

⑥ 使用 SARSA 的更新规则更新 Q 值。

⑦ 将状态更新为 s_{t+1}，动作更新为 a_{t+1}。重复步骤③～⑥，直到收敛。

与 Q-Learning 相比，SARSA 更新的是基于当前策略的 Q 值，而不是基于最优策略的 Q 值。这种差异使得 SARSA 在策略的选择上更加保守，适合策略依赖性较强的场景。

由于 SARSA 是一种 on-policy 方法，它更倾向于选择已知的动作，避免因冒险选择潜在的次优动作而导致的性能损失，因此具有较高的安全性。在某些需要实时决策的场景中，SARSA 的 on-policy 特性能够更好地应对环境变化，因此环境适应性强。

但是，由于 SARSA 是 on-policy 方法，其收敛速度通常比 Q-Learning 慢。在一些场景中，SARSA 可能由于其保守性更容易陷入局部最优解。

SARSA 通常用于需要平衡探索和利用的场景，如驾驶模拟、金融决策和机器人控制等。

由于其 on-policy 特性，SARSA 适用于需要考虑实际执行策略的任务。

（2）基于策略的方法

基于策略的方法采取直接优化策略的方式，而不是通过价值函数来间接确定策略。策略梯度（policy gradient）方法是这类方法的代表，它直接优化策略的参数来最大化累积奖励。

策略梯度方法的核心思想是通过优化策略 $\pi_\theta(a|s)$ 的参数 θ 来最大化累积奖励。与基于价值的方法相比，策略梯度方法能够直接处理连续和高维的动作空间问题。

策略梯度方法的目标是最大化策略的期望回报：

$$J(\theta)=E_\pi\left[\sum_{t=0}^{\infty}\gamma tR(s_t,a_t)\right] \tag{4-46}$$

为了优化这个目标，策略梯度方法采用梯度上升法，计算策略参数 θ 的梯度：

$$\nabla_\theta J(\theta)=E_{\pi_\theta}\left[\nabla_\theta \log\pi_\theta(a|s)Q^{\pi\theta}(s,a)\right] \tag{4-47}$$

式中，$J(\theta)$ 是策略 π_θ 的期望回报；$Q^{\pi\theta}(s,a)$ 是状态-动作函数。

一个典型的策略梯度方法是 REINFORCE 算法，它使用蒙特卡罗方法估计 $Q_{\pi\theta}(s,a)$，并通过以下公式更新策略参数：

$$\theta \leftarrow \theta+\alpha\nabla_\theta \log\pi_\theta(a|s)R \tag{4-48}$$

式中，α 是学习率；R 是从时刻 t 开始的总回报。

其算法过程如下。

① 初始化策略参数 θ 。

② 重复以下步骤，直到收敛。

- 对于每一轮模拟：初始化环境，获取初始状态 s_0；根据策略 $\log\pi_\theta(a|s)$ 选择动作 a_t 并执行；观察下一个状态 s_{t+1} 和即时奖励 R_t；计算累计回报 $G_t=\sum_{k=t}^{\infty}\gamma^{k-t}R_k$ 。
- 计算策略梯度 $\nabla_\theta \log\pi_\theta(a|s)$ 新策略参数 θ 。

策略梯度方法的一个重要扩展是 actor-critic 方法，它结合了基于价值的方法（critic）和基于策略的方法（actor）。actor 负责更新策略，而 critic 则通过估计价值函数来引导策略的更新。这种组合方式能够克服纯策略梯度方法的高方差问题，并在实践中表现出色。

策略梯度方法能够直接优化策略，因此在连续和高维动作空间的问题中表现优越。策略梯度方法易于结合其他强化学习方法，因此策略梯度方法具有较好的扩展性。但是策略梯度方法的估计通常具有较高的方差，可能导致学习不稳定。策略梯度方法的收敛性依赖于精心设计的策略结构和超参数选择，因此收敛性较差。

（3）基于模型的方法

基于模型的方法首先学习环境的动态模型，然后基于该模型进行规划和决策。它通过构建和利用环境的模型来进行决策和规划。与无模型方法（model-free methods）不同，基于模型的方法不依赖于直接从与环境的交互中学习价值函数或策略，而是通过学习或假设环境的状态转移概率和奖励函数（即模型），然后使用这些模型来模拟未来的可能结果，从而决定最优的行动策略。以模型为基础的强化学习方法通常需要更多的计算资源，但在某些复杂问题中表现优异。

Dyna-Q 算法是经典的基于模型的方法之一，它结合了基于模型的方法和无模型的方法。Dyna-Q 算法的核心思想是同时利用与环境的真实交互和模拟环境的模型来更新价值函数，从而提高效率。

Dyna-Q 算法的学习过程分为三个步骤。

① 与环境真实交互，获得经验。

② 更新模型：学习状态转移概率和奖励函数。

③ 使用模型生成模拟样本，进一步更新价值函数。

这种混合策略能够更高效地利用数据，尤其在样本获取成本较高的环境中效果显著。通过使用模型生成额外的模拟样本，Dyna-Q 算法显著提高了数据利用率。在需要复杂决策和长期规划的任务中，Dyna-Q 算法能够更好地处理状态和动作之间的复杂依赖关系。但是 Dyna-Q 算法需要一个精确的环境模型，这在某些环境中可能很难获得或估计。而且模型的学习和模拟过程需要大量的计算资源。

第3篇

联结主义人工智能

自从图灵在其开创性论文《计算机器与智能》中首次提出“机器是否能思考”的问题，科学界便围绕如何实现智能展开了深入探索。在这一探索进程中，有一些科学家认为，理解大脑的运作机制并在机器中再现是实现智能的关键，这也被称为“联结主义人工智能”。

联结主义人工智能（connectionist AI）是一种以人工神经网络模型为基础的智能计算范式，其灵感源自人类大脑的神经结构与信息处理机制。该领域的起源可回溯至 20 世纪 40 年代，麦卡洛克与皮茨提出了神经网络的数学模型，揭示了人工神经元借助简单的加权求和与激活函数来实现逻辑运算的原理。到了 20 世纪 80 年代，随着反向传播算法的问世以及计算机硬件性能的提升，联结主义人工智能得以处理更为复杂的非线性问题，迎来了第一次复兴。步入 21 世纪，深度学习技术的发展促使联结主义人工智能在计算机视觉、自然语言处理、语音识别等领域取得了突破性进展。

联结主义人工智能的核心特征，是通过大量神经元及其连接来模拟生物神经系统的功能。这种方法注重以数据驱动的方式进行模型训练，使系统能够从海量数据中自动学习特征与规律，进而逐步提升对输入数据的响应能力。其学习机制与生物神经网络的工作方式相似，强调数据驱动的学习过程，而非预设的规则和逻辑。联结主义的核心理念涵盖分布式表示、数据驱动、自适应性和并行处理等特性，这些理念共同构筑了联结主义方法的理论基石。信息的存储与处理并非集中于单个节点，而是借助神经元的分布式活动来完成。模型通过输入大规模数据，自动学习数据间的复杂关系，并能够动态调整参数以适配不同任务。此外，多层神经网络的架构让联结主义能够实现大规模的并行信息处理，在处理非结构化数据时展现出强大实力。在其发展历程中，联结主义人工智能逐步衍生出众多机器学习算法与深度学习算法，且保持着向前发展的态势。

在本篇内容中，我们将详细介绍联结主义人工智能。首先介绍数据科学的基础理论，数据科学作为一个融合多学科知识的领域，其基础理论涵盖了从数据的本质、来源到数据在不同领域的价值体现等诸多方面。通过对这些基础理论的深入剖析，我们能够清晰地把握数据科学的发展脉络与核心要点。随后，我们会聚焦于数据预处理和数据统计的相关知识。数据预处理是数据科学流程中至关重要的一环，它旨在对原始数据进行清洗、转换、集成等操作，以提升数据质量，为后续的分析和建模奠定良好基础。而数据统计则为我们提供了理解和解读数据的有力工具。在奠定了坚实的基础之后，本篇的重点将放在机器学习和深度学习的算法与思想上。机器学习作为人工智能的核心领域，致力于让计算机通过数据进行学习，从而实现对未知数据的预测和决策。我们会详细讲解经典的机器学习算法，如决策树、支持向量机、朴素贝叶斯等。同时，深度学习作为机器学习的一个分支，近年来凭借其在处理复杂数据（如图像、语音和自然语言）方面的卓越表现而备受瞩目。我们将深入探讨深度学习的核心思想，如神经网络的架构设计、反向传播算法的原理等，帮助学习者快速了解并掌握相关内容。

第5章

数据科学基础理论与数据预处理

数据科学是现代人工智能的重要支柱之一，涉及从海量数据中提取价值信息的全过程，其核心要素包括数据、算法、计算和应用。数据是基础，算法是核心，计算是手段，而应用则是最终目的。数据科学依托强大的算法对数据进行深度处理和分析，借助高效的计算平台完成复杂运算，最终广泛应用于各个领域，以解决实际问题并推动行业发展。

高质量数据是实现精准决策的核心支柱，而数据预处理正是确保数据准确性、完整性与一致性的必经之路。通过对原始数据进行系统化、细致化的处理，数据预处理如同一位经验丰富的工匠，以精准的技艺去除数据中的噪声和错误，填补缺失值，规范数据格式，从而提升数据的质量与可靠性。这一过程不仅是提高模型性能的技术保障，更是确保分析结果科学性和可信度的关键前提。经过预处理的高质量数据能够为人工智能模型提供稳健的训练基础，为复杂系统的优化提供清晰的方向。无论是帮助企业在竞争激烈的市场中制定敏捷的战略决策，还是助力科研团队在未知领域取得突破性发现，数据预处理都发挥着不可替代的作用。

本章将全面探讨数据科学的基本理论以及数据预处理的关键环节，包括数据质量评估、数据审计、数据清洗、数据变换和数据集成。通过系统地对这些环节展开分析，希望为实际应用提供理论指导与操作指南。

5.1 数据科学概述

5.1.1 数据科学基本概念

在数据科学的完整流程中，数据的采集、存储、处理、分析和可视化构成了其关键环节。数据的类型通常包括：结构化数据，如存储于关系数据库中的表格数据，按固定的行列格式组织，便于查询和分析；半结构化数据，如JSON、XML等格式，虽然具有一定的组织结构，但不如结构化数据严格；非结构化数据，如文本、音频、视频等，占据数据总量的绝大部分，处理难度较高，通常依赖于自然语言处理、计算机视觉等技术。

在数据科学实践中，特征工程是决定模型性能的关键步骤。通过特征提取、特征选择和特征构造，将原始数据转换为适合分析和建模的形式。高质量的特征能够显著提升模型的预测能力，降低训练复杂度，并提高计算效率。

模型构建是数据科学的核心环节，它利用数学和统计工具描述数据特征及其内部关系。常见的模型类型包括线性回归、决策树、支持向量机（SVM）以及深度学习神经网络等。模型的成功依赖于适当的算法，而算法则是训练模型、从数据中学习模式的关键驱动力，涵盖了监督学习、无监督学习和强化学习等多种范式。

随着数据规模的不断增长，现代数据科学愈发强调全流程的高效性与自动化，特别是在大数据和实时分析场景下，如何快速、高效地获取数据、分析数据，并将结果转化为可执行的商业决策，已成为重要挑战。例如，在电子商务领域，推荐系统依赖于用户行为数据，利用协同过滤、深度学习等技术，实时生成个性化推荐，以提升用户体验并优化销售策略。这一过程要求数据科学与业务应用深度融合，形成从数据采集到智能决策的闭环。

数据科学的基础依赖于数学、统计学和计算科学，这三大领域为数据的获取、处理、分析和建模提供了坚实的理论支撑和技术手段。它们共同构成了数据科学的知识框架，使得数据驱动的智能系统能够在复杂环境中高效运行并做出准确决策。

数学是数据科学的核心基础，提供了描述和解决数据问题的工具。

- 线性代数在数据科学中扮演着关键角色，广泛应用于矩阵计算、特征降维以及深度学习模型中的权重更新。例如，在神经网络训练中，前向传播和反向传播均依赖矩阵运算来高效执行计算任务。

- 微积分在机器学习优化过程中至关重要，尤其在梯度下降等优化算法中，利用偏导数和梯度计算来寻找最优解，最小化损失函数，进而提升模型的泛化能力。

- 离散数学在数据科学中的应用同样不容忽视，主要体现在图论、组合优化和布尔代数等领域，广泛用于社交网络分析、推荐系统中的图嵌入以及路径优化问题。例如，在社交网络分析中，离散数学方法可用于检测社群结构并分析信息传播路径。

统计学是数据科学的重要支柱，提供了分析数据、量化不确定性和推断规律的方法。

- 概率论是数据科学的基石之一，帮助理解数据的不确定性，为机器学习模型提供可靠的预测能力。例如，贝叶斯方法可以在面临不确定性时提供动态调整的能力，广泛用于自然语言处理和医疗诊断等领域。

- 假设检验与统计推断在数据分析中至关重要，帮助研究人员通过有限的样本数据推断总体特性，确保决策的科学性。例如，在医学数据分析中，统计推断方法可用于评估新药对不同人群的疗效，指导临床试验的设计与实施。

- 回归分析和方差分析（ANOVA）等统计工具，广泛用于特征选择、变量之间的相关性研究以及预测模型的性能评估。

计算科学（计算机科学）在数据科学中提供了必要的算法和计算能力，使得大规模数据处理成为可能。

- 算法复杂度分析是计算科学的核心之一，确保在大数据环境下选择高效、可扩展的算法。例如，快速排序、哈希技术和动态规划在数据处理与检索中具有重要应用。

- 并行与分布式计算技术极大地提升了数据分析的可扩展性，诸如 Hadoop、Spark 等大数据平台使得处理海量数据成为可能。例如，在深度学习的训练过程中，利用 GPU 加速并行计算可以显著缩短训练时间。

- 流式计算（如 Apache Flink、Kafka Streams）允许在实时环境下处理和分析数据，广泛应用于金融风控、物联网和网络安全等场景，确保系统能够对快速变化的数据作出及时响应。

数据科学的跨学科性质决定了数学、统计学和计算科学的有机结合，三者相辅相成，共同推动数据驱动技术的创新与发展。随着数据规模和复杂性的不断增长，未来的数据科学发展将更加依赖这三大学科的深度融合，以实现更精准、更高效的智能决策。

5.1.2 数据计算平台与数据管理

（1）数据计算平台

大规模数据的处理离不开高效的计算平台。分布式计算框架、云计算和深度学习框架是当前数据科学实践中的核心工具。

① 分布式计算框架（如 Hadoop 和 Spark）通过任务的分片和节点协同工作，实现对海量数据的快速存储和分析。例如，金融行业中的银行每日需要处理数百万笔交易数据，这些数据包括账户活动、转账记录和国际汇款等。为了检测异常交易行为，分布式计算系统将数据划分为多个片段，并在不同节点上并行处理，显著提高了处理效率。某国际银行利用 Spark 框架开发的欺诈检测系统，通过并行化的数据处理与机器学习模型训练，实现了对实时交易的高效监控，帮助及时发现并阻止可疑活动。

② 云计算为数据科学家提供了高度灵活的计算资源和存储解决方案。以医疗行业为例，一个基于云计算的医疗诊断系统可以实时存储和分析患者数据。例如，美国某心脏病医院在 AWS 云平台上部署了一个诊断支持系统，整合了来自心电图、MRI 扫描和血液检测的数据。该系统利用神经网络模型分析这些数据，为医生提供即时的诊断建议，并显著提高了诊断的准确性和效率。云计算的按需扩展能力使得医院无需担心计算资源的限制，可以专注于优化模型性能。

③ 深度学习框架提供了构建、训练和部署神经网络模型的工具。如 TensorFlow、PyTorch，这些框架通常支持 GPU 和 TPU 加速，使得训练复杂的模型成为可能。例如，计算机视觉中的图像分类模型可以利用这些框架快速完成模型设计与性能优化。在自动驾驶技术中，计算机视觉算法是关键组成部分，需要对路况、交通标志和行人进行实时识别。某领先的自动驾驶企业使用 TensorFlow 框架开发了一套深度学习模型，该模型基于数百万张标注图像进行训练，并通过 GPU 和 TPU 硬件加速实现高效计算。另外，模块化设计使开发者能够快速调整模型结构，例如添加新的检测目标或优化现有模型的性能。此外，框架的模块化设计允许开发者轻松构建自定义模型，例如特定领域的语言模型或目标检测算法。

（2）数据管理

在数据科学工作流中，数据管理是不可忽视的核心环节。高效的数据管理不仅能够提高分析效率，还可以确保数据的质量和一致性。

① 数据存储：现代数据存储系统包括传统的关系数据库（如 MySQL）和 NoSQL 数据库（如 MongoDB）。关系数据库适合结构化数据，而 NoSQL 数据库则因其灵活的存储模式在大数据应用中更为常见。例如，某物联网公司每天需要处理数十亿条传感器数据，这些数据实时记录设备状态并检测潜在故障。为了实现高效的数据存储和快速检索，该公司采用 NoSQL 数据库（如 Cassandra），不仅提高了查询效率，还支持分布式存储扩展。此外，Google BigQuery 等分布式数据库为企业提供了高效的多维度数据查询功能，使用户能够快速从海量数据中提取洞察。例如，一家零售企业使用 BigQuery 分析顾客购买行为，优化商品库存策略。

② 数据清洗：原始数据往往包含噪声和缺失值，数据清洗通过去除重复数据、填补缺失值、纠正错误数据和统一数据格式来提高数据质量。例如，一家电商平台通过清洗用户交易数据，删除重复订单并补全地址信息，从而提高物流配送效率。为了加速清洗流程，

企业逐渐引入自动化工具，如 OpenRefine 和 Python 的 pandas 库，这些工具能够快速检测数据异常并提供修正建议。

③ 数据标注：标注数据是监督学习的基础，尤其是在自然语言处理和图像识别领域。例如，一家语音助手开发公司需要大量标注语音数据来训练其语音识别模型。他们通过众包平台（如 Amazon Mechanical Turk）完成大规模标注任务，并结合自动化标注工具减少手动工作量。此外，某自动驾驶技术公司利用高精度标注工具标记行车场景中的车辆、行人和交通标志，确保其目标检测模型的高精度。

④ 数据查询与检索：数据科学中的查询工具包括 SQL 语言和图数据库查询语言。它们允许用户快速从海量数据中筛选出有用的信息。例如，一家社交媒体平台利用图数据库管理用户关系网络，通过查询用户之间的互动记录来推荐潜在好友或热门内容。通过引入自然语言查询接口，现代数据管理系统进一步降低了非技术人员的数据使用门槛，使得市场团队和业务分析师能够轻松获取所需数据。

⑤ 数据治理与隐私保护：随着数据量的快速增长，数据治理成为数据管理的关键环节。例如，在医疗领域，某医院通过实施严格的数据治理策略，明确了数据访问权限并采用加密技术保护患者隐私。同时，该医院利用联邦学习技术与其他医疗机构共享算法模型，而无需直接共享敏感数据，从而实现跨机构协作。

联结主义人工智能作为当今人工智能的主流范式，依托于神经网络技术的发展，极大地推动了智能技术的应用与普及。数据科学为其提供了必要的理论与技术支持，从基础概念到计算平台，再到数据管理，构成了完整的生态系统。未来，通过不断优化联结主义技术与数据科学方法，人工智能将在更多领域实现突破性进展。

5.2 数据质量

5.2.1 数据质量的重要性

在人工智能领域，数据质量是决定算法性能和模型可靠性的基石。无论是深度学习方法、强化学习方法，还是传统的机器学习方法，其成功的关键都在于训练数据的质量。如果数据本身存在问题，无论模型设计得多么先进，结果都可能偏离预期，甚至产生灾难性的后果。数据质量直接关系到模型的泛化能力和在应用场景中的表现，是构建高效智能系统不可忽视的前提条件。

从算法的视角来看，低质量数据会导致模型的学习偏差。数据中的噪声、错误标签或缺失值可能导致模型学到错误的规律。例如，在自然语言处理任务中，如果标注语料中存在大量的拼写错误或标签混乱，语言模型的输出可能会变得不准确甚至不可用。同样，在计算机视觉领域，如果用于训练的图像包含严重的标注问题，模型可能会错误地识别物体类别，影响应用的安全性，如自动驾驶车辆的目标检测系统无法正确识别行人或交通信号。

数据质量的高低还直接影响决策的准确性。在大数据驱动的智能决策系统中，例如个性化推荐、医疗诊断或金融风控，决策的可靠性依赖于训练模型的数据是否能真实反映现实情况。如果数据不准确、不完整或不及时，这些系统可能会输出错误建议，导致用户体验下降、经济损失甚至承担法律风险。例如，在医疗领域，患者的诊断数据如果存在遗漏或错误记录，可能会直接影响医生的诊断和治疗方案的选择，从而危及患者生命。

此外，在人工智能模型的部署阶段，数据质量问题还会影响模型的可解释性和用户信任度。在高风险场景中，如司法预测或金融信贷审批，模型的输出必须具有透明性和可靠性。低质量数据可能导致模型输出无法解释或结果带有偏见，从而削弱公众对人工智能技术的信任，甚至引发伦理和法律争议。这种信任危机不仅会阻碍人工智能技术的广泛应用，还可能对行业发展造成长期负面影响。

高质量的数据不仅是优化现有模型性能的核心，也是推动人工智能技术发展的重要力量。随着多模态数据、实时流数据和分布式数据源的快速增长，数据质量管理的重要性愈发凸显。无论是在数据收集、清洗、标注，还是在集成与分析的各个阶段，都需要建立系统化的质量管理机制。只有在确保数据质量的基础上，人工智能才能在复杂多变的实际场景中真正实现其潜力，推动各行业向更高效、更智能的方向发展。

5.2.2 数据质量的评估指标

数据质量是影响算法性能和决策可靠性的核心因素，而评估数据质量则是确保模型成功应用的重要步骤。评估数据质量需要从多个角度进行考量，其中六个关键维度尤为重要：准确性、完整性、一致性、唯一性、时效性和有效性。这些维度从不同方面衡量数据是否能满足特定场景的需求，为构建可信的人工智能模型奠定了基础。

（1）准确性

数据的准确性是指数据值与真实值的接近程度，它是数据质量的核心要素之一。对于人工智能模型而言，准确的数据能够确保算法学到的是现实中存在的规律，而不是受错误或偏差影响的伪规律。例如，在医学影像分析中，训练数据中的标注是否精确直接决定了模型对病变区域的识别能力。如果标注存在较大的误差，模型输出结果将毫无参考价值，甚至可能对诊断和治疗产生误导。

（2）完整性

数据的完整性是指数据是否存在缺失值。完整性对于数据的可用性有着至关重要的影响。如果数据集中存在大量缺失值，可能会导致分析结果的偏差或无法进行有效的分析。在大规模数据集应用中，尤其是在涉及多维特征的场景，如智能交通或个性化推荐，部分数据的缺失可能直接破坏整体系统的功能性。例如，在智能交通的流量预测中，如果关键的车辆传感器数据缺失，预测结果的精度和实用性将受到极大影响。

（3）一致性

数据的一致性是指数据在不同数据源或不同记录之间的一致性。在人工智能项目中，数据通常有多个来源或经过多次处理，不一致的数据会导致模型学习的混乱，甚至引发严重的决策问题。例如，在供应链优化模型中，库存系统和采购记录中的数据若不一致，将导致模型输出的策略难以执行或偏离实际需求。一致性评估通常涉及跨源数据的对比、规则验证以及语义分析，以确保不同来源的数据在逻辑上保持统一。

（4）唯一性

数据的唯一性是确保数据记录无冗余的关键，即不存在重复的记录。冗余数据不仅会浪费存储资源，还可能对训练模型产生干扰，尤其是在分类或聚类任务中，重复样本可能导致模型的训练偏向特定模式，降低泛化能力。例如，在图像识别中，若训练集中存在大量重复图像，模型可能会过度拟合这些数据，从而对新数据表现不佳。

（5）时效性

时效性是人工智能应用中逐渐受到重视的评估维度。数据的时效性反映数据能否及时更新，以适应快速变化的现实环境。在实时应用中，如自动驾驶、金融交易或智能家居，延迟的数据会直接削弱系统的响应能力和决策精度。例如，在金融市场分析中，若数据更新存在滞后，可能导致模型错过关键市场信号，从而影响交易收益。

（6）有效性

数据的有效性是指数据是否符合特定业务规则或标准。在人工智能项目中，不符合规则的数据可能导致业务逻辑的紊乱和决策的偏差。例如，在自然语言处理的情感分析任务中，文本数据的内容是否与任务需求一致直接影响模型的有效性。对于敏感领域，如医疗或法律，数据的有效性还涉及伦理和合规性的要求，需要特别重视。

5.3 数据审计

5.3.1 数据审计的目的与意义

数据审计是数据预处理中至关重要的一环，其核心目的在于确保输入模型的数据具备高质量，从而确保模型的训练与推理结果是可信的和可靠的。在人工智能系统中，数据是驱动算法工作的根基，模型的准确性、可靠性和有效性都依赖于数据的质量。数据审计通过对数据源的系统性审查和细致分析，能够发现并修正数据中的错误、缺失、不一致性或冗余问题，从而为后续的数据处理、分析和模型训练提供可靠的基础。尤其在数据驱动的决策系统中，数据的准确性和一致性直接影响着算法的表现，数据中的任何瑕疵都可能导致模型输出错误的预测，进而影响决策质量，甚至引发系统性风险。

数据审计的另一个深远意义在于增强人工智能系统的可解释性与透明度。随着人工智能技术日益渗透到各个行业，尤其是在涉及高风险决策的场景中，数据质量的透明性变得尤为重要。数据审计能够对数据来源、处理流程和变更历史进行追溯，从而为模型的决策提供清晰的依据。在法规日益严格的背景下，人工智能模型不仅需要输出准确信息，其决策过程还必须具备可解释性。数据审计提供了确保数据符合业务规则、行业标准以及法律合规性的机制，使得人工智能系统的决策过程更加透明和可信，从而提升了用户对智能系统的信任度。

数据审计不仅是人工智能模型开发中的质量保障工具，更是确保数据驱动决策系统正确、高效和安全运行的基石。它通过消除数据中的潜在问题，提高数据质量，从而提升算法的可靠性和应用价值，尤其在需要高度可信的数据支持的领域，数据审计的作用更是不可或缺。

5.3.2 数据审计的方法

进行数据审计时，首先需要对数据源进行全面的了解和审查。数据源的多样性和复杂性决定了审计方法的多样性，审计工作不仅仅限于验证数据的完整性和一致性，还要深入分析数据的产生背景、收集过程和存储方式等，确保数据从源头上符合质量要求。在这一过程中，数据源的标注规范、采集频率、数据更新机制以及可能存在的数据偏差都是审计的重点。通过与业务需求的对比，审计者可以识别出哪些数据是合适的，哪些是需要修正或剔除的。

数据清洗是数据审计的核心环节之一，主要目的是去除或修正数据中的噪声、错误或冗余。对于含有缺失值的情况，常见的处理方法包括填充缺失数据、删除不完整的记录，或者利用推断算法来预测缺失数据的合理值。此外，对错误数据的纠正也是数据清洗的关键部分，特别是数据标注不一致、异常值的存在，都会影响人工智能模型的训练效果。审计人员需要运用各种数据挖掘和统计分析技术，发现并纠正这些问题，从而提高数据的准确性和一致性。

数据质量检测工具是数据审计中常用的技术，它们通过预设的规则或算法自动检测数据中的质量问题。常见的质量检测工具是数据质量管理平台，如 Informatica data quality、Talend、Trifacta 等。这些工具能够自动化检查数据的准确性、完整性、一致性和合规性，并生成详细的报告和分析结果。通过这些工具，审计人员可以高效地发现数据中的问题并进行修复，减少人工干预的成本。

一致性验证也是数据审计中不可忽视的一部分。许多人工智能系统涉及多源数据的集成，这些数据来自不同的部门或平台，可能具有不同的格式、单位或计算方法。数据审计通过比对这些数据源，确保数据在不同记录和系统中的一致性，避免因信息冲突或格式不统一而导致的决策失误。对于跨系统数据的审计，审计者通常会通过定义标准化的数据模型和规则，进行数据映射和格式转换，确保所有数据源能够在同一个框架下进行有效对比和融合。一般情况，数据审计需要借助数据映射和数据融合技术来确保一致性。例如，数据集成技术（如 ETL 工具）可以将不同来源的数据进行统一处理，确保数据的格式、单位和结构保持一致。数据一致性检查技术通常会使用数据比对算法，确保不同数据源中的记录或实体保持一致，例如检查客户信息、订单记录等是否一致。

数据可视化技术在数据审计中也发挥着越来越重要的作用。通过数据可视化，审计人员可以直观地观察到数据中的潜在问题，特别是在处理大规模数据时，数据可视化能够帮助发现一些难以通过传统表格或报表形式察觉的异常。例如，热图、散点图、箱线图等可视化工具能够帮助审计人员识别数据分布的异常模式，迅速定位可能存在问题的数据点。

除了这些基本的方法，数据审计还需要对数据的合规性进行检查，尤其是在涉及敏感数据的领域。例如，医疗数据、金融数据等通常受到严格的法规约束，数据审计必须确保数据的收集和使用符合相关法律法规。这包括对数据隐私保护的审查，确保数据在处理过程中不违反用户隐私规定或行业规定，避免法律风险。在这一点上，数据审计不仅是技术性的审查，更是对数据合规性的深度评估。

最后，随着数据量的激增和复杂性的提升，自动化数据审计技术的应用越来越广泛。借助机器学习和人工智能技术，数据审计可以实现更高效的自动化检测和修复。算法可以在大规模数据中迅速识别潜在的质量问题，并根据预设规则进行自动化处理。这不仅提高了数据审计的效率，还能够处理更加复杂的数据质量问题，使审计工作更具实时性和精准性。常见的应用包括通过无监督学习算法（如聚类分析）自动检测数据中的异常模式，通过分类算法识别错误标注数据，或利用回归模型推断缺失值。此外，基于深度学习的自然语言处理技术也能应用于文本数据的审计，如识别文本数据中的不一致性、错误拼写等问题。

总体而言，数据审计的方法涵盖了从数据源的评估、清洗、验证到合规性的全方位检查，它是保证数据质量、提升人工智能算法可靠性的关键手段。随着技术的不断发展，数据审计的方法将更加多样化、智能化，为数据驱动的决策提供更加坚实的保障。

5.4 数据清洗

数据清洗是数据预处理中不可或缺的一环，它对确保模型训练的质量和算法预测的准确性至关重要。随着数据来源的多样化和数据量的急剧增加，原始数据往往包含大量的错误、噪声、缺失值和冗余信息，这些问题如果没有经过有效清洗，将直接影响模型的学习效果，甚至导致决策的失误。因此，数据清洗的过程不仅是数据预处理的一部分，更是构建高效、可靠的人工智能系统的基础。数据清洗的原理见图 5-1。

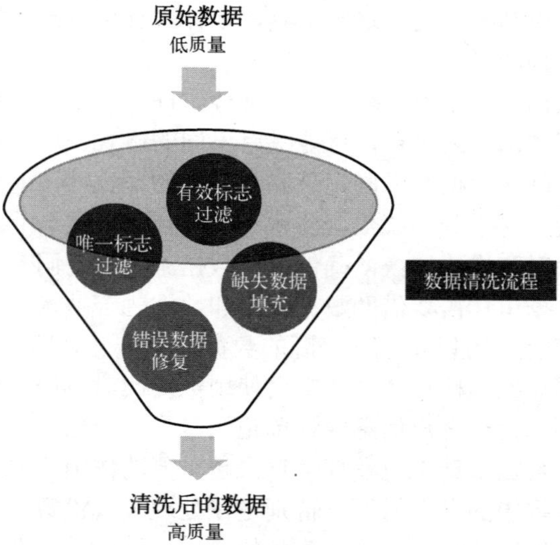

图 5-1　数据清洗的原理

5.4.1 缺失值处理

缺失值是指数据集中某些数据点的值缺失或未被记录的情况。缺失值的产生原因多种多样，可能是数据采集过程中的设备故障、人为疏忽、数据传输错误，也可能是某些数据本身难以获取或不适用于某些样本。例如，在气象数据集中，某些观测站的温度记录可能因设备故障而缺失。缺失值的存在会对数据分析和建模产生诸多不利影响，它可能导致数据不完整，使分析结果产生偏差，降低模型的准确性和可靠性。因此，针对缺失值的处理是数据清洗中至关重要的任务。

在处理缺失值时，必须明确缺失的模式和原因。缺失值可能是完全随机的（missing completely at random，MCAR），即缺失的发生与其他变量或自身数据无关；也可能是部分随机的（missing at random，MAR），即缺失的发生与某些可观察变量相关；或者是非随机的（missing not at random，MNAR），即缺失的发生与其自身的值有关。例如，在医疗数据中，病患未报告某些症状可能与其自身的健康状况密切相关。因此，理解缺失值的来源是选择处理方法的前提。

（1）删除法

删除法是一种简单的处理缺失值的方法，直接通过移除包含缺失值的记录或字段，确保数据的完整性和一致性，为后续的分析和建模提供可靠的基础。删除法可以细分为记录删除与字段删除两种方式，二者各有适用场景和技术挑战，其有效实施依赖于对数据和业务背景的深入理解。

记录删除法针对的是包含缺失值的单条记录，适用于数据中缺失值比例较低且分布随机的情况，能够快速清除不完整样本，避免对后续建模造成干扰。例如，在一项医疗监测研究中，传感器记录了心率、血氧饱和度和体温等连续数据。如果某些时间点的数据因设备故障缺失，但这些记录仅占总样本的 1%～2%，则可以直接删除这些不完整记录，以保证分析模型的精确性而不引入明显偏差。

字段删除法则是指移除缺失值占比过高或对分析目标贡献较低的变量，适用于缺失字段的信息密度过低，难以通过填补恢复有用数据的场景。例如，在企业内部的运营指标监测中，某些字段存在 70%以上的缺失率。因其与运营决策的主要目标关联较弱，可以考虑移除这一字段，避免稀疏数据对建模产生负面影响。

然而，删除法的应用并非一刀切，它需要根据数据集的特性和分析任务的需求加以合理设计和权衡，以避免对样本数量、数据分布及分析结果产生负面影响。当数据集中缺失值比例较小且对整体数据的影响不大时，这种方法较为适用。而当数据较为稀疏时则不适用，因为过多的删除可能导致信息丢失或样本偏差，从而降低模型的泛化能力。一般，当缺失值比例较低（如低于 5%），删除法对数据的整体特性影响有限，适合应用。但如果缺失值占比过高（如超过 20%），删除法可能导致样本量不足或数据分布出现严重偏差，此时应优先考虑其他补全方法。此外，应注意在小样本研究或稀有事件分析中，删除法可能导致关键信息丢失，进而影响结果的科学性。此时需在删除前进行必要的统计验证。

（2）替换法

替换法通过为缺失值填充合理的替代值来维护数据的完整性，是处理缺失数据的核心技术之一。它不仅能够最大程度保留数据样本，还能减少由缺失值带来的分析偏差。然而，替换值的选择需要根据数据类型和分布特点，结合具体场景，确保补全数据的合理性和科学性。

对于数值型数据，常见的替换方法包括使用均值、中位数和众数。每种方法各有其适用场景和特点。均值替换是最为简单的方式，适用于数据分布较为均匀的情况。例如，在一个学生成绩数据集中，若某学生的数学成绩缺失，可以用所有学生的数学平均成绩替换该缺失值。这种方法可以保持数据的集中趋势，但当数据分布呈现显著偏态时，均值可能受到极端值的干扰，从而不适合应用。此时，中位数替换是一种更稳健的选择。中位数不受极端值的影响，能够更准确地反映数据的中心位置。例如，在分析某城市的房价数据时，如果房价记录中有部分缺失值，由于极少数豪宅的价格会显著抬高均值，可以选择用中位数替换缺失值，以避免高估房价水平。众数替换适合处理集中趋势明显的数据，尤其是在数据中某些值频繁出现时。例如，在一个课程出勤率数据集中，如果部分学生的签到次数缺失，而大多数学生的出勤次数为 10 次，可以用众数“10”替代缺失值，从而尽可能保留数据的集中特征。

对于分类型数据，通常采用众数替换，即选择该类别中出现频率最高的值作为缺失值的替代。例如，在一项关于消费者汽车品牌偏好的调查中，如果某些记录的品牌偏好字段缺失，而“比亚迪”是出现频率最高的品牌，可以用“比亚迪”填补缺失值，从而维持数据的整体分布特征。另一种方法是根据上下文或其他关联字段对缺失值进行替换。例如，在一个用户问卷数据集中，如果缺失值的字段为“职业类别”，而该用户的学历和年龄与某职业类别的特征高度相符，可以根据其他字段的信息推断出合理的替代值。

在更高复杂度的场景中，可以采用基于模式识别和数据挖掘的替换方法。这些方法利用现有数据的结构或关系，为缺失值估算合理的替代值。插值是时间序列数据处理中常用的替换方法。例如，在一个传感器记录的环境温度数据中，如果某些时间点的记录缺失，可以计算相邻时间点的均值作为替代值。此外，高阶多项式插值或样条插值能够更准确地捕捉数据的变化趋势，用于非线性时间序列的填补。

K 近邻（KNN）算法通过计算数据点之间的相似性，为缺失值提供基于邻近点的替代值。例如，在分析用户消费行为时，若某用户的“月均消费金额”字段缺失，可以通过寻找与其消费习惯最相似的 K 个用户，计算这些用户的月均消费金额的均值填补缺失值。这种方法能够充分利用多维数据的相关性，适用于复杂的多变量场景。

尽管替换法可以有效解决缺失值问题，但其应用需要谨慎。替换方法可能改变数据的原始分布，从而影响分析结果的准确性。例如，频繁使用均值替换可能导致数据变得过于集中，削弱模型对数据分布特征的学习能力。因此，在应用替换法时，应综合考虑数据的特点、缺失值的模式以及分析目的，选择最合适的方法，并结合后续验证手段评估替换效果。

（3）插补法

插补法是通过利用数据集中其他已知信息来估计缺失值的方法，其目的是尽可能地还原数据的真实性和完整性。常见的插补方法包括回归插补、多重插补等。

回归插补依赖于数据集中变量之间的相关性，通常通过建立回归模型来预测缺失值。例如，在一个研究房价影响因素的数据集中，如果房屋面积与房价之间存在显著的线性关系，且部分房屋的价格数据缺失，则可以将房屋面积作为自变量，通过线性回归建立预测模型。在模型训练时，利用已知的房屋面积和价格数据来拟合模型，然后用已知的面积数据预测缺失的价格。这种方法的优势在于它能充分挖掘变量之间的潜在关系，生成相对准确的插补结果。然而，其劣势也很明显：回归插补假设变量间具有线性关系，因此在实际数据不满足这一假设时，插补结果可能会产生偏差。此外，回归模型可能会受限于数据的多重共线性问题，导致插补效果不佳。

多重插补是一种更为复杂且稳健的插补方法，它通过多次插补生成多个完整的数据集，再分别对这些数据集进行分析，最后结合各个数据集的结果来得出最终的结论。举例来说，在一个包含多个变量的医学研究中，若某些患者的关键数据缺失，则可以采用多重插补方法。首先，基于其他已知变量（如年龄、性别、症状、治疗历史等）的关系，通过随机抽样和建模生成多个完整的数据集，每个数据集对缺失值进行不同的估算；接着，针对这些数据集，分别进行统计分析或建立模型（如生存分析、疾病预测等）；最后，通过综合这些分析结果（例如计算平均值、中位数，或根据模型的稳定性进行加权平均），得到最终的推断结论。多重插补的优势在于它能考虑到缺失值的不确定性，采用多次插补和结果合并的方式，有效提高了分析结果的可靠性和稳健性。然而，其缺点也不容忽视：该方法计算复杂且需要大量的计算资源和时间，尤其是在数据集较大、插补次数较多时，可能导致显著的计算开销。因此，尽管其插补结果较为准确，但在实际应用时必须权衡计算成本与分析精度。

5.4.2 冗余数据清洗

冗余数据是指在数据集中存在的重复、冗余或对分析目标无实质性贡献的数据。这些数据不仅会增加数据存储和处理的成本，还可能降低数据分析的准确性和效率。因此，冗余数据的消除有助于提升模型的训练效果，减少噪声，提高计算效率，确保结果的准确性。

（1）去除重复记录

重复记录是最常见的冗余数据类型，通常出现在数据采集或输入阶段。去除重复记录可以显著减小数据集，并防止模型训练过程中出现偏差。对于完全重复的记录，如果数据集中的某些行完全相同，可以直接删除这些行。而对于字段部分相同的记录，可以通过使用唯一标识符（如 ID 或时间戳等）来判断是否为重复记录。

（2）处理重复特征

重复特征是指两个或多个特征在数值上高度相关，甚至可以通过简单的数学变换得到另一个特征。高相关性的特征往往提供类似的信息，导致模型训练时的计算复杂度增加，并可能引起过拟合问题。在这种情况下，可以去除冗余特征，简化数据模型。可以通过相关性分析来识别并删除这些高度相关的特征。通常，相关系数超过 0.9 的特征应考虑删除，因其对模型预测的贡献已经高度重合。例如，在一些数据集中，身高和体重这两个特征可能存在很强的线性关系。可以通过计算它们之间的相关性，决定删除其中一个特征，或者使用主成分分析（PCA）将多个相关特征合并为少数几个主成分，从而简化模型结构，降低数据的维度。

（3）去除无关特征

无关特征是指那些与目标变量没有显著关联的特征。无关特征的存在不仅增加了数据的维度，还可能对模型的训练产生干扰，导致计算复杂度和训练时间增加。通过特征选择技术，可以有效筛选出对目标变量有较大贡献的特征。统计测试方法（如卡方检验、ANOVA）以及基于模型的特征选择方法（如随机森林的特征重要性评估）可以帮助识别和删除无关特征。除此之外，领域专家的知识也可以为特征选择提供指导，帮助判断哪些特征可能对分析结果没有实质性贡献。例如，在一个学生成绩预测的数据集中，“学生的宠物类型”显然与成绩没有关系，因此可以通过特征选择或基于领域知识直接删除这一特征。

（4）利用模型进行冗余数据清洗

一些机器学习模型本身具有评估特征重要性的能力，能够自动识别和删除冗余数据。例如，决策树、随机森林等模型可以评估每个特征对预测目标的贡献程度，自动筛选出不重要的特征。基于模型的特征重要性评估，是通过训练模型并提取特征的重要性，从而删除那些对模型预测贡献较小的特征。举个例子，在一个包含多个变量的营销数据集中，使用随机森林模型训练数据后，可以通过特征重要性评估确定每个特征的重要性。例如，某些与产品销量无关的特征（如“顾客的出生地”）可以删除，保留与销量高度相关的特征（如“广告投入”）。

5.4.3 异常值检测与处理

异常值（outliers）是指那些与数据集中的其他数据点显著不同的值。它们通常会影响模型的稳定性和预测准确性，甚至在某些情况下，可能导致模型过拟合。异常值可能源于多种原因，如数据采集错误、输入错误、极端的自然变异或特殊的稀有事件。有效的异常值检测与处理能够帮助提升模型的鲁棒性，使得模型更好地泛化于真实世界的各种数据分布。

异常值检测通常依赖于统计方法、机器学习算法或者数据可视化手段。以下是几种常见的异常值检测方法。

① 基于统计的检测方法：统计方法通常利用数据的分布特征（如均值、标准差、分位数）来识别异常值。例如，对于呈正态分布的数据，任何超过均值三倍标准差的数据点通常会被视为异常值。类似的，使用箱线图（boxplot）也能够直观地标识出异常值。箱线图的“胡须”部分通常被设定为 1.5 倍四分位距（IQR）范围以外的数据点，超出该范围的点被认为是异常值。

② 基于距离的检测方法：这种方法通过计算数据点与其邻居的距离来识别异常值。如采用 K 近邻（KNN）算法计算数据点与其他点的距离，若某个数据点与其他点相距较远，则被视为异常值。局部异常因子（LOF）方法则基于局部密度的变化，识别出那些与周围密度显著不同的点。

③ 基于模型的检测方法：一些机器学习模型，如孤立森林（isolation forest）和支持向量机（SVM），也可以用于异常值检测。孤立森林通过随机选择特征并分割数据，从而快速识别出异常值。而 SVM 的 One-Class 模型通过构建一个决策边界，将超出该边界的点识别为异常值。

④ 基于数据分布的检测方法：当假设数据符合某种已知的概率分布时，可以通过与该分布的对比来识别异常值。例如，使用正态性检验（如 Shapiro-Wilk 检验）来判断数据是否符合正态分布，或者通过更复杂的分布拟合方法来检测不符合预期分布的数据点。

⑤ 可视化方法：通过数据可视化技术（如散点图、箱线图、直方图等）直接查看数据的分布情况，能够直观地识别出异常值。例如，使用散点图可以帮助发现那些与其他数据点相距较远的异常值，箱线图则可以揭示出数据中的极端值。

在检测出异常值之后，下一步是决定如何处理这些异常值。处理异常值的方法有多种，具体选择哪种方法取决于异常值对数据分析的影响、数据的特性以及问题的实际需求。以下是几种常见的处理策略。

① 删除异常值：如果异常值是由数据录入错误或数据噪声导致的，最简单的处理方式是直接删除这些异常值。这种方法适用于异常值数量较少，且删除这些点不会对数据的整体分布产生显著影响。例如，在一个小型的销售数据集中，若某个销售记录的金额明显错误（如输入为 10000 元而应为 100 元），则可以删除该记录。

② 替换异常值：当删除异常值可能导致数据丢失过多时，可以考虑用其他数据（如均值、中位数、众数等）来替换异常值。这种方法尤其适用于那些异常值属于噪声而非实际数据分布的一部分。例如，在一个销售数据集中，某个销售额明显偏高且不合常理，可以使用该字段的中位数来替换该异常值，以减小数据集的偏差。

③ 变换数据：在一些情况下，异常值实际上是数据分布的一部分，可能是极端自然变异的结果。此时，采用数据变换（如对数变换、平方根变换等）可以减小异常值对数据的影响，使得数据更加符合模型的假设。例如，收入数据往往具有长尾分布，通过对数变换可以使其更加接近正态分布，减少极端值的影响。

④ 使用鲁棒模型：一些机器学习模型本身对异常值具有鲁棒性，能够有效应对数据中的异常。例如，决策树、随机森林、支持向量机等模型在训练过程中受异常值的影响较小。对于存在异常值的数据集，可以选择使用这些鲁棒性较强的模型，而不是对异常值进行手动处理。

在实际的异常值处理过程中，也存在一些挑战和需要注意的事项。首先，删除异常值可能会导致信息丢失，尤其在异常值本身包含有用的业务信息时，需要谨慎考虑。例如，在金融交易数据中，极端的大额交易可能就是一个重要的反欺诈信号。此时，盲目删除这些异常值可能会影响到模型预测的精准度。其次，异常值的标准往往不统一，可能依赖于问题的具体背景。例如，在某些情况下，可能只有极端的离群点才算异常值，而在其他场景下，较小的波动也可能被视为异常。因此，定义“异常值”是一个相对的过程，需要结合具体业务场景和数据特性来决定。此外，有时候，异常值可能是由数据分布的变化所引起的。例如，市场的突然变化可能导致某些数据点变得与历史数据明显不同，这种情况并不一定意味着数据错误，而是反映了新的趋势或模式。因此，异常值的处理要考虑到数据本身的动态性，避免对数据趋势的误判。

5.5 数据变换

原始数据通常存在各种问题，例如数据分布不均匀、特征之间的尺度差异显著、存在不相关或冗余特征等。这些问题可能导致模型在训练过程中无法有效捕捉数据的规律，从而影响其性能和预测的准确性。为了应对这些挑战，数据变换作为数据预处理中的核心环节，通过一系列数学和统计方法，对原始数据进行系统化处理，使其更符合模型的训练需求和分析目标。

数据变换不仅是对数据格式的简单调整，也是对数据进行深入理解和优化的一种科学实践。这一过程利用数学、统计学以及领域知识，从根本上改变数据的分布形式或特征结构。例如，在数据分布严重偏态的情况下，通过对数变换可以拉直数据分布，使其更接近正态分布，从而满足许多机器学习算法对数据分布的假设。此外，对于特征间尺度差异大的情况，归一化或标准化能够将特征压缩到相同的范围或调整为零均值和单位方差的形式，使得不同特征对模型的影响更加均衡。数据变换不仅能够提升数据质量，还可以提高模型训练效率和预测能力。具体来说，优化后的数据更有利于算法捕捉关键模式，减少模型对噪声或无关信息的敏感性，从而增强模型的泛化能力。例如，在推荐系统中，用户行为数据经过归一化处理后，能够更加突出用户对商品的偏好，从而改善推荐算法的个性化表现。此外，在图像处理任务中，像素值的归一化或标准化可以显著提高深度学习模型的收敛速度和准确性。

以下将具体介绍数据变换的各种方法和手段。

5.5.1 数值缩放

数据在不同特征维度上往往具有显著的尺度差异，例如某些特征的取值可能在数百到数千范围内，而其他特征则可能在 0～1 之间波动。这种尺度不均衡会导致模型在训练过程中对特定特征的依赖性过高或忽视其他重要特征。为了解决这一问题，数值缩放（feature scaling）应运而生。通过将特征值调整到某个特定范围或分布，数值缩放为模型的高效训练和准确预测奠定了坚实基础。本节将详细探讨数值缩放的核心方法：归一化（normalization）和标准化（standardization）。

（1）归一化

归一化是一种线性变换技术，旨在将数据缩放到指定区间（通常为[0,1]）。这一过程通过调整数据的最小值和最大值，使得所有特征的值均处于相同的数值范围内，从而消除特征间的尺度差异。归一化的公式如下：

$$x' = \frac{x - x_{\min}}{x_{\max} - x_{\min}} \tag{5-1}$$

式中，$x_{\max}$ 和 $x_{\min}$ 分别表示特征的最大值和最小值；x' 是归一化后的值。

例如，在分析电子商务平台的用户行为时，用户的支出金额可能从几元到数万元不等。未经归一化的支出数据可能导致高支出用户对模型产生过大影响，而低支出用户的行为则被忽略。通过归一化处理，所有用户的支出数据被压缩到[0, 1]区间，使得不同消费层级的用户在模型训练中能够被公平对待。

在计算机视觉任务中，图像的像素值通常位于[0,255]区间。如果直接将像素值输入模型，可能会导致梯度更新不稳定的问题。通过归一化，将像素值调整到[0,1]范围，能够加速模型收敛，同时提升训练稳定性。

（2）标准化

标准化是一种将数据调整为零均值和单位方差的技术。它适用于对数据分布具有正态分布假设的场景，目标是将特征值调整为符合标准正态分布（均值为 0，标准差为 1）的形式，从而消除特征值之间的量纲影响。其公式为：

$$z = \frac{x - \mu}{\sigma} \tag{5-2}$$

式中，μ 表示数据的均值；σ 表示数据的标准差；z 是标准化后的值。

例如在文本分类任务中，文本通常被表示为高维稀疏向量（如 TF-IDF 值）。这些向量的特征值可能在不同维度上存在显著差异。SVM 模型对特征值范围的变化较为敏感，因此对输入数据进行标准化可以使各维度特征在相似的尺度范围内发挥作用，从而提升模型的分类效果。

在医疗数据中，不同生理指标（如血压、血糖、心率）的取值范围往往截然不同。未经标准化的数据可能导致模型在训练时偏向某些高量级的特征，而忽视低量级的特征。通过标准化，各生理指标被调整到相似的分布范围，能够提高预测模型的准确性和鲁棒性。

5.5.2 数据离散化

在数据预处理中，数据离散化是一种重要的变换技术，用于将连续变量转化为离散类别。数据离散化的核心目标是将连续数值变量划分为若干区间，并用离散的类别标签表示这些区间。

通过离散化处理，数据的复杂性可以大幅降低，同时模型对特定类别信息的捕捉能力得以增强。这种方法尤其适用于需要从连续数据中提取分段信息的场景，例如信用评分系统、市场细分和风险管理等领域。在信用评分系统中，用户的月收入是一个连续变量，将其直接用于模型可能导致学习难度增加且泛化性能较差。通过将月收入划分为“低收入”“中等收入”和“高收入”三类，模型可以更高效地利用类别信息来进行决策和预测。

数据离散化的常用方法有等宽分箱和等频分箱。

（1）等宽分箱

等宽分箱是一种将数据范围按固定宽度划分为若干区间的方法。假设数据范围为$[a,b]$，需要划分为 n 个分箱，则每个分箱的宽度为：

$$宽度=\frac{b-a}{n} \tag{5-3}$$

每个分箱的边界点为：$\left[a,a+宽度\right),\left[a+宽度,a+2宽度\right),\cdots,\left[b-宽度,b\right]$。

以信用评分系统中的用户月收入为例，假设收入范围为 1000～10000 元，划分为三个等宽分箱：

分箱 1:[1000,4000)；

分箱 2:[4000,7000)；

分箱 3:[7000,10000]。

虽然等宽分箱方法简单直观，但当数据分布极不均匀时，可能导致某些分箱包含大量数据点，而另一些分箱则几乎为空。

（2）等频分箱

等频分箱按数据点的分布密度划分，使得每个分箱包含相同数量的数据点。这种方法在处理偏态分布数据时更为有效，因为它能均匀地分配数据点，从而避免某些分箱过于稀疏或过于密集的问题。

假设用户月收入数据为 1500、2000、3000、4500、6000、7000、8500、9500，希望划分为四个等频分箱：

分箱 1:1500,2000（2 个数据点）；

分箱 2:3000,4500（2 个数据点）；

分箱 3:6000,7000（2 个数据点）；

分箱 4:8500,9500（2 个数据点）。

通过等频分箱，每个分箱的样本分布更为均衡，有助于模型捕捉不同区间的特性。

在做数据离散化时，也应当注意离散化的区间划分应与业务逻辑或分析目标一致。例如，在金融分析中，不同收入水平的区间划分应考虑区域经济状况和通货膨胀率等因素。此外，离散化会丢失连续变量的细节信息，因此需要在信息损失和分析效率之间进行平衡。例如，过于粗略的分箱可能导致模型难以捕捉微小变化，而过于细致的分箱可能使模型复杂度增加。

5.5.3　数据降维

在人工智能和数据科学中，随着数据复杂性和规模的迅速增加，高维数据处理面临着越来越多的挑战。高维数据不仅可能导致计算复杂度急剧上升，还会引发“维度灾难”问题，即随着维度的增加，数据在高维空间中呈现出稀疏性，传统的分析方法难以高效地处理和解释数据。数据降维技术作为解决这一问题的关键方法，旨在通过减少特征的数量来简化数据表示，同时尽可能保留原始数据中的关键信息。

（1）主成分分析

主成分分析（principal component analysis，PCA）是数据降维领域最经典且广泛应用的线性方法之一。其核心思想是通过线性变换，将高维数据投影到一组新的正交坐标轴上，这些坐标轴被称为主成分。主成分按数据的方差从大到小排列，每个主成分表示数据变化中最大的独立方向，从而捕捉数据中最显著的信息。通过选取少数几个最重要的主成分，PCA 能够在显著降低维度的同时尽可能保留原始数据的信息。

PCA 的基本步骤如下：

① 去中心化：对数据进行去中心化处理，确保每个特征的均值为零。这是为了使主成分反映数据的变化趋势而非偏移量。

② 计算协方差矩阵：协方差矩阵反映了特征之间的相关性，其大小表示特征间的线性依赖程度。

③ 特征分解：对协方差矩阵进行特征值分解或奇异值分解（SVD），得到特征值和特征向量。特征值的大小表示对应特征向量所解释的方差大小。

④ 选取主成分：按特征值从大到小排序，选择最大的几个特征值对应的特征向量作为主成分，构成新的低维空间。

⑤ 数据投影：将原始数据投影到主成分所定义的低维空间。

PCA 能够有效降维的原因在于数据中的冗余性。高维数据常常包含特征之间的相关性，这意味着许多特征可以用少量信息来解释。PCA 通过主成分的选择，将大部分信息浓缩到少量维度中，从而在降低复杂度的同时保持了数据的主要结构。

例如在图像处理领域，高分辨率的图像数据可能包含成千上万个像素点，使用 PCA 可以将这些高维数据压缩到更低的维度。如在人脸识别任务中，原始图像数据可能具有 10000 个像素（100×100 图像）。使用 PCA 可以将这些像素点映射到一个维度远低于 10000 的空间（如 100 个主成分），保留图像的核心特征，同时大幅降低存储和计算需求。

（2）t 分布随机邻域嵌入

t 分布随机邻域嵌入（t-distributed stochastic neighbor embedding，t-SNE）是一种非线性降维技术，专为高维数据的可视化任务而设计。与 PCA 等线性降维方法不同，t-SNE 通过保留高维数据点之间的局部结构，在低维空间（通常是二维或三维）中展现数据的内在模式。这使得 t-SNE 特别适用于揭示复杂数据的聚类特征和潜在关系。

t-SNE 的基本思想是将高维空间中的数据点关系映射到低维空间，并通过概率分布来衡量点之间的相似性：

① 高维相似性计算：在高维空间中，t-SNE 使用高斯分布计算每对数据点之间的条件概率，以反映它们的相似性。相邻点的概率值较高，远离点的概率值较低。

② 低维相似性计算：在低维空间中，t-SNE 使用 t 分布（具有更长的尾部）计算点之间的相似性，避免了“拥挤效应”，即数据点在低维空间中因密集而失去分辨度。

③ 优化目标：通过最小化高维和低维相似性分布之间的 KL 散度（Kullback-Leibler divergence），t-SNE 逐步调整低维空间中的数据点位置，使其尽可能忠实地保留高维空间的局部结构。

例如在基因组学中，科学家经常需要分析包含数千或数万个基因表达水平的高维数据。通过 t-SNE 降维，可以将这些高维数据投影到二维或三维空间，从而直观地观察样本之间的聚类关系。在计算机视觉任务中，t-SNE 可用于可视化高维图像特征。例如，在一个包含不同类别的图像数据集中，t-SNE 可以将经过特征提取的高维数据投影到二维空间，使得同一类别的图像聚集在一起，不同类别的图像形成明显的分离。这种可视化对于调试和改进图像分类模型尤为有用。

（3）统一流形近似与投影

统一流形近似与投影（uniform manifold approximation and projection，UMAP）是一种强大的非线性降维技术，广泛应用于数据科学和人工智能领域。UMAP 的设计目标是有效地将高维数据映射到低维空间，特别强调保持数据的局部结构，同时兼顾一定的全局结构特性。与 t-SNE 相比，UMAP 的计算效率显著提升，这使得它能够处理更大规模的数据集，为实际应用提供了更多可能性。

UMAP 的理论基础源自流形假设和 Riemannian 几何，其核心思想如下。

① 在高维空间中构建数据点的邻接图，基于流形结构表示局部邻域关系。

② 在低维空间中，通过优化过程最大限度地保留这些邻域关系，从而实现降维。

UMAP 的优势主要体现在以下几个方面：

① 高效的计算能力：UMAP 通过优化算法和近似技术，显著减少了计算时间，尤其在处理百万级数据集时表现出色。

② 参数灵活性：UMAP 提供了丰富的参数（如邻域大小和最小距离），用户可以根据需求调整降维结果，以突出局部聚类或全局分布。

③ 全局与局部的平衡：UMAP 在保留局部结构的同时，较 t-SNE 更注重数据的全局分布，从而使降维结果更加可靠。

在计算机视觉中，UMAP 常用于高维图像特征的降维与可视化。例如，在人脸识别任务中，深度神经网络提取的人脸特征通常是高维的。通过 UMAP，可以将这些特征映射到二维空间，从而直观地展示不同人脸之间的聚类关系。相比传统的线性降维方法，UMAP 更能保留图像特征的非线性结构。

5.5.4　数据分布变换

许多现实世界中的数据集往往呈现出偏态分布。偏态的存在意味着数据在某一方向上聚集较多，导致数据分布不对称。例如，在房地产价格预测中，房价通常呈现右偏分布，即大多数房屋价格较低，但少数房屋价格异常高。这种右偏分布可能会使得传统的回归模型难以准确预测高价格房屋的售价，或导致模型对低价格房屋的预测过于保守。

在机器学习中，数据的分布形态对于模型的性能和预测能力有着深远的影响。尤其是在处理复杂的数据集时，数据分布的偏态可能会导致模型的训练效果不佳，从而影响最终的预测精度。为了提升模型的表现，常用的一个策略是数据分布变换。通过数学方法对数据进行变换，可以将偏态数据转换为更加符合模型假设的形式，例如接近正态分布，从而提升模型的收敛性和学习能力。

以下是常见的一些数据分布变换的方法。

（1）对数变换

对数变换是最常用的偏态数据分布变换方法之一。对于右偏分布的数据，取对数可以有效地降低偏态，将其转化为更加对称的分布。对数变换特别适用于数据值跨度较大的场景，例如金融数据、房地产价格、收入等。在这些数据中，大部分数据点可能集中在较低的数值范围，而少数极端值可能会影响模型的训练。

以房地产价格为例，假设房价呈右偏分布，其中多数房价较低，极少数房价极高。通过对房价数据进行对数变换，能够将高价格的影响压缩，从而使得模型对所有数据点的学习更加平衡。

对数变换的数学表达为：

$$y' = \log y \tag{5-4}$$

式中，y 为原始数据；y'为变换后的数据。

(2) 平方根变换

平方根变换是另一种常见的数据分布变换方法，尤其适用于数据的值域不是非常广泛但仍然存在一定偏态的情况。与对数变换相比，平方根变换的影响较小，适用于数据中存在一定的偏斜，但极端值不如对数变换中的极端数据那样显著的情况。平方根变换通常用于数据集中的计数数据或频率数据，如用户点击量、交易次数等。

平方根变换的数学表达为：

$$y' = \sqrt{y} \tag{5-5}$$

(3) Box-Cox 变换

Box-Cox 变换是一种灵活的参数化变换方法，旨在将数据转换为接近正态分布的形态。与对数和平方根变换相比，Box-Cox 变换引入了一个可调参数 λ，该参数控制着变换的方式。当 $\lambda = 0$ 时，Box-Cox 变换退化为对数变换；当 $\lambda = 0.5$ 时，变换为平方根变换。因此，Box-Cox 变换提供了一种更加灵活的方式，适用于具有不同分布特点的数据。

Box-Cox 变换的数学公式为：

$$y' = \frac{y^{\lambda} - 1}{\lambda}, \lambda \neq 0 \tag{5-6}$$

如果 $\lambda=0$，则变为式（5-4）。

(4) Yeo-Johnson 变换

Yeo-Johnson 变换是 Box-Cox 变换的扩展，能够处理包括负数和零在内的任何数据。它不仅适用于正值数据，还能对包含负值的数据进行有效的分布变换，具有更广泛的适用性。与 Box-Cox 变换类似，Yeo-Johnson 变换也引入了参数 λ，并通过调整该参数来优化数据的正态性。

Yeo-Johnson 变换的数学公式为：

$$y' = \begin{cases} \dfrac{(y+1)^{\lambda} - 1}{\lambda}, y \geqslant 0 \\ -\dfrac{(-y+1)^{2-\lambda} - 1}{2-\lambda}, \quad y < 0 \end{cases} \tag{5-7}$$

与 Box-Cox 变换类似，Yeo-Johnson 变换能够灵活适应不同的数据分布，并且在面对包含负值的数据时表现尤为优秀。

5.5.5 特征构造与交互项生成

在机器学习任务中，特征的质量直接决定了模型的性能。特征构造和交互项生成是数据预处理阶段的重要步骤，它们不仅能够提升数据的表达能力，还能帮助模型更好地捕捉数据中的复杂模式和潜在关系。特征构造旨在从现有的原始特征中创造出新的、更具判别力的特征，而交互项生成则通过组合多个特征，捕获特征之间的相互影响和非线性关系。

通过这两种方法，能够有效地增强模型的预测能力和泛化性能。

(1) 特征构造

特征构造（feature engineering）是指通过对原始特征的变换、组合或衍生，创造出新的特征。构造的特征往往能够揭示数据中更深层次的规律，帮助模型做出更加准确的预测。特征构造的核心目标是利用领域知识和经验，提取出能够提高模型判别能力的信息。

以电子商务推荐系统为例，用户与商品的交互数据（如用户的点击次数、浏览时长、购买记录等）是推荐系统中常见的特征。然而，这些特征本身可能无法充分反映用户的真实需求和偏好。通过构造新的特征，可以更好地刻画用户与商品之间的关系。一个常见的特征构造方法是计算“用户点击次数与商品价格的比值”，这个特征能够反映出用户对价格的敏感度。如果一个用户点击价格较低的商品次数较多，这表明该用户可能对价格更加敏感。因此，通过构造这个比值特征，商家能够更准确地捕捉用户的消费偏好，提升推荐系统的精度。

(2) 交互项生成

交互项生成是指通过将多个特征组合，构建新特征，从而捕捉特征之间的非线性关系。单独的特征可能无法准确表达数据中各个变量之间的复杂交互作用，而通过交互项的生成，我们能够揭示不同特征之间的相互影响。

以房价预测为例，影响房价的因素通常包括房屋面积、地段、房龄等多个特征。如果仅仅将这些特征单独输入到模型中，可能无法充分挖掘它们之间的关系。然而，房屋的实际价值不仅与面积和地段评分分别相关，还可能受到这两个特征交互作用的影响。例如，在房屋面积较大的情况下，地段评分对房价的影响可能更为显著；而面积较小的房屋，地段评分可能对价格的影响相对较弱。通过构造“房屋面积与地段评分的乘积”这一交互项特征，我们能够捕捉到房屋面积和地段评分之间的复杂关系。该交互项反映了地段评分在不同面积下对房价的影响，能够更好地帮助模型理解各个特征之间的协同效应，从而提高预测的准确性。

以下是一些特征构造与交互项生成的技巧。

① 领域知识的应用。特征构造和交互项生成的关键是结合领域知识。根据问题的背景和特征的意义，设计出能够捕捉问题本质的特征。例如，在医学诊断任务中，可能通过构造病人的年龄与某些健康指标的交互项，来更好地预测疾病的风险。

② 多项式特征与高阶交互项。在某些情况下，线性模型可能不足以捕捉数据中的复杂关系。通过构造多项式特征或高阶交互项（例如，特征的平方、立方等），我们能够为模型提供更多的信息，帮助其更好地适应复杂的非线性关系。

③ 类别特征的交互。对于类别特征，交互项生成同样非常重要。例如，在用户行为分析中，用户的性别和所在地区的交互项可能会揭示出用户在不同地区和性别条件下的购买行为差异。这类交互项能够更好地捕捉类别特征之间的非线性关系，改善模型的预测能力。

④ 避免过度拟合。虽然交互项生成能够提高模型的表达能力，但生成过多的交互项也可能导致模型的复杂度增加，从而引发过度拟合。在实际操作中，我们需要通过交叉验证等方法来选择合适的交互项，并通过正则化手段来控制模型的复杂度。

特征构造和交互项生成是提升机器学习模型性能的重要手段。通过从原始特征中提取出新的、更具判别力的特征，或者通过构建特征间的交互项，我们能够帮助模型捕捉到更复杂的模式和关系，进而提高模型的预测准确性。在实践中，我们需要结合具体任务的特点，灵活应用特征构造与交互项生成技巧，从而为模型提供更多的有效信息，提升其泛化能力。

5.6 数据集成

近几十年来，科学技术的迅猛发展和信息化的推进，使得人类社会所积累的数据量已经超过了过去5000年的总和，数据的采集、存储、处理和传播的数量也与日俱增。企业的数据共享，可以使更多的人充分地使用已有数据资源，减少资料收集、数据采集等重复劳动和相应费用。但是，在实施数据共享的过程当中，由于不同用户提供的数据可能来自不同的途径，其数据内容、数据格式和数据质量千差万别，有时甚至会遇到数据格式不能转换或数据转换格式后丢失信息等棘手问题，严重阻碍了数据在各部门和各软件系统中的流动与共享。因此，对数据进行有效的集成管理已成为增强企业商业竞争力的必然选择。

因此，数据集成（data integration）的核心任务便是将多个来源的数据整合为一个一致的数据视图。这些数据来源可能包括关系型数据库、数据仓库、实时流数据，甚至是分布式数据存储系统。数据集成的目标是消除冗余、矛盾和噪声，使得整合后的数据更适合用于后续分析和建模。

5.6.1 数据集成的核心概念

数据集成的目标是将多个异构的数据源整合为一致、统一的视图，以支持高效地分析和建模。由于数据源在结构、语义和质量等方面的差异性，数据集成过程需要综合应用多种技术和方法，以消除冗余、化解冲突，并实现数据的标准化和一致性。在这一过程中，有四个核心问题需要重点解决：模式集成、数据冲突消解、冗余消除和数据时间对齐。

（1）模式集成

不同系统可能对同一信息采用了不同的字段名称、数据类型或数据结构。例如，一个系统可能使用字段名“客户名”存储用户信息，而另一个系统则使用“用户名”。此外，一些系统可能使用扁平结构存储数据，而另一些系统则采用嵌套或分层结构。这种不一致性会导致数据难以整合和分析。模式集成的核心任务是通过语义映射和数据类型对齐将这些异构模式统一为全局模式。例如，可以通过人工规则或自动化工具识别字段间的语义关系，并将所有日期字段统一为ISO 8601格式（YYYY-MM-DD），从而确保数据的一致性。这样的整合为复杂系统的数据融合和分析奠定了基础。

（2）数据冲突消解

由于数据源的来源和更新机制不同，同一对象可能在多个数据源中存在冲突。例如，一个数据源记录用户年龄为“30”，而另一个数据源记录为“29”；或者一个系统记录价格为“$ 100.00”，而另一个记录为“100 USD”。为了确保数据的准确性，需要采用多种方法解决这些冲突。对于值冲突，可以通过设定优先级规则选择权威性更高的数据源，也可以采用统计方法，如计算冲突值的平均数或加权平均值。此外，对于关键性数据冲突，还可以引入人工校验来确保重要数据的可靠性。在金融行业整合多个机构的数据时，优先选择权威机构的数据是一种典型的实践。

（3）冗余消除

在数据集成过程中，多个数据源可能包含重复记录，这些冗余数据不仅会增加存储负担，还可能导致分析偏差。例如，多个数据库中可能重复记录同一客户的信息，但由于记录格式或拼写的差异，这些冗余记录可能不易被直接识别。通过去重算法或模糊匹配方法，可以有效检测和消除这些冗余。例如，利用字符串相似度算法（如 Levenshtein 距离）或基于机器学习的匹配模型，可以识别并合并相似记录。在医疗数据整合中，合并患者的多条电子健康记录以形成完整的病历就是冗余消除的一个重要应用。

（4）数据时间对齐

不同系统可能记录不同格式、精度或时区的时间戳。例如，一个系统使用“YYYY-MM-DD”，另一个系统使用“MM/DD/YYYY”；或者一个系统记录时间到秒级，另一个记录时间到分钟级。这种时间差异会对时间相关的分析（如趋势预测或时序建模）造成干扰。为解决这一问题，可以通过时间标准化将时间戳统一为国际标准格式（如 UTC），并利用插值方法对不同精度的数据进行对齐。例如，在物流系统中，将来自不同仓库的发货时间和到货时间统一到同一时区，可以更准确地计算运输时长并优化配送路径。

综上所述，数据集成的核心概念围绕解决模式、冲突、冗余和时间差异展开。通过系统化地解决这些问题，数据集成可以提升数据的一致性、完整性和可用性，为后续的人工智能建模和决策分析提供高质量的基础数据支持。在实际应用中，数据集成的成功往往依赖于先进的算法工具、严谨的规则设计以及对业务需求的深刻理解，从而确保集成过程既满足技术目标，又符合业务逻辑。

5.6.2　常用的数据集成方法

不同的数据集成方法适用于不同的应用场景，涵盖从基础的数据清洗到高级的分布式集成技术。这一节将详细探讨五种常用的数据集成方法，并分析其原理、实现方式及典型应用场景。

（1）数据清洗和匹配

数据清洗是数据集成过程的基础步骤，其目标是确保数据的质量和一致性。这一过程通常包括处理缺失值、修正格式错误、统一单位和消除冗余值等。例如，不同数据源可能对“订单时间”字段采用不同的时间格式，一个可能为“MM/DD/YYYY”，另一个为“YYYY-MM-DD HH:MM:SS”。为了使这些数据能够被统一处理，必须将时间格式标准化为 UTC 或其他统一标准。此外，货币单位的统一也是常见任务，例如将“USD”和“$”统一为标准化的美元符号。

数据匹配的目标是将来自不同数据源的相关记录正确关联。对于结构化数据，通常通过主键匹配实现，例如利用“用户 ID”将用户表与订单表关联。然而，在缺乏明确主键的情况下，需要借助属性匹配或多字段匹配。例如，在跨平台广告投放的分析中，可以通过匹配用户的姓名、电子邮件和电话号码来关联用户行为数据。

在实际应用中，数据清洗和匹配通常需要结合规则驱动的方法和自动化工具。例如，利用正则表达式识别格式错误，或者通过机器学习模型预测缺失值。这一过程不仅提升了数据的可用性，也为后续的匹配和集成提供了良好的基础。

（2）基于键的融合

基于键的融合是一种核心且高效的数据集成技术，通过唯一标识符（如主键或外键）将来自不同数据源的相关记录进行关联，形成完整的数据视图。这种方法不仅操作直观，而且能够在结构化数据源中高效实现，广泛应用于商业、金融、医疗等多个领域。

基于键的融合依赖于主键和外键的逻辑关联性。

主键：数据表中唯一标识一条记录的字段。例如，在用户信息表中，“用户 ID”可以作为主键。

外键：用来引用另一个表的主键。例如，在购买记录表中，“用户 ID”字段可以作为外键，关联用户信息表中的主键“用户 ID”。

这种逻辑关系使得不同数据表能够通过键值进行连接，生成更丰富、更有用的集成数据。

基于键的融合在技术上通常分为以下几个步骤。

① 键值一致性检查。

确保不同数据源之间的主键或外键的键值一致性。例如，对于用户 ID，如果一个系统中使用字符串类型，而另一个系统使用整数类型，则需要统一格式以避免关联失败。这一步通常通过数据清洗或格式转换实现。

② 表连接（join）。

表连接是实现基于键的融合的核心操作，主要包括以下几种形式。

- 内连接（inner join）：仅保留两个表中键值匹配的记录。
- 左连接（left join）：保留左表中的所有记录，并填补右表中无匹配键值的部分为空值。
- 右连接（right join）：保留右表中的所有记录，类似于左连接。
- 全连接（full outer join）：保留两表中的所有记录，填补缺失部分为空值。

而对于大规模数据源，直接使用简单的表连接可能导致计算成本过高，这主要体现在两个方面：一是键值匹配过程中可能需要进行大量的全表扫描；二是存储和计算资源消耗可能迅速攀升，特别是在处理涉及数十亿条记录的数据时。这种情况下，传统的连接操作不仅运行缓慢，还可能对系统的稳定性和资源管理造成巨大压力。因此，为了应对这些挑战，需要采取一系列优化策略，确保数据集成过程的高效性和可扩展性。

首先，索引优化是提升表连接性能的基础技术。通过为键值字段创建索引，可以大幅减少查找所需的时间复杂度。例如，在关系型数据库中，B+树索引或哈希索引常用于加速主键和外键的匹配操作。当查询条件中的键值字段被索引覆盖时，系统可以直接通过索引定位相关记录，而无需进行全表扫描。这种方法尤其适用于高频查询场景，但需要注意的是，索引的创建和维护也会消耗一定的存储空间和计算资源，因此需要在性能提升和资源消耗之间找到平衡。

其次，分布式计算是处理超大规模数据集成的关键手段。分布式计算框架（如 Apache Spark 和 Hadoop）通过将计算任务分解为多个子任务，并分布到不同的节点上并行执行，实现了计算资源的充分利用。在 Spark 中，数据被划分为多个分区，并通过 RDD 或 DataFrame 的操作进行高效处理。例如，当进行基于键的表连接时，Spark 会自动根据键值对数据进行分片分布，并在各个分区内执行连接操作，从而显著提升处理效率。此外，分布式计算框架通常具备容错机制和弹性扩展能力，能够应对海量数据的动态负载和节点故障。

最后，分区策略在优化表连接时也起到重要作用。分区策略的核心思想是将数据按键值范围或哈希值进行分组，从而在逻辑上减少单机的计算压力。例如，在处理用户行为日志时，可以将数据按用户 ID 进行哈希分区，每个分区只需处理特定用户的行为记录。当执行连接操作时，系统只需对对应分区进行匹配，大幅减小了计算规模。此外，分区策略还可以结合索引优化和分布式计算框架进一步提升性能，例如在 Spark 中可以使用 PartitionBy 操作为键值字段定义分区规则，从而减少跨节点的数据传输。

（3）实体解析

实体解析（entity resolution，ER）是数据集成中的一个高级步骤，旨在识别和合并属于同一实体的不同记录。由于数据源的多样性和不一致性，相同的实体可能以不同的形式出现。例如，在客户数据中，“John Smith”和“J. Smith”可能代表同一人，但其拼写差异或字段信息的缺失会导致传统方法无法准确匹配。

现代实体解析技术通常结合自然语言处理和机器学习方法。例如，可以利用字符串相似性度量（如 Levenshtein 距离）识别拼写近似的记录，或采用基于嵌入的深度学习模型来分析上下文信息，判定记录是否属于同一实体。此外，实体解析技术还支持模糊匹配规则，例如通过匹配电话号码或电子邮件地址进一步确认实体身份。这一技术广泛应用于客户关系管理（CRM）、反欺诈检测和供应链优化等领域。

（4）数据仓库技术

数据仓库是数据集成的重要实现方式，通过统一的数据存储和管理架构，实现多源数据的集成和查询。数据仓库技术通常采用“提取、转换、加载”（extract-transform-load，ETL）流程：从多个数据源中提取数据，将数据转换为一致的格式，并加载到数据仓库中。

例如，一个零售企业可以通过 ETL 流程整合销售系统、财务系统和物流系统的数据，将其存储在数据仓库中。整合后的数据可以支持全面的业务分析，如销售趋势预测、库存管理优化等。

现代数据仓库技术还支持实时处理和大规模分布式计算，例如 Amazon Redshift、Google BigQuery 和 Snowflake。这些云数据仓库提供高扩展性和低延迟的查询能力，适合处理动态变化的大规模数据集。

（5）联邦学习和分布式集成

在分布式数据源和隐私敏感场景中，传统的数据集成方法面临诸多挑战，例如数据传输限制、隐私保护要求以及法律法规（如 GDPR）的约束。这些因素使得直接汇总分布在多个节点上的数据变得困难甚至不可行。为应对这些问题，联邦学习和分布式集成技术应运而生，提供了一种在不直接共享原始数据的情况下实现协同计算和集成分析的创新方法。

联邦学习（federated learning，FL）是一种分布式机器学习框架，其核心思想是将模型训练过程分散到各个数据源所在的本地节点上。每个节点使用本地数据进行模型更新，而中央服务器仅负责收集和聚合这些更新后的模型参数。通过这种方式，联邦学习实现了隐私保护、高效协作和资源节约的目标。

例如，在医疗领域，不同医院拥有各自的患者电子病历（EHR）数据，但受限于隐私法规（如 HIPAA 和 GDPR），无法直接共享数据。联邦学习允许每家医院在本地利用患者数据训练模型，并将更新的模型参数上传到中央服务器进行聚合。最终，全局模型能够有效预测疾病风险或优化诊疗方案，同时确保患者隐私不受侵害。

除了联邦学习，分布式集成还需要借助一系列技术工具和框架，以确保高效和安全的计算过程。

① 安全多方计算（secure multi-party computation，SMPC）：在分布式环境下，允许多个参与方在不暴露各自输入数据的情况下，共同计算某个函数的结果。例如，在多个企业合作的情境下，可以使用 SMPC 技术计算市场份额或联合分析用户行为，而无需共享各自的原始数据。

② 同态加密：允许直接对加密数据进行运算，使得即使在不解密数据的情况下，也能完成复杂的分析任务。例如，银行在加密交易数据上执行反洗钱检测。

③ 差分隐私：通过对传输的数据添加噪声，确保单个记录的信息难以被推测，从而增强隐私保护。例如，在联邦学习中，可以使用差分隐私技术对模型参数更新进行保护，防止恶意节点通过参数反推原始数据。

总之，联邦学习和分布式集成为隐私敏感和分布式场景下的数据集成提供了创新的解决方案。这些方法不仅满足了隐私保护的要求，也为大规模数据共享与协同计算开辟了新的路径。随着技术的不断进步，它们将在更多领域展现其价值，为人工智能应用带来更大的突破。

第 6 章

数据统计

数据统计是从数据中提取信息并进行分析的重要过程，它不仅为算法模型的构建和优化提供了理论支持，还为结果的解释和性能评估奠定了基础。通过数据统计，研究者能够从复杂的原始数据中识别模式、提取特征并揭示隐藏的关系。在人工智能领域，数据统计方法被广泛应用于探索性数据分析、特征工程、假设检验和模型验证等环节。本章将系统介绍概率分布和参数估计。

6.1 概率分布

概率分布是描述随机变量可能取值及其相应概率的重要工具，其核心在于通过数学模型刻画随机性和不确定性，这种能力使得概率分布成为人工智能和机器学习领域的基础性概念。在人工智能系统中，概率分布被广泛用于建模不确定性、支持统计推断与决策分析、生成模拟数据以及模型评估与优化。

6.1.1 离散型分布

（1）二项分布

二项分布（binomial distribution）是描述一组独立重复试验中成功次数的概率分布。它是离散型概率分布的一种，适用于只有两种可能结果的试验（成功或失败）。这些试验被称为伯努利试验。

若随机变量 X 表示 n 次独立重复试验中成功的次数，且每次试验成功的概率为 p，则 X 服从参数为 n 和 p 的二项分布，记为：

$$X \sim \text{Bin}(n, p) \tag{6-1}$$

其概率质量函数（PMF）为

$$P(X = k) = \binom{n}{k} p^k (1-p)^{n-k}, k = 0,1,\cdots,n \tag{6-2}$$

式中，$\binom{n}{k}=\frac{n!}{k!(n-k)!}$表示组合数，代表从 n 次试验中选取 k 次成功的方式数；p 是单次试验成功的概率；$1-p$ 是单次试验失败的概率。

二项分布的期望为

$$\mu=E[X]=np \tag{6-3}$$

方差为：

$$\sigma^2=\mathrm{Var}(X)=np(1-p) \tag{6-4}$$

当 $n\to\infty$ 且 p 固定时，二项分布趋近于正态分布：

$$X\sim N[np,np(1-p)] \tag{6-5}$$

当 $n\to\infty$ 且 $p\to 0$ 同时 $np\to\lambda$ 时，二项分布趋近于泊松分布。

二项分布在统计学和人工智能领域具有广泛的应用，特别是在分类问题、实验设计和概率推断中。在分类问题中，二项分布被用于在朴素贝叶斯分类器中建模二元特征（如事件的成功与失败），通过计算条件概率完成分类任务。在实验设计和 A/B 测试中，二项分布帮助分析两个版本之间的成功率差异，通过假设检验判断其显著性，从而支持决策优化。例如，在网站设计测试中，通过对点击率的成功与失败次数建模，评估版本优劣。在概率推断中，二项分布为参数估计和假设检验提供理论支持，例如通过样本成功次数估计成功概率，或通过检验实际数据与预期成功概率的偏差，判断假设是否成立。此外，二项分布还广泛应用于风险管理、金融分析和机器学习等领域，帮助进行失败风险分析和优化决策。总之，二项分布为多个领域提供了理论依据，促进了各种任务的有效执行。

（2）泊松分布

泊松分布（Poisson distribution）是描述在一定时间或空间范围内某一事件发生次数的概率分布。它适用于稀有事件或稀疏事件的建模，尤其是在这些事件在一定区间内独立发生且发生频率固定的情况下。泊松分布通常用于描述一些随机的、独立的事件发生的频次，如电话呼叫的到达次数、交通事故的发生次数、网站的访问次数等。

如果一个事件在单位时间或单位空间内发生的平均次数为 λ（称为事件的平均发生率或期望值），并且这些事件是独立的，那么在该时间或空间区间内发生 k 次事件的概率可以用泊松分布来表示。泊松分布的概率质量函数（PMF）为：

$$P(X=k)=\frac{\lambda^k \mathrm{e}^{-\lambda}}{k!},k=0,1,2,\cdots,n \tag{6-6}$$

式中，$P(X=k)$是在单位时间或空间内恰好发生 k 次事件的概率；λ 是单位时间或空间内事件的平均发生率；k 是事件发生的次数（k 为非负整数）；e 是自然对数的底数，约等于 2.718。

泊松分布的期望和方差都等于 λ，即

$$E[X]=\lambda \tag{6-7}$$

$$\mathrm{Var}(X)=\lambda \tag{6-8}$$

泊松分布可以看作是二项分布的极限情况。当事件发生的次数趋于无穷大，同时单个

事件发生的概率趋于零时，二项分布会收敛到泊松分布。这一性质使得泊松分布可以用于描述大规模系统中的稀有事件。此外，泊松分布具有无记忆性（memoryless property），即给定某一时间段内没有发生事件的条件下，未来事件发生的概率分布与过去事件的发生无关。

6.1.2 连续型分布

（1）正态分布

正态分布（normal distribution），也称为高斯分布，是重要且常见的概率分布之一。它广泛应用于自然科学、社会科学、工程学、金融学等领域，尤其是在数据分析、统计推断、机器学习等方面。正态分布的特征是对称的钟形曲线，呈现“平均值”附近数据集中，远离均值的数据变得稀少，如图 6-1 所示。

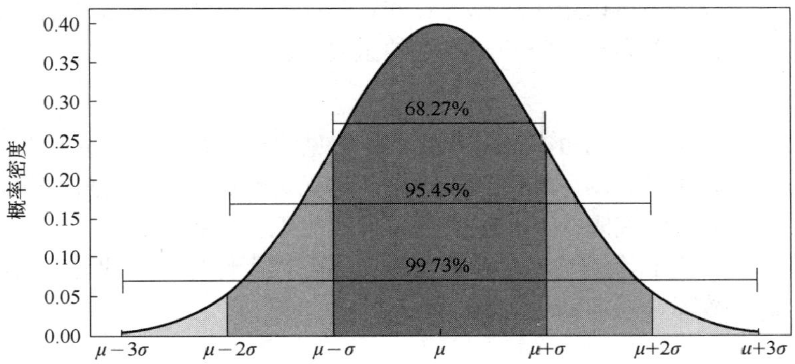

图 6-1　正态分布

正态分布的概率密度函数（PDF）由两个参数决定：均值（μ）和标准差（σ）。概率密度函数的公式如下：

$$f\left(x|\mu,\sigma^2\right)=\frac{1}{\sigma\sqrt{2\pi}}\mathrm{e}^{-\frac{(x-\mu)^2}{2\sigma^2}} \tag{6-9}$$

式中，x 是随机变量；μ 是正态分布的均值，表示分布的中心位置；σ 是标准差，衡量数据的离散程度，标准差越大，曲线越宽；e 是自然对数的底数，约等于 2.718；π 是圆周率，约等于 3.14159。

正态分布具有对称性，是关于均值对称的，即均值左侧和右侧的概率密度相等，意味着 50%的数据分布在均值左侧，50%的数据分布在均值右侧。

正态分布的均值 μ 代表分布的中心位置。标准差 σ 则表示数据在均值附近的分布宽度。标准差越大，数据越分散，曲线越平缓；标准差越小，数据越集中，曲线越陡峭。对于正态分布的数据，大约有 68%的数据位于均值的 1 个标准差范围内（$\mu-\sigma$ 到 $\mu+\sigma$）。约 95%的数据位于均值的 2 个标准差范围内（$\mu-2\sigma$ 到 $\mu+2\sigma$）。约 99.7%的数据位于均值的 3 个标准差范围内（$\mu-3\sigma$ 到 $\mu+3\sigma$）。

当正态分布的均值为 0，标准差为 1 时，我们称其为标准正态分布。标准正态分布的概率密度函数简化为：

$$f(z)=\frac{1}{\sqrt{2\pi}}\mathrm{e}^{-\frac{z^2}{2}} \tag{6-10}$$

式中，z 是标准化后的随机变量（即标准正态分布下的随机变量）。在标准正态分布下，随机变量的期望值为 0，标准差为 1。标准正态分布在统计学和机器学习中常用于对其他正态分布进行标准化转换。

正态分布在多个领域中具有广泛的应用，特别是在人工智能、统计学、工程学和自然科学等方面。在机器学习领域，正态分布的应用尤为重要。例如，高斯朴素贝叶斯分类器假设每个特征在各个类别下都服从正态分布，并通过计算后验概率来进行分类；在线性回归模型中，假设误差项遵循正态分布，这使得我们能够利用最大似然估计或贝叶斯推断来优化模型；高斯混合模型（GMM）常用于聚类分析，假设数据是由多个正态分布组成，并通过 EM 算法估计每个正态分布的参数；此外，在训练深度神经网络时，权重初始化通常假设为正态分布，以避免梯度消失或爆炸问题。在统计推断中，正态分布也是许多方法的基础，尤其是在假设检验（如 t 检验）中，它帮助我们检验样本数据是否符合某一特定分布；此外，正态分布还可以用于计算参数的置信区间，从而评估参数估计的准确性。这些应用充分展示了正态分布在分析和建模中的重要性。

（2）指数分布

指数分布（exponential distribution）是一种常见的连续概率分布，通常用于描述时间间隔或等待时间等问题，如图 6-2 所示。它是一种无记忆分布，这意味着事件发生的概率仅取决于过去发生的时间间隔，而与过去的事件历史无关。指数分布常用于排队理论、可靠性分析、事件到达模型等领域，尤其是在描述“随机事件”之间的时间间隔时，例如电话呼叫到达、机器故障、顾客到达等。

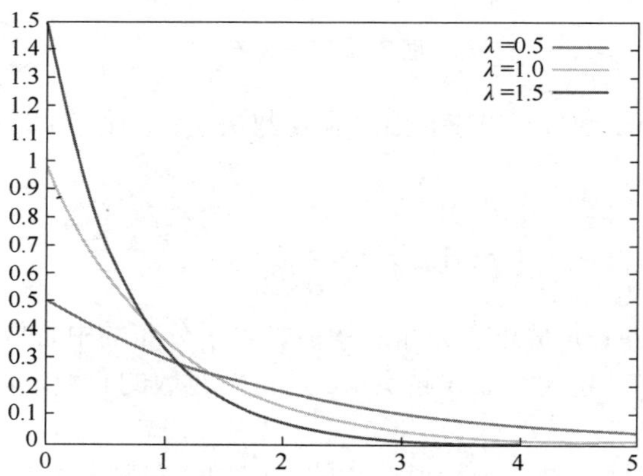

图 6-2　指数分布

指数分布的概率密度函数（PDF）由一个参数 λ（称为速率参数）定义，它决定了事件发生的平均速率。概率密度函数的公式如下：

$$f(X|\lambda)=\lambda \mathrm{e}^{-\lambda X}\ (X \geqslant 0) \tag{6-11}$$

式中，X 表示随机变量，通常是时间间隔或等待时间；λ 是速率参数，表示单位时间内发生事件的平均次数（即事件的发生速率），如果 λ 较大，事件发生得较快，反之则较慢；e 为自然对数的底数，约等于 2.718。需要注意的是，指数分布的定义域为 $X \geqslant 0$，意味着事件的发生时间不能为负值。

指数分布最重要的性质之一是无记忆性，即已发生的时间间隔不影响未来事件发生的概率。这意味着，如果某个事件已经发生了一段时间，那么接下来发生该事件的时间分布仍然和最初的分布一样。

形式化地，若随机变量 X 服从指数分布，那么对于任何 $s,t \geqslant 0$：

$$P(X > s + t | X > s) = P(X > t) \tag{6-12}$$

换句话说，已过的时间 s 不会影响剩余时间的分布。

指数分布的期望值（均值）和方差分别为：

$$E[X] = \frac{1}{\lambda} \tag{6-13}$$

$$\text{Var}(X) = \frac{1}{\lambda^2} \tag{6-14}$$

指数分布的图形为右偏分布，峰值出现在 X=0，并随着 X 的增加而迅速下降。随着 λ 的增大，分布的峰值位置向左移动，意味着事件发生的时间间隔更短。

（3）均匀分布

均匀分布（uniform distribution）是一种非常简单且重要的概率分布，它的特点是所有可能的取值在给定的区间内等概率发生，如图 6-3 所示。换句话说，均匀分布描述的是一个“完全公平”的情况，每个值都有相同的概率被选中。

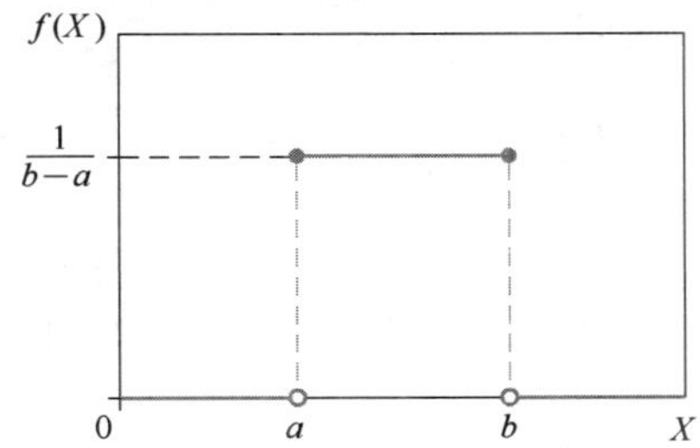

图 6-3　均匀分布

在连续均匀分布中，随机变量 X 的可能取值来自一个连续区间$[a,b]$，且在该区间内每个值被选中的概率是相等的。连续均匀分布的概率密度函数（PDF）为：

$$f(X|a,b) = \frac{1}{b-a} \tag{6-15}$$

式中，a 和 b 分别为区间的下界和上界，$b-a$ 表示该区间的长度。值得注意的是，概率密度函数 $f(X)$在区间$[a,b]$内是常数，这意味着在该区间内每个值的出现概率都是相等的。

对于连续均匀分布 $U(a,b)$，期望值 $E[X]$可以通过计算其均值得到：

$$E[X] = \frac{a+b}{2} \tag{6-16}$$

这表示均匀分布的期望值恰好位于区间的中点。

方差 $\text{Var}[X]$ 为：

$$\text{Var}[X] = \frac{(b-a)^2}{12} \tag{6-17}$$

方差衡量了数据分布的离散程度，对于均匀分布来说，方差与区间的长度 $b-a$ 的平方成正比。

均匀分布是一种非常基础且广泛应用的概率分布，适用于表示在一定区间内每个值发生的概率都相等的情况，在随机数生成、模拟、抽样、博弈论、图形学等领域都有广泛的应用，是理解更复杂概率分布和随机过程的基础。

（4）t 分布

t 分布（student's t-distribution）用于研究样本量较小或总体标准差未知情况下的样本均

值的统计推断问题。t 分布是一种对正态分布的扩展，其形状类似于标准正态分布，但尾部更厚，分布受样本量（即自由度）的影响。随着样本量的增加，t 分布逐渐向正态分布靠近。

如果随机变量 $X_1, X_2, \cdots, X_n$ 来自一个总体均值为 μ 的正态分布，且样本标准差 s 用于估计总体标准差，那么 t 分布定义为：

$$t = \frac{\bar{X} - \mu}{\frac{s}{\sqrt{n}}} \tag{6-18}$$

式中，$\bar{X}$ 为样本均值；μ 为总体均值；s 为样本标准差；n 为样本量。

t 分布的自由度为 $n-1$，自由度决定了 t 分布的具体形状。

t 分布具有以下显著性质：它是一种关于零对称的分布，形状类似于正态分布，但尾部更厚，表明极端值出现的概率更高，这种厚尾特性在样本量较小时尤为显著。t 分布的具体形状由自由度决定，自由度越小，尾部越厚，分布越偏离正态分布；随着自由度的增加，t 分布逐渐向标准正态分布 $N(0,1)$收敛；当自由度趋于无穷大时，t 分布与正态分布完全重合。

这些性质使得 t 分布在样本量较小或总体标准差未知的情况下，成为估计样本均值及其不确定性的重要工具，为统计推断提供了灵活性和可靠性。

6.2 参数估计

参数估计是统计学和机器学习中的重要课题，其核心目标是利用样本数据推断总体分布的未知参数。这一过程是数据建模和分析的基础，对于模型构建、预测优化以及科学决策具有重要意义。参数估计不仅帮助我们揭示数据背后的统计规律，还为机器学习算法的理论发展提供了坚实支撑。在统计推断中，参数估计被用于推测总体分布的关键特征，如均值、方差或分布的形状参数等。

根据估计方式的不同，参数估计可以分为两种主要类型：一是点估计，它通过一个具体数值对总体参数进行直接估计，简洁而直观，但无法量化估计的不确定性；二是区间估计，它通过给出一个置信区间，表明参数的可能范围，从而刻画估计的精确程度和置信水平。这两种方法相辅相成，共同为数据分析提供了系统化的工具和理论基础，使我们能够更全面地理解数据特性，为复杂模型的设计和优化提供可靠依据。

6.2.1 点估计

点估计是统计学中参数估计的重要方法，其目标是通过样本数据为总体分布的未知参数提供一个具体的数值估计。点估计的核心思想是利用样本数据构建一个统计量（estimator），通过这一统计量来推测总体参数（parameter）的真实值。作为一种直接且高效的方法，点估计在统计推断和机器学习中得到了广泛应用。

点估计的本质是找到一个函数 $\hat{\theta} = g\left(X_1, X_2, \cdots, X_n\right)$，通过样本数据 $X_1, X_2, \cdots, X_n$ 推测

总体参数θ。其中，$\hat{\theta}$是估计量，是一个随机变量，依赖于样本数据。θ为总体参数，是我们希望估计的未知值。

一个优秀的点估计量应具备以下性质。

(1) 无偏性 (unbiasedness)

估计量的期望值等于真实参数值，即$E\left[\hat{\theta}\right]=0$。无偏性确保了估计量在长期平均上不会系统性地偏离真实参数，是衡量估计量准确性的重要指标。例如，样本均值是总体均值的无偏估计量，因为其期望值等于总体均值。

(2) 一致性 (consistency)

当样本量趋于无穷大时，估计量收敛于真实参数值。换句话说，随着样本量的增加，估计量的精确度也会提高。一致性是统计学中一个重要的渐近性质，在大样本条件下，它确保估计结果逐渐逼近总体特性。

(3) 有效性 (efficiency)

在所有无偏估计量中，估计量具有最小的方差，即它是最精确的无偏估计量。有效性通常以克拉美-罗下界（Cramér-Rao lower bound）来衡量，满足这一下界的估计量被认为是有效的。有效性的重要性在于它能最大限度地利用样本信息，从而提高估计的可靠性。

(4) 充分性 (sufficiency)

充分性要求估计量能够完整地反映样本数据中关于总体参数的所有信息。一个充分统计量是指在给定该统计量的条件下，样本数据对参数的额外信息不再提供帮助。例如，对于正态分布的参数估计，样本均值和样本方差是充分统计量，因为它们概括了所有与参数相关的信息。

在点估计中，不同的方法适用于不同的场景和假设。以下将介绍三种常用的点估计方法。

(1) 最大似然估计

最大似然估计（maximum likelihood estimation，MLE）是一种应用广泛的点估计方法，其核心思想是通过最大化样本数据的联合概率（似然函数）来估计参数值。

最大似然估计基于这样一个假设：样本数据是由某个未知参数θ所决定的概率分布产生的。MLE 的目标是找到参数θ的一个估计值$\hat{\theta}$，使得在此参数下，观察到的样本数据出现的可能性（似然）最大。

假设样本数据为$X=\{x_1,x_2,\cdots,x_n\}$，它们独立同分布于概率密度函数（或概率质量函数）$f(x|\theta)$。似然函数$L(\theta)$表示在给定参数θ时，数据X出现的联合概率，可以表示为：

$$L(\theta)=P(x|\theta)=\prod_{i=1}^{n}f(x_i|\theta) \tag{6-19}$$

最大似然估计的目标是找到参数θ的取值，使得$L(\theta)$达到最大，即：

$$\theta=\arg\max_{\theta} L(\theta) \tag{6-20}$$

为了计算方便，通常对似然函数取对数，得到对数似然函数：

$$\ell(\theta)=\log L(\theta)=\sum_{i=1}^{n}\log f(x_i|\theta) \tag{6-21}$$

由于对数函数是单调递增的，最大化 $\ell(\theta)$与最大化 $L(\theta)$是等价的。

在具体问题中，最大似然估计的实现通常包括以下几个步骤。

① 构建似然函数。写出样本数据的联合概率（或联合密度）函数，构建似然函数 $L(\theta)$。

② 取对数得到对数似然函数。为简化计算，取似然函数的对数，得到对数似然函数 $\ell(\theta)$。

③ 对参数求导并求解。对 $\ell(\theta)$求导，得到导数（或梯度）$\dfrac{\partial \ell(\theta)}{\partial \theta}$。令其等于 0，解方程以获得参数的估计值 $\hat{\theta}$。

④ 验证结果。验证解是否使对数似然函数达到最大值（通常通过二阶导数检验或采用其他方法）。

最大似然估计（MLE）具有一些重要的理论性质，使其成为参数估计中广泛应用的工具。首先，MLE 是一致估计量，这意味着当样本量趋于无穷大时，MLE 所得到的估计值会以概率收敛的方式逐渐接近真实参数值，从而确保估计的准确性。

其次，MLE 具有渐近正态性，即在大样本条件下，MLE 的分布可以近似为正态分布，其均值为真实参数值，方差由 Fisher 信息的倒数决定。这一性质不仅为参数估计的置信区间和假设检验提供了理论依据，也使得 MLE 在实践中具有良好的稳定性。

最后，MLE 还具有渐近有效性，在大样本情况下，MLE 是所有一致估计量中方差最小的，这意味着它在充分利用样本信息的同时，能提供最优的估计结果。这些性质共同奠定了 MLE 在统计推断和机器学习中的重要地位。

（2）矩估计

矩估计是一种用于参数估计的经典方法，基于样本数据的样本矩与总体分布的理论矩之间的关系来估计未知参数。它通过匹配样本矩和理论矩，提供了简单、直观的估计手段。

假设总体分布由未知参数 $\theta = \left(\theta_1, \theta_2, \cdots, \theta_k\right)$ 决定，其理论矩是关于总体参数的函数。对于一个总体分布，其 r 阶理论矩定义为：

$$\mu_r = E\left[X^r\right] \tag{6-22}$$

式中，r 是矩的阶数；$E\left[X^r\right]$表示随机变量 X 的 r 阶期望。

给定样本数据 $X = \left\{x_1, x_2, \cdots, x_n\right\}$，可以计算样本的 r 阶样本矩：

$$M_r = \frac{1}{n}\sum_{i=1}^{n} x_i^{\,r} \tag{6-23}$$

矩估计的核心思想是通过匹配样本矩 M_r 和理论矩 μ_r 来求解未知参数 θ 的估计值。

矩估计具有简单直观的优点，其实现过程不需要复杂的数学推导，适合快速获得初步的参数估计值。此外，矩估计适用范围广泛，能够应用于多种分布类型，即使在分布形式未知的情况下也能提供合理的参数估计，因此特别适合作为其他估计方法（如最大似然估计）的初始值，提升算法的收敛速度。然而，矩估计也存在一些缺点。首先，其效率通常较低，估计的方差可能高于最大似然估计等方法，这意味着矩估计在利用样本信息方面可能不是最优的。其次，矩估计在某些情况下可能是有偏估计量，尤其是在样本量较小时，估计结果可能偏离真实值。最后，矩估计对样本中的极端值非常敏感，这可能导致估计结果受噪声干扰而失真。因此，尽管矩估计是一种简单有效的工具，但在实际应用中需要权衡其优缺点，并根据具体需求选择合适的估计方法。

（3）贝叶斯估计

贝叶斯估计是基于贝叶斯统计思想的一种参数估计方法，通过结合样本数据与先验知识，利用贝叶斯定理推断未知参数的后验分布。与传统的频率学派方法（如最大似然估计和矩估计）不同，贝叶斯估计将参数视为随机变量，并通过概率分布描述其不确定性。

贝叶斯估计的核心思想是通过贝叶斯定理更新对参数的认识：

$$P(\theta|D)=\frac{P(D|\theta)P(\theta)}{P(D)} \tag{6-24}$$

其中：

$P(\theta|D)$ 表示后验分布，表示在观察到数据 D 后，参数 θ 的概率分布；

$P(D|\theta)$ 表示似然函数，表示在给定参数 θ 时，观测数据 D 的概率；

$P(\theta)$ 为先验分布，表示在观测数据之前对参数 θ 的主观认识；

$P(D)$ 为证据，表示观测数据的概率，可通过积分 $P(D)=\int P(D|\theta)P(\theta)\mathrm{d}\theta$ 计算。

在具体问题中，贝叶斯估计的具体步骤为：

① 指定先验分布。根据先验知识或领域经验，为参数 θ 设定先验分布 $P(\theta)$。先验分布可以是具体的分布形式（如正态分布、Beta 分布）或非信息先验。

② 构建似然函数。根据观测数据 $D=\{x_1,x_2,\cdots,x_n\}$，构建似然函数 $P(D|\theta)$，描述数据生成的机制。

③ 计算后验分布。利用贝叶斯定理，结合先验分布和似然函数，得到后验分布 $P(\theta|D)$。

④ 推导参数估计值。根据后验分布，计算感兴趣的统计量，例如将后验均值 $E(\theta|D)$ 作为点估计，计算参数的最高后验概率（MAP）估计。

贝叶斯估计具有显著的优点和一些需要权衡的缺点。其主要优点在于能够结合先验知识与样本数据，使推断更符合实际情况，特别是在样本量较小或先验信息丰富的场景中表现尤为突出。此外，贝叶斯估计通过后验分布全面描述参数的不确定性，不仅提供点估计，还可以推断参数的可信区间，增强结果的可解释性和可靠性。贝叶斯方法的理论框架统一且灵活，能够适应复杂的模型结构，并在机器学习、工程和医学等领域中得到广泛应用。

然而，贝叶斯估计也存在一定的局限性。首先，后验分布的计算通常涉及高维积分或复杂的数值方法（如 MCMC），导致计算成本较高。其次，估计结果对先验分布的选择较为敏感，可能引入主观性和偏差。最后，在大样本情况下，频率学派的方法（如最大似然估计）往往更为高效。因此，虽然贝叶斯估计在理论上具有强大的吸引力，但在实际应用中需要权衡其计算复杂性与准确性，并合理选择先验以降低主观性对结果的影响。

6.2.2 区间估计

区间估计是统计推断中一种重要的方法，与点估计不同，它不仅提供参数的一个具体估计值，还通过给出一个范围（即置信区间或可信区间）来反映估计的不确定性。区间估计广泛用于评估估计结果的可靠性，尤其在需要对参数进行风险分析或决策支持的场景中具有重要意义。

区间估计的目标是基于样本数据，构建一个范围，使得该范围内包含总体参数的可能性达到指定的置信水平或可信水平。这种范围可以帮助量化不确定性，增强对统计推断结果的理解和信心。根据不同的统计学派，区间估计可分为以下两种主要形式。

① 置信区间（confidence interval）：在频率学派中，置信区间以概率意义定义，即在重复抽样的实验中，构造出的区间有一定的比例包含真实参数值。

② 可信区间（credible interval）：在贝叶斯框架下，可信区间以后验概率定义，即在观察到数据后，参数落在区间内的概率达到指定水平。

区间估计通过构造一个范围，来反映总体参数的可能值并量化估计的不确定性。根据不同的理论框架和问题背景，区间估计的方法可以分为以下几类。

（1）基于正态分布的方法

当样本均值和总体标准差已知或可以用样本标准差近似时，基于正态分布的区间估计是最常用的方法。

置信区间的公式为：

$$\bar{x} \pm z_{\frac{\alpha}{2}} \times \frac{\sigma}{\sqrt{n}} \tag{6-25}$$

式中，$\bar{x}$ 为样本均值；$z_{\frac{\alpha}{2}}$ 为标准正态分布分位数，表示置信水平为 $1-\alpha$ 时对应的临界值；σ 为总体标准差；n 为样本量。

示例：某工厂测量 50 个零件的重量，样本均值为 10.2g，总体标准差已知为 0.5g，计算 95%的置信区间。

$$10.2 \pm 1.96 \times \frac{0.5}{\sqrt{50}} = 10.2 \pm 0.138$$

即置信区间为[10.062,10.338]。

（2）基于 t 分布的方法

当总体标准差未知且样本量较小（通常 $n \leqslant 30$）时，使用样本标准差 s 代替总体标准差，并引入 t 分布修正。

此时，置信区间的公式为：

$$\bar{x} \pm t_{\frac{\alpha}{2},n-1} \times \frac{s}{\sqrt{n}} \tag{6-26}$$

式中，$t_{\alpha,n-1}$ 是自由度为 $n-1$ 的 t 分布分位数；s 为样本标准差。

（3）基于比例的区间估计

对于二项分布数据（如分类问题中的成功率或事件概率），可以通过以下公式估计比例的置信区间：

$$\hat{p} \pm z_{\frac{\alpha}{2}} \times \sqrt{\frac{\hat{p}(1-\hat{p})}{n}} \tag{6-27}$$

式中，$\hat{p}$ 为样本比例；n 为样本量。

区间估计在统计推断中扮演着重要角色，不仅提供参数可能的范围，还量化了估计值的不确定性。在具体应用中，选择合适的方法需根据数据分布特性、样本量及总体参数的已知情况等因素综合考虑。通过区间估计，我们可以在数据驱动的分析中更加准确地评估参数范围，从而增强结果的解释力与可信度。

第 7 章

机器学习

7.1 机器学习概述

7.1.1 什么是机器学习

机器学习（machine learning，ML）是一种使计算机能够从数据中自动学习，并在无需显式编程的情况下进行推理和决策的技术。作为人工智能的重要分支，机器学习的核心目标是利用数据驱动的方法，使计算机能够识别模式、推断规律，并对未来的未知情况做出合理的预测或判断。

在传统编程范式中，程序的行为依赖于人为编写的规则和逻辑，程序员需要手动定义每一个执行步骤，并确保计算机严格按照设定的逻辑进行任务处理。例如，在实现一个排序算法时，程序员会明确指示计算机如何比较和交换数据，以实现从小到大的排序。而机器学习则采用不同的范式，它不依赖于预定义的规则，而是通过分析历史数据自动学习规律，从而实现任务的自动化执行。

机器学习的“学习”过程依赖于大量的训练数据，这些数据通常包含了过去的经验和结果。通过对数据进行模式识别和规律归纳，机器学习算法可以构建一个预测模型，能够对新输入的数据进行推断和决策。例如，在电子商务推荐系统中，机器学习可以通过分析用户的历史浏览和购买记录，自动预测用户的兴趣并推荐相关商品。

机器学习的目标是从已有的经验中构建学习机，并通过学习机进一步对未知的数据进行分类或预测。由于“经验”的表示通常是数据，因此机器学习也可以理解为通过已知数据构建学习机，然后通过学习机进行分类或预测，并在这一过程中不断完善所构建的学习机。

机器学习的关键在于构建学习机，其中的重要概念是学习函数和风险。假设变量 x 与 y 之间符合联合概率分布 $F(x,y)$，即满足一定的未知依赖关系。机器学习根据 n 个独立同分布的样本 $(x_1,y_1),(x_2,y_2),\cdots,(x_n,y_n)$，在一组预测函数集 $\{f(x,w)\}$ 中，通过计算求得一个最优的函数 $f(x,w_0)$ 对这种依赖关系进行评估，使期望风险最小：

$$R(w)=\int L\left[y,f(x,w)\right]\mathrm{d}F(x,y) \tag{7-1}$$

式中，w 为预测函数的广义参数；$L\left[y,f\left(x,w\right)\right]$ 是指采用 $\left\{f\left(x,w\right)\right\}$ 作为预测函数时所带来的损失，$\left\{f\left(x,w\right)\right\}$ 称为学习机、预测函数或学习函数。

“期望风险”是指预测函数在整个样本空间出错率的数学期望，是用来选择和衡量预测函数的标准。但是在实际问题中，由于样本集的分布函数通常难以预知，因此期望风险无法直接计算或者最小化。实际问题中，通常采用“经验风险最小化（empirical risk minimization，ERM）”原则作为替代。定义的经验风险如下：

$$R_{\mathrm{emp}}\left(w\right)=\frac{1}{n}\sum_{i=1}^{n}L\left[y_i,f\left(x_i,w\right)\right] \tag{7-2}$$

可以对期望风险进行估计和替代。由此，机器学习的学习过程即是求得经验风险最小化的过程。ERM 是当前大多数机器学习和模式识别方法的基础，它可以对整个样本的期望风险进行估计。但是在实际应用中，依然存在问题。经验风险在样本足够多，趋于无穷大的情况下，其性能才能有理论上的保证，而这样的条件通常难以达到。

Vapnik 在文献中指出，采用 ERM 获得的学习结果，其实际风险与期望风险之间通常包含一定的关系，即至少以概率 $1-\eta$ 满足：

$$R\left(w\right)\leqslant R_{\mathrm{emp}}\left(w\right)+\sqrt{\frac{h\left[\ln\left(\frac{2n}{h}\right)+1\right]-\ln\left(\frac{\eta}{4}\right)}{n}} \tag{7-3}$$

式中，h 是函数集的 VC 维；n 是样本数。这一结论从理论上说明了机器学习的实际风险是由经验风险和置信范围构成。上式可以表示为：

$$R\left(w\right)\leqslant R_{\mathrm{emp}}\left(w\right)+\varPhi\left(\frac{h}{n}\right) \tag{7-4}$$

这说明机器学习的过程需要在达到经验风险最小的同时，考虑缩小置信范围。不同的机器学习方法，其解决的关键问题都是如何构建更好的学习函数，能够使风险尽可能小，同时包含较少的系统消耗。例如，统计机器学习中提出的结构风险最小化（structural risk minimization，SRM）原则，即是针对这一问题的解决方案。

机器学习技术广泛应用于各类实际场景，包括但不限于以下几种。

- 图像识别：例如，智能相机可以通过机器学习模型识别人物、场景或物体，实现自动分类和标注。
- 语音识别：如智能语音助手（如 Siri、Alexa），能够通过机器学习算法将语音转换为文本，并进行语义分析。
- 推荐系统：电商、流媒体平台（如 Netflix、Spotify）利用用户行为数据，为用户提供个性化内容推荐。
- 金融风控：金融机构利用机器学习模型进行欺诈检测、信用评分等任务，降低金融风险。

7.1.2 发展历程

（1）初期探索（20 世纪 40 年代～50 年代）

机器学习的起源可以追溯到 20 世纪 40 年代，当时计算机科学和人工智能的基础正在慢慢构建。阿兰·图灵（Alan Turing）提出的“图灵测试”是最早的人工智能思想之一，暗示计算机有可能模拟人类的思维过程。图灵在《计算机器与智能》（*Computing Machinery and Intelligence*）一文中提出了机器是否能思考的问题，这为日后机器学习的诞生奠定了哲学和理论基础。

1956 年，人工智能作为一个正式学科的诞生，标志着机器学习研究的开端。在美国达特茅斯学院召开的第一次人工智能会议上，约翰·麦卡锡（John McCarthy）首次提出了“人工智能”这一术语，尽管那时的技术还相当原始，但这一会议为人工智能的后续发展铺平了道路。这个时期的机器学习研究主要集中在符号计算上，即通过符号的逻辑推理来模拟人类的思维过程。

（2）神经网络与感知机（20 世纪 60 年代～70 年代）

到了 20 世纪 60 年代，感知机（perceptron）模型的提出是机器学习领域的一个重要里程碑。感知机是由弗兰克·罗森布拉特（Frank Rosenblatt）于 1957 年提出的，它可以通过简单的数学运算进行模式识别，特别适用于线性可分的二分类问题。感知机的出现，让人们对神经网络的潜力产生了浓厚的兴趣，推动了神经网络研究的初步发展。

然而，感知机的局限性很快显现出来，尤其是它无法处理非线性可分的问题。1969 年，Marvin Minsky 和 Seymour Papert 在《感知机》一书中揭示了感知机的局限性，导致神经网络研究陷入低谷。这一阶段的神经网络研究缺乏有效的理论支撑和计算能力，因此，机器学习的研究方向逐渐转向其他领域，如符号主义和基于规则的专家系统。

（3）统计学习与支持向量机的崛起（20 世纪 80 年代）

20 世纪 80 年代，随着计算机科学的进步和数学理论的不断发展，机器学习进入了统计学习的阶段。统计学习理论提供了基于数据推理的强大工具，特别是在模式识别、回归分析等领域。支持向量机（SVM）的出现，标志着机器学习的一个重大突破。

支持向量机（SVM）由 Vladimir Vapnik 和 Alexey Chervonenkis 于 1963 年提出，然而直到 20 世纪 90 年代，通过利用“最大间隔”和核函数的概念，SVM 才得到了广泛的应用。SVM 能够高效地处理高维数据，并且对小样本的学习也表现出优异的性能。它成了许多机器学习任务中最重要的分类算法之一。

此外，1986 年，Geoffrey Hinton 等人提出了反向传播算法（backpropagation），这为神经网络的重新崛起提供了动力。反向传播算法使得神经网络可以通过计算误差的梯度来调整权重，从而实现更高效的训练，极大地推动了多层神经网络的发展。

（4）深度学习的兴起（21 世纪）

进入 21 世纪，随着计算机硬件（尤其是 GPU）的发展，深度学习逐渐崭露头角。深度学习（deep learning）指的是通过多层网络结构进行特征学习的技术，能够从原始数据中自动提取多层次的特征，特别适用于图像、语音、自然语言处理等领域。

2012 年，AlexNet 在 ImageNet 竞赛中取得了巨大的成功。AlexNet 是一个深度卷积神经网络，它在图像分类任务中的表现大幅超越了之前的传统方法。AlexNet 的成功标志着深度学习的正式崛起。此后，深度神经网络、生成对抗网络（GAN）和卷积神经网络等深度学习架构相继涌现，并广泛应用于图像识别、自动驾驶、自然语言处理等领域。

2016 年，AlphaGo 利用深度学习和蒙特卡罗树搜索（MCTS）战胜了围棋世界冠军李世石，进一步证明了深度学习的强大潜力。此时，机器学习技术的应用已经不仅限于学术界，而是深入到了各行各业，成为推动科技发展的核心动力。

（5）当前趋势与未来方向

当前，机器学习的研究与应用正迈入一个多元化、深度融合的发展阶段。尽管深度学习仍然是推动人工智能进步的核心驱动力，但随着技术的不断演进，机器学习正朝着更加智能、高效和透明的方向发展，以满足实际应用对安全性、公平性和可解释性的更高要求。

在可解释性和公平性方面，研究者正致力于提高机器学习模型的透明度，确保其在医疗、金融、自动决策等关键领域的应用更加可靠和可控。传统的黑箱模型虽然在性能上表现出色，但缺乏对决策过程的清晰解释，导致其在高风险领域的采用受到限制。为此，诸如可解释人工智能（explainable AI，XAI）、公平性约束（fairness constraints）以及可追溯性（traceability）等技术正不断发展，以帮助用户理解和信任人工智能系统。

与此同时，强化学习（reinforcement learning，RL）和元学习（meta-learning）等前沿研究领域正在快速发展，并在多个实际应用中取得突破。强化学习作为模拟人类试错学习能力的重要技术，已广泛应用于自动驾驶、机器人控制、金融决策、游戏智能体等场景。例如，DeepMind 通过强化学习开发的 AlphaGo 及其后续版本，在围棋领域展现出超越人类的决策能力。此外，强化学习在无人机导航、智能制造和自动化系统优化等领域也发挥着重要作用。

元学习则以提升机器学习算法的泛化能力和学习效率为目标，使模型能够从少量数据或有限的经验中迅速适应新任务，被誉为“学习如何学习”。这种方法在个性化推荐、医疗诊断、自动驾驶等需要快速适应环境变化的场景中具有巨大的应用潜力。例如，在医疗影像分析中，元学习可以帮助模型从少量标注数据中快速学习，减少对大规模数据的依赖，从而加快人工智能的部署进程。

此外，随着联邦学习（federated learning）和自监督学习（self-supervised learning）等新兴技术的发展，机器学习正在向更注重隐私保护、更具自主学习能力的方向演进。联邦学习通过分布式训练方式，使数据在本地设备上处理，减少隐私泄露风险；而自监督学习则借助海量无标注数据，赋予模型更强的特征学习能力，在自然语言处理、计算机视觉等领域展现出广阔的前景。

7.1.3　基本概念

在了解机器学习的定义和应用之前，首先需要掌握一些机器学习的基本概念。这些概念构成了机器学习理论的基础，并帮助我们理解如何使用不同的学习方法来处理各种类型的数据。随着机器学习的快速发展，越来越多的技术和方法被提出和应用，而它们的背后都有一些共同的核心理念。因此，理解这些基本概念对于深入学习机器学习的其他内容至关重要。

机器学习是一个广泛的领域，其中包含多种不同的学习任务和算法。根据任务的不同，机器学习可以分为监督学习、无监督学习和强化学习等多个范畴。此外，还有一些与模型训练、特征处理以及评估相关的重要概念。接下来，我们将深入探讨这些基本概念，帮助读者更好地理解机器学习的工作原理。

（1）监督学习

监督学习（supervised learning）是机器学习中最常见的一种类型。在监督学习中，训练数据集包含输入数据（特征）和相应的输出标签（目标变量）。算法的任务是学习从输入到输出的映射关系，使得模型能够对未知的输入数据进行准确的预测或分类。

回归问题（regression）：回归任务涉及预测一个连续的数值输出。常见的回归算法有线性回归（linear regression）、支持向量回归（SVR）和决策树回归等。

分类问题（classification）：分类任务旨在将输入数据分配到预定的类别中。常见的分类算法包括逻辑回归（logistic regression）、支持向量机（SVM）、K 近邻（KNN）和神经网络等。

监督学习的步骤：

① 数据收集：收集标记过的数据样本（训练集）。

② 数据预处理：对数据进行清洗、标准化或归一化。

③ 模型选择：选择合适的算法（例如 SVM、决策树、神经网络等）。

④ 模型训练：使用训练数据训练模型。

⑤ 模型评估：利用测试数据评估模型性能，并进行调优。

（2）无监督学习

无监督学习（unsupervised learning）是另一种机器学习任务，在这种学习方法中，训练数据集不包含输出标签，算法的任务是根据输入数据的特征发现数据内部的结构或模式。无监督学习的目标是从数据中提取有意义的信息。

聚类（clustering）：聚类是无监督学习中的一个重要任务，它将数据集分成若干个组（簇），使得同一组中的数据相似度高，而不同组之间的数据相似度低。常见的聚类算法有 K 均值（K-means）、层次聚类（hierarchical clustering）和 DBSCAN 等。

降维（dimensionality reduction）：降维技术用于减少数据的特征数量，从而帮助更好地理解数据，去除冗余特征。常见的降维算法有主成分分析（PCA）、独立成分分析（ICA）等。

无监督学习的步骤：

① 数据收集：收集未标记的数据集。

② 数据处理：对数据进行标准化、缺失值处理等预处理。

③ 模型选择：选择合适的聚类算法（如 K-means）或降维算法（如 PCA）。

④ 模型训练与分析：训练模型，并通过可视化等手段分析聚类结果或降维效果。

（3）强化学习

强化学习（reinforcement learning，RL）是一种通过与环境交互学习最优策略的机器学习方法。在强化学习中，智能体通过在环境中采取行动（action），并根据环境反馈的奖励（reward）或惩罚，来优化其策略，以最大化长期奖励。

强化学习的关键思想是“探索”和“利用”之间的平衡。智能体需要不断探索不同的动作来获得更多的信息，同时也要利用已有的经验来最大化其长期的回报。

状态（state）：环境的当前情况或情境，通常表示为 s。

动作（action）：智能体在某一状态下可以采取的行动，通常表示为 a。

奖励（reward）：智能体执行某个动作后，环境给出的反馈，用来指导智能体学习。

策略（policy）：智能体在每个状态下应该采取的行动规则。

价值函数（value function）：衡量一个状态或状态-动作对的长期回报。

强化学习的应用场景包括：游戏（如 AlphaGo、Dota2）、自动驾驶、机器人控制等。

强化学习的步骤：

① 初始化环境和智能体：确定状态空间、动作空间及奖励机制。

② 选择策略：智能体根据当前策略选择动作。

③ 执行动作并获取奖励：智能体执行动作后，环境返回奖励并更新状态。

④ 优化策略：智能体基于奖励信号调整其策略，学习更加有效的行动策略。

（4）特征工程

特征工程（feature engineering）是机器学习中非常重要的一步，涉及从原始数据中提取出最具信息量的特征，进而提升模型的预测性能。特征工程的质量直接决定了模型的表现，因此这是一个对模型性能有深远影响的步骤。

常见的特征工程任务包括：

特征选择（feature selection）：从原始特征中选择对预测最有用的特征，去除冗余或无关特征。

特征构造（feature construction）：通过现有的特征创建新的特征，这可能会提高模型的表达能力。

特征转换（feature transformation）：对特征进行转换，例如使用对数变换、标准化或归一化处理数据，使得特征更加适合模型训练。

（5）过拟合与欠拟合

过拟合（overfitting）：当模型在训练数据上表现得很好，但在新数据（测试数据）上表现较差时，称为过拟合。过拟合是模型过于复杂或过于精细地拟合了训练数据中的噪声，导致其在未见过的数据上泛化能力差。

欠拟合（underfitting）：当模型在训练数据和测试数据上都表现不佳时，称为欠拟合。欠拟合通常是由于模型过于简单，无法捕捉数据的复杂结构。

过拟合和欠拟合之间的平衡非常重要，常见的应对方法有：

① 使用交叉验证技术；

② 增加数据量；

③ 使用正则化（如 L1、L2 正则化）方法来限制模型的复杂度。

（6）深度学习与神经网络

深度学习（deep learning）是机器学习的一个重要分支，其核心在于利用多层神经网络对复杂的非线性关系进行建模和特征提取。深度学习的灵感来源于生物神经系统，其层次化的网络结构由大量人工神经元组成，通过层层特征抽象，实现从数据中自动学习表示。随着计算能力的飞速提升、大规模数据的积累以及优化算法的改进，深度学习已成为推动人工智能发展的关键驱动力，在计算机视觉、自然语言处理、自动驾驶等多个领域取得了显著成就。

深度学习框架下，几种重要的神经网络架构各具特点，针对不同类型的数据和任务发挥关键作用。

① 卷积神经网络（CNN）。CNN 专为处理图像等结构化数据而设计，能够自动提取多层次的空间特征。其核心组件包括卷积层、池化层和全连接层，其中卷积操作可捕捉局部特征，如边缘、纹理、形状等，池化层有助于减少维度并提高模型的计算效率。CNN 在图像分类、目标检测、医学影像分析等领域具有广泛应用，例如，ResNet、VGG 和 EfficientNet 等经典模型在多项计算机视觉挑战赛中取得了卓越表现。

② 循环神经网络（RNN）。RNN 主要针对序列数据建模，擅长处理时间序列、文本、语音等依赖于上下文的信息。其特有的循环连接使得前一时刻的状态能够影响当前时刻的计算，从而具备“记忆”能力，适用于自然语言处理（如文本生成、翻译）、语音识别和金

融时序预测等场景。然而，传统 RNN 存在梯度消失和梯度爆炸等问题，限制了其在长序列任务上的表现。为此，改进的变体如长短期记忆网络（LSTM）和门控循环单元（GRU）进一步增强了模型的长程依赖建模能力。

③ 生成对抗网络（GAN）。生成对抗网络（generative adversarial network,GAN）是一种无监督学习框架，由一个生成器（generator）和一个判别器（discriminator）组成，二者相互对抗，形成博弈过程。生成器试图生成与真实数据分布相似的样本，而判别器则学习区分真实与生成样本，最终促使生成器不断提高数据生成的真实性。GAN 在图像生成、风格迁移、数据增强等方面取得了突破性进展，广泛应用于深度伪造（deepfake）、艺术创作、医学图像合成等领域。常见的改进版本包括深度卷积 GAN（DCGAN）、条件 GAN（CGAN）和自监督 GAN 等。

7.1.4 模型评估与评估指标

在机器学习中，模型评估是衡量模型在特定任务上表现的关键环节。合理的评估指标不仅有助于选择最优模型，还能帮助发现模型的潜在问题，从而进行有针对性的优化。针对不同类型的任务，如分类、回归和排序，通常采用不同的评估指标来衡量模型的性能。以下是常见的模型评估方法及其适用场景。

（1）分类模型评估指标

分类问题涉及将输入数据归入预定义的类别，因此需要评估模型的分类能力，常见的指标介绍如下。

① 准确率（Accuracy）：准确率是最基本的评估指标，表示模型正确预测的样本数占所有样本的比例。其计算公式为：

$$\text{Accuracy}=\frac{\text{TP}+\text{TN}}{\text{TP}+\text{TN}+\text{FP}+\text{FN}} \tag{7-5}$$

式中，TP 为真正例；TN 为真负例；FP 为假正例；FN 为假负例。虽然准确率直观易懂，但在类别分布不均衡的情况下，可能会导致误导性的结果。例如，在二分类任务中，如果负类占比过高，即使模型始终预测为负类，准确率仍可能很高，因此在类别不均衡问题中应慎重使用。

② 精确率（Precision）：精确率衡量模型预测的正样本中，真正为正的比例，反映了模型的“查准”能力，计算公式如下：

$$\text{Precision}=\frac{\text{TP}}{\text{TP}+\text{FP}} \tag{7-6}$$

精确率适用于希望减少错误正类预测的场景，例如垃圾邮件检测，错误标记正常邮件为垃圾会影响用户体验。

③ 召回率（Recall）：召回率衡量所有真实正样本中，被模型成功识别的比例，反映了模型的“查全”能力，计算公式为：

$$\text{Recall}=\frac{\text{TP}}{\text{TP}+\text{FN}} \tag{7-7}$$

④ F1 值（F1-score）：F1 值是精确率和召回率的调和平均，提供了二者之间的平衡，计算公式为：

$$\mathrm{F1}=2\times\frac{\mathrm{Precision}\times\mathrm{Recall}}{\mathrm{Precision}+\mathrm{Recall}} \tag{7-8}$$

⑤ ROC 曲线（receiver operating characteristic curve）与 AUC（area under curve）值：ROC 曲线描述了模型在不同阈值下的假正例率（FPR）与真正例率（TPR）之间的关系，而 AUC 值则表示 ROC 曲线下的面积，通常用于评估模型的整体区分能力。AUC 值越接近 1，说明模型性能越优。

（2）回归模型评估指标

回归问题的目标是预测连续数值，因此常用以下指标来衡量预测误差。

① 均方误差（mean squared error，MSE）：MSE 衡量预测值与真实值之间的平均平方误差，其计算公式为：

$$\mathrm{MSE}=\frac{1}{n}\sum_{i=1}^{n}\left(y_i-\hat{y}_i\right)^2 \tag{7-9}$$

式中，n 是样本数；y_i 是真实值；$\hat{y}_i$ 是预测值。通过最小化 MSE 来求解模型参数 w 和 b，通常使用梯度下降法进行优化。

MSE 具有较好的凸性，但对异常值较为敏感，因为误差的平方会放大偏差较大的样本对整体误差的影响。

② 均方根误差（root mean squared error，RMSE）：RMSE 是 MSE 的平方根，保持与原数据相同的量纲，便于解释，计算公式如下：

$$\mathrm{RMSE}=\sqrt{\mathrm{MSE}} \tag{7-10}$$

③ 平均绝对误差（mean absolute error，MAE）：MAE 计算预测值与真实值之间的绝对误差的平均值，其计算公式为：

$$\mathrm{MAE}=\frac{1}{n}\sum_{i=1}^{n}\left|y_i-\hat{y}_i\right| \tag{7-11}$$

相较于 MSE，MAE 对异常值的鲁棒性更强，适用于异常值较多的数据集。

④ R^2决定系数（coefficient of determination）：R^2衡量模型对数据方差的解释能力，其值介于 0 到 1 之间，越接近 1 表示模型解释能力越强，计算公式如下：

$$R^2=1-\frac{\Sigma\left(y_i-\hat{y}_i\right)^2}{\Sigma\left(y_i-\bar{y}_i\right)^2} \tag{7-12}$$

式中，$\bar{y}_i$ 是目标变量的均值。R^2 的值越接近 1，表示模型对数据的拟合程度越好。

7.2 机器学习算法

一般而言，机器学习算法按照所使用的训练集有无数据标签及学习方式，可以分为四类，即监督学习、无监督学习、半监督学习。本章将详细介绍这些机器学习算法，重点探讨它们的原理、算法以及实际应用，帮助读者理解各种学习算法如何在现实世界的复杂问题中发挥作用。

7.2.1　监督学习

（1）监督学习的基本概念

监督学习（supervised learning）是机器学习中的一种核心方法，也是目前应用最为广泛的一类学习策略。在监督学习中，算法通过已标注的训练数据来学习输入数据与输出标签之间的映射关系。每一对训练样本由输入特征（通常是向量或矩阵形式）和对应的目标输出（标签）组成。监督学习的目标是构建一个映射函数或模型，使得它能够在面对新的、未标注的数据时，做出合理的预测或分类。

在监督学习中，训练集通常包含多个数据样本，每个样本由输入特征向量和目标标签组成。例如，在图像分类问题中，每一张图片作为输入，其对应的标签为该图片的类别（如“猫”或“狗”）。模型通过输入特征和标签之间的关系来进行训练，并且在训练过程中使用已知的标签来更新模型参数，从而尽可能减少预测值与实际标签之间的误差。

监督学习的基本流程可以分为以下几个步骤，从数据的获取到模型的最终应用，构成一个完整的闭环过程。

① 收集或生成带标签的数据。监督学习的第一步是准备带有标签的数据集。这些数据可以通过实际测量、实验或者人工标注的方式获取。标签是模型学习的依据，因此数据的质量和多样性对监督学习的效果至关重要。

② 筛选数据。数据收集后，需要对其进行筛选和清洗。这个过程包括去除无效数据、处理缺失值以及剔除异常值等，以保证数据的完整性和可靠性。同时，数据筛选过程中还需平衡数据样本的分布，以避免模型受到数据偏差的影响。

③ 选择算法。根据任务的需求（如分类或回归问题）、数据的规模和特征等，选择合适的监督学习算法。例如，分类问题可以选择支持向量机（SVM）、逻辑回归等算法；回归问题可以选择线性回归、随机森林等。

④ 构建描述符集（特征工程）。特征工程是监督学习中非常重要的一步，它涉及从原始数据中提取出能够表达数据规律的特征。这些特征用于训练模型，因此特征的质量直接影响模型的效果。常见的特征工程包括特征选择、特征缩放和特征转换等。

⑤ 划分数据集。数据集通常被划分为三部分：

训练集：用于训练模型，帮助模型学习输入与输出之间的映射关系。

验证集：用于调节模型的超参数和优化性能，帮助选择最佳的模型配置。

测试集：用于评估模型的最终性能，确保模型能够在未见过的数据上表现良好。

⑥ 训练模型。利用训练集中的数据，基于选定的算法训练模型。训练过程通过优化目标函数来最小化预测值与真实标签之间的误差。在这一过程中，模型逐步学习到输入数据与输出标签之间的映射关系。

⑦ 优化调参。使用验证集对模型的超参数（如学习率、正则化参数等）进行调节和优化，选择表现最佳的参数组合，以提高模型的泛化能力。此步骤是避免过拟合和提升模型性能的关键。

⑧ 模型评估。使用测试集对训练好的模型进行评估，检测模型的泛化能力和实际表

现。通过性能指标（如分类准确率、回归的均方误差等）来衡量模型的好坏。

⑨ 预测新输入数据的标签。当模型通过训练和评估后，它可以被应用于实际任务中，对新的、未标注的数据进行预测。例如，在邮件分类任务中，训练好的模型可以自动判断新邮件是否为垃圾邮件。

通过以上步骤，监督学习算法能够逐步从数据中学习出高效的映射模型，并在新的数据场景中实现预测或分类任务的目标。这一流程不仅体现了监督学习的核心思想，同时也反映出数据准备、特征提取和模型优化的重要性。

监督学习的工作流程见图 7-1。

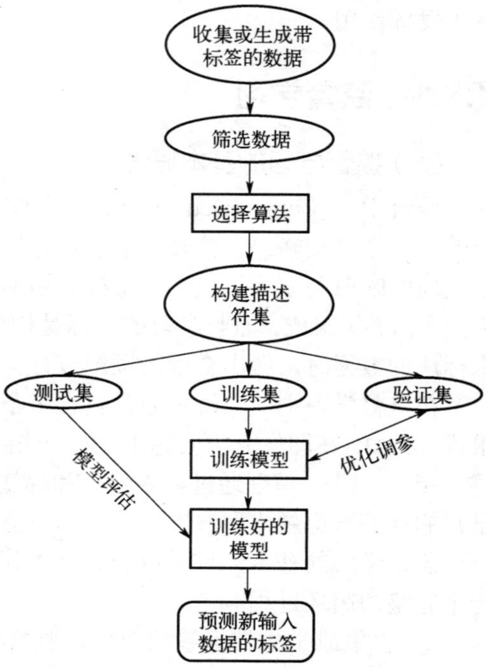

图 7-1 监督学习的工作流程

监督学习的关键特点在于它依赖于大量的标注数据。标注数据是指每个数据样本都附有一个对应的标签或目标值，这些标签通常由人工标注或通过其他方式获取。标注数据不仅提供了模型训练所需的监督信息，还为模型的评估提供了标准答案。

（2）监督学习的任务类型

监督学习的主要任务可分为两大类：分类和回归。

① 分类。分类（classification）是机器学习中的核心任务之一，旨在将输入数据样本归类到预定义的离散类别集合中。分类模型的目标是从已标注的数据中学习类别的判别特征，并对新样本进行准确分类。在分类任务中，每个样本通常与一个或多个类别标签相关联，常见的应用场景包括垃圾邮件检测、医学诊断、语音识别、图像分类等。

根据任务的复杂性和目标，分类问题可进一步划分为以下几类：

二分类问题：这是最基本的分类任务，将输入样本分为两个类别。例如，判断邮件是否为垃圾邮件，或者判断一个肿瘤是良性还是恶性。在二分类任务中，常使用混淆矩阵（confusion matrix）来评估模型性能，并结合准确率、精确率、召回率和 F1 值等指标进行综合评估。

多分类问题：当样本可以属于多个类别中的唯一一个类别时，问题被称为多分类。多分类问题适用于类别数量较多的场景，例如手写数字识别（0～9）、动物图像分类等。在多分类问题中，常使用 one-vs-all（OvA）或 one-vs-one（OvO）策略将问题转化为多个二分类任务。此外，交叉熵损失函数（cross-entropy loss）是常用的损失度量方法。

多标签分类问题：在多标签分类任务中，一个样本可以同时属于多个类别，即类别之间非互斥。这类问题通常出现在需要同时识别多个属性或特征的场景。例如，一篇文章既可能被分类为“科技”又可能属于“教育”类别，或一张图像可以同时包含“人”和“车”标签。

② 回归。回归（regression）分析是机器学习中的一种基本任务，其目标是预测连续数值，而非离散的类别标签。回归模型通过学习输入特征与目标变量之间的映射关系，以最小化预测值与真实值之间的误差。与分类任务不同，回归输出的是一个连续变量，因此

适用于涉及数量、价格、温度等可测量变量的预测场景。

回归方法在多个领域中有着广泛的应用，以下是几个典型的回归问题示例：

房价预测：根据一系列房屋特征（如面积、位置、建造年份等），预测房屋的价格。

股市预测：根据历史股市数据预测某只股票的未来价格走势。

天气预报：根据历史气象数据预测未来的温度或降水量。

（3）监督学习的算法

监督学习算法种类繁多，且每种算法在不同场景下具有不同的表现。以下是一些常见的监督学习算法。

① 线性回归（linear regression）。线性回归是最基础的回归算法，广泛应用于预测任务中。它假设输入特征与输出目标之间存在线性关系，即通过一个加权和来表达预测结果。线性回归通过最小化预测值与实际值之间的误差来确定模型参数。尽管线性回归在简单问题上表现良好，但在面对非线性数据时，其性能可能受到限制。

线性回归的公式为：

$$\hat{y} = \beta_0 + \beta_1 x_1 + \beta_2 x_2 + \cdots + \beta_n x_n \tag{7-13}$$

式中，$\hat{y}$ 为预测值；$x_1, x_2, \cdots, x_n$ 为输入特征；$\beta_0, \beta_1, \cdots, \beta_n$ 为模型参数。通过最小化均方误差（MSE）来估计这些参数。

② 逻辑回归。尽管名为“回归”，逻辑回归（logistic regression）主要用于二分类问题。它通过一个 Sigmoid 函数将线性回归的输出值转化为概率值，从而实现分类。通过最大化似然函数，逻辑回归能够估计出各个特征的系数，从而对新的输入样本进行分类。

逻辑回归的公式为：

$$P(y=1|x) = \frac{1}{1+\mathrm{e}^{-(\beta_0+\beta_1 x_1+\cdots+\beta_n x_n)}} \tag{7-14}$$

式中，$P(y=1|x)$ 表示样本属于类别 1 的概率。

③ 支持向量机。支持向量机（support vector machine，SVM）是一种分类算法，尤其擅长处理高维数据。SVM 通过寻找一个最优超平面，将数据样本分为两个类别，并且尽可能最大化类别之间的间隔。SVM 可以通过使用不同的核函数来处理线性不可分的问题。

对于线性不可分的情况，SVM 引入了核函数（如高斯核、多项式核等），将数据映射到高维空间，使得在高维空间中数据变得线性可分。

④ 决策树。决策树（decision tree）是一种非线性分类和回归算法。它通过树状结构将输入特征空间分割成多个区域，从而进行分类或回归。每个决策节点根据特征选择最优的划分，直到叶节点表示最终的预测结果。决策树的优势在于其直观性和易解释性，但它容易过拟合，尤其是在数据较复杂时。

⑤ 随机森林。随机森林（random forest）是一种集成学习方法，结合了多个决策树的预测结果来进行分类或回归。通过引入“袋装法”（bootstrap aggregating），即从训练集的多个子集上训练多个决策树，随机森林能够有效地提高模型的准确性和鲁棒性，减少过拟合的风险。

⑥ K 近邻算法。K 近邻（KNN）算法是一种基于实例的学习方法，通过计算待预测样本与训练集样本之间的距离，选择最邻近的 K 个样本，根据它们的标签来预测输出。K

近邻算法不需要显式的训练过程，但计算量大，尤其是当数据集非常庞大时。

⑦ 神经网络。神经网络（neural networks）是一类模拟生物神经系统的模型，通过多个神经元的层级连接来学习输入数据的复杂模式。深度学习（deep learning）中的多层感知机（MLP）、卷积神经网络和循环神经网络是神经网络的典型应用。神经网络在处理非线性问题和复杂数据结构时表现出色，尤其适用于图像处理、语音识别等任务。

（4）监督学习的应用实例

监督学习已经在众多实际问题中取得了巨大成功。以下是几个典型的应用实例。

① 医学领域。在医学领域，监督学习被广泛应用于疾病的诊断、预测和个性化治疗。例如，利用监督学习模型对医学影像进行分析，可以帮助医生检测癌症、脑部疾病等。在基因组学研究中，监督学习被用来从基因表达数据中预测疾病的发生。

② 金融领域。在金融领域，监督学习常被用来进行信用评分、欺诈检测等任务。通过分析用户的历史信用记录和交易行为，监督学习模型能够预测用户的违约风险，帮助银行和金融机构做出更合理的信贷决策。

③ 电商推荐系统。电子商务平台利用监督学习进行个性化推荐，通过分析用户的购买记录、浏览行为等数据，预测用户可能感兴趣的商品或服务，进而提高销售量和用户满意度。

④ 语音识别。语音识别是自然语言处理中的重要任务，监督学习被广泛应用于将语音信号转化为文字。通过大量标注的语音数据训练模型，语音识别系统能够识别不同的语音输入并转换为对应的文本信息。

⑤ 自动驾驶。自动驾驶技术中的对象检测、路径规划等任务都依赖于监督学习。通过对大量驾驶数据的分析，模型能够学习到如何识别道路、行人、车辆等目标，并进行决策以保证安全驾驶。

监督学习是机器学习中最为基础且重要的一类学习方法。通过对标注数据的训练，监督学习可以有效地解决分类、回归、预测等多种问题。随着算法的发展和数据规模的增加，监督学习在各个领域的应用正变得越来越广泛。通过不断优化算法、提高模型的泛化能力，监督学习有望为更多实际问题提供智能解决方案。

7.2.2 无监督学习

（1）无监督学习的基本概念

无监督学习（unsupervised learning）是机器学习中的一种重要方法，与监督学习最大的区别在于它不需要带有标签的数据。无监督学习旨在通过输入数据本身的特征和分布模式，发掘数据中的潜在规律、内在结构或隐藏信息，而不是直接预测具体的输出值。

在实际任务中，数据标注通常是一个昂贵且耗时的过程，而无监督学习的优势在于，它不依赖于人工标注的数据集，因此适用于数据量庞大但缺乏明确标注的场景。通过对数据进行模式识别、特征学习或分组归类，无监督学习能够为探索性数据分析、数据预处理以及知识发现提供强有力的工具。无监督学习与其他学习算法的对比见图 7-2。

无监督学习的核心理念是通过某种形式的“相似性”或“差异性”对数据进行建模。它的目标不是优化标签预测的准确率，而是通过算法对数据样本之间的关系进行量化，从而构建数据的内在表示或分布结构。这种特性使得无监督学习在许多复杂场景中表现出色，比如文本聚类、用户分群、降维可视化等。

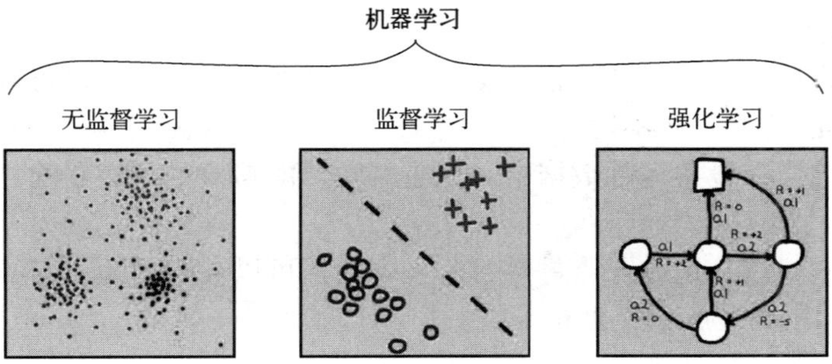

图 7-2　无监督学习与其他学习算法的对比

具体来说，无监督学习主要聚焦于以下几个问题。

① 数据的分组与分类：通过相似性度量将数据样本划分为若干簇，每一簇包含内部相似性较高的样本。

② 数据的特征提取与降维：通过压缩数据维度，去除冗余信息，提取有意义的特征表示，为后续分析或任务提供支持。

③ 数据的模式识别与异常检测：识别数据中的常见模式或检测偏离正常分布的异常样本。

（2）无监督学习的任务类型

无监督学习的主要任务类型可以分为以下三类：聚类、降维和模式识别。这些任务对应了无监督学习的三种主要应用场景。

① 聚类（clustering）。聚类是无监督学习中最典型的任务，其目标是根据数据样本的相似性，将数据划分为若干组（称为簇，clusters）。聚类算法不需要任何先验的类别信息，而是直接从数据中寻找结构化模式。每个簇内部的数据样本相似性高，而不同簇之间的相似性较低。

常见的聚类应用包括如下。

- 客户分群：在营销领域，通过聚类分析将客户分为不同的群组（如高消费客户、潜在客户等），以制定针对性营销策略。
- 图像分割：通过对图像像素进行聚类，实现图像区域的分割，用于目标检测或特征提取。
- 基因分组：在生物信息学中，根据基因表达水平对基因进行聚类，从而揭示其功能或疾病关联。

② 降维（dimensionality reduction）。随着现代数据集维度的不断增加，高维数据的存储、处理和分析变得更加困难。这种现象被称为“维度灾难”（curse of dimensionality）。降维是解决这一问题的重要方法。它通过将高维数据映射到一个低维空间，同时保留数据中的主要信息，使数据的结构更加直观、易于分析。

降维的主要应用场景包括如下。

- 数据可视化：例如，利用降维算法将高维数据映射到二维或三维空间，以便通过图表观察数据的分布和模式。
- 特征压缩：减少数据维度后，可提高机器学习算法的训练效率，降低存储成本。
- 数据去噪：降维方法可以去除数据中的随机噪声，提取出关键的特征表示。

③ 模式识别。在许多实际应用中，无监督学习还用于识别数据中的潜在模式，并检

测异常样本。举例如下。

- 金融欺诈检测：通过分析正常交易数据的模式，无监督学习可以识别出偏离常规分布的异常交易记录。
- 工业监控：在设备运行数据中，无监督学习能够检测到潜在的异常信号，从而预防设备故障。
- 文本主题建模：通过无监督学习，文本数据可以被归类为不同的主题（如科技、体育、娱乐等），帮助理解语义分布。

（3）无监督学习的算法

无监督学习的算法种类繁多，常见的算法包括聚类方法、降维方法和概率建模方法。以下将从几种核心算法入手，结合公式和步骤详细阐述。

① K 均值聚类（K-means clustering）。K 均值聚类是一种基于迭代优化的聚类算法，其目标是将数据划分为 K 个簇，使簇内样本的相似性最大化，簇间差异性最大化。通过最小化样本与簇中心（质心）之间的欧氏距离平方和，K 均值聚类实现了对数据的分组。目标函数定义为：

$$J=\sum_{k=1}^{K}\sum_{x\in C_k}\|x-\mu_k\|^2 \tag{7-15}$$

式中，μ_k 为第 k 个簇的质心；C_k 为簇内样本集合。

算法首先随机初始化 K 个质心，然后通过迭代优化实现聚类。每次迭代包括两步：第一步是根据欧氏距离将每个样本分配到最近的质心所属的簇中；第二步是重新计算每个簇的质心。重复这一过程直到质心不再变化或达到最大迭代次数。

K 均值聚类简单高效，适用于大规模数据的快速聚类。然而，算法需要预先指定簇的数量 K，并且对初始质心敏感，可能陷入局部最优解。此外，K 均值聚类不适用于非凸簇或含有大量噪声的数据。

② 密度聚类（DBSCAN）。密度聚类是一种基于样本分布密度的聚类算法。与传统方法不同，DBSCAN 能够识别任意形状的簇，并能有效处理噪声点。算法通过定义 ε-邻域、最小点数 ϵ -邻域和最小点数 MinPts 来区分核心点、边界点和噪声点。核心点是指邻域内样本数不少于 MinPts 的样本，而边界点虽不满足核心点条件，但位于某核心点的邻域内，其他样本被视为噪声点。

DBSCAN 的步骤包括从任一核心点开始扩展簇，将其 ε-邻域内的所有样本归为同一簇，并依次扩展邻域内的核心点，直到无法进一步扩展。算法重复这一过程，直到所有样本都被处理。

密度聚类无需预设簇的数量，能够处理非规则形状的簇以及噪声点。然而，算法对参数 ϵ 和 MinPts 较为敏感，在高维空间中效率较低。

③ 主成分分析（PCA，principal component analysis）。主成分分析是一种经典的线性降维方法，用于将高维数据投影到低维空间，同时保留尽可能多的方差信息。PCA 的核心是通过协方差矩阵提取数据的主成分（即方差最大的方向）。协方差矩阵定义为：

$$\boldsymbol{\Sigma}=\frac{1}{n}\sum_{i=1}^{n}(\boldsymbol{x}_i-\overline{\boldsymbol{x}})(\boldsymbol{x}_i-\overline{\boldsymbol{x}})^{\mathrm{T}} \tag{7-16}$$

通过对协方差矩阵进行特征值分解，选择前 k 个最大特征值对应的特征向量，构造投影矩阵，将数据降维到 k 维。

PCA 的步骤包括数据标准化、协方差矩阵计算、特征值分解和维度选择。首先对每个特征去均值并归一化；接着计算协方差矩阵；然后对矩阵进行特征值分解，选择前 k 个特征向量作为投影方向；最后将原始数据映射到低维空间。

PCA 简单高效，适用于高维数据的降维和特征压缩。然而，它仅能捕捉线性相关性，降维后的主成分可能缺乏直观的物理意义。

④ 自编码器（autoencoder）。自编码器是一种基于神经网络的非线性降维算法，其核心是通过编码器将高维数据压缩到低维潜在空间，并通过解码器重构原始数据。自编码器通过最小化输入数据和重构数据之间的误差来学习特征表示，重构误差通常定义为：

$$L = \frac{1}{n}\sum_{i=1}^{n}\left\| x_i - \hat{x}_i \right\|^2 \tag{7-17}$$

式中，$\hat{x}_i$ 是重构后的数据。

自编码器的训练包括编码和解码两个阶段。编码器将数据映射到低维空间 z，解码器从 z 恢复高维数据。训练过程通过优化损失函数调整网络参数，使重构误差最小。

自编码器能够捕捉数据的非线性关系，适用于复杂数据的降维和特征提取。但其训练过程较为复杂，对计算资源要求较高，且可能出现过拟合。

⑤ 高斯混合模型（GMM，Gaussian mixture model）。高斯混合模型是一种基于概率分布的聚类方法，假设数据由若干个高斯分布的混合构成。GMM 的目标是通过最大化对数似然函数估计每个高斯分布的参数（均值 μ_k、协方差 Σ_k 和权重 π_k）。对数似然函数定义为：

$$L = \sum_{i=1}^{n}\log\left(\sum_{k=1}^{K}\pi_k N\left(x_i;\mu_k,\Sigma_k\right)\right) \tag{7-18}$$

式中，$N\left(x_i;\mu_k,\Sigma_k\right)$ 表示高斯分布的概率密度函数。

GMM 通常采用 EM 算法进行参数估计。首先随机初始化参数，然后在 E 步计算每个样本属于簇 k 的后验概率，在 M 步通过最大化对数似然函数更新参数。重复 E 步和 M 步，直到参数收敛。

GMM 能够生成软聚类结果，适用于不同形状的簇，但其计算复杂度较高，对初始参数较为敏感。

本节详细介绍了几种常见的无监督学习算法，包括 K 均值聚类、密度聚类、主成分分析、自编码器和高斯混合模型。每种算法均有其适用场景和局限性，实际应用中需要根据任务需求和数据特点选择合适的方法。无监督学习的灵活性和数据探索能力，使其在多个领域中展现出强大的应用价值，见表 7-1。

表 7-1　监督学习算法和无监督学习算法在材料学领域的应用举例

分类	算法	在材料学领域的典型应用
监督学习	神经网络、核岭回归、决策树、支持向量机、正则化最小二乘法、遗传编程、K 近邻	晶体结构预测、晶体结构分类、预测带隙值等物化性质值、预测结构-性质关系、拟合势能面、模式识别等
无监督学习	分层聚类、K 均值聚类、主成分分析、均值平移理论、马尔可夫理论、互相关、生成对抗神经网络	性能优越的锂离子电池候选材料的筛选、实验数据的材料组分分布分析、显微图像分析、模式识别、材料数据压缩及降噪、结构预测等

7.2.3 半监督学习

（1）半监督学习的概念和重要性

半监督学习是一种介于监督学习和无监督学习之间的学习方法。在传统的监督学习中，模型的训练依赖于大量标注数据，这些数据通常需要人工标注，因此获取这些数据既耗时又昂贵。而在无监督学习中，算法通过未标注数据学习数据的内在结构，但其应用的效果和实用性通常不如监督学习。

半监督学习的目标是利用少量的标注数据和大量的未标注数据，弥补监督学习对大量标注数据的依赖。在这种学习框架下，模型能够在有限的标注数据下，通过充分挖掘未标注数据中的信息，提升学习效果和泛化能力。

半监督学习的重要性如下。

- 降低标注成本：在许多领域，数据标注的成本极高，尤其是在医学影像、自然语言处理等领域。半监督学习可以通过减少对标注数据的需求，降低成本。
- 提高模型性能：尽管只有少量标注数据，半监督学习能通过利用未标注数据中的潜在结构，显著提高模型的性能。
- 适应数据稀缺的场景：在一些应用场景中，标注数据可能非常稀缺或难以获得，而未标注数据却随处可见。半监督学习可以利用这些未标注数据来弥补数据匮乏的短板。

综合来说，半监督学习在提高数据利用效率、降低标注成本和提升模型性能方面具有巨大的潜力。

（2）半监督学习的挑战

尽管半监督学习在许多应用场景中展现了显著的优势，但它仍然面临着一些挑战，主要包括以下几个方面。

① 未标注数据的噪声问题。半监督学习依赖大量未标注数据来增强学习能力，但未标注数据通常包含噪声。噪声数据可能会误导模型的学习方向，导致模型性能的下降。因此，如何有效地筛选出有用的未标注数据，以及如何在存在噪声的情况下进行学习，是半监督学习中的一个重要挑战。

② 标签传播问题。在许多半监督学习方法中，标注数据的标签会通过某种方式传播到未标注数据上。这种标签传播的方法通常依赖于数据点之间的相似性。如果数据分布比较复杂或样本之间的相似性度量不准确，那么标签传播的效果可能会受到影响，从而影响整体的学习效果。

③ 模型复杂性。半监督学习算法通常涉及更复杂的模型和算法设计。例如，某些算法需要同时优化分类模型和标签传播过程，或需要估计标注数据和未标注数据之间的关系，这增加了算法的复杂性。因此，在实际应用中，如何设计高效且易于实现的半监督学习算法仍然是一个需要解决的问题。

④ 不平衡数据问题。在许多实际应用中，标注数据可能本身就存在类别不平衡的问题。如果标注数据的某一类别在数据集中占比非常小，那么即使未标注数据非常丰富，半监督学习模型也可能会偏向于占比大的类别，从而导致模型性能不均衡。如何处理这种类别不平衡问题，确保不同类别都能被有效学习，是半监督学习中的一个关键挑战。

⑤ 评估标准的缺乏。半监督学习的评估标准相对较少，尤其是在没有充足标注数据的情况下，如何准确评估模型的性能仍然是一个难题。不同于监督学习中有明确的标签作为基准，半监督学习往往需要依赖一些间接的指标，或者使用有限的标注数据进行评估，

这可能导致评估结果的不确定性。

综上所述，尽管半监督学习具有显著的优势，但它也面临许多挑战，尤其是在数据质量、模型设计和评估标准方面。为了克服这些挑战，学者们提出了多种改进方法和技术，推动了该领域的研究和发展。

（3）半监督学习算法

半监督学习算法的设计主要基于两种策略：标签传播（label propagation）和生成模型（generative models）。下面我们将详细介绍几种常见的半监督学习算法，并通过公式来加深理解。

① 基于标签传播的算法。标签传播（label propagation）是一种广泛使用的半监督学习方法。该方法的核心思想是通过图结构在已标注和未标注数据之间传播标签。在标签传播算法中，我们通常构造一个图，其中节点表示数据点，边表示数据点之间的相似度。

算法流程如下。

a．构建相似度图。首先，对于所有数据点，计算它们之间的相似度。例如，我们可以使用高斯核函数来衡量数据点之间的相似性：

$$S\left(x_i,x_j\right)=\exp\left(-\frac{\left\|x_i-x_j\right\|^2}{2\sigma^2}\right) \tag{7-19}$$

式中，$S\left(x_i,x_j\right)$ 表示数据点 x_i 与 x_j 之间的相似度；σ 是一个常数，表示相似度的宽度。

b．标签传播。接下来，我们通过一个迭代过程来传播标签。设标签矩阵为 $\boldsymbol{Y}$，其中 $\boldsymbol{Y}_i$ 表示数据点 i 的标签。如果数据点 i 是已标注数据，其标签是已知的；如果是未标注数据，则标签是未知的。标签传播的目标是使未标注数据点的标签能够根据已标注数据点的标签进行推断。

标签传播过程可以通过以下公式来表示：

$$\boldsymbol{Y}_{\text{new}}=\alpha\boldsymbol{SY}+\left(1-\alpha\right)\boldsymbol{Y} \tag{7-20}$$

式中，$\boldsymbol{S}$ 是相似度矩阵；α 是一个超参数，控制已标注标签对传播过程的影响；$\boldsymbol{Y}$ 是当前的标签矩阵。迭代更新标签矩阵，直到收敛。

c．分类决策。标签传播完成后，我们可以使用最终的标签矩阵来预测未标注数据点的标签。标签传播算法具有计算简单和实现方便的优点，但它的效果往往受到相似度矩阵质量的影响。如果相似性度量不当，标签传播可能会出现错误，从而影响最终结果。

② 基于生成模型的算法。生成模型（generative models）是另一类常见的半监督学习方法。生成模型的目标是通过假设数据生成的概率分布，来同时学习标注和未标注数据的联合分布。常见的生成模型包括高斯混合模型（Gaussian mixture model，GMM）和变分自编码器（variational autoencoder，VAE）等。

a．高斯混合模型（GMM）。高斯混合模型通过假设数据是从多个高斯分布中生成的，从而能够有效地处理半监督学习问题。GMM 的训练目标是最大化数据的对数似然函数：

$$\log p\left(X\mid\theta\right)=\sum_{i=1}^{N}\log\left(\sum_{k=1}^{K}\pi_k N\left(x_i\mid \mu_k,\Sigma_k\right)\right) \tag{7-21}$$

式中，$N\left(x_i\mid \mu_k,\Sigma_k\right)$ 表示第 k 个高斯分布的概率密度函数；π_k 表示每个高斯分布的权重；μ_k 和 Σ_k 分别是第 k 个高斯分布的均值和协方差。

在半监督学习中，GMM 算法通过最大化上述对数似然函数，来学习数据的潜在结构，并利用少量标注数据和大量未标注数据共同训练模型。

b．变分自编码器（VAE）。变分自编码器是一种生成式模型，可以通过变分推断来学习数据的潜在表示。在半监督学习中，VAE 通过结合标签信息和潜在变量来增强模型的学习能力。

VAE 的训练目标是最大化证据下界（ELBO）：

$$\mathcal{L}(\theta,\phi)=E_{q_\phi(z|x)}\left[\log p_\theta(x|z)\right]-D_{\mathrm{KL}}\left[q_\phi(z|x)\parallel p(z)\right] \tag{7-22}$$

式中，$q_\phi(z|x)$ 表示潜在变量的变分分布；$p_\theta(x|z)$ 表示数据的生成模型；$D_{\mathrm{KL}}\left[q_\phi(z|x)\parallel p(z)\right]$ 表示 Kullback-Leibler 散度，用于衡量潜在变量分布和先验分布之间的差异。通过变分自编码器，模型能够在半监督学习任务中利用标注数据和未标注数据来推断数据的潜在结构。

优缺点：

生成模型能够从潜在空间捕获数据的生成机制，对于复杂数据有较强的建模能力。然而，这类方法通常计算开销较大，尤其是在大规模数据集上进行训练时，可能面临较高的时间和内存消耗。

③ 自训练（self-training）算法。自训练算法是一种简单且广泛使用的半监督学习方法。在自训练算法中，首先使用现有的标注数据训练一个初始模型。然后，模型对未标注数据进行预测，将最有信心的预测结果（通常是预测概率大于某一阈值的数据点）加入标注数据集中，并使用新加入的数据继续训练模型。

算法流程如下。

a．使用标注数据训练初始分类器。

b．使用该分类器对未标注数据进行预测，并选出最有信心的预测。

c．将这些预测结果作为“伪标签”，加入标注数据集中。

d．基于更新后的数据重新训练分类器，重复步骤 b 和 c，直到模型收敛或达到预设的迭代次数。

优缺点：自训练（self-training）算法因其简单易实现的特性，在小规模数据集上通常能取得良好效果。然而，该方法的性能在很大程度上依赖于初始模型的准确性。如果初始模型存在较大的偏差或误差，其生成的伪标签可能不够可靠，从而在后续训练过程中积累错误，导致模型性能下降，甚至引发“错误传播”（error propagation）问题。此外，自训练算法在面对高维、复杂数据时，可能会因标签噪声的引入而导致模型的泛化能力受限。

尽管存在上述局限，自训练算法在数据标注成本较高的场景下依然具有重要价值。它能够有效利用大量未标注数据，提高模型的表现，尤其在半监督学习任务中具有广泛的应用。然而，为了提高自训练的稳定性和可靠性，通常需要结合置信度筛选、数据增强或多模型集成等策略，以降低伪标签带来的潜在风险。

7.3 机器学习策略及典型算法

7.3.1 分类

分类（classification）是机器学习中的一种监督学习任务，旨在根据已知数据样本的特征预测其所属类别。在分类任务中，模型学习的是从输入数据到标签的映射关系，即通过训练样本数据，构建一个能够预测新样本类别的模型。分类在诸如图像识别、语音识别、医学诊断、垃圾邮件过滤、金融欺诈检测等多个领域都得到了广泛应用。

（1）分类问题的基本概念

分类问题是指将输入数据（特征向量）映射到预定义的类别标签。形式化地说，给定一个训练集 $\{(\boldsymbol{x}_1,y_1),(\boldsymbol{x}_2,y_2),\cdots,(\boldsymbol{x}_n,y_n)\}$，$\boldsymbol{x}_i$ 是第 i 个样本的特征向量，y_i 是其对应的类别标签。模型的目标是学习一个映射 $f:X\to Y$,其中 X 是特征空间，Y 是标签空间，通常是有限的离散类别。

在实际应用中，分类问题可以分为以下几种类型：

二分类问题（binary classification）：任务是将输入数据分为两个类别。例如，判断邮件是否为垃圾邮件。

多分类问题（multiclass classification）：任务是将输入数据分为多个类别，但每个数据只属于一个类别。例如，手写数字识别（数字 0 到 9）。

多标签分类问题（multilabel classification）：任务是将每个输入数据分配给多个标签。例如，新闻文章可以同时属于“体育”和“娱乐”类别。

（2）分类算法概述

分类算法多种多样，依据不同的理论基础、学习方式和模型形式，分类算法可以分为以下几类。

① 线性模型：如逻辑回归（logistic regression）、线性判别分析（LDA）。

② 树模型：如决策树（decision tree）、随机森林（random forest）、梯度提升树（gradient boosting decision tree，GBDT）。

③ 实例基础模型：如 K 近邻（K-nearest neighbors，KNN）。

④ 支持向量机（SVM）：一种基于最大边距分类的算法，适用于高维数据的分类问题。

⑤ 神经网络：通过层级结构模拟复杂的分类决策过程，广泛应用于图像、语音等复杂任务中。

我们将详细介绍其中的几种典型分类算法。

（3）典型分类算法

① 逻辑回归（logistic regression）。逻辑回归是一种线性分类模型，尽管它的名称中含有“回归”二字，但它其实是用于分类问题的。它通过一个线性函数计算输入特征的加权和，然后通过 Sigmoid 函数将结果映射到一个 0 到 1 之间的概率值，最后根据阈值决定分类结果。

模型假设为：

$$P(y=1\mid\boldsymbol{x})=\frac{1}{1+\exp\left(-\boldsymbol{w}^{\mathrm{T}}\boldsymbol{x}+b\right)}\tag{7-23}$$

式中，$P(y=1\mid\boldsymbol{x})$ 是预测为类别 1 的概率；$\boldsymbol{w}$ 是权重向量；$\boldsymbol{x}$ 是输入特征；b 是偏置项；exp 表示指数函数。

通过最大化似然函数来训练逻辑回归模型，通常使用梯度下降法优化模型参数。

② 支持向量机（SVM）。支持向量机是一种基于边界最大化的分类方法。其核心思想是找到一个最优超平面，使得两类数据点之间的间隔最大化。SVM 的目标是通过最小化

结构风险来得到一个具有最大间隔的分类决策边界。对于线性可分问题，SVM 的分类决策函数为：

$$f\left(\boldsymbol{x}\right)=\boldsymbol{w}^{\mathrm{T}}\boldsymbol{x}+b \tag{7-24}$$

式中，$\boldsymbol{w}$ 是超平面的法向量；b 是偏置项。为了实现最大间隔，SVM 要求支持向量（离超平面最近的点）满足以下约束条件：

$$y_i\left(\boldsymbol{w}^{\mathrm{T}}\boldsymbol{x}_i+b\right)\geqslant 1,\forall i \tag{7-25}$$

SVM 还可以通过引入核函数将数据从低维空间映射到高维空间，处理非线性分类问题。

③ 决策树（decision tree）。决策树是一种基于树形结构的机器学习算法，广泛用于分类和回归任务。其核心思想是通过一系列特征条件的划分，将数据逐步分解为更小的子集，最终在叶节点输出相应的类别或数值。决策树的每个内部节点表示对某个特征的判断，每条分支代表该特征的不同取值，而每个叶节点则对应最终的预测结果。

构建决策树的关键在于如何选择最佳特征进行划分，以最大化信息增益或最小化不纯度。常见的划分标准包括：

a．信息增益（information gain）。信息增益衡量某一特征对数据集信息的不确定性减少程度。其计算基于熵（entropy），即数据的混乱程度。信息增益越大，表明该特征对数据集分类贡献越大，因而优先选择。决策树算法如 ID3 主要依赖于信息增益进行划分。

b．基尼指数（Gini index）。基尼指数衡量数据的不纯度，表示从数据集中随机抽取两个样本时，标签不同的概率。基尼指数越小，数据集纯度越高。分类与回归树（CART）算法通常使用基尼指数作为划分标准，以找到最优的特征分割点。

决策树的主要优点在于其结构直观易懂，能够通过“如果-否则”的规则进行决策，便于可视化和解释，且无需数据预处理，能处理非线性关系并自动选择重要特征。然而，决策树也存在一些缺点，包括：容易过拟合，特别是在树的深度较大时；对数据噪声敏感，容易被异常值影响；可能偏向选择特征值较多的特征。此外，决策树的剪枝过程较为复杂，若不加控制，可能导致模型过于复杂，从而影响其泛化能力。

为了解决决策树的过拟合问题，可以采用以下改进方法：

a．剪枝（pruning）：通过预剪枝（在树构建过程中停止过度划分）或后剪枝（在树构建后移除不必要的分支）来减少模型复杂度。

b．集成学习（ensemble learning）：结合多个决策树形成更强的模型，如随机森林（random forest）和梯度提升树（gradient boosting tree），以提高泛化能力。

c．特征选择优化：在进行特征选择时，结合交叉验证等技术，避免过度依赖单一特征。

④ 随机森林（random forest）。随机森林是一种强大的集成学习方法，它通过构建多个决策树并结合投票机制来进行分类。每棵树的训练过程采用随机抽样策略，既随机选择数据样本，又随机选择特征子集，从而增强模型的多样性和泛化能力。这种方法有效地减少了单棵决策树容易出现的过拟合问题，使得随机森林通常能比单棵决策树表现出更高的分类准确性和更强的鲁棒性。

在预测过程中，随机森林通过汇集所有决策树的预测结果并采用多数投票原则来决定最终的分类结果。由于合成了多个独立的决策树对分类结果的贡献，随机森林能有效降低个别树的偏差和方差，从而提高整体模型的稳定性和准确性。

⑤ K 近邻。K 近邻（K-nearest neighbors，KNN）算法是一种基于实例的学习方法，广泛应用于分类和回归任务。在分类过程中，KNN 通过计算待分类样本与训练集中所有样本之间的距离（如欧氏距离），并选择距离最近的 K 个样本作为“邻居”，然后，利用这 K 个邻居的类别，通过多数表决的方式决定待分类样本的最终类别。

KNN 的主要优点是其简单直观，且不需要显式的训练过程，因为模型只是存储训练数据并根据输入样本进行即时计算。它具有较强的灵活性，能够处理各种不同类型的数据。然而，KNN 的缺点也十分明显。首先，随着数据集规模的增大，KNN 的计算复杂度显著提高，尤其是在高维数据空间中，计算成本可能变得非常高。此外，KNN 对噪声数据和异常值较为敏感，这可能导致分类结果不准确。因此，在使用 KNN 时，选择合适的 K 值和合适的距离度量是至关重要的。

（4）分类算法的选择与应用

在实际应用中，选择合适的分类算法需要综合考虑数据的性质、计算资源的限制以及具体任务的需求。不同的算法在不同情境下表现各异，以下是一些常见的情境和对应的算法推荐。

线性可分数据：当数据是线性可分的，即数据点可以通过一条直线或超平面分开时，逻辑回归和支持向量机等线性模型通常能提供较好的分类效果。这些算法能够通过简单的线性决策边界实现高效分类，且计算复杂度较低。

大规模数据：对于大规模数据集，尤其是当数据量非常庞大时，可以采用决策树、随机森林和支持向量机等算法，它们能够有效处理大量样本和高维特征。这些方法不仅具有较高的准确性，而且能处理复杂的高维数据空间，尤其是随机森林能通过集成多棵树来减少过拟合，提高模型的泛化能力。

非线性问题：对于数据的决策边界是非线性的问题，例如复杂形状的边界，支持向量机（通过核函数）和神经网络等方法往往能取得更好的分类性能。核函数能够将数据映射到更高维的空间，使得非线性问题变得可分；神经网络则通过多层的非线性变换来捕捉复杂模式。

可解释性要求：当对模型的可解释性有较高要求时，决策树和逻辑回归是较为理想的选择。决策树的结构具有很好的可视化性，可以清晰展示特征如何影响分类决策；逻辑回归则提供了明确的系数解释，能够说明每个特征对分类结果的影响。

分类作为监督学习中的核心任务之一，已经在众多领域取得了显著的成果。从传统的逻辑回归到现代复杂的深度神经网络，分类算法不断发展与演化。随着数据规模的不断增大和计算能力的提升，新的分类方法和应用场景仍在不断涌现。理解分类问题的基本概念、评估指标以及不同算法的优缺点，对于选择合适的分类方法至关重要，能够帮助研究人员和工程师做出更加精准的决策并优化模型性能。

7.3.2　回归

回归（regression）是机器学习中的一种监督学习任务，目标是通过学习数据中的输入特征与连续输出变量之间的关系，来对未知数据的输出进行预测。回归模型通常用于预测数值型目标变量，例如预测房价、股市走势、天气温度、销售额等。回归问题的核心任务是拟合输入数据与输出数据之间的映射关系。

（1）回归问题的基本概念

在回归任务中，我们的目标是根据输入特征x来预测一个连续的目标变量y。与分类问题不同，回归问题的输出是连续的，而不是离散的类别标签。形式上，回归问题可以表示为：

$$y = f(x) + \epsilon \tag{7-26}$$

式中，y是目标变量；x是输入特征；$f(x)$是输入与输出之间的关系(即模型)；ϵ是噪声或误差项。回归模型的目标是学习一个函数$f(x)$，使得在给定输入x时，预测的输出$\hat{y}$与真实值y的误差最小化。根据学习任务的不同，回归问题可以分为以下几类。

① 线性回归（linear regression）：假设输入特征与目标变量之间的关系是线性的。

② 多项式回归（polynomial regression）：输入特征与目标变量之间的关系是非线性的，但可以通过引入多项式特征来进行线性建模。

③ 岭回归（ridge regression）和套索回归（lasso regression）：在普通线性回归的基础上引入正则化项，以减少过拟合。

④ 非线性回归（nonlinear regression）：当目标变量与输入特征之间的关系复杂且非线性时，使用非线性回归模型进行建模。

（2）典型回归算法

回归算法种类繁多，根据任务的不同，我们可以选择不同的回归算法。常见的回归算法包括如下。

① 线性回归。线性回归（linear regression）是最基础和最常用的回归算法。假设目标变量y与输入特征x之间存在线性关系，可以表示为：

$$y = w_1 x_1 + w_2 x_2 + \cdots + w_p x_p + b \tag{7-27}$$

式中，$w_1, w_2, \cdots, w_p$是模型的参数（权重）；b是偏置项；$x_1, x_2, \cdots, x_p$是输入特征。线性回归的目标是最小化预测值与实际值之间的误差。通常，使用均方误差（mean squared error, MSE）作为损失函数来进行优化。

② 支持向量回归。支持向量回归（support vector regression，SVR）是基于支持向量机（SVM）的回归方法。SVM 原本是用于分类任务的，而 SVR 将 SVM 的最大间隔思想应用于回归任务中。SVR 的基本思想是找到一个函数$f(x)$,使得大部分训练数据点与函数的误差小于一个给定的阈值ϵ,并尽可能使得模型的复杂度最小。SVR 的目标是通过最小化以下目标函数来找到最优函数：

$$\min\left(\frac{1}{2}\|w\|^2\right) \tag{7-28}$$

并且满足以下约束：

$$\left|y_i - f(x_i)\right| \leqslant \epsilon \tag{7-29}$$

SVR 的优点是能有效处理高维数据，尤其在数据存在噪声时仍能得到较好的回归效果。

③ 决策树回归。决策树回归（decision tree regression）是一种通过构建决策树来进行回归预测的技术。与分类任务中的决策树类似，回归树同样通过递归地划分数据空间来选择最佳特征进行分割，直到满足一定的停止条件。不同的是，在回归任务中，每个叶节点

不再表示一个类别标签，而是代表一个回归值，通常是该节点内所有样本目标变量的均值或加权平均。

在回归树中，常用的划分标准包括均方误差（MSE）和平均绝对误差（MAE）。均方误差计算的是每个数据点与预测值之间的平方差的平均值，用于衡量模型预测的准确性。而平均绝对误差则是所有预测误差的绝对值的平均，更能直接反映模型的整体预测偏差。

决策树回归的优势在于其能够有效处理数据中的非线性关系，通过灵活的树形结构捕捉复杂的输入特征与目标变量之间的关系。其优点还包括易于理解和可解释，模型的决策过程可以通过树结构清晰地展示。然而，决策树回归也存在一些不足，比如容易发生过拟合，尤其是在数据噪声较大或树深度较深的情况下。为了解决这一问题，常常需要采用剪枝技术或集成方法（如随机森林）来提升模型的泛化能力。

④ 随机森林回归。随机森林回归（random forest regression）是一种基于决策树回归的集成学习方法，通过构建多棵决策树并将每棵树的预测结果进行平均，从而减小过拟合的风险。在每棵决策树的构建过程中，随机森林会随机选择部分特征和数据子集进行训练，因此每棵树都是在不同的训练数据和特征子集上独立训练的。这种随机性使得每棵树的表现有所差异，最终通过对所有树的预测结果进行平均（在回归任务中是求取预测值的均值）来做出最终预测。

随机森林回归的主要优势在于其较强的泛化能力。通过集成多个决策树，随机森林能够有效降低单棵树可能出现的过拟合问题，特别是在数据集较复杂且维度较高时，表现尤为出色。此外，随机森林对特征的选择具有内建的随机性，使其能够处理高维数据并捕捉复杂的非线性关系。

然而，随机森林回归也有一些不足。模型由多个决策树集成，导致其相较于单一决策树模型更加复杂，因此在训练和预测过程中需要较多的计算资源，计算成本较高。这使得随机森林在一些计算资源受限或需要实时预测的应用场景下，其表现可能不如一些更简洁的模型。

⑤ 梯度提升回归。梯度提升回归（gradient boosting regression，GBR）是一种强大的集成学习方法，旨在逐步训练多个弱回归模型（通常是决策树），并将它们组合成一个具有高预测能力的强回归模型。每个新的模型都着重于拟合前一个模型的残差，从而有效地减少模型的偏差，使得整体模型能够更好地捕捉数据中的复杂模式。

GBR 的核心思想是通过梯度下降法优化损失函数，通常使用均方误差（MSE）作为损失函数。每次训练新的模型时，模型的训练目标是减少上一轮模型的误差。通过这种方式，GBR 可以逐步减少模型的偏差，并通过加权组合多个弱模型的预测结果来最终获得较高的预测精度。每一棵树在 GBR 中的作用是对前一棵树的错误进行修正，因此在理论上，GBR 能够在复杂的回归任务中取得优异的表现。

然而，GBR 也存在一定的缺点。尽管它通常能提供较好的预测精度，但模型的训练过程可能较为缓慢，特别是在大规模数据集上，且对于数据中的噪声较为敏感，容易导致过拟合问题。尤其当数据量较小或者特征复杂时，GBR 可能会受到过拟合的影响，导致模型在未见数据上的表现不如预期。为了解决这一问题，通常需要采用正则化技术，或者对学习率和树的深度等超参数进行调优。

⑥ 神经网络回归。神经网络回归（neural network regression）是一种通过多层感知机（MLP）等神经网络结构来解决回归任务的方法。在神经网络回归中，输入特征经过多个层次的非线性变换，逐渐学习输入与目标变量之间复杂的关系。每一层的输出都通过激活

函数（如 ReLU、Sigmoid 等）进行非线性变换，最终通过输出层生成回归预测结果。

神经网络回归具有显著的优势，特别是在处理高度复杂的非线性关系时，能够有效捕捉到输入数据和目标之间的复杂模式。因此，它在诸如图像处理、自然语言处理等高度复杂的任务中得到了广泛应用，尤其是在深度学习技术发展的推动下，神经网络回归已成为许多领域的重要工具。通过逐步优化网络参数，神经网络回归能够在大量数据中提取有效的信息，从而具有较强的泛化能力。

然而，神经网络回归也面临一些挑战。首先，训练神经网络通常需要大量的标注数据，以便模型能够学习到有效的特征表示，尤其是在面对复杂问题时，数据量的需求问题尤为突出。其次，神经网络的计算成本较高，训练过程需要大量的计算资源和时间。此外，神经网络回归模型在缺乏适当的正则化和调优时，容易出现过拟合问题，特别是在数据较少或特征噪声较多的情况下。因此，合理的数据预处理、超参数调节和正则化策略对于确保神经网络回归的有效性至关重要。

7.3.3 聚类

聚类（clustering）是机器学习中的一种无监督学习方法，其目的是根据数据的相似性将数据集中的对象分为若干个簇（cluster）。聚类算法在没有标签的情况下通过分析数据的内在结构来进行分组。与分类任务不同，聚类任务不依赖于已标注的训练数据，而是基于数据本身的特征进行划分。聚类广泛应用于模式识别、市场细分、图像压缩、社交网络分析等领域。

（1）聚类问题的基本概念

聚类问题通常可以定义为：给定一个数据集$\{x_1,x_2,\cdots,x_n\}$,其中每个数据点x_i属于某个特征空间，聚类的目标是将这些数据点划分为K个簇$C_1,C_2,\cdots,C_K$,使得同一个簇内的数据点相似度较高，而不同簇内的数据点相似度较低。形式化地，聚类的目标是根据某种相似性度量$d\left(x_i,x_j\right)$（通常是欧氏距离或其他相似性度量）来确定簇的划分，使得簇内的相似度最大化，簇间的相似度最小化。常见的相似性度量方法有：

欧氏距离：用于计算数据点之间的直线距离，适用于连续型特征。

$$d\left(x_i,x_j\right)=\sqrt{\sum_{k=1}^{d}\left(x_{ik}-x_{jk}\right)^2} \tag{7-30}$$

式中，d是特征的维度；x_{ik}和x_{jk}分别表示数据点x_i和x_j在第k个维度上的取值。

余弦相似度：用于衡量两个向量的夹角，适用于文本分析等领域。

$$\text{cosine similarity}\left(\boldsymbol{x}_i,\boldsymbol{x}_j\right)=\frac{\boldsymbol{x}_i\cdot\boldsymbol{x}_j}{\|\boldsymbol{x}_i\|\|\boldsymbol{x}_j\|} \tag{7-31}$$

式中，$\|\boldsymbol{x}\|$表示向量$\boldsymbol{x}$的欧氏范数。

曼哈顿距离：适用于特征值差异较小的数据。

$$d\left(x_i,x_j\right)=\sum_{k=1}^{d}\left|x_{ik}-x_{jk}\right| \tag{7-32}$$

根据数据集的不同特点，选择合适的相似性度量方法非常重要，它会直接影响到聚类的效果。

（2）聚类的评估指标

聚类任务的评估通常较为复杂，因为聚类结果没有真实标签作为对比。评估聚类质量的方法一般分为两类：内部评估指标和外部评估指标。

内部评估指标：通过衡量聚类结果本身的性质来评估聚类的效果。常见的有：

轮廓系数（silhouette coefficient）：用于衡量每个数据点与所在簇的相似度和与最近簇的相似度之间的差异。轮廓系数的值范围是[−1,1]，值越大表示聚类效果越好。

$$S(i)=\frac{b(i)-a(i)}{\max\left[a(i),b(i)\right]} \tag{7-33}$$

式中，$a(i)$ 是数据点 i 到所在簇内其他点的平均距离；$b(i)$ 是数据点 i 到其他簇中最近点的平均距离。

Davies-Bouldin 指数（DBI）：衡量簇之间的相似度，值越小表示聚类效果越好。它是簇间距离和簇内紧密度的比值。

$$\mathrm{DB}=\frac{1}{K}\sum_{i=1}^{K}\max_{i\neq j}\frac{d\left(C_i,C_j\right)}{\sigma_i+\sigma_j} \tag{7-34}$$

式中，σ_i 和 σ_j 分别表示簇 C_i 和 C_j 的标准差；$d\left(C_i,C_j\right)$ 是两个簇的距离。

外部评估指标：通过比较聚类结果与真实标签之间的一致性来评估聚类效果。常见的有：

调整兰德指数（adjusted Rand index，ARI）：衡量聚类结果与真实标签之间的相似性，值越大表示聚类结果与真实标签越一致。

互信息（mutual information，MI）：衡量聚类结果与真实标签之间的共享信息，值越大表示聚类效果越好。

（3）聚类算法

聚类算法可以大致分为以下几类：划分方法、层次方法、基于密度的方法和基于网格的方法。我们将详细介绍其中几种典型的聚类算法。

1）K 均值聚类

K 均值（K-means）聚类是最常用的划分方法之一，其核心思想是通过迭代优化簇的中心点（质心），使得簇的划分不再发生变化。算法的步骤如下。

① 初始化：随机选择 K 个数据点作为初始簇的中心。

② 分配阶段：将每个数据点分配给距离最近的簇中心。

③ 更新阶段：重新计算每个簇的质心，即簇内所有点的均值。

重复步骤②和③，直到簇的划分稳定。

K 均值的目标是最小化簇内的平方误差（SSE）：

$$\mathrm{SSE}=\sum_{i=1}^{K}\sum_{x_j\in C_i}\left\|x_j-c_i\right\|^2 \tag{7-35}$$

式中，C_i 是第 i 个簇；c_i 是第 i 个簇的质心；x_j 是属于第 i 个簇的数据点。K 均值聚类的优点是计算效率较高，适用于大规模数据集，但其缺点是需要预先指定簇的数量 K，且对初始簇中心的选择较为敏感。

2）层次聚类（hierarchical clustering）

层次聚类是一种通过构建树状结构（树状图）来表示数据聚类过程的方法。层次聚类可以分为两类。

① 凝聚层次聚类（agglomerative hierarchical clustering）：从每个数据点作为一个簇开始，不断合并最相似的簇，直到所有数据点都属于一个簇。

② 分裂层次聚类（divisive hierarchical clustering）：从所有数据点作为一个簇开始，不断分裂成更小的簇，直到每个数据点都形成一个单独的簇。

在层次聚类的结果中，通常会使用树状图（dendrogram）来展示聚类的过程。在树状图中，每个节点代表一个簇，分支的高度则表示合并或分裂时的相似度或距离。树状图不仅能够直观展示不同簇之间的关系，还能够帮助用户根据相似度阈值选择合适的聚类级别。

层次聚类的一个主要优点是，它不需要预先指定簇的数量，这使得它在面对未知簇数时非常灵活。然而，层次聚类的计算复杂度较高，特别是在数据量较大的情况下，可能会导致计算资源的消耗过大。因此，层次聚类更适用于小规模数据集，对于大规模数据，往往需要借助一些优化算法或改进方法来提高其效率。

3）DBSCAN（density-based spatial clustering of applications with noise）

DBSCAN 是基于密度的聚类方法，其核心思想是通过密度来定义簇。DBSCAN 不需要预先指定簇的数量，而是通过设定两个参数——邻域半径 ϵ 和最小点（样本）数 MinPts，来定义簇的结构。DBSCAN 的算法步骤如下。

① 对每个数据点进行扫描，找出在邻域半径 ϵ 内的所有邻居点。

② 如果邻居点数大于等于 MinPts，则将该点及其邻居点归为一个簇。

③ 对每个簇继续扩展，直到不能再扩展为止。

④ 对于无法归入任何簇的点，将其标记为噪声。

DBSCAN 的一个重要优点是它能够有效地发现形状不规则的簇，因此适用于许多实际应用场景，如地理数据分析和图像分割。此外，DBSCAN 具有自动识别噪声点的能力，使其在处理含噪数据时更加鲁棒。与 K-means 等方法不同，DBSCAN 不依赖于预设簇数，这使得它在面对未知簇数时具有更大的灵活性。

然而，DBSCAN 也有一定的局限性，最主要的缺点是对参数选择（尤其是邻域半径 ϵ 和最小点数 MinPts）的敏感性。如果参数设置不合适，可能会导致聚类结果不理想，例如将簇划分得过细或无法有效识别簇。

7.3.4 降维

降维（dimensionality reduction）是指通过一定的算法将高维数据映射到较低维空间的过程，目的是减少数据的复杂度和存储需求，同时尽量保留数据中的关键信息。在机器学习和数据挖掘中，降维有助于减少计算负担、提高学习算法的效率、避免过拟合，并有助于数据可视化。随着大数据技术的不断发展，降维已成为数据预处理和特征工程中不可或缺的一个环节。

（1）降维的基本概念

在机器学习中，数据集通常由多个特征组成，这些特征构成了数据的维度空间。随着特征维度的增加，数据的复杂性也随之增大，导致以下问题：

计算开销：高维数据需要更多的计算资源和时间来进行处理，尤其是在训练机器学习模型时，维度过高可能导致模型训练效率低下。

过拟合：在高维空间中，数据往往变得稀疏，容易导致模型过拟合，泛化能力变差。

可视化困难：高维数据无法直接在二维或三维空间中可视化，限制了数据分析的直观性。

降维通过将数据从高维空间映射到低维空间，同时保留尽可能多的信息，从而减小数据的维度。这一过程通常包括两个步骤。

① 特征选择：从原始数据中选取最重要的特征，剔除不相关或冗余的特征。

② 特征提取：通过某些变换将原始特征映射到新的低维空间。

降维的目的是通过保留数据的主要变异性和信息来简化问题，从而在减少计算成本的同时保留模型的有效性。

（2）降维的方法

降维方法大致可以分为两类：线性降维方法和非线性降维方法。不同的降维方法适用于不同的数据结构和任务需求。接下来，我们将分别介绍这两类方法中的一些典型算法。

线性降维方法通过线性变换将数据映射到低维空间，最常见的线性降维方法包括主成分分析（PCA）和线性判别分析（LDA）。

1）主成分分析（PCA）

主成分分析（principal component analysis，PCA）是一种常用的线性降维方法，旨在通过线性变换将数据投影到一个新的坐标系中，使得数据的方差最大化，从而保留数据的主要特征。

PCA 的核心思想是寻找数据的主成分，即数据变化最为显著的方向。在数学上，PCA 通过计算数据的协方差矩阵，得到特征值和特征向量。特征值表示数据沿特征向量方向的方差大小，特征向量表示主成分的方向。PCA 的步骤如下。

① 标准化数据：如果数据的不同特征的量纲不同，需要先对数据进行标准化（如减去均值，除以标准差），使得所有特征的均值为 0，方差为 1。

② 计算协方差矩阵：计算数据的协方差矩阵，表示各个特征之间的关系。

③ 计算特征值和特征向量：对协方差矩阵进行特征值分解，得到特征值和特征向量。

④ 选择主成分：选择前 k 个特征向量，这些特征向量对应的特征值最大，表示数据变异性最大的方向。

⑤ 降维变换：将数据投影到选定的主成分上，得到低维表示。

PCA 的目标是最大化数据方差，因此它能有效保留数据的主要信息。但其缺点是仅适用于线性数据，对于非线性数据效果较差。

2）线性判别分析（LDA）

线性判别分析（linear discriminant analysis，LDA）是另一种常见的线性降维方法，主要用于分类任务中的降维。与 PCA 不同，LDA 的目标是最大化类间散度（不同类别之间的差异），同时最小化类内散度（同一类别内的差异）。

LDA 通过寻找能够最大化类别间差异的低维空间，使得数据在降维后能够保持较好的分类效果。LDA 的步骤如下。

① 计算类内散度矩阵：计算每个类别的数据点与该类别均值的差异，得到类内散度矩阵。

② 计算类间散度矩阵：计算各类别均值与整体均值的差异，得到类间散度矩阵。

③ 计算特征值和特征向量：对类内散度矩阵和类间散度矩阵进行特征值分解，得到特征值和特征向量。

④ 选择最优特征向量：选择前 k 个特征向量，构成最终的低维空间。

⑤ 降维变换：将数据投影到新的低维空间中。

LDA 与 PCA 的区别在于，LDA 更关注数据的类别信息，因此它能够在分类任务中获得更好的降维效果。然而，LDA 假设数据服从高斯分布，且各类的协方差矩阵相同，这一假设在实际数据中不一定成立。

非线性降维方法通过非线性变换将数据映射到低维空间，适用于处理那些线性降维方法无法有效处理的复杂数据。常见的非线性降维方法包括 t-SNE、isomap 和自编码器（autoencoder）。

3）t-SNE（t-distributed stochastic neighbor embedding）

t-SNE 是一种基于概率分布的非线性降维方法，广泛用于高维数据的可视化。t-SNE 通过保持相似数据点之间的局部结构，将高维数据映射到二维或三维空间中，以便进行直观展示。t-SNE 的基本思路如下。

① 构造概率分布：首先，计算高维数据点之间的相似度，通常使用高斯分布度量相似性。对于每一对数据点 i 和 j，计算条件概率 $p_{j|i}$，表示在给定数据点 i 的情况下，数据点 j 是其邻居的概率。

$$p_{j|i}=\frac{\exp\left(-\frac{\left\|x_i-x_j\right\|^2}{2\sigma_i^2}\right)}{\sum_{k\neq i}\exp\left(-\frac{\left\|x_i-x_k\right\|^2}{2\sigma_i^2}\right)} \tag{7-36}$$

② 构造低维空间的概率分布：在低维空间中，通过概率分布来保持数据点之间的相似度。t-SNE 通过最小化高维空间和低维空间之间的 Kullback-Leibler 散度来优化低维表示。

③ 优化目标：通过梯度下降法优化低维表示，使得低维空间中的数据点保持原始数据中的相对距离和相似度。

t-SNE 的优点是能够有效保留高维数据的局部结构，特别适用于高维数据的可视化。但其缺点是计算复杂度较高，且难以处理大规模数据集。

4）自编码器（autoencoder）

自编码器（autoencoder）是一种基于神经网络的非线性降维方法，旨在通过学习一个神经网络模型，将高维数据映射到低维空间。自编码器通常由两部分组成：编码器和解码器。编码器负责将输入数据压缩为低维表示，而解码器则将这一低维表示重新构建为原始数据。通过这一过程，自编码器能够在高维空间和低维空间之间建立有效的映射关系。

自编码器的目标是最小化重建误差，即使得经过编码和解码后的数据尽可能接近原始输入数据。具体来说，自编码器通过优化损失函数来训练网络，通常使用的损失函数包括均方误差（MSE）等，用于衡量原始输入与重建结果之间的差异。

自编码器的结构如下。

① 编码器：将输入数据 x 映射到低维表示 $z=f(x)$。

② 解码器：将低维表示 z 重建为原始数据 $\hat{x}=g(z)$。

③ 损失函数：最小化重建误差 $L(x,\hat{x})$，常见的损失函数包括均方误差（MSE）等。

自编码器的优势在于它能够捕捉数据中的非线性关系，因此能够处理复杂的、高维的数据结构，尤其适用于图像、语音和文本等多种类型的数据。与传统的线性降维方法（如主成分分析）相比，自编码器可以在非线性空间中进行降维，从而获得更丰富、更精确的数据表示。

随着深度学习的发展，深度自编码器（即具有多个隐含层的自编码器）已成为降维和特征学习领域的重要方法。深度自编码器能够通过多层次的抽象学习更为复杂的模式和特征，广泛应用于数据压缩、图像去噪、特征提取等多个领域。

降维是数据分析中不可或缺的一部分，它通过减少数据的维度来简化问题，提高模型的效率和泛化能力。无论是线性降维方法如 PCA 和 LDA，还是非线性降维方法如 t-SNE 和自编码器，都为处理高维数据提供了有效的工具。根据具体任务的需求和数据特性，选择合适的降维方法，可以大大提升机器学习模型的性能和数据分析的效果。

第 8 章

深度学习

8.1 深度学习发展概述

人工神经网络是一类基于模拟生物神经元结构，从数据中学习的算法严格来说仍属于机器学习的范畴。人工智能、机器学习、神经网络和深度学习之间的关系可视为一个包含递进关系的层级体系（图 8-1），其中神经网络作为机器学习的一个重要分支，其复杂性和规模近年来大大超过了传统机器学习方法。如果将机器学习比作一棵大树的主干，神经网络就像异常粗大的分枝，与其他相对细小的分枝形成鲜明对比。

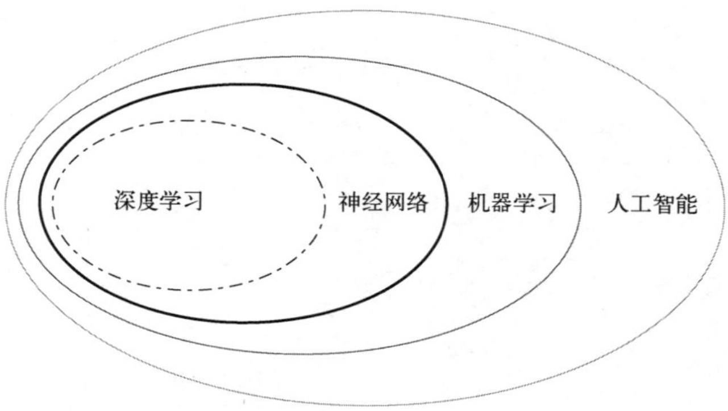

图 8-1　人工智能、机器学习、神经网络、深度学习关系图

在神经网络发展的早期，由于计算能力和数据量的限制，其层数通常较浅（1 至 4 层），网络的表达能力受限。然而，随着计算能力的提升和大数据时代的到来，尤其是高度并行化的 GPU 硬件和海量数据的普及，大规模神经网络的训练成为可能。2006 年，Geoffrey Hinton 首次提出了“深度学习（deep learning）”的概念。2012 年，包含 8 层深度结构的 AlexNet 模型问世，并在图像识别竞赛中取得了巨大突破。自此，数十层、数百层甚至上千层的深度神经网络相继被提出，深度学习展示了强大的学习能力。随着模型规模的持续增长，在大多数语境下，深度学习与神经网络的概念已趋于同义。

神经网络的起源可以追溯到 1943 年，当时神经科学家 Warren McCulloch 和逻辑学家

Walter Pitts 基于生物神经元的结构提出了首个数学神经元模型，即 MP 神经元模型（图 8-2）。其输出公式为 $y=f(x)=h[g(x)]$，其中 $g(x)=\sum_i x_i, x_i\in\{0,1\}$。这一模型虽能实现简单的逻辑判定，但缺乏学习能力，仅能处理固定逻辑问题。

1958 年，美国心理学家 Frank Rosenblatt 提出了能够自动学习权重的感知机（perceptron）（图 8-3）。感知机通过输出值与真实值之间的误差，调整神经元的权重参数，从而实现学习。然而，由于当时的训练方法有限，多层神经网络的自动训练难以实现，需要通过人工调整权重进行尝试，效率极其低下。1943 年至 1969 年通常被认为是人工智能的第一次繁荣期。

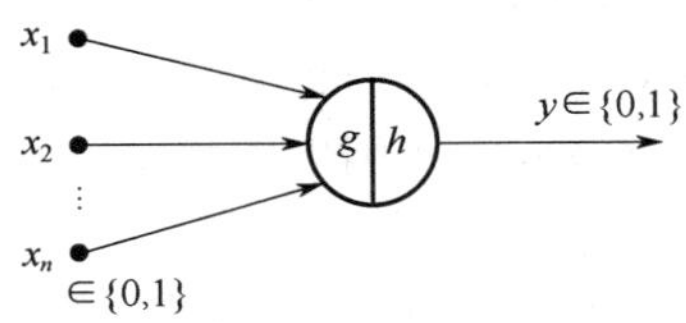

图 8-2　MP 神经元模型

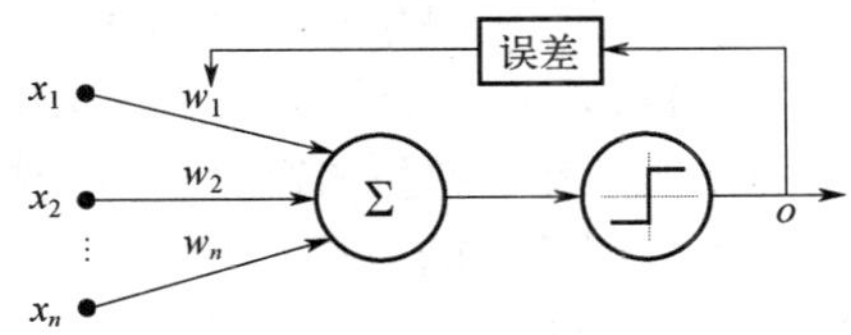

图 8-3　感知机模型

然而，1969 年，Seymour Papert 和 Marvin Minsky 在其出版的《感知机：计算几何学概论》（*Perceptrons: An Introduction to Computational Geometry*）中指出了感知机等线性模型的主要缺陷，如无法处理异或（XOR）等线性不可分问题。这一批评直接导致神经网络研究进入低谷，1969 年至 1982 年被称为人工智能的第一次寒冬。

尽管如此，神经网络领域并未停滞不前，其中最重要的研究进展是误差反向传播（back propagation，BP）算法的提出。BP 算法是现代神经网络的核心理论之一。事实上，其数学思想早在 20 世纪 60 年代已被提出，最初被称为“凯利-布赖森算法”（Kelly-Bryson algorithm）。1969 年，Arthur Bryson 与 Yu-Chi Ho 在《应用最优控制》（*Applied Optimal Control*）一书中详细描述了这一方法。直到 1974 年，美国科学家 Paul Werbos 在其博士论文中首次提出将 BP 算法应用于神经网络，但未引起广泛关注。1986 年，David Rumelhart 等人在 *Nature* 上发表了应用 BP 算法进行表征学习的论文，BP 算法才逐渐受到重视。

1989 年，Yann LeCun 等人将 BP 算法成功应用于手写数字识别系统，并在邮政编码、银行支票识别等领域实现商用。1997 年，Jürgen Schmidhuber 提出了现今广泛应用的循环神经网络变种之一——LSTM，同年还提出了双向循环神经网络。这一阶段被视为人工神经网络的第二次高潮。

然而，由于计算技术的限制，大规模神经网络的训练依然困难。与此同时，支持向量机（SVM）等传统机器学习算法因其数学上的严谨性、较低的训练成本及良好的泛化能力而崛起，神经网络再度进入低谷。这段时期被称为人工智能的第二次寒冬。相比之下，支持向量机具有严格的理论基础，所需样本量少且易于训练，而神经网络因理论基础薄弱、难以解释、训练深层网络难度大且性能一般，在竞争中处于劣势。

2006 年，Geoffrey Hinton 等人提出了逐层预训练的方法（layer-wise pretraining），成功解决了多层神经网络的训练难题，并在 MNIST 手写数字图片数据集上取得了优于支持向量机（SVM）的错误率。这一突破标志着第三次人工智能复兴的开端。在这项工作中，Hinton 首次提出了“深度学习”的概念，这也是深层神经网络被称为“深度学习”的由来。

2011 年，Xavier Glorot 提出了修正线性单元（rectified linear unit，ReLU）激活函数。ReLU 函数由于其简单高效的特性，迅速成为最广泛使用的激活函数之一。2012 年，Alex

Krizhevsky 开发了 8 层深度神经网络 AlexNet。AlexNet 引入了 ReLU 激活函数，并采用 Dropout 技术来防止过拟合。与此前的逐层预训练方法不同，AlexNet 直接在两块 NVIDIA GTX580 GPU 上进行端到端训练。在 2012 年的 ILSVRC 图片识别比赛中，AlexNet 以显著的优势获得第一名，其 Top-5 错误率比第二名低了惊人的 10.9%。

在 AlexNet 模型发布后，深度学习领域涌现了大量新算法和模型，例如 VGG 系列、GoogLeNet 系列、ResNet 系列和 DenseNet 系列。其中，ResNet 通过引入残差连接，使网络层数达到了数百层甚至上千层，同时保持或提升了模型性能。由于其简单有效且通用性强，ResNet 成为深度学习领域最具代表性的模型之一。

除了在监督学习领域取得卓越成就，深度学习在无监督学习和强化学习领域也表现出色。2014 年，Ian Goodfellow 提出了生成对抗网络。GAN 通过对抗训练方式，使模型能够学习样本的真实分布，并生成高度逼真的样本。近年来，GAN 的应用广泛扩展，生成的图像甚至达到了以假乱真的效果。

2016 年，DeepMind 公司将深度神经网络应用于强化学习领域，提出了深度 Q 网络（deep Q-network，DQN）算法。DQN 在 Atari 游戏平台上的 49 款游戏中达到了甚至超越人类的表现。同年，DeepMind 推出的 AlphaGo 和 AlphaGo Zero 击败了人类顶级围棋选手李世石与柯洁。此外，在 Dota2 游戏平台，OpenAI 开发的 OpenAI Five 在受限游戏环境下战胜了 TI8 冠军队伍 OG 队，展示了专业级智能操作。

从 2006 年至 2019 年，深度学习领域经历了多个里程碑式的发展（如图 8-4 所示）。

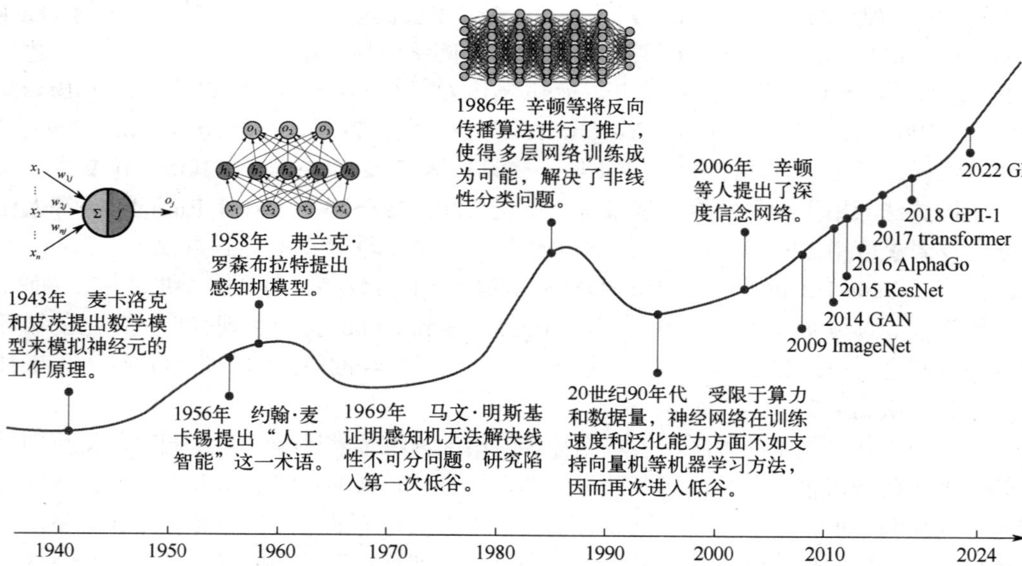

图 8-4 神经网络发展脉络

目前，市场上有多种深度学习框架，为开发人员提供了便利，以下是三种主要框架的简要介绍：

① TensorFlow：由 Google 公司开发，是一个支持 CPU 和 GPU 计算的深度学习框架。TensorFlow 通过数据流图表示计算过程，其名称源于计算过程中操作的多维数组（张量，tensor）。TensorFlow 1.x 版本采用静态计算图，而从 2.0 版本开始支持动态计算图。尽管其在 2020 年前占据主导地位，但由于版本更新后，旧版项目迁移困难，逐渐被 PyTorch 超越。

② PyTorch：由 Facebook、NVIDIA 和 Twitter 等公司开发维护。PyTorch 借鉴了 Lua 语言的 Torch7，是基于动态计算图的框架，在需要动态调整神经网络结构的任务中表现突出。PyTorch 目前是科研领域应用最广泛的深度学习框架。

③ 飞桨（PaddlePaddle）：由百度开发，是一种高效、可扩展的深度学习框架，支持动态图和静态图。飞桨具备强大的并行计算能力，支持稠密和稀疏参数场景的大规模训练，适用于千亿参数规模和数百节点的高效分布式训练。

8.2 深度学习基本概念

8.2.1 数据相关概念

我们以猫狗图片分类问题为例，理解深度学习中与数据相关的一些概念。在猫狗分类问题中，我们希望训练后的模型在输入一张图片后，能判断图片中的动物是猫还是狗。训练模型就是让模型观察足够多的猫和狗的图片。这样足够多的图片就是一个训练集（training set）。

在训练过程中，验证集（validation set）是用于调整模型参数和防止过拟合的数据子集。在训练过程中，我们需要调整超参数（如学习率、迭代次数等），以找到最佳模型。将模型在验证集上的表现作为判断依据，不断优化超参数的取值。

训练完成后，我们再给一些模型没有见过的图片来考察模型是否学会了区分猫和狗。这些模型没有见过的图片就被称为测试集（test set）。测试集用来验证模型在未见过的数据上的表现。测试集提供了一个客观的评估标准，确保模型不仅在训练数据上表现良好，也要在未见过的猫狗图片上有良好表现，即在实际应用中具备良好的泛化能力。

无论是训练集还是测试集，都是由许多的样本组成的。在猫狗分类任务中，每一张猫或狗的图片就是一个样本。样本是模型学习的对象，包含了用于学习的输入数据和对应的输出标签（label）。标签是与样本对应的输出，也就是我们希望模型预测的目标。在猫狗分类任务中，每张图片都有一个标签，用于标识图片中是猫还是狗。标签是模型训练的监督信号，是实现监督学习的基础。当然也可以对没有标签的任务进行无监督学习。

输入数据通常是一系列特征（feature），特征是描述样本的重要信息。在图像处理中，特征可以是像素值、颜色、纹理等。在传统机器学习中，特征通常需要手工提取，而在深度学习中，只需要输入图片，特征就可以通过模型自动学习和提取。这种特征提取能力是深度学习相较于传统方法的显著优势之一。当然也可以认为输入图片上的每一个像素就是一个特征。

所有可能的样本的集合被称为样本空间（sample space）。在猫狗分类任务中，样本空间包含了所有可能的猫和狗的图片。样本空间的大小通常非常庞大，因为现实中可能存在无数种猫和狗的图片形式。

输入特征的数量和取值范围构成的集合被称为输入空间，所有可能的输出构成的集合被称为输出空间。

从样本空间中抽样得到的由一部分样本组成的集合被称为数据集（dataset）。常把数据集分成训练集和测试集用于训练和评估模型。通过在训练集上不断调整模型参数，模型可以学习到如何将输入特征映射到输出标签。对于猫狗分类任务，训练集中的图片用于训练神经网络，使其能够识别猫和狗的特征。训练完成后，我们使用测试集来验证模型在未见过的数据上的表现。

函数空间（function space）是指模型可以表示的所有函数的集合。在深度学习中，函数空间由模型结构（例如神经网络的层数、每层的神经元数量）和参数（如权重和偏置）决定。训练模型的目标就是从这个函数空间中找到一个能够最好地映射输入特征到输出标签的函数。在猫狗分类任务中，即找到一个能够根据输入图片正确预测出是猫还是狗的函数。

8.2.2 模型相关概念

对于一个学习任务，首先要确定其输入空间和输出空间。根据输出空间的不同，学习任务被分为分类问题和回归问题。分类问题是指输出在输出空间中都是离散的点，回归问题则是指输出在输出空间中是连续变化的，具体可参见前文叙述。

一个神经网络 $\mathcal{F}$ 可以表示为一个参数化的函数族：

$$\mathcal{F}=\left\{f\left(x;\boldsymbol{\theta}\right)|\boldsymbol{\theta}\in\mathbf{R}^{D}\right\} \tag{8-1}$$

即神经网络 $\mathcal{F}$ 可以看作是以训练集 x 为输入，并由模型参数 $\boldsymbol{\theta}$ 决定的所有函数 f 的集合。根据函数 f 是线性还是非线性，模型可以分为线性模型和非线性模型。

1943 年，美国神经科学家 Warren Sturgis McCulloch 和数理逻辑学家 Walter Pitts 从生物神经元的结构上得到启发，提出了人工神经元的数学模型，这进一步被美国心理学家 Frank Rosenblatt 发展并提出了感知机（perceptron）模型。1957 年，Frank Rosenblatt 在一台 IBM-704 计算机上面模拟实现了他发明的感知机模型，这个网络模型可以完成一些简单的视觉分类任务，例如区分三角形、圆形、矩形等。

在感知机模型中：

$$f=\boldsymbol{w}^{\mathrm{T}}\boldsymbol{x}+b \tag{8-2}$$

它是一个线性模型，$\boldsymbol{w}^{\mathrm{T}}$ 是输入的权重矩阵，b 是偏置。线性模型不能处理线性不可分问题。这也是神经网络第二次低谷的原因。通过在线性模型上套一层非线性的激活函数，变成：

$$h=\sigma\left(\boldsymbol{w}^{\mathrm{T}}\boldsymbol{x}+b\right) \tag{8-3}$$

式中，σ 被称为激活函数。这样就能够处理非线性问题了。通过堆叠 h，构成的 f 就可以学习任意复杂的非线性函数。如图 8-5 是一个具有五层的神经网络。第一层被称为输入层（input layer），图 8-5 中神经网络输入层有四个输入。最后一层被称为输出层（output layer），图 8-5 中输出层有三个输出。中间的三层被称为隐藏层（hidden layers）。输入层和输出层的神经元数量由具体的问题确定，不能随意更改，但隐藏层的层数和每一层的神经元数量都是可以调整的超参数。

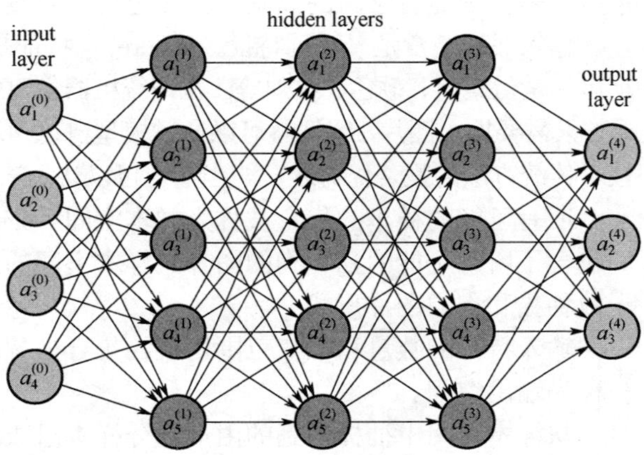

图 8-5 多层神经网络

8.2.3 误差反向传播算法

如果拥有无限的计算资源，我们可以通过尝试所有可能的权重组合，找到在训练过程中误差最小的权重。然而，这在现实中不可行，因为即使是一个小型神经网络，也会涉及无数种权重组合。为了避免对每种权重组合进行暴力搜索，我们需要寻找更高效的替代方法。

误差反向传播（back propagation，BP）算法便是为了解决这一问题而提出的。这一算法是训练神经网络的基础方法，它能够高效地计算每个参数的梯度，并借助优化算法（如梯度下降）对网络参数进行更新。误差反向传播算法的整个过程可以分为以下四个主要步骤：前向传播、计算误差、反向传播和参数更新。

在前向传播阶段，输入数据依次通过网络的每一层，直到输出层生成预测结果。输入层接收数据后，在每一层执行以下计算：

$$h=\sigma\left(\boldsymbol{w}^{\mathrm{T}}\boldsymbol{x}+b\right) \tag{8-4}$$

然后将结果传递到下一层，直到输出层产生最终的预测。

接下来，计算输出层的预测结果与真实标签之间的误差。误差通常通过损失函数（如均方误差或交叉熵损失）进行衡量。

反向传播是根据损失函数的值，利用链式法则（chain rule）计算损失函数对每一层权重和偏置项的偏导数（即梯度）。通过这些梯度，可以调整权重和偏置项，直至损失函数达到最小值或完成预设的迭代次数。

链式法则在反向传播中的作用至关重要。例如，对于函数关系：

$$y=g\left(x\right),\quad z=h\left(y\right)$$

要求 $\frac{\mathrm{d}z}{\mathrm{d}x}$，可以通过以下传递关系：

$$\Delta x\rightarrow\Delta y\rightarrow\Delta z$$

并得到公式：

$$\frac{\mathrm{d}z}{\mathrm{d}x}=\frac{\mathrm{d}z}{\mathrm{d}y}\times\frac{\mathrm{d}y}{\mathrm{d}x} \tag{8-5}$$

利用这一原理，可以逐层求出模型中所有参数关于误差的导数，从而实现梯度更新。

梯度下降算法通过计算每个训练样本对神经网络中每个权重的梯度，提示如何调整权重以最小化误差函数。梯度是误差函数对权重的偏导数，反映了权重的当前值对误差的影响方向和大小。如果梯度为零，说明权重无需调整；负梯度表示应增大权重以减小误差；正梯度表示应减小权重以减小误差。

通过多次迭代计算，每次根据梯度更新权重，误差函数会逐渐趋于最小。权重调整的幅度由学习率（learning rate）决定。如果学习率过小，优化速度会很慢，计算资源消耗较大；如果学习率过大，优化过程可能不稳定，甚至无法收敛。目前，已有许多算法可以动态调整学习率，以实现更高效的模型训练。

8.2.4 激活函数

激活函数是神经网络中对神经元输出进行非线性变换的关键组件，它赋予了神经网络学习复杂特征和拟合非线性函数的能力，从而突破了线性模型在处理复杂非线性问题上的局限性。以下介绍几种常见且广泛应用的激活函数。

（1）Sigmoid 函数

Sigmoid 函数也称为 Logistic 函数，定义为：

$$\text{Sigmoid}(x) \stackrel{\Delta}{=} \frac{1}{1+\mathrm{e}^{-x}} \tag{8-6}$$

它能够将输入 $x \in \mathbf{R}$ 映射到 $(0,1)$ 区间，因而在机器学习中有多种重要用途。

概率分布：Sigmoid 函数的输出自然契合概率范围[0,1]，常用于将网络输出转化为概率值。

信号强度：在一些应用中，Sigmoid 输出可以表示信号强度，例如像素的颜色强度或门控值的强弱。

Sigmoid 函数是连续可导的，如图 8-6 所示，这使得它可以用于梯度下降算法优化网络参数。然而，Sigmoid 函数在输入值较大或较小时容易出现梯度消失问题，从而导致训练较深层网络时学习速度变慢。

（2）ReLU 函数

ReLU（rectified linear unit，修正线性单元）是目前应用最为广泛的激活函数之一，其定义为：

$$\text{ReLU}(x) \stackrel{\Delta}{=} \max(0,x) \tag{8-7}$$

ReLU 函数的特点是对负值输出 0，而对正值直接输出，函数曲线简单且计算效率高。这一单边抑制特性与生物神经元的兴奋模式非常相似。2001 年，神经科学家 Dayan 和 Abbott 通过模拟脑神经元，提出了更精确的激活模型，其特性与 ReLU 函数十分相近。

ReLU 函数的广泛应用始于 2012 年 AlexNet 的提出。AlexNet 模型首次采用 ReLU 激活函数，显著提高了收敛速度，并成功训练了包含 8 层结构的深层网络。然而，ReLU 函数在输入小于 0 时梯度恒为 0，这可能导致某些神经元“死亡”，即参数无法更新。

函数如图 8-7 所示。可以看到，经过 ReLU 激活函数后，负数全部抑制为 0，正数得以保留。ReLU 函数的设计源自神经科学，函数值和导数值的计算均十分简单，同时有着优良的梯度特性，在大量的深度学习应用中被验证非常有效，是应用最广泛的激活函数之一。

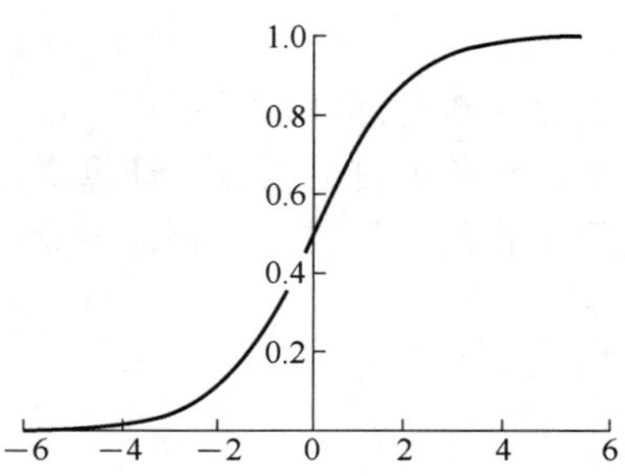

图 8-6　Sigmoid 激活函数

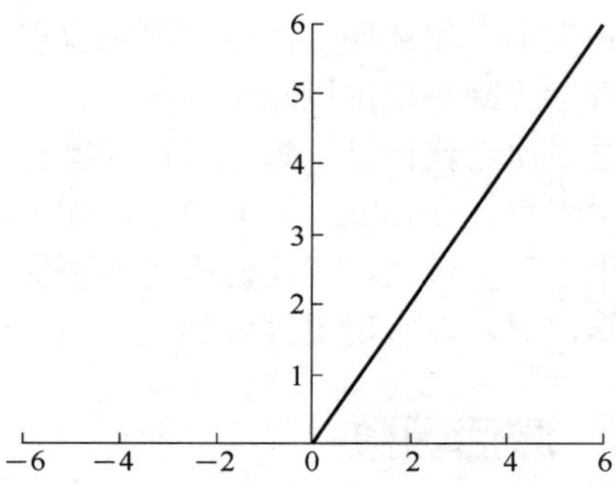

图 8-7　ReLU 激活函数

（3）LeakyReLU 函数

ReLU 函数在 $x<0$ 时导数值恒为 0，可能会造成梯度弥散现象，为解决这一问题，Leaky ReLU 函数应运而生，其定义为：

$$\text{LeakyReLU} \overset{\Delta}{=} \begin{cases} x, x \geqslant 0 \\ px, x < 0 \end{cases} \tag{8-8}$$

其中，p 为自定义的某较小数值的超参数，如 0.02 等。当 $p=0$ 时，LeakyReLU 函数退化为 ReLU 函数；当 $p \neq 0$ 时，$x<0$ 处能够获得非零导数值 p，从而避免出现梯度弥散现象。

（4）tanh 函数

tanh 函数能够将输入 $x \in \mathbf{R}$ 映射到 $(-1,1)$ 区间，其定义为：

$$\tanh(x) = \frac{e^x - e^{-x}}{e^x + e^{-x}} = 2\text{Sigmoid}(2x) - 1 \tag{8-9}$$

可以看到 tanh 激活函数可通过 Sigmoid 函数缩放平移后实现，函数曲线如图 8-8 所示。与 Sigmoid 相比，tanh 的输出区间更对称，因而在零均值输入的场景中更为有效。

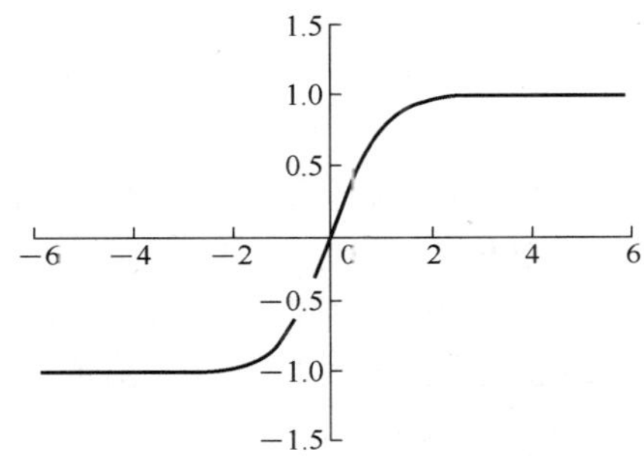

图 8-8 tanh 激活函数

（5）Softmax 函数

Softmax 函数是多分类问题中广泛使用的一种激活函数，其核心作用是将模型的输出值转化为一个概率分布。它的输出不仅被映射到[0,1]区间内，而且所有输出值的总和始终为 1，这满足概率分布的基本要求。因此，Softmax 函数非常适合处理多类别分类任务，例如图像分类和语言建模。

对于给定的输入向量 $\boldsymbol{z}$，Softmax 函数的输出为：

$$\text{Softmax}(z_i) \overset{\Delta}{=} \frac{e^{z_i}}{\sum_{j=1}^{d} e^{z_j}} \tag{8-10}$$

式中，e^{z_i} 表示指数函数，用于对每个输入值进行指数变换，确保输出值为正数；$\sum_{j=1}^{d} e^{z_j}$ 是归一化项，用于确保所有输出值的总和为 1。

直观地理解，可以将 Softmax 函数视为一个“归一化放大器”：首先，对每个输入值进行指数变换，将其映射到正数空间。指数变换会放大输入值之间的差异，使得较大的值更加显著，而较小的值趋于忽略。然后，通过对所有指数值求和进行归一化，确保输出是一个有效的概率分布。例如，在多分类问题中，Softmax 输出可以直接解释为每个类别的预测概率，从而使模型在类别选择上更加直观和可信。

然而，在实际计算中，Softmax 函数可能会因输入值过大导致数值溢出，从而引发计算问题。为了解决这一问题，通常会引入数值稳定化的技巧。在实际实现中，通常对 Softmax 的输入值进行平移变换，即用每个输入值减去所有输入值中的最大值。这不会改变最终的输出概率分布，因为 Softmax 函数具有平移不变性：

$$\text{Softmax}(z_i) = \text{Softmax}(z_i - c) \tag{8-11}$$

其中，常数 c 可以是任意值。选择减去输入中的最大值 max(z)是一种标准做法，原因在于它能最大程度减少数值溢出或下溢的风险。

8.2.5 损失函数

损失函数（loss function）是机器学习和深度学习中用于衡量模型预测结果与真实标签之间差异的核心工具。它是优化算法的目标函数，指导模型参数的更新方向和幅度，从而逐步提高模型的性能。损失函数的值反映了模型预测的准确性：损失越小，模型的预测结果与真实标签越接近；损失越大，差异则越显著。

下面介绍一些常见的损失函数。

（1）均方误差函数

均方误差（mean squared error，MSE）函数把输出向量和真实向量映射到笛卡儿坐标系的两个点上，通过计算这两个点之间的欧氏距离来衡量两个向量之间的差距。表达式如下：

$$\mathrm{MSE}=\frac{1}{n}\sum_{n}\left(\hat{y}_i-y_i\right)^2 \tag{8-12}$$

式中，$\hat{y}_i$ 代表第 i 个样本的预测值；y_i 代表第 i 个样本的测量值。

MSE 函数的值总是大于或等于 0，当 MSE 函数达到最小值 0 时，输出等于真实标签，此时神经网络的参数达到最优状态。均方误差函数广泛应用在回归问题中，实际上，分类问题中也可以应用均方误差函数。

（2）交叉熵

交叉熵（cross-entropy）是信息论和机器学习中的一个重要概念，用于衡量两个概率分布之间的差异。交叉熵可以很好地衡量两个分布之间的“距离”。具体来说，交叉熵度量了一个概率分布 p 与另一个概率分布 q 之间的“距离”，即如果 q 用来近似 p，会导致多少额外的编码信息。公式如下：

$$H(p\,||q)=-\sum_{i}p\left(i\right)\log q\left(i\right) \tag{8-13}$$

式中，$p(i)$是真实分布（如目标标签的独热编码）；$q(i)$是模型的预测分布。

交叉熵在概率分布上量化了预测的准确性，预测分布 q 越接近真实分布 p，交叉熵的值越小。当真实类别上的预测概率为 1 时，交叉熵达到最小值 0，表示预测完全正确，神经网络取得最优状态。在机器学习中，最小化交叉熵等价于最大化正确类别的预测概率，这也是分类问题中神经网络训练的核心目标。通过优化交叉熵损失函数，模型会不断调整参数，使预测分布更接近真实分布。

从信息论的角度，交叉熵可以被理解为编码长度的期望值，最优模型对应于最短的平均编码长度。可以先回顾信息熵的定义。对于一个离散随机变量 X，其概率分布为 $P=\left\{p_1,p_2,\cdots,p_n\right\}$，则信息熵 $H\left(P\right)$ 定义为：

$$H\left(P\right)=-\sum_{i=1}^{n}p_i\log p_i \tag{8-14}$$

信息熵衡量了随机变量的不确定性或平均信息量。

对两个离散随机变量的分布 p、q，我们总有：

$$-\sum_{i=1}^{n} p(x_i)\log p(x_i) \leqslant -\sum_{i=1}^{n} p(x_i)\log q(x_i) \tag{8-15}$$

令上述右式减左式，我们只需要证明：

$$\sum_{i=1}^{n} p(x_i)\left[\log p(x_i) - \log q(x_i)\right] \geqslant 0 \tag{8-16}$$

因为对任意 $x>0$，$\ln x \leqslant x-1$，所以 $-\log_2 x \geqslant (1-x)/\ln 2$ 。

$\sum_{i=1}^{n} p(x_i)\left[\log p(x_i) - \log q(x_i)\right]$ 可以重写为 $D_{\mathrm{KL}}(p \| q) = \sum_{i} p(x_i)\log\dfrac{p(x_i)}{q(x_i)}$

因为 $-\log_2 x \geqslant (1-x)/\ln 2$ ，我们可以将对数部分替换为其近似不等式：

$$\log\frac{p(x_i)}{q(x_i)} \geqslant \frac{1}{\ln 2}\left[1 - \frac{q(x_i)}{p(x_i)}\right] \tag{8-17}$$

进一步简化：

$$\sum_{i=1}^{n} p(x_i)\log\frac{p(x_i)}{q(x_i)} \geqslant \frac{1}{\ln 2}\sum_{i=1}^{n} p(x_i)\left[1 - \frac{q(x_i)}{p(x_i)}\right] \tag{8-18}$$

右边的表达式可以进一步化简为：

$$\frac{1}{\ln 2}\left[\sum_{i=1}^{n} p(x_i) - \sum_{i=1}^{n} q(x_i)\right] \tag{8-19}$$

因为 $\sum_{i=1}^{n} p(x_i) = 1$ 和 $\sum_{i=1}^{n} q(x_i) = 1$ ，所以：

$$\sum_{i=1}^{n} p(x_i) - \sum_{i=1}^{n} q(x_i) = 0 \tag{8-20}$$

显然，确实有 $E_{X\sim p(X)}\left[-\log p(X)\right] \leqslant E_{X\sim p(X)}\left[-\log q(X)\right]$。

在深入了解交叉熵和熵的关系后，我们可以从信息论的角度更深刻地理解交叉熵为何能够在机器学习中作为损失函数。交叉熵不仅仅是一个数学公式，更是一种用于量化概率分布差异的有效工具，其优化过程蕴含着重要的理论意义和实际价值。通过最小化交叉熵，我们不仅提升了模型的预测精度，还从信息论的角度最大化了模型对数据分布的“信息匹配度”。这意味着模型逐步减少冗余信息，提高了编码效率。因此，在分类问题（如图像分类、文本分类）中，交叉熵直接衡量了分类预测的质量，成为深度学习模型中常用的损失函数之一。

（3）KL 散度

KL 散度是一种衡量两个概率分布差异的工具，是深度学习中常用的损失函数之一。常用于生成对抗网络（GAN）、变分自编码器（VAE）以及自然语言处理中的语言建模等领域。

KL 散度可以被理解为使用分布 Q 来近似真实分布 P 时所损失的信息量。具体而言，KL 散度量化了在假设 Q 为真实分布而实际上真实分布是 P 时，进行数据编码或传输所需的额外信息量（通常以比特或纳特为单位表示）。

其数学表达式为：

$$D_{\mathrm{KL}}(P \| Q) = \sum_{x} P(x)\log\frac{P(x)}{Q(x)} \tag{8-21}$$

当 P=Q 时，KL 散度为 0，表示两个分布完全相同。Q 与 P 越不相似，KL 散度越大。

在分类任务中，当目标输出是一个概率分布（例如一个类别的概率分布）时，KL 散度可以作为损失函数。它用于衡量模型输出的概率分布与目标分布之间的差异，从而指导模型优化。

在 GAN 中，KL 散度用于间接衡量生成器生成的分布与真实数据分布之间的差异。尽管 GAN 的目标函数是基于 JS 散度（Jensen-Shannon divergence）的，但 KL 散度的概念与其密切相关。在 VAE 中，KL 散度用于优化潜在变量的分布，使其近似于某个先验分布（如标准正态分布）。这有助于在生成样本时获得更好的分布匹配。

在统计推断中，KL 散度是变分推断的核心工具。变分推断通过最小化近似分布与真实后验分布之间的 KL 散度，从而获得无法直接计算的后验分布的近似解。这种方法在贝叶斯推断和概率图模型中广泛使用。

在 NLP 任务（如语言建模、机器翻译和文本摘要）中，KL 散度常用于评估模型输出的概率分布（例如预测的词分布）与目标分布之间的差异。通过最小化 KL 散度，模型可以更准确地生成与目标分布一致的输出。

8.3 深度学习典型算法

8.3.1 前馈神经网络

感知机模型因其使用不连续的阶跃激活函数而不可导，这在很大程度上限制了它的表达能力，使其仅能解决简单的线性可分问题。然而，尽管现代深度学习模型的参数规模已扩展到数百万甚至上亿，其核心结构依然保留了感知机的设计思想。深度学习的突破主要得益于对感知机的多方面改进，包括引入平滑、连续且可导的激活函数（如 Sigmoid、ReLU 等），以及通过堆叠多个网络层大幅增强模型的表达能力。这些创新使得深度学习能够处理高度复杂的非线性问题，成为解决诸如图像识别、自然语言处理和语音识别等领域挑战的重要工具。

深度神经网络由多个全连接层（fully connected layers）堆叠而成，其基本单元是神经元。每个神经元接收上一层输出的线性组合，并通过激活函数引入非线性变换，从而捕获输入数据中的复杂模式。通过逐层堆叠，全连接层构成了一个逐步抽象特征的网络。为了实现这种层层连接，需要保证每一层的输出节点数量与后一层的输入节点数量相匹配。这种设计赋予了网络更高的灵活性和表达能力。

深度神经网络的网络结构通常如下。

① 输入层（input layer）。输入层负责接收原始数据，是网络的起点。例如，在图像分类任务中，输入层接收图像的像素值；在自然语言处理中，它可以接收词向量表示的数据。

② 隐藏层（hidden layers）。隐藏层位于输入层与输出层之间，通常包含多个。通过层与层之间的加权连接和非线性激活函数，隐藏层提取数据中的深层特征。隐藏层的数量（即网络深度）以及每层的节点数量是决定网络性能的重要超参数。

③ 输出层（output layer）。输出层是网络的终点，其结构和功能取决于具体任务。例如，在回归问题中，输出层通常包含一个节点，直接输出连续值；在多分类问题中，输出

层使用 Softmax 激活函数生成类别概率分布。

前馈神经网络（feedforward neural network，FFNN）是最基本的神经网络结构，数据从输入层经隐藏层传递到输出层，信息流始终向前，不包含循环或反馈连接，如图 8-9 所示。这种单向传播的网络结构具有简单易实现的优点，同时为其他复杂网络（如卷积神经网络和循环神经网络）奠定了基础。

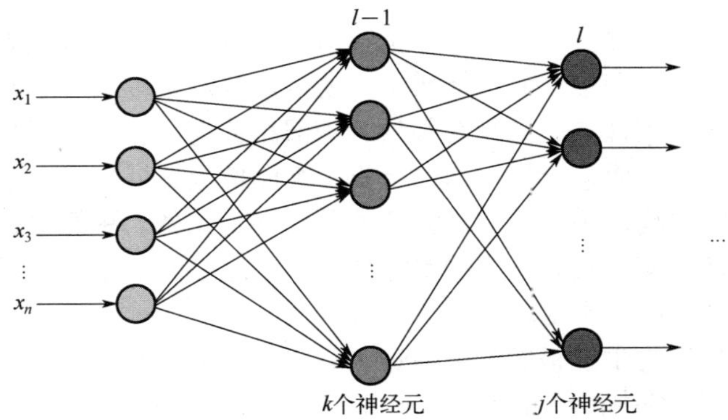

图 8-9　前馈神经网络

“前馈”是指信息从前一层向后一层传播的模式，而不会反向传播至上一层。需要指出的是，尽管所有神经网络的推理过程本质上都是前馈的，但历史习惯上，“前馈神经网络”常专指每一层都是全连接层的多层神经网络。此外，前馈神经网络也被称为反向传播神经网络，因为其训练过程依赖于误差的反向传播算法，这一算法也是现代大部分神经网络训练方法的核心。前馈神经网络使用输入和输出样本集对网络进行训练，也就是对每个神经元的输出的权重和偏置进行学习和调整，以使网络在给定输入时能给出正确的输出。

前馈神经网络的学习过程分为两个步骤。

第一步，信息的前向传播：输入已知学习样本，通过设置的网络结构和前一次迭代的权重和偏置，从网络的第一层向后计算各神经元的输出。

第二步，误差的反向传播：对权重和偏置进行修改，通过损失函数计算网络的最终输出和目标值的误差，根据损失函数的梯度，将误差从最后一层向前计算各权重和偏置对误差的影响（梯度），据此对各权重和偏置进行修改。

以上两个过程反复交替，直至收敛。由于误差逐层往回传递，以修正层与层之间的权重和偏置，所以称该算法为误差反向传播算法。前馈神经网络算法也是一种梯度下降学习算法，其权重和偏置的修正是沿着误差性能函数梯度的反方向进行的。

尽管前馈神经网络简单高效，但它也存在一些问题。当网络层数较多时，容易出现梯度消失或梯度爆炸问题：前者导致误差逐层传递时逐渐缩小，无法有效调整前层权重和偏置；后者则会因误差逐层放大，导致参数变化过大。这些问题会严重影响网络的训练效果甚至导致失败。

此外，神经网络关于权重和偏置的优化函数可能存在多个局部极小值或不平滑区域，增加了收敛到全局最小值的难度。为解决这些问题，研究者通常会设计更高效的损失函数、激活函数以及优化算法（如 Adam 优化器），并尝试不同的学习率或权重初始化方法以提升网络性能。

8.3.2　卷积神经网络

卷积神经网络是一种深层前馈神经网络，以其局部连接和权重共享的特点而著称。

CNN 最初被设计用于图像处理，其结构针对图像数据的特性进行了优化，能够有效应对传统全连接网络在处理图像时面临的两大主要问题：参数量过大和局部特征丢失。

首先是参数规模过大。图像数据的高维特性会导致全连接网络的参数量呈指数增长。例如，假设输入图像大小为 28×28×3（即高度和宽度均为 28 像素，具有 RGB 三个颜色通道），那么输入层需要处理的特征数量为 28×28×3=2352。如果第一个隐藏层的神经元数量至少等于输入特征数量（以保证足够的表达能力），这将导致模型的参数规模快速膨胀。当隐藏层进一步增加时，参数量将进一步呈指数增长。这种庞大的参数规模不仅增加了存储需求，还显著提升了训练和推理的计算代价，使全连接网络难以应用于高分辨率图像的处理。其次，自然图像中的像素通常具有强烈的局部相关性。例如，相邻像素共同决定了边缘、纹理等特征信息。然而，全连接网络会将二维图像数据展平成一维序列输入，这种操作破坏了图像的空间结构，丢失了局部特征的关联性。此外，图像中的语义信息往往对尺度缩放、平移和旋转等变换具有一定的鲁棒性，但全连接网络无法保留这些不变性，导致模型对图像变换的适应能力不足。

卷积神经网络受生物学中感受野（receptive field）机制的启发而提出，这一机制源于对听觉、视觉等神经系统中神经元特性的研究。感受野指的是神经元响应刺激的特定区域，在视觉系统中，感受野特别显著。在视觉神经系统中，视网膜上的光感受器（如视杆细胞和视锥细胞）能够感知光信号。当光刺激某一区域时，信号会传递到视觉皮层，但并不是所有视觉皮层的神经元都会对这些信号做出反应。视觉皮层神经元的感受野是视网膜上的一个特定区域，只有当这一区域受到刺激时，神经元才会被激活。感受野的这种局部响应特性确保了神经系统能够有效地处理复杂的视觉信息，例如边缘检测、模式识别等。

类似的，卷积计算也只关注和自己距离较近的部分节点，而忽略距离较远的节点。在这种重要性分布假设下，全连接层的连接模式变成了如图 8-10 所示。图中深灰色矩阵代表原始图像，浅灰色矩阵是感受野，中灰色矩阵代表卷积运算后的特征图。输出节点 j 只与以 j 为中心的局部区域（感受野）相连接，与其他像素无连接。感受野按一定的步长移动扫过整幅图像，提取得到不同局部区域的特征。

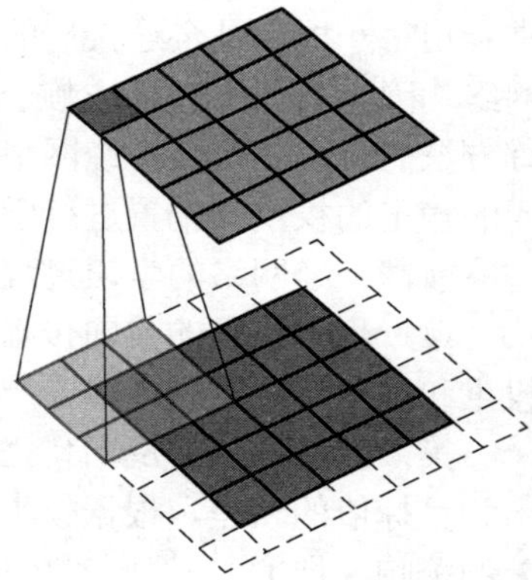

图 8-10　卷积计算示意图

利用局部相关性的思想，我们把感受野窗口的高、宽记为 k（感受野的高、宽可以不相等，图 8-10 中为高和宽都为 3 的感受野），当前位置的节点与大小为 k 的窗口内的所有像素相连接，与窗口外的其他像素点无关，此时网络层的输入输出关系表达如下：

$$\sigma_j = \sigma\left(\sum_{\mathrm{dist}(i,j)\leqslant \frac{k}{\sqrt{2}}} w_{ij}x_i + b_j\right) \tag{8-22}$$

式中，$\mathrm{dist}(i,j)$表示节点 i、j 之间的欧氏距离；w_{ij} 是感受野的参数。

感受野在卷积神经网络中被称为卷积核。一个卷积核按一定步长遍历整个图片的时候，参数是固定不变的。可以同时有多个卷积核遍历图片，因为卷积核的参数不同，可以认为提取的是图片的不同特征。假设我们使用 128 个都是 3×3 的卷积核，则第一层需要的参数量为 1152 个，不到使用全连接层的参数量的 1/3。而且卷积神经网络的参数量只与卷积核大小和数量有关，与图片的大小无关。

在计算机视觉领域，2D 卷积运算能够提取数据的有用特征，通过特定的卷积核与输入图片进行卷积运算，获得不同特征的输出图片。如图 8-11 所示为一些常见的卷积核及其效果样片。

$$\begin{bmatrix}0&0&0\\0&1&0\\0&0&0\end{bmatrix}\quad\begin{bmatrix}0&-1&0\\-1&5&-1\\0&-1&0\end{bmatrix}\quad\begin{bmatrix}0.0625&0.125&0.0625\\0.125&0.25&0.125\\0.0625&0.125&0.0625\end{bmatrix}\quad\begin{bmatrix}-1&-1&-1\\-1&8&-1\\-1&-1&-1\end{bmatrix}$$

图 8-11　常见卷积核及其效果样片

在传统的机器视觉领域，卷积核（即滤波器）的参数通常是手动设计的，根据预定义的特征来提取图像中的信息。而在现代的神经网络中，卷积核的参数则是通过数据驱动的训练过程自动学习得到的。这种方法使得网络能够自适应地发现数据中的重要特征，而无需人工干预。

在了解了卷积神经网络所谓“卷积”的核心思想之后，我们来系统了解一下卷积神经网络的组成结构。其主要包含以下几个核心组件。

① 卷积层。卷积层是 CNN 的基础构件，其主要功能是从输入数据中提取局部特征，尤其是那些在图像中有显著变化的视觉元素。例如，卷积层通过滤波器（卷积核）来检测图像中的边缘、线条、角点、颜色斑点和纹理等基本视觉元素。卷积操作使得每个滤波器能够从输入图像中捕捉到不同的局部模式，这些模式可能包含物体的边界、形状或其他特征。滤波器是卷积层的核心组成部分。每个滤波器通过扫描图像的每个局部区域，提取局部特征。网络通过训练优化这些滤波器，使其能够更有效地捕捉到图像中的重要模式。卷积层的一个重要特性是其通过多个滤波器进行并行计算。每个滤波器专注于检测不同类型的特征。我们为卷积层提供的滤波器数量越多，网络能够学习到的特征就越丰富，从而提升对图像的理解能力。每个滤波器会捕捉图像的某种特定信息，多个滤波器组合在一起，有助于网络在多个层次上理解复杂的视觉模式。例如，较浅层的滤波器可能专注于检测简单的边缘和纹理，而较深层的滤波器则能够捕捉到更复杂的结构，如物体的形状或特征。

② ReLU 函数。卷积层的输出通常经过激活函数处理，最常用的激活函数是 ReLU（rectified linear unit）。ReLU 函数的作用是引入非线性，使得网络能够学习到更复杂的模式，避免网络的线性化。ReLU 将输入值中的负数转换为 0，正数则保持不变，从而使得神经网络能够处理更复杂的任务。

③ 池化层。池化层位于卷积层之后，主要作用是对卷积层的输出进行下采样，降低特征图的空间维度，从而减小计算量，减少过拟合，且保持特征的显著性。常见的池化操作有最大池化（max pooling）和平均池化（average pooling），最大池化通常用于选择局部区域中的最大值，从而保留最重要的信息。

④ 全连接层。在 CNN 的后期，通常会有一个或多个全连接层。全连接层的作用是将前面提取到的局部特征整合成全局特征，进行最终的分类或回归任务。每个全连接层的每个神经元与前一层的所有神经元连接，从而综合所有输入特征进行最终的预测。

⑤ 归一化层。归一化层（如批量归一化，batch normalization）通常插入到卷积层和激活函数之间，目的是通过标准化输入，使得每一层的输入保持在适当的范围，从而加速训练过程并提高模型稳定性。批量归一化可以有效避免梯度消失或梯度爆炸的问题，并且有助于提高模型的收敛速度。

⑥ Dropout 层。Dropout 是一种正则化技术，通常用于防止神经网络的过拟合。在训练过程中，Dropout 层会随机丢弃一定比例的神经元（即将其输出置为零），从而减少神经元之间的相互依赖，增强模型的泛化能力。

⑦ 输出层。输出层是 CNN 的最后一层，它负责将经过卷积、池化和全连接层处理的特征映射到最终的预测值。对于分类问题，输出层通常采用 Softmax 激活函数将网络的输出转换为类别概率，选择概率最大的类别作为模型的预测结果。对于回归问题，输出层通常没有激活函数或使用线性激活。

20 世纪 90 年代，Yann LeCun 等人提出了一种专为手写数字和机器打印字符图片识别设计的神经网络模型——LeNet-5，见图 8-12。这一模型被视为卷积神经网络的早期典范，其成功实现了神经网络的商用化，广泛应用于诸如邮政编码识别和支票号码识别等任务。LeNet-5 的网络结构经过精心设计，能够高效地处理图像数据，并捕获其局部和全局特征。它接受尺寸为 32×32 的灰度图像（如手写数字或字符）作为输入，通过多个卷积和池化（下采样）层逐步提取特征，最终通过全连接层输出分类结果。

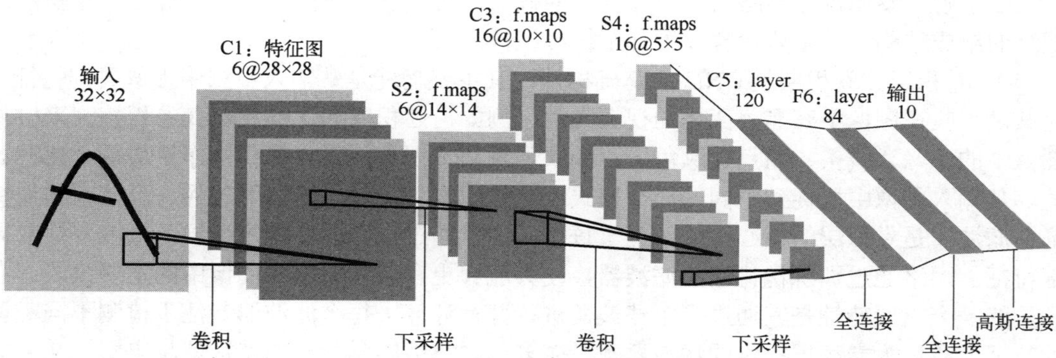

图 8-12　LeNet-5 框架示意图

LeNet-5 的卷积层通过权重共享减少了模型参数量，相较于全连接网络更高效。局部连接结构则有效保留了图像的局部特征。通过多层卷积和下采样操作，LeNet-5 能逐层提取图像的低级和高级特征，奠定了深度学习处理图像的基本框架。LeNet-5 的架构为后续的卷积神经网络发展铺平了道路。现代 CNN（如 AlexNet、VGG、ResNet）在设计理念上都借鉴了 LeNet-5 的基础结构，并在此基础上进行了扩展和优化。

8.3.3　循环神经网络

在前馈神经网络中，信息流动是单向的，从输入层通过多个隐藏层传递到输出层。虽然这种结构简化了网络的训练过程，使得学习和优化相对容易，但它也带来了显著的局限性。具体来说，前馈神经网络每次仅基于当前的输入进行计算，忽略了历史信息，这限制了其对时间序列数据和动态过程的建模能力。在很多现实任务中，下一刻的状态与上一时刻，甚至前一段时间的状态都有关，比如许多动力学过程的计算。这就要求算法的输出不仅和当前时刻的输入相关，还要与过去时间的输出相关。具体来说，具有以下的函数关系式：

$$\boldsymbol{y}_t = f\left(\boldsymbol{x}, \boldsymbol{y}_{t-1}, \cdots, \boldsymbol{y}_{t-k}\right), k \leqslant t \tag{8-23}$$

循环神经网络是一类专门设计用于处理和建模序列数据的神经网络结构。与传统的前馈神经网络不同，RNN 通过其内在的反馈机制能够捕捉到序列中的时间依赖关系。具体而言，在 RNN 中，每个神经元不仅接收当前时刻的输入信息，还接收前一时刻的隐藏状态信息，从而形成了一个有环路的结构。这种反馈结构使得网络能够记住并利用历史信息，对于处理时序数据（如语音、文本等）尤其有效。

如图 8-13 所示，在时刻 t，隐藏单元 $\boldsymbol{s}$ 接收来自两方面的数据，分别为网络前一时刻的隐藏单元的值 $\boldsymbol{s}_{t-1}$ 和当前的输入数据 $\boldsymbol{s}_t$，并通过隐藏单元的值计算当前时刻的输出。$t-1$ 时刻的输入 $\boldsymbol{x}_{t-1}$ 可以在之后通过循环结构影响 t 时刻的输出 $\boldsymbol{y}$。RNN 的前向计算按照时间序列展开，然后使用基于时间的反向传播（back propagation through time，BPTT）算法对网络中的参数进行更新。

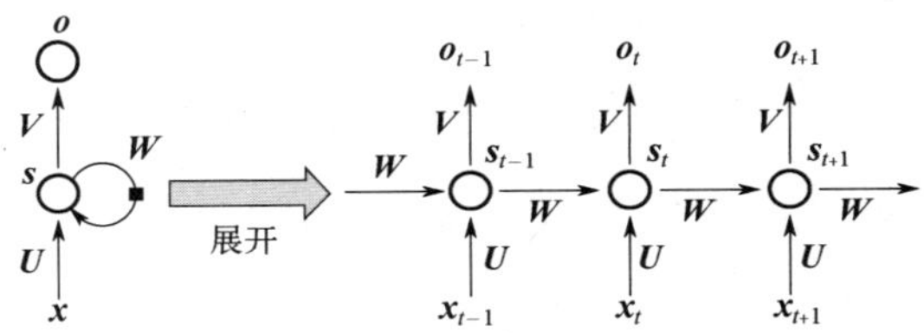

图 8-13　循环神经网络计算示意图

RNN 的前向传播可以表示如下：

$$\boldsymbol{s}_t = \sigma\left(\boldsymbol{U}\boldsymbol{x}_t + \boldsymbol{W}\boldsymbol{s}_{t-1} + \boldsymbol{b}_s\right) \tag{8-24}$$

$$\boldsymbol{y}_t = \varphi\left(\boldsymbol{V}\boldsymbol{s}_t + \boldsymbol{b}_y\right) \tag{8-25}$$

式中，$\boldsymbol{b}_s$、$\boldsymbol{b}_y$ 是 RNN 的偏置；σ、φ 是激活函数，σ 通常选用 tanh 或 Sigmoid，φ 通常选用 Softmax；$\boldsymbol{U}$、$\boldsymbol{V}$、$\boldsymbol{W}$ 是 RNN 的连接权重。

然而，当输入序列比较长时，RNN 会存在梯度爆炸和消失问题，即长程依赖问题。这意味着，当时间序列很长时，参数不能得到有效的训练。为了解决这个问题，人们对循环神经网络进行了很多的改进，长短期记忆神经网络就是其中最经典的一种。

8.3.4　长短期记忆神经网络

长短期记忆（long short-term memory，LSTM）神经网络由如图 8-14 所示的单元串联而成。由于引入了门控机制（输入门、遗忘门和输出门）消除或者增加信息到细胞状态的能力，使得 LSTM 能够记住长期有用的信息，遗忘没有用的信息，从而解决了循环神经网络的长程依赖问题。

LSTM 单元（unit）一般由一个细胞（cell）、一个输入门（input gate）、一个输出门（output gate）和一个遗忘门（forget gate）组成。细胞能够记住任意时间间隔上的值，依靠贯穿隐含层的细胞状态实现隐含单元之间的信息传递，其中只有少量的线性干预和改变，三个门能够控制进出细胞的信息流动。

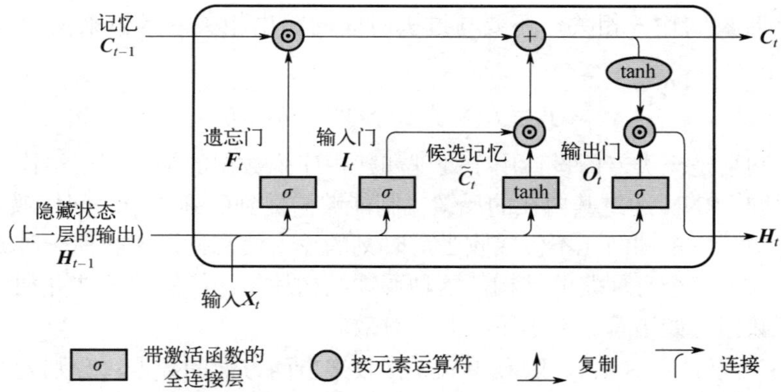

图 8-14　长短期记忆神经网络结构示意图

① 遗忘门：遗忘门是以上一层的输出 $\boldsymbol{H}_{t-1}$ 和本层要输入的序列数据 $\boldsymbol{X}_t$ 作为输入，通过一个激活函数 Sigmoid，得到输出 $\boldsymbol{F}_t$ 。$\boldsymbol{F}_t$ 取值在[0,1]区间，表示上一层记忆 $\boldsymbol{C}_{t-1}$ 被遗忘的概率，1 表示完全保留，0 表示完全舍弃。

$$\boldsymbol{F}_t=\sigma\left(\boldsymbol{U}_f\boldsymbol{X}_t+\boldsymbol{W}_f\boldsymbol{H}_{t-1}+\boldsymbol{b}_f\right) \tag{8-26}$$

② 输入门：输入门包含两个部分。第一部分使用 Sigmoid 激活函数，输出为 $\boldsymbol{I}_t$；第二部分使用 tanh 激活函数，输出为 $\tilde{\boldsymbol{C}}_t$ 。然后两者相乘，将结果加入经遗忘门“遗忘”后“保留”的上一层输出的记忆 $\boldsymbol{C}_{t-1}$ 中，得到新的记忆 $\boldsymbol{C}_t$ 。

$$\boldsymbol{I}_t=\sigma\left(\boldsymbol{U}_i\boldsymbol{X}_t+\boldsymbol{W}_i\boldsymbol{H}_{t-1}+\boldsymbol{b}_i\right) \tag{8-27}$$

$$\tilde{\boldsymbol{C}}_t=\tanh\left(\boldsymbol{U}_C\boldsymbol{X}_t+\boldsymbol{W}_C\boldsymbol{H}_{t-1}+\boldsymbol{b}_C\right) \tag{8-28}$$

③ 输出门：输出门用来控制该层的记忆 $\boldsymbol{C}_t$ 有多少被过滤。首先使用 Sigmoid 激活函数得到一个在[0,1]区间取值的 O_t，接着将记忆状态通过 tanh 激活函数处理后与其相乘，即是本层的输出 $\boldsymbol{H}_t$ 。

$$\boldsymbol{O}_t=\sigma\left(\boldsymbol{U}_o\boldsymbol{X}_t+\boldsymbol{W}_o\boldsymbol{H}_{t-1}+\boldsymbol{b}_o\right)$$

$$\boldsymbol{H}_t=\boldsymbol{O}_t\cdot\tanh\left(\boldsymbol{C}_t\right)$$

状态更新：

$$\boldsymbol{C}_t=\boldsymbol{F}_t\cdot\boldsymbol{C}_{t-1}+\boldsymbol{I}_t\cdot\tilde{\boldsymbol{C}}_t$$

因为遗忘门的存在，1 表示对旧信息的完全保留，0 表示对旧信息的完全舍弃。而且每一层的记忆都加入上一层整体的记忆中。很容易明白，如果每一层的遗忘门输出都是 1，那么使用误差反向传播算法优化参数时，“记忆”参数这个传播链条将没有梯度消失的问题。当遗忘门的输出不为 1 时，早期的“记忆”将逐渐消失，遗忘门输出越接近 0，早期“记忆”消失得越快。每一层遗忘多少则通过训练得到，也就是 LSTM 可以学习到时序任务的时序依赖性有多显著。

另一种 LSTM 的流行变体是门控循环单元（gated recurrent unit，GRU），如图 8-15 所示。GRU 把 LSTM 中的遗忘门和输入门用更新门来替代，细胞状态与隐藏状态合并，计算当前时刻新信息的方法和 LSTM 也有所不同。在音乐建模与语音信号建模领域其与 LSTM 具有相似的性能，但是 GRU 参数更少，因为它没有输出门。

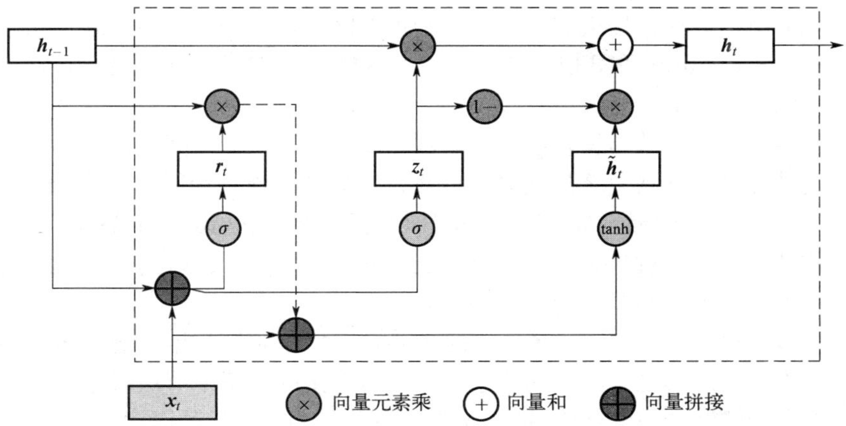

图 8-15　GRU 结构示意图

更新门用于控制隐藏状态的更新，即当 $z_t = 0$ 时，无论序列有多长，都可以保持最初时间步中的信息。重置门决定是否忽略之前的隐藏状态，分别使用 z 和 r 表示更新门和重置门。GRU 前向传播计算如下：

$$z_t = \sigma\left(W_z x_t + U_z h_{t-1} + b_z\right)$$

$$r_t = \sigma\left(W_r x_t + U_r h_{t-1} + b_r\right)$$

$$h_t = \left(1 - z_t\right) \cdot h_{t-1} + z_t \cdot \tanh\left[U_h x_t + U_h\left(r_t \cdot h_{t-1}\right) + b_h\right]$$

8.3.5　图神经网络

如果将循环神经网络按时间展开，每个时刻的隐藏状态 H_t 看作一个节点，那么这些节点构成一个链式结构，每个节点从其父节点接收信息（message），更新自身状态后将信息传递给其子节点。这种信息传递（message passing）的思想源于时序数据的依赖关系，而链式结构实际上是图结构的一种特殊形式。这启发了我们可以将这种信息传递的机制从线性序列自然地推广到任意复杂的图结构中。

递归神经网络是循环神经网络在有向无循环图上的扩展。递归神经网络的一般结构为树状的层次结构，如图 8-16（a）所示。当递归神经网络的结构退化为线性序列结构［图 8-16（b）］时，递归神经网络就等价于简单循环网络。

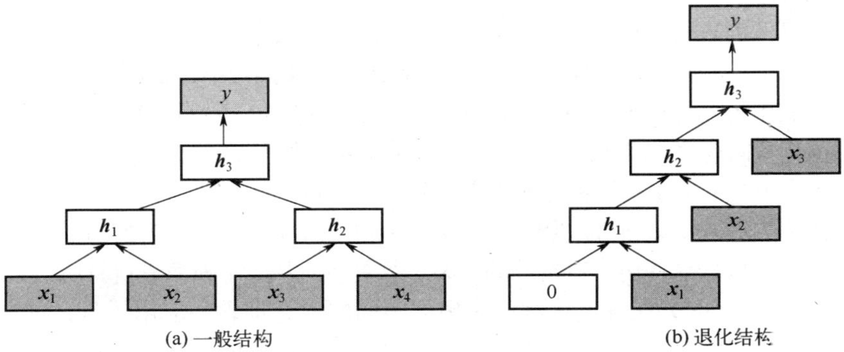

图 8-16　图结构示意图

同样，我们也可以用门控机制来改进递归神经网络中的长程依赖问题，比如树结构的长短期记忆模型（tree-structured LSTM）就是将 LSTM 模型的思想应用到树结构的网络中，来实现更灵活的组合函数。

在实际应用中，许多数据呈现图结构，例如知识图谱、社交网络、分子结构等。这类数据的特点是节点之间存在复杂的关系和依赖，传统的前馈神经网络（feedforward neural network，FFNN）和循环神经网络难以直接处理这种图结构数据。图结构数据中的信息传递通常是非欧几里得的，意味着节点和节点之间的关系不符合传统的网格或序列结构，而是通过边连接形成更加灵活和复杂的依赖关系。

图结构可以被视为一种信息传递的网络关系，类似于时序数据中的时间依赖关系。例如，在社交网络中，个体之间的互动关系是通过边连接的，每个节点代表一个个体，每个边则代表它们之间的互动。在分子网络中，原子作为节点，化学键作为边连接形成图结构。这些关系需要通过合适的模型来捕捉和处理，传统神经网络无法有效应对这一挑战。

社交网络和分子结构见图 8-17。

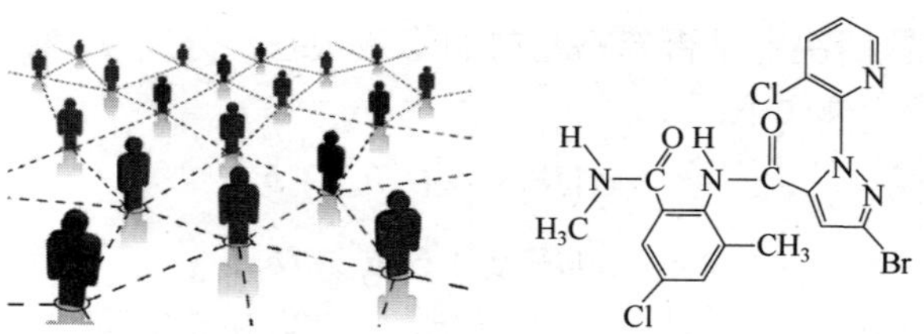

社交网络　　分子结构

图 8-17　社交网络和分子结构示意图

为了解决这一问题，图神经网络（graph neural network，GNN）应运而生。GNN 通过精心设计能够适配图数据结构的神经网络架构，巧妙地将图中节点和边所蕴含的结构信息，无缝融入到模型的学习进程之中。其核心思想是基于信息传递（message passing）机制来动态更新节点的表示。具体而言，在图结构里，每个节点都会积极地与它的邻居节点进行信息交换。在这个过程中，节点依据从邻居处获取的信息，不断对自身的表示进行更新。这一信息交互与更新的过程并非一蹴而就，而是在图的每一层都会反复发生，就像涟漪在水面不断扩散一样，直到整个图中的信息传递达到一种相对稳定的状态，即信息传递完成。当这一过程结束时，每个节点的表示不再仅仅局限于自身初始携带的信息，而是融合了来自其邻域，甚至整个图的丰富信息。这种独特的信息处理方式，使得 GNN 能够充分挖掘图数据中隐藏的复杂关系，从而在众多任务中展现出强大的性能。

从数学定义角度来看，对于任意一个图结构 $G(V,\mathscr{E})$，其中：V 代表节点集合，它囊括了图中所有的节点元素；$\mathscr{E}$ 表示边集合，每条边都明确地表示了两个节点之间存在的依赖关系。这种依赖关系在图中可以体现为有向连接，即边具有特定的方向，表明信息或某种关联是单向流动的；也可以是无向连接，意味着两个节点之间的关系是相互的，信息可以双向传递。在这个图结构中，每个节点 v 都由一组神经元来表示其状态 $\boldsymbol{h}(v)$，在初始阶段，这个状态 $\boldsymbol{h}(v)$ 通常可以设定为节点 v 的输入特征 $\boldsymbol{x}(v)$。随着信息传递机制的启动，每个节点便开始接收来自相邻节点发送的信息，并依据这些信息对自己的状态进行更新，从而不断演进自身所携带的信息。

图神经网络（GNN）在发展过程中，根据不同的设计理念和应用场景，逐渐衍生出了多种不同类型的网络架构，主要包括递归图神经网络（RecGNN）、卷积图神经网络（ConvGNN）、图自编码器（GAE）和时空图神经网络（STGNN）。

递归图神经网络（RecGNN）堪称 GNN 发展历程中的先驱者。它的设计目标是借助循环神经体系结构，深入学习节点的表示。RecGNN 的工作原理基于这样一种假设：图中的每个节点都持续不断地与它的邻居节点进行信息或消息的交换，就像在一个交流频繁的社交网络中，每个人都在不断接收和传递信息，直到整个图中的节点状态达到一种稳定的平衡状态。在这个稳定状态下，每个节点所携带的信息都充分融合了来自邻居节点的影响，从而形成了对节点更为全面和准确的表示。RecGNN 在 GNN 的理论发展中具有极其重要的概念性意义，它为后续卷积图神经网络等其他类型 GNN 的研究提供了关键的启发，就像一颗种子，孕育出了更为丰富多样的 GNN 家族成员。

卷积图神经网络概括了从网格数据到图数据的卷积操作。主要思想是通过汇总节点自身的特征 x_v 和邻居的特征 x_u 来生成节点 v 的表示形式，其中 $u \in N(v)$。与 RecGNN 不同，ConvGNN 堆叠多个图卷积层以提取高级节点的特征表示。ConvGNN 在建立许多其他复杂的 GNN 模型中起着核心作用。

图自编码器是无监督的学习框架，可将节点/图编码到潜在的矢量空间中，并从编码后的信息中重建图数据。GAE 用于学习网络嵌入和图生成分布。对于网络嵌入，GAE 主要通过重建图结构信息（如图邻接矩阵）来学习潜在节点表示。对于图生成，某些方法逐步生成图的节点和边，而其他方法则一次全部输出图。

8.3.6 自编码器

自编码器（autoencoder）是一种广泛应用于数据压缩、特征提取、去噪和生成模型的神经网络模型（图 8-18）。最初，自编码器的设计目的是以无监督学习的方式，学习输入数据的低维表示（即隐含表示），同时能够将这些低维表示还原为原始数据。这种能力使自编码器在数据降维、特征压缩以及生成模型的训练中具有重要作用。自编码器不仅是数据处理的强大工具，还是研究数据分布、揭示数据内在结构和建模数据生成过程的核心方法之一。随着深度学习技术的发展，传统的自编码器经过多次改进和扩展，衍生出多个变体，如变分自编码器（VAE）、去噪自编码器（DAE）、稀疏自编码器（SAE）等。自编码器的应用范围也从最初的图像处理扩展到语音、文本、推荐系统等领域，成为多种复杂任务中不可或缺的组成部分。

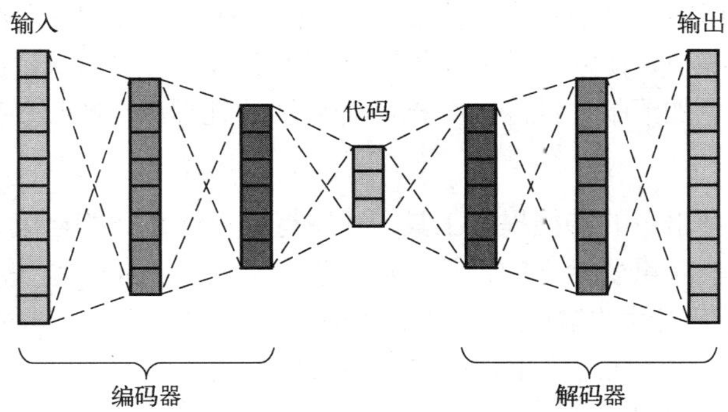

图 8-18　自编码器示意图

自编码器的结构由两个主要部分组成：编码器（encoder）和解码器（decoder）。这两个部分的核心任务分别是将输入数据转换为低维表示以及将低维表示还原回原始数据。具体来说，编码器通过一系列神经网络层将输入数据映射到低维的潜在空间，而解码器则通过逆向映射过程将低维表示还原为与原始输入尽可能接近的数据。编码器和解码器可以采用不同类型的神经网络结构，如前馈神经网络、卷积神经网络、循环神经网络等，甚至它们的组合结构，来更好地适应不同的数据类型和任务需求。

在训练过程中，自编码器的目标是最小化重建误差，通常采用均方误差（MSE）或其他合适的损失函数来衡量输入和重建数据之间的差异。通过不断训练，模型能够自动提取输入数据中的有用特征，并将其压缩成低维表示，同时保持数据的核心信息，使得解码器能够有效地还原原始数据。

如果具备一定的数据处理基础，我们很容易将自编码器的功能与主成分分析（PCA）方法进行类比。PCA 将多个原始特征映射为少数几个代表性较强的综合指标，这些综合指标不仅能反映原始数据中的大部分信息，还能确保指标之间的独立性，从而避免了信息冗余。通过这种方式，PCA 能够有效地进行数据降维和结构简化，同时还能够降低数据中的噪声。类似的，自编码器作为一种强大的无监督学习模型，具有多种应用，这些应用也与 PCA 有相似之处。下面我们总结了自编码器的四个主要用途。

（1）数据降维

数据降维是自编码器的重要应用之一。高维数据，如图像、文本这类包含大量维度信息的数据往往裹挟着大量冗余内容。自编码器能够施展其独特的能力，将高维数据压缩至低维空间，在这个过程中，它精准地保留数据的主要特征，去除那些无关紧要的冗余部分。这一特性使得数据处理的效率和效果都得到显著提升。举例来说，在图像识别领域，一幅高分辨率的图像可能包含成千上万个像素点，对应着极高维度的数据。利用自编码器进行降维处理后，不仅能减少存储和传输的数据量，还能在后续的分析和识别任务中加快处理速度，提升识别准确率。从这个角度看，自编码器宛如一位高效的数据“精炼师”，也可被视作强大的数据压缩工具，以巧妙的方式为数据“瘦身”。

（2）数据去噪

自编码器在数据去噪方面同样表现出色。去噪自编码器（denoising autoencoder）采用了一种独特的训练策略，即在输入数据中主动添加噪声，而后引导模型学习如何去除这些人工添加以及数据本身可能存在的噪声。这样的训练过程，不仅能够有效提高模型的鲁棒性，使其在面对各种干扰时仍能保持稳定，还能增强模型的泛化能力，使其能够更好地适应不同的数据环境。在实际应用中，对于有噪声的数据，如图像在采集过程中可能受到光线、传感器误差等因素影响产生噪声，音频在录制或传输过程中混入杂音等情况，去噪自编码器能够发挥关键作用，还原出更加清晰、纯净的数据，为后续的处理和分析提供优质的数据。

（3）特征提取

自编码器还是一种出色的特征提取工具。通过有针对性地训练自编码器，可以从复杂的数据中挖掘并提取出具有重要意义的特征。这些特征对于后续的分类、聚类等任务至关重要，能够为模型提供更具代表性的输入信息，从而提升模型的性能。以堆叠自编码器（stacked autoencoder）为例，它创新性地采用逐层堆叠多个自编码器的架构。在这个过程中，每一层自编码器都像是一个特征过滤器，从底层到高层，不断对数据进行抽象和提炼，逐步提取出更加抽象和高级的特征。这些高级特征能够捕捉到数据中更深层次的模式和规律，为诸如图像分类、文本分类等任务提供更强大的支持，帮助模型更准确地对数据进行分类和聚类。

（4）生成模型

一些特殊类型的自编码器，如变分自编码器（variational autoencoder，VAE），具备了生成新数据的神奇能力。变分自编码器的独特之处在于，它在编码器输出的低维空间表示上巧妙地引入了随机性。这一随机性的引入，使得模型能够在低维空间中进行灵活的采样，并根据采样结果生成与训练数据相似的新数据。这种生成能力在图像生成、文本生成等领域得到了广泛的应用。在图像生成任务中，VAE 可以根据已学习到的图像特征分布，生成全新的图像，这些图像在风格、内容等方面与训练集中的图像具有相似性，但又各不相同；在文本生成领域，VAE 能够依据对大量文本数据的学习，生成连贯、有逻辑的新文本内容，为创意写作、智能客服等应用场景提供了有力的技术支持。

8.3.7 变分自编码器

变分自编码器（variational autoencoder，VAE）是自编码器的一种，被广泛用作生成式模型，由 Kingma 和 Welling 于 2013 年提出。其结构如图 8-19 所示。

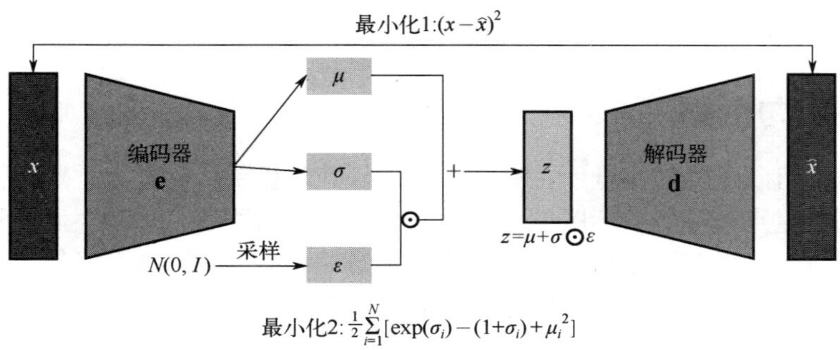

图 8-19　变分自编码器示意图

VAE 的核心目标是通过学习数据的潜在分布，生成与输入数据相似的样本，同时为数据的表征提供一种概率化的表示方式。与传统自编码器不同，VAE 从概率分布的角度出发，将输入学习为隐空间中的一个分布，而非固定的点。然后从这个分布中采样，再用解码器进行解码，最后计算解码得到的 $\hat{x}$ 和输入 x 的误差。因此，训练完成后，在隐空间中距离分布中心越近的点越容易被抽到，使得解码后的 $\hat{x}$ 与 x 越相似。与多个分布中心相近的点，就容易被多个分布都抽样到，于是就会与多个输入都有相似性。于是使得隐空间更加平滑。这使得 VAE 在生成能力和模型解释性上具有独特优势。

VAE 的目标是最大化数据的边际似然 $p(x)=\int p(x|z)p(z)\mathrm{d}z$，但直接计算这一积分在高维空间下往往非常困难。为了简化计算，VAE 采用了变分推断的思想，引入一个近似后验分布 $q(z|x)$，将问题转化为优化证据下界（evidence lower bound，ELBO）。

ELBO 的表达式为：

$$\log p(x) \geqslant E_{q(z|x)}[\log p(x|z)] - \mathrm{KL}\left[q(z|x) \| p(z)\right]$$

其中，第一项表示数据的重构误差，衡量生成样本与原始数据的相似性；第二项是 KL 散度，用于约束近似后验分布 $q(z|x)$ 与先验分布 $p(z)$ 的相似程度。

在实现中，VAE 的核心架构包括一个编码器和一个解码器。编码器通过神经网络将输入数据 x 映射到隐变量 z 的分布 $q(z|x)$，为了使从每个样本学习到的分布彼此足够接近，让编码空间中样本编码附近的点都具有意义，需要避免学得的分布太"瘦高"，通常假设为高斯分布 $N(\mu,\sigma^2)$。为了从中采样 z 并使梯度能够反向传播，VAE 引入了重参数化技巧，

通过 $z=\mu+\sigma\odot\epsilon$，其中 $\epsilon\sim N(0,\boldsymbol{I})$，这样生成误差可以通过反向传播算法跨越采样层优化编码器。解码器则以 z 为输入，通过神经网络生成重构数据 $\hat{x}$，以近似原始数据 x。

VAE 在模型训练过程中最大化 ELBO，通过同时优化重构误差和 KL 散度，使得模型既能生成高质量样本，又能保持隐变量分布的正则性。但因为引入了 KL 散度，VAE 的生成质量相较生成对抗网络通常差，容易出现生成样本模糊的问题，这是由于其优化目标更倾向于捕捉数据分布的整体特性，而非具体细节。此外，VAE 通常假设隐变量分布为简单的标准正态分布，这可能限制模型的表达能力。

尽管存在这些局限，VAE 在许多领域仍然展现了强大的能力。它可以用于图像生成和降维分析，生成手写数字、自然图像或语音波形；在科学研究中，VAE 被用来生成化学分子结构、材料设计中的微观结构，以及高维数据的潜在特征提取。此外，VAE 的变体如条件变分自编码器（conditional VAE，CVAE）、β-VAE 和 VQ-VAE 等进一步扩展了其适用范围。例如，CVAE 在生成时引入条件变量，使得生成更加可控；而 β-VAE 则通过权衡 KL 散度和重构误差，提高了潜在空间的解释性。

8.3.8 注意力机制

视觉注意力机制是人类视觉所特有的大脑信号处理机制。人类视觉通过快速扫描全局图像，获得需要重点关注的目标区域，也就是一般所说的注意力焦点，而后对这一区域投入更多注意力资源，以获取更多所需要关注目标的细节信息，而抑制其他无用信息。这是人类利用有限的注意力资源从大量信息中快速筛选出高价值信息的手段，是人类在长期进化中形成的一种生存机制，人类的视觉注意力机制极大地提高了视觉信息处理的效率与准确性。根据图 8-20 可以较好地理解人类视觉注意力机制，其展示了人类在看到一幅图像时是如何高效分配有限注意力资源的，其中深色区域表示视觉系统更加关注的目标。从图 8-20 中可以看出：人们会把注意力更多地投入人的脸部、文本的标题以及文章的首句等位置。

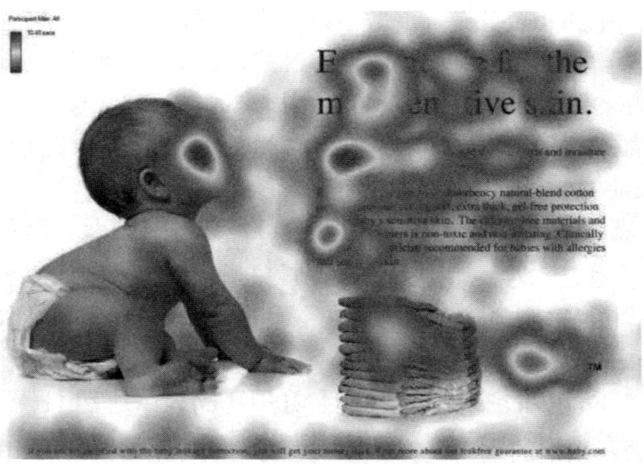

图 8-20　人类的视觉注意力

视觉注意力机制从本质上讲和人类的选择性注意力机制类似，核心目标也是从众多信息中选出对于当前任务目标更加关键的信息。通过引入注意力机制，神经网络能够自动地学习并有选择性地关注输入中的重要信息，以提高模型的性能和泛化能力。注意力机制最早是在视觉图像领域提出来的，但是使注意力机制得到广泛关注的是 2014 年 Google Mind

团队的一篇论文，他们在 RNN 模型上使用了注意力机制来进行图像分类。随后，Bahdanau 等人使用类似注意力的机制在机器翻译任务上将翻译和对齐同时进行，他们的工作算是首次将注意力机制应用到 NLP 领域中。接着注意力机制被广泛应用在基于 RNN/CNN 等神经网络模型的各种 NLP 任务中。2017 年，Google 机器翻译团队发表的 *Attention is All You Need* 中大量使用了自注意力（self-attention）机制来学习文本表示。自注意力机制也成了近期的研究热点，并在各种 NLP 任务上进行探索。

那么如何在神经网络中实现注意力机制呢？在文本处理领域，有一类常见的任务就是用一个句子（source）生成另一个句子（target），现在可以把 source 想象成是内存里的一块存储空间，它里面存储的数据按<key,value>存储。给定 query，然后取出对应的内容。这里与一般的 hash 查询方式不同的是，每个地址都只取一部分内容，然后对所有的 value 加权求和。

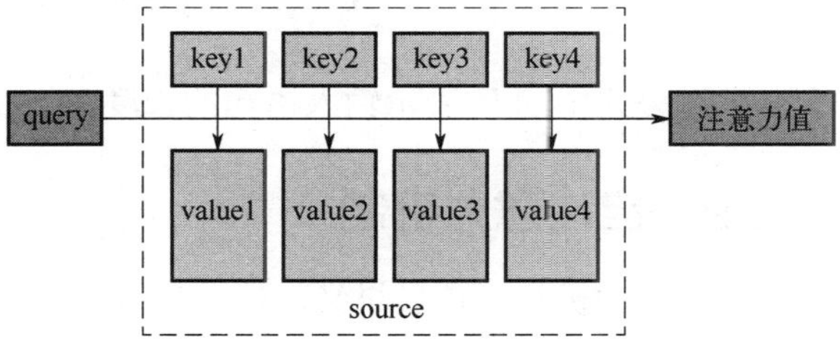

图 8-21　注意力机制的本质思想

注意力机制的本质思想见图 8-21。

公式描述如下：

$$\text{Attention}(\text{query},\text{source})=\sum_{i=1}^{L_x}\text{Similarity}(\text{query},\text{key}_i)\times\text{value}_i$$

Similarity 的计算可以采取不同的方式，常用的有：

点积：$\text{Similarity}(\text{query},\text{key}_i)=\text{query}\bullet\text{key}_i$

余弦相似性：$\text{Similarity}(\text{query},\text{key}_i)=\dfrac{\text{query}\bullet\text{key}_i}{\|\text{query}\|\bullet\|\text{key}_i\|}$

MLP 网络：$\text{Similarity}(\text{query},\text{key}_i)=\text{MLP}(\text{query},\text{key}_i)$

注意力机制的计算共分为三个阶段，如图 8-22 所示。

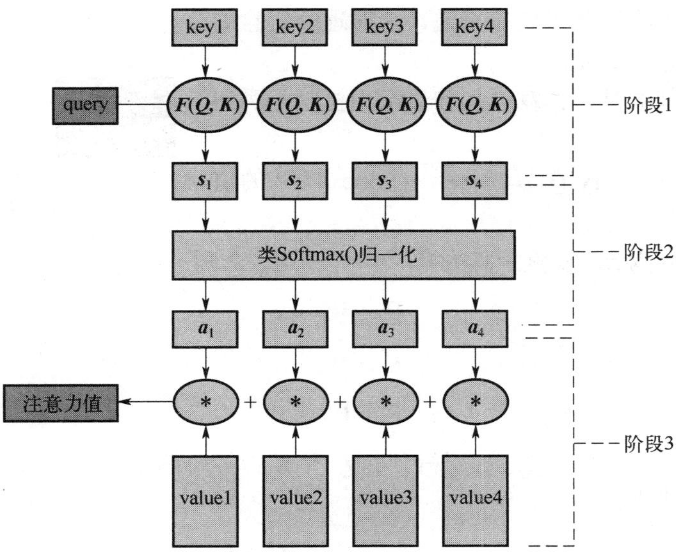

图 8-22　注意力机制计算过程

第一步：对 query 和 key 进行相似度计算（或称注意力评分函数），得到权值 s_i 。

第二步：将权值进行 Softmax 归一化，得到直接可用的权重。

$$a_i = \mathrm{Softmax}\left(s_i\right) = \frac{\mathrm{e}^{s_i}}{\sum_{i=1}^{L_x} \mathrm{e}^{s_i}}$$

第三步：将权重和 value 进行加权求和。

$$\mathrm{Attention}\left(\mathrm{query}, \mathrm{source}\right) = \sum_{i=1}^{L_x} a_i \times \mathrm{value}_i$$

上述公式中的 L_x 表示输入语句的长度。

8.3.9 自注意力机制

自注意力机制，顾名思义，指的是 source 内部元素之间或者 target 内部元素之间发生的注意力机制，也可以理解为 source=target 这种特殊情况下的注意力机制。自注意力机制减少了对外部信息的依赖，更擅长捕捉数据或特征的内部相关性，因为如果是 RNN 或者 LSTM，需要按序列顺序逐步计算，对于远距离的相互依赖的特征，要经过若干时间步的信息累积才能将两者联系起来，而距离越远，有效捕获的可能性越小。其主要想解决的问题是网络接收的输入是很多向量，并且向量的大小也是不确定的情况，比如机器翻译（序列到序列的问题，机器自己决定多少个标签）、词性标注（POS tagging，一个向量对应一个标签）、语义分析（多个向量对应一个标签）等文字处理问题。如对于“the 2022 Beijing Winter Games”这句，我们知道应当翻译成“2022 北京冬奥会”，“Games”在这里其实是“竞赛”的意思，但对于机器来说，如果不理解句意，那么“Games”很可能被翻译为“游戏”。因此对于机器翻译任务来说，能够理解句意的内部相关性也是非常重要的。

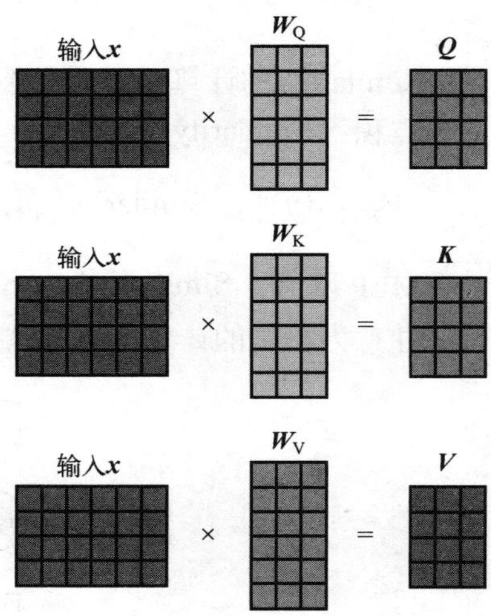

图 8-23 *Q*、*K*、*V*计算过程

自注意力机制的具体计算过程和注意力机制是类似的，具体如下：

步骤 1：计算 query($\boldsymbol{Q}$)、key($\boldsymbol{K}$)、value（$\boldsymbol{V}$）的值（图 8-23）。

假设输入序列为 $\boldsymbol{x}$，权重矩阵为 $\boldsymbol{W}_{\mathrm{Q}}$ 、 $\boldsymbol{W}_{\mathrm{K}}$ 、 $\boldsymbol{W}_{\mathrm{V}}$ ，则：

$$\boldsymbol{Q}_i = \boldsymbol{W}_{\mathrm{Q}} \cdot \boldsymbol{x}_i$$

$$\boldsymbol{K}_i = \boldsymbol{W}_{\mathrm{K}} \cdot \boldsymbol{x}_i$$

$$\boldsymbol{V}_i = \boldsymbol{W}_{\mathrm{V}} \cdot \boldsymbol{x}_i$$

步骤 2：计算注意力分数，利用得到的 $\boldsymbol{Q}$ 和 $\boldsymbol{K}$ 计算每两个输入向量之间的相关性，通常采用点积的方式进行计算。

$$\mathrm{score}\left(\boldsymbol{Q}_i, \boldsymbol{K}_j\right) = \frac{\boldsymbol{Q}_i \cdot \boldsymbol{K}_j}{\sqrt{d_k}}$$

其中，d_k 是 $\boldsymbol{K}$ 向量的维度，这里除以 $\sqrt{d_k}$ 是为了防止 $\boldsymbol{Q}$ 和 $\boldsymbol{K}$ 的点乘结果较大。

步骤 3：计算注意力权重，对每一行进行 Softmax 标准化。

$$w_{ij} = \text{Softmax}\left[\text{score}\left(\boldsymbol{Q}_i, \boldsymbol{K}_j\right)\right]$$

步骤 4：计算输出。每个注意力权重与值向量 $\boldsymbol{V}_j$ 相乘，然后求和，得到最终的输出 z_i:

$$z_i = \sum_{j=1}^{n} w_{ij} \boldsymbol{V}_j$$

多头注意力机制是在自注意力机制的基础上发展起来的，是自注意力机制的变体，旨在增强模型的表达能力和泛化能力。自注意力机制实质上是通过 $\boldsymbol{Q}$ 向量去找相关的 $\boldsymbol{K}$ 向量，但是相关性可能有多种，一个 $\boldsymbol{Q}$ 只能找到一种相关的 $\boldsymbol{K}$ 向量，因此就要引入多个 $\boldsymbol{Q}$ 向量和 $\boldsymbol{K}$ 向量来捕捉多种相关性。它通过使用多个独立的注意力头，分别计算注意力权重，并将它们的结果进行拼接或加权求和，这样可以使得模型同时关注序列的不同位置，从而获得更丰富的表示。

多头注意力机制由多个 self-attention 组成，对 h 个 self-attention 的输出矩阵拼接后，再传入 Linear 层，得到最终输出 $\boldsymbol{Z}$。

$$\boldsymbol{Z} = \boldsymbol{W}_{\text{O}} \bullet \text{Concat}\left(\boldsymbol{Z}_1, \boldsymbol{Z}_2, \cdots, \boldsymbol{Z}_h\right)$$

式中，$\boldsymbol{W}_{\text{O}}$ 是输出权重矩阵；Concat 是拼接操作。

多头注意力机制见图 8-24。

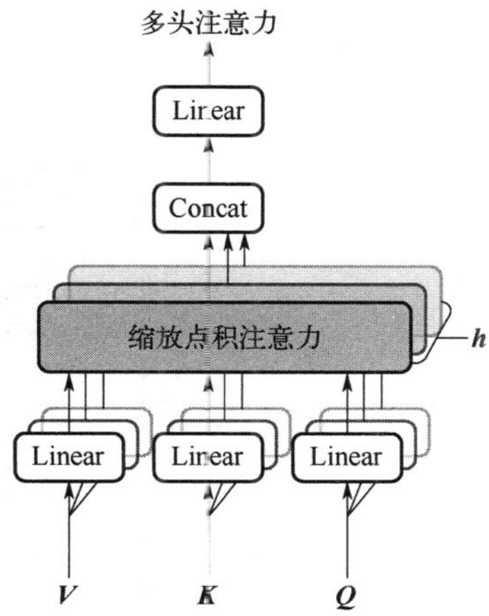

图 8-24　多头注意力机制

8.3.10　Transformer

通过上面的介绍我们应该注意到，循环神经网络在处理序列问题的时候，因为后面的计算依赖前面的结果，需要按序列的顺序依次计算，不能并行计算，因此时间效率很低。Transformer 的提出很好地解决了这个问题。

Transformer 是由 Vaswani 等人在 2017 年发表的论文 *Attention Is All You Need* 中提出的深度学习模型架构，该模型应用了注意力机制，彻底革新了自然语言处理的技术体系。Transformer 摒弃了传统循环神经网络和卷积神经网络的架构，完全基于注意力机制（attention mechanism），实现了在序列建模和生成任务中的高效性能。由于其并行化能力强、表现力强，Transformer 成了当前 NLP、计算机视觉（CV）等领域的主流模型。

Transformer 的设计核心是多头自注意力机制（multi-head self-attention）和位置编码（positional encoding）。它通过输入嵌入（embedding）和位置编码相结合，捕捉序列中词与词之间的关系，而无需依赖固定的顺序处理，从根本上规避了序列的长程依赖问题。因此，与传统的 RNN 不同，Transformer 不存在梯度消失问题，且并行计算大幅提升了训练效率。

如图 8-25 所示，Transformer 是由编码器（encoder）和解码器（decoder）两部分组成单元堆叠而成，是一个典型的编码-解码结构。其中，编码器的任务是将输入序列 $\boldsymbol{x} = \left(x_1, x_2, \cdots, x_n\right)$ 编码为隐藏表示 $\boldsymbol{h} = \left(h_1, h_2, \cdots, h_n\right)$，而解码器则根据隐藏表示和目标序列的前缀 $\boldsymbol{y}_{<t}$ 生成目标序列 $\boldsymbol{y} = \left(y_1, y_2, \cdots, y_m\right)$。编码器和解码器均由堆叠的多层相同结构单元

组成，单元内部包含自注意力层、前馈网络和归一化模块。

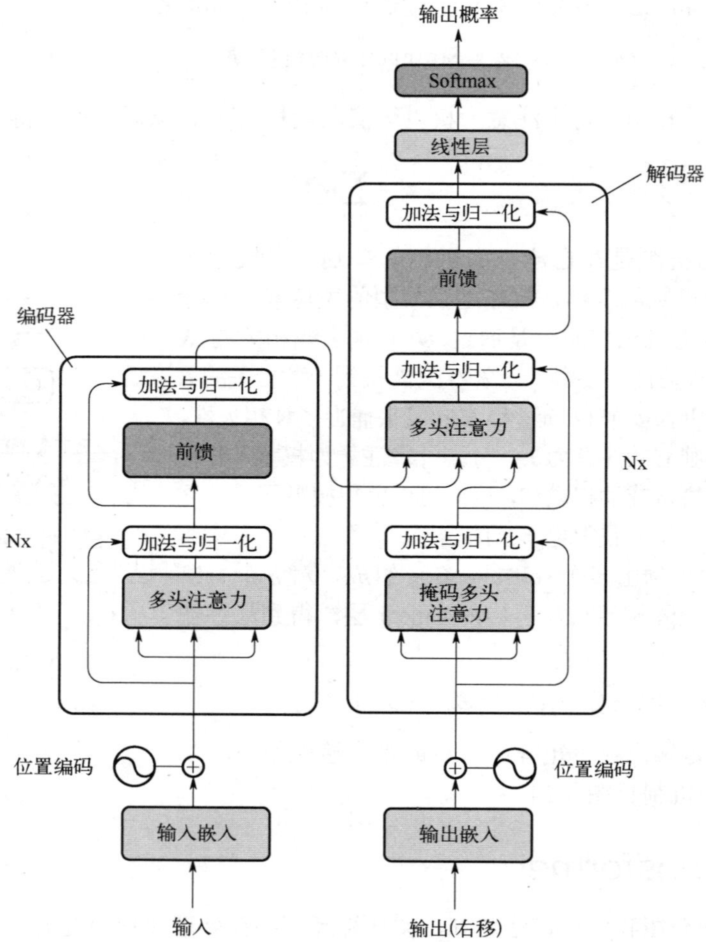

图 8-25　Transformer 基本单元示意图

Transformer 中最关键的模块是自注意力机制（self-attention），具体如 8.3.9 节所述。

此外，对于序列而言，位置是非常重要的信息。而输入序列经过嵌入丧失了位置信息。为了处理长序列并保留位置信息，Transformer 引入了位置编码（positional encoding）。位置编码通过向输入向量添加一组固定或可学习的偏置，帮助模型感知词语的相对或绝对位置。常见的固定位置编码形式为正弦和余弦函数：

$$\mathrm{PE}_{(\mathrm{pos},2i)}=\sin\left(\frac{\mathrm{pos}}{10000^{2i/d}}\right),\mathrm{PE}_{(\mathrm{pos},2i+1)}=\cos\left(\frac{\mathrm{pos}}{10000^{2i/d}}\right)$$

式中，pos 是位置；i 是维度索引；d 是嵌入维度。

Transformer 的另一个重要组成部分是前馈神经网络（FFNN）。它在每个编码器和解码器单元中作为自注意力机制后的非线性变换，具有如下形式：

$$\mathrm{FFNN}(\boldsymbol{x})=\mathrm{ReLU}(\boldsymbol{x}\boldsymbol{W}_1+\boldsymbol{b}_1)\boldsymbol{W}_2+\boldsymbol{b}_2$$

式中，$\boldsymbol{W}_1$ 和 $\boldsymbol{W}_2$ 是权重矩阵；$\boldsymbol{b}_1$ 和 $\boldsymbol{b}_2$ 是偏置。FFNN 提供了额外的表达能力。

Transformer 还在编码器和解码器的每一层中使用了层归一化（layer normalization）和残差连接（residual connection），以加速训练并改善梯度流动。残差连接将每层的输入直接与输出相加，避免了深层网络中的信息丢失问题。

Transformer 的优点体现在多个方面。首先，它能够捕捉序列中的全局依赖性，无需逐步处理输入，显著提升了训练效率。其次，由于高度并行化，Transformer 在处理长序列时比 RNN 快得多。此外，注意力机制可以动态关注输入序列中的关键部分，提高了对复杂模式的学习能力。然而，Transformer 的劣势在于对硬件要求较高，尤其在处理超长序列时，其时间和空间复杂度为 $O\left(n^2\right)$，限制了其在极大规模数据上的应用。

自 Transformer 被提出后，其改进和变种层出不穷。BERT（bidirectional encoder representations from transformers）通过双向编码器实现了更好的上下文理解，广泛应用于文本分类、问答等任务；GPT（generative pre-trained transformer）利用解码器生成自然语言，成为对话和生成任务的主流模型；Vision Transformer（ViT）将 Transformer 引入计算机视觉，革新了图像分类、目标检测的技术体系。其他如 T5、Transformer-XL 和 Longformer 等模型针对不同问题对 Transformer 进行了优化和扩展。

8.3.11　生成对抗网络

生成对抗网络（generative adversarial network，GAN）由 Ian Goodfellow 等人在 2014 年提出，其核心思想是通过两个神经网络之间的博弈（对抗）学习数据分布，从而生成与真实数据分布难以区分的样本，如图 8-26 所示。

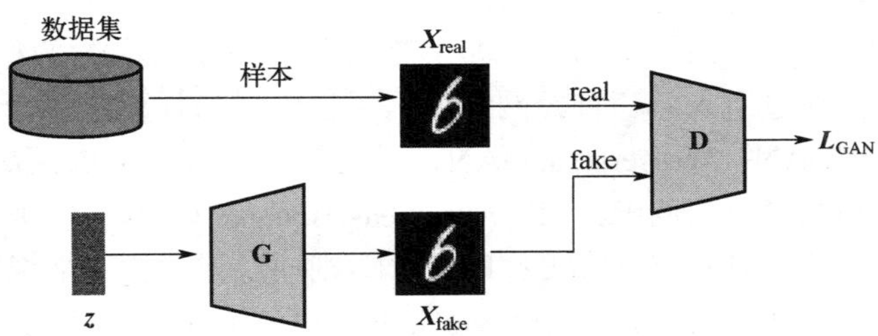

图 8-26　生成对抗网络算法示意图

在 GAN 发明之前，VAE 被认为是理论完备，实现简单，训练稳定，图片质量高，但是人眼还是可以很轻易地分辨出真实图片与机器生成的图片。而 GAN 的提出，使得生成模型生成的图像达到了人眼难以分辨的程度，引发了生成建模领域的广泛关注，被应用于图像生成、视频生成、风格转换、超分辨率等多个领域。

GAN 的基本架构包括两个神经网络：生成器（generator，G）和判别器（discriminator，D）。生成器的主要任务是接收来自随机噪声 z 的输入，这些噪声通常来自简单的分布，如高斯分布或均匀分布。生成器将这些噪声映射到数据空间，并生成与真实数据相似的样本。判别器则负责对输入数据进行分类，判断它是来自生成器的伪样本，还是来自真实数据集的样本。GAN 的核心思想在于一个对抗性训练过程。生成器和判别器通过相互对抗来优化其各自的目标函数。在这个博弈过程中，生成器试图通过生成更逼真的样本来“欺骗”判别器，使得判别器无法区分这些伪样本和真实样本；而判别器则努力提高其区分能力，以尽可能准确地区分真实样本和伪样本。因此，生成器和判别器的目标是相互对立的，但又相互依存。生成器不断改进生成的样本，判别器不断提高判断的准确性。随着训练的进行，二者都在持续优化，最终达成一种“纳什均衡”状态，即生成器生成的样本质量足以让判别器无法区分。这种对抗性训练的机制赋予了 GAN 强大的数据生成能力，能够生成与真实数据高度相似的样本。

GAN 的训练目标是最小化一个基于二分类任务的损失函数。其标准形式的目标函数为：

$$\min_G \max_D V(G,D)=E_{x\sim p_{\text{data}}(x)}\left[\log D(x)\right]+E_{z\sim p_z(z)}\left[\log\left(1-D\left(G(z)\right)\right)\right]$$

其中，第一项是判别器对真实数据的分类准确性，第二项是对生成数据的分类准确性。生成器的目标是最大化第二项，使 $D\left(G(z)\right)$ 接近 1，表明判别器难以区分生成样本和真实样本；判别器的目标则是最大化整个损失，确保其能正确识别输入样本的来源。

GAN 的训练本质上是一个极小极大的博弈问题。当 GAN 达到纳什均衡时，生成器生成的数据分布 p_z 将与真实数据分布 p_{data} 相同，判别器的输出为 0.5，即无法区分生成样本和真实样本。然而，在实际训练中，由于 GAN 的非凸性和对抗性优化的复杂性，实现均衡并不容易。这常常导致训练不稳定，出现模式崩塌（mode collapse）现象，即生成器仅能生成数据分布的一部分，而忽略了分布的多样性。

此外，GAN 还存在网络难以收敛的问题，理论上，GAN 的训练过程应该在纳什均衡状态下达到最优效果。纳什均衡表示在博弈中，每一方的策略都已经最优，无法通过单方面调整策略来获得更好的结果。然而，梯度下降算法通常要求优化目标函数为凸函数，才能保证收敛到全局最优解。而在 GAN 的训练过程中，生成器和判别器的目标函数并不是凸的，这使得通过梯度下降算法直接达到纳什均衡变得十分困难。生成器和判别器在对抗训练中相互博弈，可能出现梯度消失或梯度爆炸等问题，导致模型无法有效收敛或训练过程过长。

为了解决标准 GAN 存在的挑战，研究者提出了许多改进。例如，DCGAN（deep convolutional GAN）通过引入卷积神经网络增强了生成器和判别器的表达能力，显著提升了图像生成质量；WGAN（Wasserstein GAN）通过采用 Wasserstein 距离替代交叉熵损失，解决了训练不稳定和梯度消失问题；LSGAN（least squares GAN）使用平方损失代替交叉熵损失，以平滑生成器和判别器的梯度；BigGAN 则通过更大的网络规模和更加规范的训练方式生成高分辨率图像。其他扩展如 StyleGAN 和 CycleGAN 分别在生成样本的细节控制与风格迁移方面取得了显著进展。

生成对抗网络（GAN）在多个领域的成功应用已经取得了显著成果，展现了其强大的生成能力和灵活性。在图像生成中，GAN 的应用非常广泛。最为显著的是在人脸生成方面，GAN 能够通过学习真实人脸图像的分布，生成极为真实的虚拟人脸，广泛应用于娱乐、虚拟现实和安全领域。此外，GAN 也被用于艺术风格迁移（例如将照片转换为著名画家的绘画风格），这使得艺术创作和图像处理变得更加富有创意与多样化。在图像超分辨率任务中，GAN 被用来将低分辨率图像恢复为高分辨率图像，显著提高了图像细节的清晰度和质量，应用于医疗影像、卫星遥感图像等领域。在自然语言处理领域，GAN 也被用于文本生成。传统的语言模型生成文本时，容易受到上下文理解的限制，而 GAN 通过对抗训练的方式，能够生成更自然、流畅的文本。其在自动写作、机器翻译、情感分析等任务中具有广泛应用，能够辅助生成高质量的文章、故事或对话文本。

8.3.12 扩散模型

扩散模型（diffusion model）是一种基于概率图模型和深度学习的生成式模型，近年来在生成任务（特别是图像生成）中表现出了卓越的性能。扩散模型的基本理念源于两种相反的过程：正向扩散过程（forward diffusion process）和反向生成过程（reverse generation process）。通过这两个过程，扩散模型能够将复杂的数据分布逐步映射到简单的标准正态分布上，再通过学习一个逆向去噪过程，从噪声中生成高质量的样本。与传统生成式模型（如 GAN 和 VAE）相比，扩散模型具有显式概率建模的特点，生成质量稳定，并在许多生成任务中达到了前所未有的精度。

扩散模型架构如图 8-27 所示，主要包含像素空间、潜在空间、扩散过程、去噪 U-Net 以及条件控制模块等部分。输入数据在左侧的像素空间中被表示为原始样本 $\boldsymbol{x}$。这些样本通过编码器 **e** 被映射到低维潜在空间 z，这一过程可以大大减少计算开销，同时保留数据的核心特征。潜在扩散模型的核心操作集中在这个潜在空间中，正向扩散和反向生成都在此完成。最终生成的潜在变量 $\tilde{z}$ 通过解码器 **d** 被还原到像素空间，生成数据 $\tilde{\boldsymbol{x}}$，这一过程确保了输出数据与原始分布的一致性。

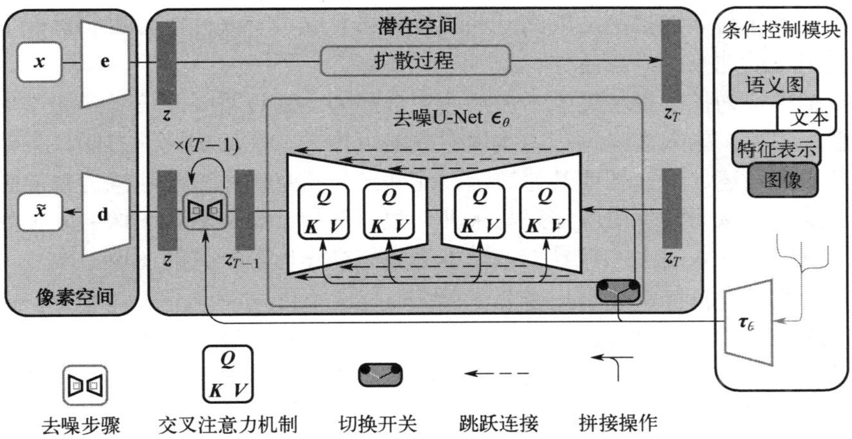

图 8-27　扩散模型架构示意图

潜在空间中的扩散过程是模型的核心。正向扩散过程通过逐步添加噪声，将数据从其原始分布转变为接近标准正态分布的形式。具体来说，每一步通过一个条件高斯分布 $q(\boldsymbol{x}_t \mid \boldsymbol{x}_{t-1})$ 进行，逐步将样本加噪。反向生成过程则是从标准正态分布 $z_T \sim N(0, \boldsymbol{I})$ 开始，通过一个逆向马尔可夫链逐步去噪，恢复到原始数据分布。这一过程由一个深度神经网络（去噪 U-Net）完成，其任务是从带噪的潜在变量 z_t 中去除噪声。

扩散模型的正向扩散过程是一种逐步添加噪声的马尔可夫过程。设初始数据分布为 $p(\boldsymbol{x}_0)$，通过一系列噪声扰动步骤 $t = 1, 2, \cdots, T$，将数据逐步加噪使其接近标准正态分布。具体来说，每一步的转换由以下条件概率定义：

$$q(\boldsymbol{x}_t \mid \boldsymbol{x}_{t-1}) = N\left(\boldsymbol{x}_t; \sqrt{1-\beta_t}\boldsymbol{x}_{t-1}, \beta_t \boldsymbol{I}\right)$$

其中，β_t 是一个与时间相关的噪声强度参数，控制每一步中加入的噪声量。这些噪声强度通常设计为随时间 t 增加，使数据逐渐失去原始结构。在实际计算中，可以直接推导出数据从任意时间步 $\boldsymbol{x}_0$ 扩散到 $\boldsymbol{x}_t$ 的分布：

$$q(\boldsymbol{x}_t \mid \boldsymbol{x}_0) = N\left[\boldsymbol{x}_t; \sqrt{\bar{\alpha}_t}\boldsymbol{x}_0, (1-\bar{\alpha}_t)\boldsymbol{I}\right]$$

式中，$\bar{\alpha}_t=\prod_{i=1}^{t}(1-\beta_i)$。这一公式允许我们在任意时间步 t 上快速采样 $\boldsymbol{x}_t$，从而简化训练过程。

在反向生成过程中，扩散模型的目标是从一个标准正态分布样本 $\boldsymbol{x}_T\sim N(0,\boldsymbol{I})$ 开始，通过逐步去噪的马尔可夫链生成样本 $\boldsymbol{x}_0$。反向过程的每一步被定义为：

$$p_\theta(\boldsymbol{x}_{t-1}\mid\boldsymbol{x}_t)=N\left[\boldsymbol{x}_{t-1};\mu_\theta(\boldsymbol{x}_t,t),\Sigma_\theta(\boldsymbol{x}_t,t)\right]$$

式中，$\mu_\theta(\boldsymbol{x}_t,t)$ 和 $\Sigma_\theta(\boldsymbol{x}_t,t)$ 是需要学习的参数，通常由一个深度神经网络（例如 U-Net）预测得到。反向生成过程的关键在于学习 $q(\boldsymbol{x}_{t-1}\mid\boldsymbol{x}_t,\boldsymbol{x}_0)$ 的近似分布，使其能够高效还原数据。

U-Net 的核心结构由一个编码器和一个解码器组成。U-Net 的编码器负责提取输入数据的多层次特征，而解码器则逐步恢复数据的空间分辨率，并结合编码器的特征图，增强生成的准确性和细节质量。为了保留低级特征信息并提高生成的细节质量，U-Net 引入了跳跃连接（skip connection），将编码器的中间特征直接传递给解码器。此外，U-Net 的每一层还包含交叉注意力模块（cross-attention），通过查询（query）、键（key）和值（value）机制捕捉潜在变量与条件控制之间的全局依赖关系。这种交叉注意力机制确保了模型能够在生成过程中灵活地响应外部条件。

条件控制模块为扩散模型提供了灵活的生成能力，通过将外部信息（如文本描述、语义图、类别标签等）融入去噪过程中实现生成的可控性。在架构图的右侧，条件控制模块的输入包括文本描述、语义图或其他表示，这些条件信息通过交叉注意力直接影响去噪网络的每一步操作，从而确保生成结果与条件一致。例如，在文本到图像生成任务中，条件控制模块可以根据输入的文本指导扩散模型生成与描述内容一致的图像。

训练扩散模型的目标是最小化变分下界（variational lower bound，VLB），这一下界可以分解为逐步去噪的损失函数之和。优化过程中，通常将问题简化为一个均方误差形式：模型通过预测每一步的噪声 ϵ 来重建原始数据 $\boldsymbol{x}_0$。其损失函数为：

$$\mathcal{L}_{\text{simple}}=E_{x_0,\epsilon,t}\left[\|\epsilon-\epsilon_\theta(\boldsymbol{x}_t,t)\|^2\right]$$

式中，ϵ 是加入的数据噪声；ϵ_θ 是模型预测的噪声。通过这一目标函数，模型能够逐步学习如何还原数据。

扩散模型的一个显著特点是生成过程需要多次迭代。每次迭代都从当前状态 $\boldsymbol{x}_t$ 推导到前一步 $\boldsymbol{x}_{t-1}$。尽管这一过程保证了生成的高质量，但其计算复杂度较高，生成单个样本可能需要数百到上千步。为了解决这一问题，研究者提出了许多改进。

例如，DDIM（denoising diffusion implicit models）通过引入确定性采样过程显著减少了生成步骤的数量。传统的扩散模型通常依赖于逐步随机采样的方式，而 DDIM 则通过隐式建模每个步骤的反向过程，从而避免了随机噪声引入的迭代误差。这使得 DDIM 在保证生成质量的同时，能够大幅度减少所需的采样步骤，并且通常在更少的步骤内就能得到与传统方法相媲美的高质量样本。

而 latent diffusion models（LDM）则进一步优化了计算效率，主要通过将扩散过程转移到低维潜在空间进行。在 LDM 中，数据首先通过编码器映射到潜在空间，在该空间中进行扩散过程的学习。由于潜在空间的维度通常远小于原始数据空间，LDM 显著降低了计算开销，减少了模型的复杂度，同时仍能保持较高的生成质量。这种方法使得扩散模型在处理大规模数据集和复杂任务时具有更好的可扩展性。通过在低维潜在空间中执行扩散过程，LDM 显著降低了计算开销。

第 4 篇

大数据基础

数字经济浪潮下，数据已成为当今最为核心的资源之一，成为推动企业和社会发展、转型、创新的新型生产要素。大数据作为继云计算、物联网之后，IT 行业又一项颠覆性的技术，正以不可阻挡的趋势席卷全球。从金融、汽车、零售、餐饮到电信、能源、政务、医疗、体育、娱乐等社会各行各业，大数据的身影随处可见。它不仅深刻影响了人类的社会生产和生活方式，还为技术创新、商业决策和社会治理带来了革命性的改变，正在并将继续对人类社会产生重大而深远的影响。

大数据的魅力不仅在于它庞大的规模，更在于它能为社会提供深刻的洞察与价值。从我们在社交平台上的每一次互动，到传感器记录下的城市运行数据；从智能手机的导航服务，到精准推送的广告推荐，大数据已融入我们生活的方方面面。如何理解大数据的本质，如何从数据的洪流中挖掘价值，而不是被数据淹没，如何在数据驱动的世界中平衡技术创新与隐私保护，这些问题都将是我们需要面对并解决的。

大数据时代的到来，不仅需要技术的进步，更需要具备大数据专业素养的人才支持。高校肩负着时代赋予的责任，亟需构建大数据技术课程体系，为社会培养和输送大量高级人才，以满足社会对大数据领域快速增长的需求。

本篇旨在为读者搭建起通向“大数据知识空间”的桥梁。在这一篇中将系统梳理并总结大数据的相关技术，介绍其基本原理和主要应用场景，帮助读者初步形成对大数据知识体系的轮廓性认识。希望在这一篇的引领下读者能迈入大数据的世界，领略其中的广阔天地，为在大数据领域的学习与实践提供启发和指导。

第 9 章

大数据概述

9.1 什么是大数据

9.1.1 大数据定义

在传统数据处理中，通常以结构化数据为中心，聚焦于数据的存储、检索和操作。然而，随着数据源的多样化和数据量的急剧增长，传统方法已经无法满足需求。美国咨询公司麦肯锡在其报告《大数据:下一个创新、竞争和生产力的前沿》(*Big data: The next frontier for innovation, competition, and productivity*) 中对大数据给出的定义是：大数据是指大小超出常规的数据库工具获取、存储、管理和分析能力的数据集合。但它同时强调，并不是说一定要超过 TB 级的数据集才能算是大数据。大数据是指规模巨大、类型复杂多样，在获取、存储、管理、分析方面大大超出了传统数据库软件工具能力范围的数据集合。而大数据技术则是指通过获取、存储、分析，从大容量数据中挖掘价值的一种全新的技术架构。

从不同的视角来看，大数据有着不同的定义和内涵。

（1）技术视角

从技术的角度来看，大数据是指超过传统数据库和数据处理系统能力的数据集。这些数据集不仅体量庞大，还具有生成速度快和数据类型多样等特点。大数据技术的核心目标是利用分布式存储、并行计算和智能分析等技术，对这些数据进行高效处理和分析，从中挖掘出隐藏的模式和洞察。

（2）商业视角

从商业的角度来看，大数据是一种提升效率、优化决策和创造价值的资源。企业可以通过分析客户行为数据、市场趋势数据和竞争对手数据等，获取重要的业务洞察。例如，零售企业利用大数据实现个性化推荐，电信企业通过大数据分析优化网络流量。

（3）社会视角

从社会的角度来看，大数据是一种理解和治理复杂系统的工具。在智慧城市建设中，政府可以利用交通数据缓解拥堵；在医疗健康领域，分析疫情传播数据可以为公共卫生政策提供科学依据；在环境保护中，大数据可帮助预测气候变化趋势。

（4）哲学视角

从哲学的角度来看，大数据不仅是一种技术，也是一种思维模式。它改变了我们认识世界的方式：从依赖理论推导转向数据驱动的发现。从这个意义上说，大数据并不仅仅是“数据多”，而是通过对海量数据的分析和处理，揭示出传统方法难以察觉的深层规律。

9.1.2　大数据的特征

现在，业界普遍采用“5V”模型来定义和理解大数据的核心特性，即数据量大（volume）、数据类型繁多（variety）、处理速度快（velocity）、价值密度低（value）和真实性（veracity）。

（1）volume（数据量）

数据量大是大数据最显著的特征之一。在传统数据管理系统中，数据量通常以 GB 或 TB 为单位，而大数据的量级已经上升到 PB（拍字节）、EB（艾字节）甚至更高。这样的数据有多种来源，如社交媒体、传感器设备、金融交易、医疗记录等。例如，像 YouTube 这样的平台，每分钟就会产生数百小时的视频内容，这些数据的存储与处理给传统方法带来了极大挑战。

可以通过表 9-1 感受一下数据的级别。

表 9-1　不同数据量的对比

数据量	举例
1KB=1024B	1 个 txt 文本文件的大小为几 KB
1MB=1024KB	1 份 Word 文档或 1 首音乐的大小为几 MB
1GB=1024MB	一部 720P 的电影大小约为 5GB
1TB=1024GB	电脑主流的硬盘为 1TB/2TB/4TB
1PB=1024TB	约 21 万部 720P 的电影
1EB=1024PB	约 2000 个机柜的硬盘存储设备总容量
1ZB=1024EB	全球已存储的所有数据总规模为几十 ZB

在 1PB 以上规模的，通常算作大数据级别。例如谷歌搜索引擎的数据总规模（2021 年）为 62PB。著名咨询机构 IDC Global DataSphere 的数据显示，截至 2021 年，全球数据总量达到了 84.5ZB，预计到 2026 年全球结构化与非结构化数据总量将达到 221.2ZB。

（2）velocity（速度）

大数据不仅指“量大”，还意味着数据生成和处理的速度极快。与传统媒体时代相比，大数据时代的信息生产和传播方式发生了革命性的变化。借助互联网和云计算技术，数据的生成和流通速度大幅提升，推动了海量数据的迅速积累与分发。同时，由于信息高度重视时效性，大数据处理的核心之一是实现快速响应，确保数据的实时输入和高效提取。例如，淘宝网每天的商品交易数据量约为 20TB，而全球领先的社交媒体平台 Facebook 每天产生的日志数据超过 300TB。这些数据的规模和流动速度充分体现了大数据环境下信息处理的复杂性和对高效性的需求，也促使相关技术不断发展，以满足实时性和高性能的要求。对于企业来说，能够快速捕获、处理和分析这些实时数据，往往是竞争优势的关键所在。

传统的数据处理方式需要花费很长时间来处理数据，而大数据处理则可以在很短的时间内完成。新兴的大数据分析技术通常采用集群处理和独特的内部设计。大数据处理技术的核心在于分布式计算架构，它将任务分解为多个小任务，并分配到一个由多台服务器组成的集群中并行完成。例如，Hadoop 和 Spark 等大数据框架通过分布式存储与计算模型，显著提升了处理效率。同时，这些技术在内部设计上针对大数据的特点进行了优化，比如数据分区、流水线式计算以及数据本地化，从而大幅减少了处理延迟和资源浪费。这种技术突破使得企业和机构能够快速从数据中提取洞察，支持实时决策和业务优化，从而大幅提升了大数据在实际应用中的价值。

（3）variety（多样性）

在当今互联网用户数量激增的背景下，大数据的来源极为广泛，其数据类型也呈现出多样化的特点。根据因果关系的复杂程度和数据结构的规则性，大数据通常可以分为三类：结构化数据、半结构化数据和非结构化数据，如图 9-1 所示。

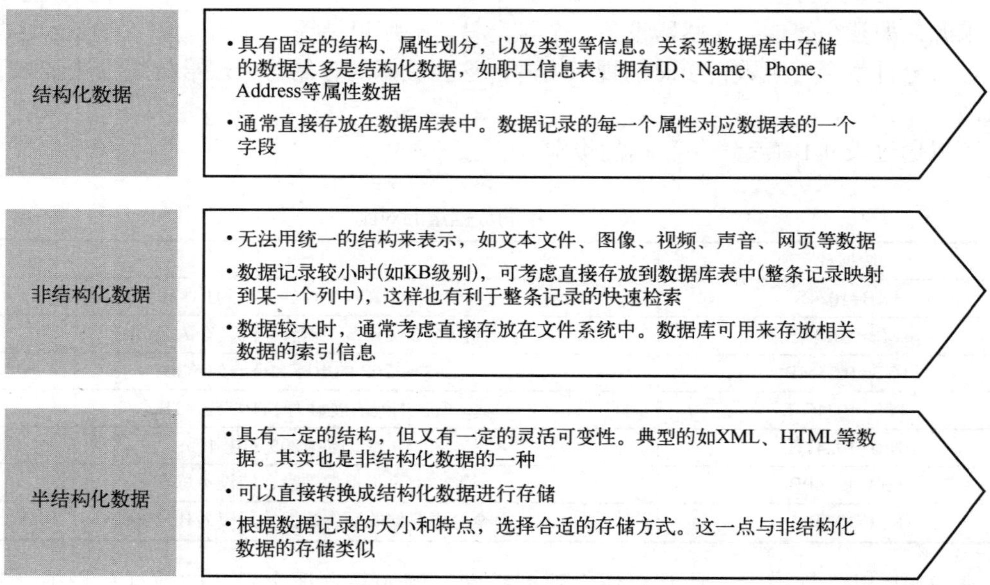

图 9-1　三种大数据的简单总结

① 结构化数据是指具有严格组织形式并存储在关系型数据库中的数据，例如 MySQL 或 Oracle 数据库中的表格数据。这类数据具有统一的格式，每一行数据都遵循相同的规则，因而易于处理和管理。典型的例子包括财务系统中的交易记录和医疗系统中的患者信息表，这些数据通常具有高度的完整性和确定性，便于使用标准化的工具进行操作。

② 半结构化数据介于结构化和非结构化数据之间，它具有一定的组织结构，但与关系型数据库中的数据相比，其结构并不严谨且灵活性更高。这类数据的处理相对复杂，需要结合特定的解析方法来提取信息。常见的例子包括 JSON、XML 和 HTML 文档，这些数据格式虽然有一定的结构标记，但不完全受固定规则约束，适应性更强。

③ 非结构化数据则完全没有固定的格式，是最具挑战性的数据类型。处理非结构化数据需要专门设计算法和工具，从中挖掘出潜在的价值信息。图片、音频、视频，以及未

分类的文本内容都是非结构化数据的典型代表。由于现代企业和行业应用中，数据源多元化趋势显著，实际处理的数据往往以半结构化和非结构化为主。

从行业实践来看，半结构化和非结构化数据处理能力的强弱直接影响到企业的竞争力，因为这些数据中蕴含了巨大的潜在价值，能够为智能决策和创新服务提供关键支持。

如此类型繁多的异构数据，虽然增加了处理和分析的技术复杂性，但也赋予了洞察更大的深度和广度。不同类型的数据，如结构化数据的精准性、半结构化数据的灵活性，以及非结构化数据的丰富性，共同构成了大数据生态的基础。这种多样性不仅使数据分析需要应对多种格式、来源和质量的不确定性，同时也为跨领域整合和多维分析提供了可能。通过先进的技术手段，将这些多样化的数据转化为有价值的信息，可以帮助我们全面洞察复杂问题，揭示潜在模式，并为决策提供更加全面的依据。

（4）veracity（真实性）

大数据的真实性是指数据的准确度和可信赖度，代表数据的质量。在大数据时代，由于数据的来源多样、规模庞大、类型复杂，确保数据的真实性成了一项关键挑战。虚假数据、错误数据或偏差数据的存在，可能直接影响分析结果的可信度，从而误导决策和应用。例如，在社交媒体数据中，可能会存在虚假信息；在传感器数据中，可能会有故障导致的不准确记录。因此，如何清洗和校验数据成为大数据分析中不可忽视的步骤。

（5）value（价值）

大数据的最终目标是创造价值。数据本身并不具有意义，它只有经过分析和挖掘才能转化为商业洞察、科学发现或社会决策。尽管大数据展现了巨大的潜力，但其价值密度相较于传统关系型数据库中的精练数据要低得多。原因在于大数据通常存在样本不完整、采集不及时以及数据间断性等问题，使得其中真正具有直接价值的数据仅占少数。然而，相较于传统的数据，大数据的核心优势在于其规模与多样性。通过从海量、表面上无关的数据中挖掘潜在关联，大数据能够揭示未来趋势和隐藏模式。这一过程依赖于采用机器学习、人工智能以及数据挖掘等先进技术进行深度分析，并提炼出新规律和新知识。这些洞察可以广泛应用于交通优化、电商推荐、精准医疗等多个领域，不仅提升了生产效率，还为科学研究开辟了新的路径，展现出大数据驱动社会进步的非凡力量。例如，通过对消费者行为数据的分析，企业可以优化产品设计；通过对气象数据的分析，相关机构可以预测自然灾害并及时采取应对措施。

9.1.3 大数据与传统数据的区别

为了更好地理解大数据的定义，可以通过表 9-2 对比传统数据的特性来揭示大数据的独特之处。

表 9-2 大数据与传统数据的对比

特性	传统数据	大数据
数据规模	通常为 GB 或 TB	通常为 PB、EB 甚至更高
数据类型	主要是结构化数据	结构化、半结构化和非结构化数据
数据生成速度	批量生成，周期性更新	实时生成，持续增长
数据处理方式	基于关系型数据库	基于分布式计算框架
应用领域	有限	覆盖所有行业

大数据与传统数据的区别不仅体现在“量”的层面，更体现在“质”的层面。它打破了传统数据系统的边界，使得处理多样化、实时化和海量数据成为可能。同时，大数据赋予了数据更深远的价值，让我们能够从未曾想象的角度去理解世界和推动创新。然而，大数据的崛起也带来了隐私保护、数据质量和技术壁垒等挑战。面对这些变化，理解两者的区别是迈向大数据时代的第一步。

9.1.4 大数据在现实中的应用体现

大数据不仅是理论概念，它在现实生活中已经得到了广泛应用，并在许多行业和领域产生了深远的影响。随着数据量的增加和分析技术的进步，越来越多的行业和社会活动开始依赖大数据技术来改进业务流程、优化决策、提高效率，并推动创新。以下列举了一些大数据在多个领域中的具体体现和应用案例。

（1）社交媒体

社交媒体平台（如 Facebook、Twitter、抖音、微信等）每时每刻都在生成大量的数据。这些数据包括用户的行为数据、互动数据、内容发布数据等，通过对这些用户的数据进行大数据分析，社交媒体平台就能够对用户行为进行分析，并精准投放广告。一方面平台通过分析用户的点赞、评论、分享等行为，预测用户的兴趣变化，进一步推动内容推荐算法的优化，提高用户活跃度。另一方面根据用户的兴趣爱好、浏览习惯和社交网络分析，平台可以实现个性化广告推送。例如，抖音就通过分析用户的行为数据来推送相关广告，广告主根据用户的活动数据优化广告投放策略，从而提高广告的转化率。

（2）金融领域

金融行业是大数据应用最早的领域之一，银行、证券公司、保险公司等通常通过大数据技术改善服务并加强风险管理，包括：

信用评分与欺诈检测：金融机构通过分析客户的交易行为、历史信用记录、社交媒体信息等多维度数据，建立客户画像并评估其信用风险。例如，信用卡公司通过实时监控交易模式，利用机器学习算法发现潜在的欺诈行为。

投资决策与市场分析：在股市中，投资者和机构利用大数据分析市场走势、公司财报、宏观经济数据、社交媒体情绪等多种数据源，进行投资决策。例如，Quantitative Hedge Funds（量化对冲基金）利用大数据和机器学习模型分析市场信号，执行高频交易策略。

个性化金融服务：许多银行和金融服务机构通过大数据分析客户需求，为其提供定制化的金融产品和服务。例如，基于客户的交易历史和财务状况，银行可以向客户推荐合适的投资方案、信用卡产品和贷款额度。

（3）医疗领域

医疗行业是大数据应用的又一重要领域。通过对病人的历史健康记录、基因数据、实时监测数据等的深入分析，大数据为精准医疗和健康管理提供了强大的支持，包括：

精准医疗：通过对大量基因组数据、患者健康记录以及全球疾病流行趋势的分析，医生可以为患者提供个性化的治疗方案。例如，基因测序技术通过大数据分析帮助判断患者对特定药物的反应，从而提供更合适的药物治疗方案。

疾病预测与流行趋势分析：大数据分析可帮助早期识别疾病的发生及其流行趋势。例如，通过对医疗健康大数据的分析，公共卫生机构可以预测流感等传染性疾病的传播路线，并制定防控措施。类似的，癌症筛查通过大数据分析技术分析癌症相关基因、生活习惯、家族史等多方面数据，可以早期发现癌症高风险群体并进行干预。

智能医疗设备：通过连接健康设备，如智能手表、血糖仪、血压监测器等，实时收集个人健康数据，并通过云端大数据分析，进行健康监测、疾病预测，甚至提醒用户及时就医。

（4）交通与智慧城市

大数据技术在交通管理、城市治理以及智慧城市建设中的应用也越来越广泛。通过对实时交通数据、城市基础设施数据和民众行为数据的分析，城市管理者可以优化交通流量，提升资源使用效率，包括：

交通流量分析与拥堵预测：基于车载传感器、交通摄像头、GPS数据等，交通管理部门可以实时监控城市道路的交通状况，预测并提前采取措施减少拥堵。例如，百度地图和高德地图通过实时交通数据预测道路状况，给用户推荐最优行车路线。

智能停车系统：通过大数据技术，城市可以实现智能停车管理，分析停车位的使用情况，实时推送停车位空闲信息给司机，减少因找车位而造成的交通堵塞。

城市公共资源管理：例如，电力公司通过对用电数据的实时监控，预测能源需求波动，优化电网管理；水务公司通过对城市水管网的传感器数据分析，实时发现漏水问题并及时处理。

（5）制造业：工业物联网与生产优化

大数据在制造业中被称为"工业4.0"的核心技术，特别是在智能制造和工业物联网的应用中，大数据的潜力得到充分发挥，包括：

设备预测性维护：通过对设备传感器数据的实时监测，制造企业能够预测设备的故障并提前进行维护，避免设备停机带来的生产损失。例如，通用电气公司（GE）利用大数据分析技术分析其工厂中的机器设备数据，预警设备可能出现的故障，减少停机时间。

生产过程优化：通过对生产线数据的实时监控和分析，制造企业可以实时调整生产流程，提高生产效率。例如，汽车制造商通过分析生产线的传感器数据，自动调整机器人工作参数，优化装配效率，减少生产周期。

可以说，如今大数据技术的应用已经渗透到社会各个层面，无论是在商业、医疗、金融，还是在交通、农业和能源等领域，都展现出巨大的价值。通过对数据的深度分析与挖掘，我们不仅能够提升现有行业的效率，还能够创造出前所未有的商业模式和创新产品。大数据的普及和应用，将持续推动各行各业的数字化转型，引领未来的发展趋势。

9.1.5 大数据的起源与发展

大数据作为一种全新的数据处理模式和思想，近年来在技术和应用层面迅猛发展。它的起源可以追溯到信息化时代早期对海量数据管理需求的增长，而其发展则经历了技术进步、应用创新与社会需求不断推动的过程。从萌芽到繁荣，大数据技术的历史既是一部技术进化史，也是一部社会需求驱动的创新史。

（1）起源

大数据的概念并非突然出现，而是信息技术、存储能力、计算能力和社会需求共同演进的结果。早期，数据处理局限于单一领域，如银行交易记录和气象数据。但随着互联网和物联网的兴起，数据量迅速增长，传统方法无法满足处理需求，数据存储和处理的需求日益显现。早期的数据库管理系统（如20世纪60年代的IBM IMS系统）使得结构化数据的存储与管理变得可行，而20世纪70年代埃德加·科德（Edgar F. Codd）提出的关系型数据库模型（RDBMS）则成为数据管理领域的重要里程碑。从此，Oracle、MySQL等关系型数据库系统相继问世，为企业提供了高效的数据管理工具。然而，这些系统主要面向结构化数据，数据量相对有限，集中化的存储和处理模式尚能满足需求。

1980年，著名未来学家阿尔文·托夫勒在《第三次浪潮》一书中，将大数据热情地赞颂为“第三次浪潮的华彩乐章”。20世纪90年代，互联网的普及带来了数据生成速度的飞跃。人们通过电子邮件、网页浏览、在线购物等活动产生了海量用户行为数据，而数据类型也从传统的结构化数据扩展到图片、视频、文本等非结构化形式。这种数据的复杂性和规模对传统数据库提出了全新的挑战，迫使研究者和企业探索更高效的存储与处理方法。

1997年10月，迈克尔·考克斯和大卫·埃尔斯沃思在第八届美国电气电子工程师学会（IEEE）关于可视化的会议论文集中，发表了名为“为外存模型可视化而应用控制程序请求页面调度”的文章，这是在美国计算机学会的数字图书馆中第一篇使用“大数据”这一术语的文章。作者当时就坚信信息技术的飞速发展，一定会带来数据冗杂的问题，数据处理技术必定会进一步发展。

2001年，咨询公司Gartner的分析师道格·莱尼（Doug Laney）首次提出了大数据的“3V”特性。

volume（数据量）：数据规模的急剧扩展，从GB到PB甚至EB级别。

velocity（速度）：数据生成和处理的实时性需求显著提升。

variety（多样性）：数据形式从结构化扩展到非结构化和半结构化。

在此基础上，IDC增加了价值密度（value），构成“4V”特征。这一理论奠定了大数据概念的基础，也预示了它将带来的技术变革。

（2）发展阶段

随着互联网和信息化的推进使数据积累达到空前的规模，电子商务、金融交易等领域成为数据增长的主要驱动力。然而，传统关系型数据库逐渐暴露出难以应对大规模数据存储需求的问题。为解决这一难题，分布式存储技术开始兴起。例如，Google在2003年发表了关于分布式文件系统（GFS）的论文，为现代分布式存储奠定了理论基础。

2005年，Apache Hadoop基于Google的MapReduce模型开发，成为大数据处理的里程碑。Hadoop提供了分布式文件系统（HDFS）和分布式计算能力，使得大规模数据处理变得更高效、经济。

与此同时，NoSQL数据库（如MongoDB、Cassandra）的出现解决了非结构化和半结构化数据的存储与查询难题，拓宽了大数据的应用领域。Twitter推出的Storm等实时数据处理框架，也为低延迟数据分析提供了新工具。

2008年9月，《自然》杂志发表了一份以大数据为主题的专刊，标志着大数据这个概念受到高度重视，并迅速成为科学和创新领域的前沿话题。

进入2010年后，大数据技术生态逐渐成熟。Spark作为新一代分布式计算框架，凭借其高效的内存计算能力，迅速取代了Hadoop MapReduce，成为主流选择。同时，机器学习与大数据的结合进一步推动了技术创新，深度学习的广泛应用带来了从数据洞察到智能决策的飞跃。

云计算的普及进一步降低了大数据技术的应用门槛。AWS、Google Cloud、Microsoft Azure 等云服务平台提供了从存储到分析的一站式大数据解决方案，使中小企业也能从大数据中获益。此外，Kafka、Flink 等实时流处理框架的出现，使大数据技术开始支持更复杂的实时场景，如物联网和金融市场分析。

对于一个国家而言，能否紧紧抓住大数据发展机遇，快速形成核心技术和应用，参与新一轮的全球化竞争，将直接决定未来若干年世界范围内各国科技力量博弈的格局。而我国也对大数据技术的发展高度重视。2011 年 12 月，工信部发布的物联网“十二五”规划中，信息处理技术作为 4 项关键技术创新工程之一被提出来，其中包括了海量数据存储、数据挖掘、图像视频智能分析，这些是大数据的重要组成部分。2014 年，“大数据”首次出现在当年的政府工作报告中。报告中指出，要设立新兴产业创业创新平台，在大数据等方面赶超先进，引领未来产业发展。2015 年，大数据上升到国家战略层面，我国政府于 2015 年 8 月通过了《促进大数据发展行动纲要》。2015 年 10 月 26 日至 29 日，党的十八届五中全会召开，公报提出要实施“国家大数据战略”，这是大数据第一次写入党的全会决议，标志着大数据战略正式上升为国家战略，五中全会开启了大数据建设的新篇章。2022 年，《中共中央 国务院关于构建数据基础制度更好发挥数据要素作用的意见》，初步搭建了我国数据基础制度 20 条政策举措，简称“数据二十条”。2023 年 10 月，国家数据局正式挂牌成立，负责协调推进数据基础制度建设，统筹数据资源整合共享和开发利用，统筹推进数字中国、数字经济、数字社会规划和建设。可以说大数据技术已经是关系国家战略的重要着力点。

（3）未来趋势

未来，大数据技术将呈现出更加深远的发展趋势，推动社会各领域的持续变革。首先，智能化分析将成为主流，人工智能与大数据的深度融合将赋予数据更强的洞察力，使其能够从海量信息中提取出更高价值的见解，为决策和创新提供支持。智能化的大数据技术依赖于人工智能与大数据的深度结合。人工智能通过机器学习和深度学习算法赋予大数据处理系统自我学习和进化的能力，使其能够从不断变化的数据中提取规律和洞察。例如，在客户关系管理（CRM）系统中，智能化算法能够根据历史交易数据和实时交互信息，预测客户的需求变化并自动制定个性化服务方案。自然语言处理是大数据智能化的重要应用方向之一。通过分析海量文本数据，智能化系统能够理解用户意图并生成符合语境的反馈。例如，智能客服系统可以实时解答用户疑问，在提高客户满意度的同时显著降低企业运营成本。

其次，随着技术的不断进步和数据量的持续增长，大数据的个性化应用正成为未来发展的重要方向。个性化不仅仅是数据处理和分析的目标，更是用户体验优化、商业价值挖掘以及社会服务改进的关键驱动力。传统数据分析往往以群体为中心，注重趋势和共性。然而，现代社会中，每个人的需求、行为和偏好都可能存在显著差异。因此，大数据技术开始从关注群体特征转向深入挖掘个体差异。通过对用户行为的精准建模，大数据技术可以根据用户的历史记录、实时数据和语境信息，为每个人提供定制化的产品和服务。例如，流媒体平台利用个性化推荐算法，根据观看记录推荐用户可能感兴趣的影片；在线教育平台通过学习数据分析，为每位学生制定个性化的学习路径。

随着技术的发展，边缘计算与物联网的结合将进一步优化数据处理方式。数据处理方式将从传统的中心化转向边缘化，推动实时分析的广泛应用。从智慧城市到工业物联网，数据的实时流动和分析能力将得到极大提升。此外，行业深耕与全球化也将为大数据带来更多机遇。大数据技术将在农业、教育、能源等传统行业实现深度应用，为全球数字经济的转型注入新动力，助力社会的全面可持续发展。

但与此同时，隐私保护与伦理规范将受到前所未有的关注。隐私问题是大数据应用中的核心挑战之一。许多企业和机构为了更好地服务用户，往往会收集超出实际需求范围的数据。例如，某些手机应用在不相关的场景中要求访问用户的通讯录、地理位置等信息，这种过度的数据收集行为引发了广泛的隐私担忧。这些隐私数据的外泄和滥用会导致个人信息被窃取、用户画像被恶意利用，甚至造成财产损失或名誉受损。社会各界将在数据治理和法规建设方面加大投入，以应对隐私泄露和数据滥用的挑战。

除了隐私问题，大数据还面临严重的安全威胁。大规模的数据存储和传输为网络攻击者提供了更大的攻击面，数据泄露和篡改风险不断增加。大数据存储系统一旦被攻破，将导致海量数据泄露。例如，一些企业或组织因防护措施不足，导致用户数据被黑客窃取，造成严重的经济损失和品牌损害。在大数据应用中，如果数据被篡改或伪造，不仅会破坏数据的真实性，还可能误导决策。例如，在金融领域，篡改的交易数据可能导致系统风险，甚至引发市场危机。因此，只有在解决隐私与安全问题的基础上，大数据的潜力才能得到充分释放，大数据才能真正成为推动社会进步和经济发展的强大引擎。

从最初的数据存储与管理需求出发，大数据经历了数十年的演化，逐渐成为推动社会和经济发展的核心力量。从存储系统的变革到计算框架的创新，再到与人工智能、云计算的结合，大数据技术不仅改变了我们的工作方式，也深刻影响了我们的生活方式。未来，随着技术的不断突破和应用场景的拓展，大数据将继续在全球范围内创造更多价值，驱动社会迈向更智能化、更高效化的新时代。

9.1.6 大数据的来源

大数据的产生方式、存储载体、访问方式、表现形式等都不同于传统数据。大数据主要来源于以下几个方面。

（1）机器产生数据

随着物联网技术的发展，越来越多的机器上、环境中配备了连续监测周围情况的传感器。传感器可以感知和传输这些不断产生的数据，即使对这些感知数据进行筛选，仅保留部分有用数据，日积月累的数据量也是惊人的。这些物联网设备源源不断地产生与人相关的衣食住行信息。物联网发展至今已经累积起庞大的数据。此外，移动互联网出现后，移动设备的传感器收集了大量的用户数据，也成为大数据的一个重要来源，如智能手环可以记录用户运动数据、生理数据等。

（2）人类行为产生数据

由于社交媒体和“互联网+”的发展，人类在互联网上产生的数据越来越多，例如，QQ、微信聊天数据，微博、朋友圈数据，以及相应的地理位置、天气等状态数据。进入社交网络时代后，互联网行为主要由用户参与创造。大量互联网用户创造出海量的社交行为数据，揭示了人们的行为特点和生活习惯，这些数据是过去未曾出现的。计算机产生的数据可能包含关于互联网用户行为的有趣信息，可以提供对他们的需求和愿望潜在的有用认识。例如，电商产生了大量交易数据，包含支付数据、查询行为、物流运输、购买喜好、点击顺序、评价行为等；传统的互联网入口转向搜索引擎之后，用户的搜索行为和提问行为产生了海量数据；用户在网络上的每次点击都会给服务提供商留下浏览痕迹，服务提供商利用这些痕迹可以对用户模式进行仔细分析，并且细分市场来进行有效的市场营销和推广，最终根据数据为用户提供更多的个性化服务。

（3）分享集中数据

过去，一些记录以模拟形式存在，或者以数据形式存储在本地，没有开放给互联网用户，如音乐、照片、视频、监控录像等影音资料。现在，这些数据共享到了互联网上。例如，Facebook 每天有 18 亿张照片上传或被传播，形成了海量的数据。数据变“大”的最重要推手是云计算。数据被搬到了“云”上之后，更容易被收集和获得。过去那种各自分割存储的数据往往不具备太大价值，只有不同领域打通共享，数据金矿才能呈现在眼前。

9.2 大数据的技术生态

9.2.1 大数据技术架构

随着信息技术的飞速发展，大数据已从概念演变为全球范围内的重要技术体系，并广泛渗透到各行各业。大数据的技术生态由多个关键组成部分构成，包括数据存储、计算框架、分析工具、可视化平台，以及与人工智能、云计算等前沿技术的深度结合。

一个完整的大数据技术架构通常包含以下层次。

① 数据源层：数据来源广泛，包括物联网设备、社交媒体、企业交易系统、传感器网络等。数据类型涵盖结构化、半结构化和非结构化数据。

② 数据存储层：主要负责海量数据的存储与管理。分布式文件系统（如 HDFS）、NoSQL 数据库（如 MongoDB）以及数据仓库技术是这一层的核心。

③ 数据处理层：核心任务是对大规模数据进行清洗、转换和分析。分布式计算框架（如 Hadoop、Spark）以及实时流处理工具（如 Flink、Kafka）是关键技术。

④ 数据分析层：通过机器学习、深度学习等方法，从数据中提取价值。常用工具包括 TensorFlow、PyTorch 和 Scikit-learn 等。

⑤ 数据可视化层：将分析结果以直观的形式呈现，如仪表盘、报告或互动图表，帮助用户理解和利用数据。工具包括 Tableau、Power BI 等。

通过各层的协同工作，大数据技术生态实现了从数据获取到价值提取的完整闭环。

大数据处理在一般流程上包括数据源、数据抽取与集成、数据分析、数据解释和用户等几个层次，如图 9-2 所示。

其中，数据分析是整个大数据处理流程的核心。这一层所处理的是从异构数据源中抽取和集成的数据，也称为分析的原始数据。根据应用的不同需求，可以从中取舍，利用全部或部分数据进行分析。

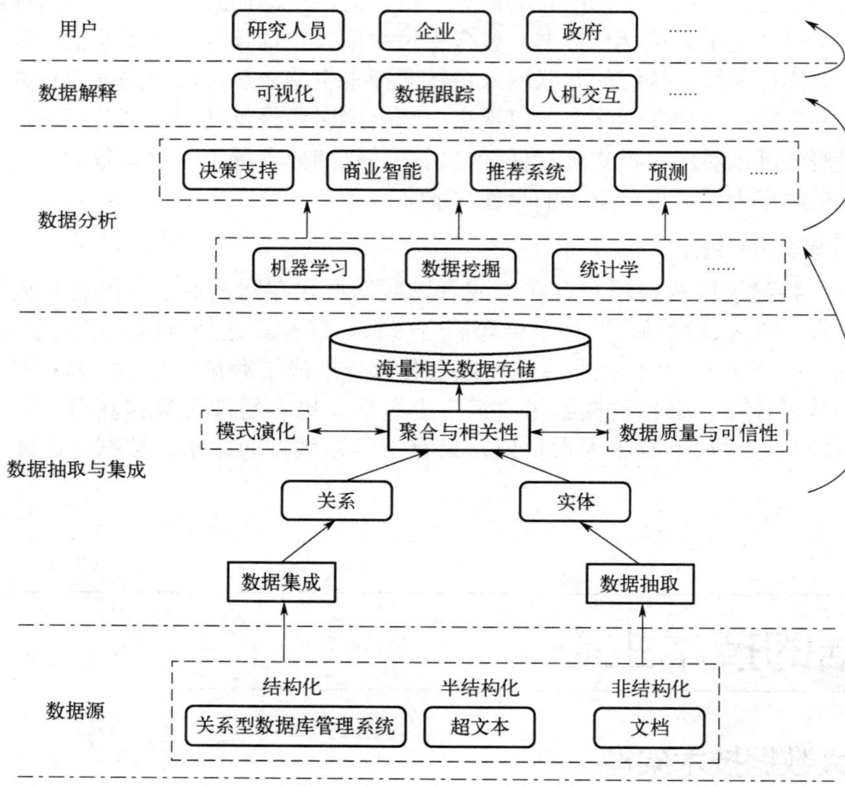

图 9-2　大数据处理的一般流程

9.2.2　大数据技术的主要组件

大数据技术生态的核心在于其多层次的技术组件体系，这些组件相互协作，共同构建了从数据存储到价值提取的完整流程。

首先是数据存储技术，它是大数据生态的基石。分布式文件系统如 HDFS 能够将海量数据分布式存储在多个节点上，实现高扩展性和容错性。NoSQL 数据库如 MongoDB 和 Cassandra 则为非结构化和半结构化数据提供了灵活的存储和查询能力，而数据仓库如 Apache Hive 则专注于大规模结构化数据的分析需求。

其次，分布式计算框架为大数据处理提供了高效的计算能力。Hadoop 以其 MapReduce 模型开创了分布式批处理的时代，随后 Spark 以其内存计算的高性能和灵活性成为主流，而 Flink 则通过低延迟的实时处理技术满足了流数据处理的需求。

实时数据处理与流处理也是大数据生态中的关键环节。在物联网和金融等实时性要求高的领域，Kafka 等分布式消息队列系统以高吞吐量支持日志收集与事件流处理，而 Storm 和 Flink 则为实时计算提供了事件驱动的分布式计算能力。

此外，数据分析与挖掘技术让大数据从信息堆积转化为洞察源泉。机器学习框架如 TensorFlow 和 PyTorch，推动了从简单预测到深度学习的广泛应用，而 Presto 等大数据查询引擎则为用户提供了快速、交互式的查询能力。

最后，可视化与应用技术通过直观的方式展现数据价值。工具如 Tableau 和 Power BI 结合了丰富的可视化能力与实时交互，为企业和个人提供了理解复杂数据的有力手段。

大数据技术生态的这些核心组件，各司其职又紧密配合，共同推动了数据价值的挖掘和社会各领域的变革。

9.3 大数据与云计算、物联网的关系

大数据、云计算与物联网是当前信息技术领域的三大重要趋势。它们既相互独立，又高度关联，形成了一个紧密联系的技术生态体系。云计算为大数据提供了强大的计算与存储能力，大数据通过对物联网产生的海量数据进行分析挖掘，从而赋能物联网应用。这三者的协同作用，不仅推动了技术的进步，也引领了数字化转型的新潮流。

9.3.1 大数据与云计算

（1）云计算

云计算实现了通过网络提供可伸缩的、廉价的分布式计算能力，用户只需要在具备网络接入条件的地方，就可以随时获得所需的各种 IT 资源。云计算代表了以虚拟化技术为核心、以低成本为目标、动态可扩展的网络应用基础设施，是近年来最有代表性的网络计算技术与模式。

云计算包括 3 种典型的服务模式，即 IaaS（基础设施即服务）、PaaS（平台即服务）和 SaaS（软件即服务），如图 9-3 所示。IaaS 将基础设施（计算资源和存储）作为服务出租，PaaS 把平台作为服务出租，SaaS 把软件作为服务出租。

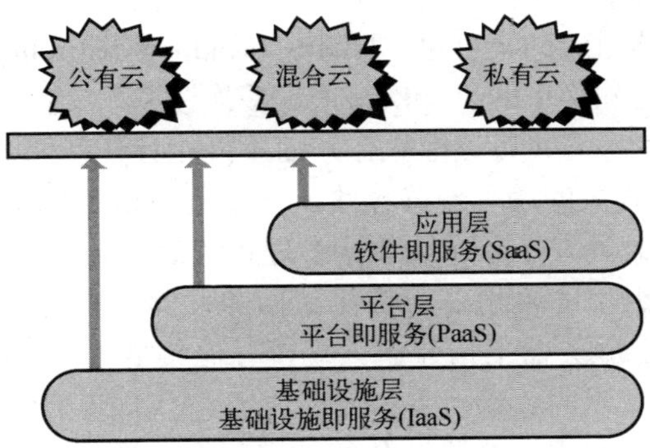

图 9-3　云计算的服务模式

云计算包括公有云、私有云和混合云 3 种类型。公有云面向所有用户提供服务，只要是注册付费的用户都可以使用，比如 Amazon AWS；私有云只为特定用户提供服务，比如大型企业出于安全考虑自建的云环境，只为企业内部提供服务；混合云综合了公有云和私有云的特点，因为对于一些企业而言，一方面出于安全考虑需要把数据放在私有云中，另一方面又希望可以获得公有云的计算资源，为了获得最佳的效果，就可以把公有云和私有云进行混合搭配使用。

可以采用云计算管理软件来构建云环境（公有云或私有云），OpenStack 就是一种非常流行的构建云环境的开源软件。OpenStack 管理的资源不是单机的而是一个分布式的系统，

它把分布的计算、存储、网络、设备、资源组织起来，形成一个完整的云计算系统，帮助服务商和企业内部实现类似于 Amazon EC2 和 S3 的云基础架构服务。

云计算的关键技术包括虚拟化、分布式存储、分布式计算、多租户等。

① 虚拟化。虚拟化技术是云计算基础架构的基石，是指将一台计算机虚拟为多台逻辑计算机，在一台计算机上同时运行多个逻辑计算机，每个逻辑计算机可运行不同的操作系统，并且应用程序都可以在相互独立的空间内运行而互不影响，从而显著提高计算机的工作效率。虚拟化的资源可以是硬件（如服务器、磁盘和网络），也可以是软件。以服务器虚拟化为例，它将服务器物理资源抽象成逻辑资源，让一台服务器变成几台甚至上百台相互隔离的虚拟服务器，不再受限于物理上的界限，而是让 CPU、内存、磁盘、I/O 等硬件变成可以动态管理的“资源池”，从而提高资源的利用率，简化系统管理，实现服务器整合，让 IT 对业务的变化更具适应力。Hyper-V、VMware、KVM、Virtualbox、Xen、Qemu 等都是非常典型的虚拟化技术。Hyper-V 是微软的一款虚拟化产品，旨在为用户提供成本效益更高的虚拟化基础设施软件，从而为用户降低运作成本，提高硬件利用率，优化基础设施，提高服务器的可用性。VMware（威睿）是全球桌面到数据中心虚拟化解决方案的领导厂商。近年来发展起来的容器技术（如 Docker），是不同于 VMware 等传统虚拟化技术的一种新型轻量级虚拟化技术（也被称为“容器型虚拟化技术”）。与 VMware 等传统虚拟化技术相比，Docker 容器具有启动速度快、资源利用率高、性能开销小等优点，受到业界青睐，并得到了越来越广泛的应用。

② 分布式存储。面对“数据爆炸”的时代，集中式存储已经无法满足海量数据的存储需求，分布式存储应运而生。GFS（Google file system）是谷歌公司推出的一款分布式文件系统，可以满足大型、分布式、对大量数据进行访问的应用的需求。GFS 具有很好的硬件容错性，可以把数据存储到成百上千台服务器上面，并在硬件出错的情况下尽量保证数据的完整性。GFS 还支持 GB 或者 TB 级别超大文件的存储，一个大文件会被分成许多块，分散存储在由数百台机器组成的集群里。HDFS（Hadoop distributed file system）是对 GFS 的开源实现，它采用了更加简单的“一次写入、多次读取”文件模型，文件一旦创建、写入并关闭了，之后就只能对它执行读取操作，而不能执行任何修改操作；同时，HDFS 是基于 Java 实现的，具有强大的跨平台兼容性，只要是 JDK 支持的平台都可以兼容。谷歌公司后来又以 GFS 为基础开发了分布式数据管理系统 BigTable，它是一个稀疏、分布、持续多维度的排序映射数组，适合于非结构化数据的存储，具有高可靠性、高性能、可伸缩等特点，可在廉价 PC 服务器上搭建起大规模存储集群。HBase 是针对 BigTable 的开源实现。

③ 分布式计算。面对海量的数据，传统的单指令单数据流顺序执行的方式已经无法满足快速数据处理的要求；同时，我们也不能寄希望于通过硬件性能的不断提升来满足这种需求，因为晶体管电路已经逐渐接近其物理上的性能极限，摩尔定律已经开始慢慢失效，CPU 处理能力再也不会每隔 18 个月翻一番。在这样的大背景下，谷歌公司提出了并行编程模型 MapReduce，让任何人都可以在短时间内迅速获得海量计算能力，它允许开发者在不具备并行开发经验的前提下也能够开发出分布式的并行程序，并让其同时运行在数百台机器上，在短时间内完成海量数据的计算。MapReduce 将复杂的、运行于大规模集群上的并行计算过程抽象为两个函数——map 和 reduce，并把一个大数据集切分成多个小的数据集，分布到不同的机器上进行并行处理，极大提高了数据处理速度，可以有效满足许多应用对海量数据的批量处理需求。Hadoop 开源实现了 MapReduce 编程框

架，被广泛应用于分布式计算。

④ 多租户。多租户技术的目的在于使大量用户能够共享同一堆栈的软硬件资源，每个用户按需使用资源，能够对软件服务进行客户化配置，而不影响其他用户的使用。多租户技术的核心包括数据隔离、客户化配置、架构扩展和性能定制。

云计算在电子政务、教育、企业、医疗等领域的应用不断深化，对提高政府服务水平、促进产业转型升级和培育发展新兴产业等都起到了关键的作用。政务云上可以部署公共安全管理、容灾备份、城市管理、应急管理、智能交通、社会保障等应用，通过集约化建设、管理和运行，可以实现信息资源整合和政务资源共享，推动政务管理创新，加快向服务型政府转型。教育云可以有效整合幼儿教育、中小学教育、高等教育以及继续教育等优质教育资源，逐步实现教育信息共享、教育资源共享及教育资源深度挖掘等目标。中小企业云能够让企业以低廉的成本建立财务、供应链、客户关系等管理应用系统，大大降低企业信息化门槛，迅速提升企业信息化水平，增强企业市场竞争力。医疗云可以推动医院与医院、医院与社区、医院与急救中心、医院与家庭之间的服务共享，并形成一套全新的医疗健康服务系统，从而有效地提高医疗保健的质量。

（2）大数据与云计算的关系

云计算是大数据发展的重要基础。大数据的特点——海量、快速、多样化、价值密度低——使其对计算和存储能力提出了极高要求，而云计算通过分布式架构和虚拟化技术，为大数据提供了灵活、高效、经济的支撑环境。

① 云计算为大数据提供资源支持。

在传统架构中，企业往往需要购买昂贵的硬件设施来存储和处理大数据，成本高且灵活性差。而云计算通过按需分配的资源模式，将计算与存储能力动态扩展，使企业能够在不增加硬件投入的情况下处理海量数据。例如，Amazon Web Services（AWS）的 EMR 服务支持 Hadoop 集群在云端运行，为企业提供了从数据存储到分析的一站式解决方案。

② 云计算简化大数据技术的复杂性。

云计算平台集成了众多大数据工具和服务，例如数据存储的 Amazon S3、数据处理的 Google BigQuery 和 Microsoft Azure Data Lake。这些工具通过提供标准化的接口，降低了大数据技术的使用门槛，使更多企业和个人用户能够快速上手并从中获益。

③ 云计算与大数据的协同创新。

云计算的弹性扩展性和分布式架构也促进了大数据技术的发展。许多大数据框架（如 Spark、Flink）已被优化为适应云环境。此外，云计算通过引入 Serverless 架构（如 AWS Lambda），进一步推动了大数据分析实时化和高效化的发展。

9.3.2　大数据与物联网

（1）物联网

物联网是物物相连的互联网，是互联网的延伸，它利用局部网络或互联网等通信技术把传感器、控制器、机器、人员等通过新的方式连在一起，形成人与物、物与物相连的智能网络，实现信息化和远程管理控制。

从技术架构上来看，物联网可分为四层：感知层、网络层、处理层和应用层，见图 9-4。每层的具体功能见表 9-3。

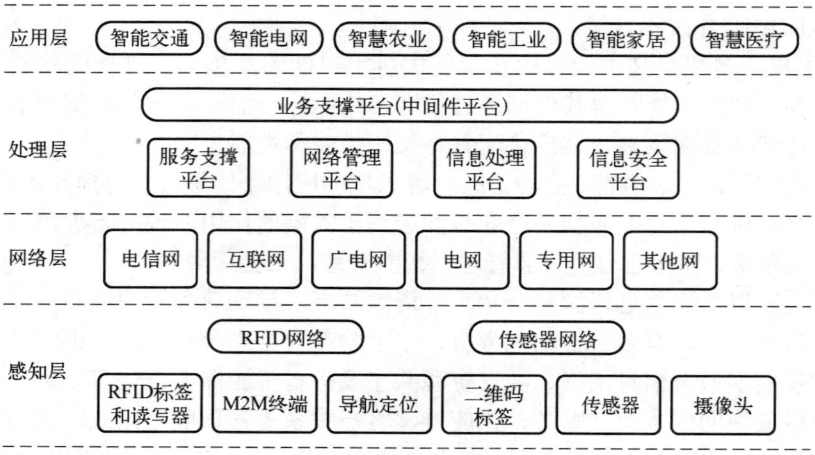

图 9-4　物联网技术架构

表 9-3　物联网各层功能

层次	功能
感知层	如果把物联网系统比喻为一个人体，那么感知层就好比人体的神经末梢，用来感知物理世界，采集来自物理世界的各种信息。这个层包含了大量的传感器，如温度传感器、湿度传感器、应力传感器、加速度传感器、重力传感器、气体浓度传感器、土壤盐分传感器、二维码标签、RFID(radio frequency identification)标签和读写器、摄像头、GPS 设备等
网络层	相当于人体的神经中枢，起到信息传输的作用。网络层包含各种类型的网络，如互联网、电信网、广电网等
处理层	相当于人体的大脑，起到存储和处理的作用，包括服务支撑、网络管理和信息处理平台等
应用层	直接面向用户，满足各种应用需求，如智能交通、智慧农业、智慧医疗、智能工业等

下面给出一个简单的智能公交实例来加深对物联网概念的理解。目前，很多城市居民的智能手机中都安装了“掌上公交”APP，可以用手机随时随地查询每辆公交车的当前到达位置信息，这就是一种非常典型的物联网应用。在智能公交应用中，每辆公交车都安装了 GPS 定位系统和 3G/4G/5G 网络传输模块，在车辆行驶过程中，GPS 定位系统会实时采集公交车当前到达位置信息，并通过车上的 3G/4G/5G 网络传输模块发送给车辆附近的移动通信基站，经由电信运营商的 3G/4G/5G 移动通信网络传送到智能公交指挥调度中心的数据处理平台，平台再把公交车位置数据发送给智能手机用户，用户的“掌上公交”软件就会显示出公交车的当前位置信息。这个应用实现了“物与物的相连”，即把公交车和手机这两个物体连接在一起，让手机可以实时获得公交车的位置信息，进一步讲，实际上也实现了“物和人的连接”，让手机用户可以实时获得公交车位置信息。在这个应用中，安装在公交车上的 GPS 定位设备就属于物联网的感知层；安装在公交车上的 3G/4G/5G 网络传输模块以及电信运营商的 3G/4G/5G 移动通信网络属于物联网的网络层；智能公交指挥调度中心的数据处理平台属于物联网的处理层；智能手机上安装的“掌上公交”APP 属于物联网的应用层。

物联网中的关键技术包括识别和感知技术（二维码、RFID、传感器等）、网络与通信技术、数据挖掘与融合技术等。

① 识别和感知技术。二维码是物联网中一种很重要的自动识别技术，是在一维条码基础上扩展出来的条码技术。二维码包括堆叠式/行排式二维码和矩阵式二维码，后者较为常见。矩阵式二维码在一个矩形空间中通过黑、白像素在矩阵中的不同分布进行编码。在矩阵相应元

素位置上，用点（方点、圆点或其他形状）的出现表示二进制“1”，点的不出现表示二进制“0”，点的排列组合确定了矩阵式二维码所代表的意义。二维码具有信息容量大、编码范围广、容错能力强、译码可靠性高、成本低、易制作等良好特性，已经得到了广泛的应用。

RFID 技术用于静止或移动物体的无接触自动识别，具有全天候、无接触、可同时实现多个物体自动识别等特点。RFID 技术在生产和生活中得到了广泛的应用，大大推动了物联网的发展，我们平时使用的公交卡、门禁卡、校园卡等都嵌入了 RFID 芯片，可以实现迅速、便捷的数据交换。从结构上讲，RFID 是一种简单的无线通信系统，由 RFID 读写器和 RFID 标签两个部分组成。RFID 标签是由天线、耦合元件、芯片组成的，是一个能够传输信息、回复信息的电子模块。RFID 读写器也是由天线、耦合元件、芯片组成的，用来读取（有时也可以写入）RFID 标签中的信息。RFID 利用频率信号将信息由 RFID 标签传送至 RFID 读写器。以公交卡为例，市民持有的公交卡就是一个 RFID 标签，公交车上安装的刷卡设备就是 RFID 读写器，当我们执行刷卡动作时，就完成了一次 RFID 标签和 RFID 读写器之间的非接触式通信和数据交换。

传感器是一种能感受规定的被测量并按照一定的规律（数学函数法则）转换成可用信号的器件或装置，具有微型化、数字化、智能化、网络化等特点。人类需要借助于耳朵、鼻子、眼睛等感觉器官感受外部物理世界，类似的，物联网也需要借助于传感器实现对物理世界的感知。物联网中常见的传感器类型有光敏传感器、声敏传感器、气敏传感器、化学传感器、压敏传感器、温敏传感器、流体传感器等，可以用来模仿人类的视觉、听觉、嗅觉、味觉和触觉。

② 网络与通信技术。物联网中的网络与通信技术包括短距离无线通信技术和远程通信技术。短距离无线通信技术包括 ZigBee、NFC、蓝牙、Wi-Fi、RFID 等。远程通信技术包括互联网、3G/4G/5G 移动通信网络、卫星通信网络等。

③ 数据挖掘与融合技术。物联网中存在大量数据来源、各种异构网络和不同类型系统，面对如此大量的不同类型数据，如何实现有效整合、处理和挖掘，是物联网处理层需要解决的关键技术问题。今天，云计算和大数据技术的出现，为物联网数据存储、处理和分析提供了强大的技术支撑，海量物联网数据可以借助于庞大的云计算基础设施实现廉价存储，利用大数据技术实现快速处理和分析，以满足各种实际应用需求。

物联网已经广泛应用于智能交通、智慧医疗、智能家居、环保监测、智能安防、智能物流、智能电网、智慧农业、智能工业等领域，对国民经济与社会发展起到了重要的推动作用。如在智能交通领域，利用 RFID、摄像头、线圈、导航设备等物联网技术构建的智能交通系统，可以让人们随时随地通过智能手机、大屏幕、电子站牌等方式，了解城市各条道路的交通状况、所有停车场的车位情况、每辆公交车的当前到达位置等信息，合理安排行程，提高出行效率。在智慧医疗领域，医生利用平板电脑、智能手机等手持设备，通过无线网络，可以随时连接访问各种诊疗仪器，实时掌握每个病人的各项生理指标数据，科学、合理地制定诊疗方案，甚至可以支持远程诊疗。在智能家居领域，利用物联网技术提升家居安全性、便利性、舒适性、艺术性，并实现环保节能的居住环境。比如，可以在工作单位通过智能手机远程开启家里的电饭煲、空调、门锁、监控、窗帘和电灯等，家里的窗帘和电灯也可以根据时间和光线变化自动开启和关闭。

（2）大数据与物联网的关系

物联网（IoT）作为一个以设备互联为核心的技术体系，是大数据的重要来源和应用领域。物联网设备在环境感知、用户行为监测等方面产生了海量数据，而大数据技术则通过分析这些数据，为物联网应用提供智能化支持。

① 物联网是大数据的主要数据源。物联网设备每时每刻都在生成大量数据，这些数据包括传感器采集的物理信息（如温度、湿度）、摄像头记录的视频信息、设备运行状态日志等。例如，智慧城市中的交通监控系统通过传感器网络采集车辆流量和道路状况数据，为交通优化提供基础支持。这些数据正是大数据分析的重要原料。

② 大数据赋能物联网智能化。物联网设备的数据本身并不具有直接的价值，只有经过大数据分析后才能发挥作用。例如，通过分析智能手环的运动数据，健康管理平台可以为用户提供个性化的运动建议；通过对智能电网设备的数据分析，电力企业可以实现能耗优化和故障预测。这些应用背后的核心技术正是大数据的机器学习与预测模型。

③ 物联网数据的挑战与大数据的解决方案。物联网的数据具有实时性、分布性和异构性特点，这对数据处理提出了挑战。大数据技术通过分布式计算框架（如 Kafka、Flink）实现了对实时数据流的处理，同时通过数据整合工具（如 ETL）解决了异构数据的兼容性问题。例如，工业物联网中的生产线监控系统需要实时分析传感器数据，以便及时发现并解决潜在的设备故障。

9.3.3 云计算、大数据与物联网的协同关系

云计算、大数据和物联网代表了 IT 领域最新的技术发展趋势，三者既有区别又有联系。云计算最初主要包含了两类含义：一类是以谷歌的 GFS 和 MapReduce 为代表的大规模分布式并行计算技术；另一类是以亚马逊的虚拟机和对象存储为代表的“按需租用”的商业模式。但是，随着大数据概念的提出，云计算中的分布式计算技术开始更多地被列入大数据技术，而人们提到云计算时，更多指的是底层基础 IT 资源的整合优化以及以服务的方式提供 IT 资源的商业模式（如 IaaS、PaaS、SaaS）。从云计算和大数据概念的诞生到现在，二者之间的关系非常微妙，既密不可分，又千差万别。因此，我们不能把云计算和大数据割裂开来作为截然不同的两类技术来看待。此外，物联网也是和云计算、大数据相伴相生的技术。三者的联系与区别如图 9-5 所示。

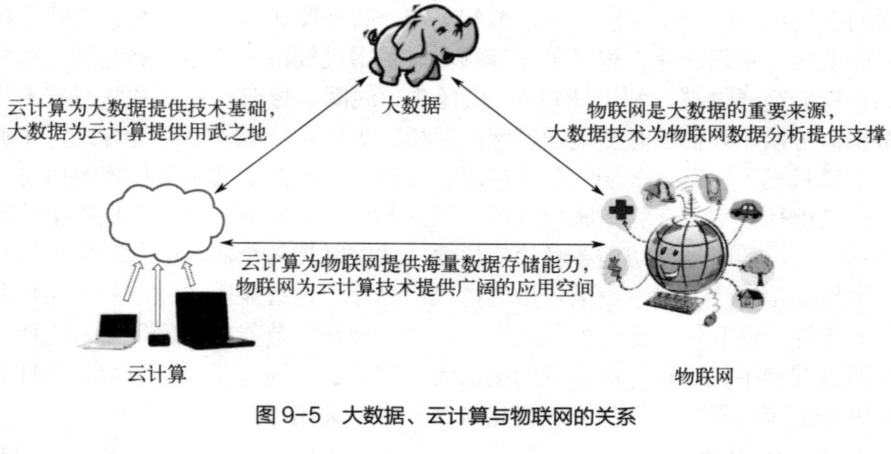

图 9-5 大数据、云计算与物联网的关系

（1）大数据、云计算和物联网的区别

大数据侧重于对海量数据的存储、处理与分析，从海量数据中发现价值，服务于生产

和生活；云计算本质上旨在整合和优化各种 IT 资源，并通过网络以服务的方式廉价地提供给用户；物联网的发展目标是实现物物相连，应用创新是物联网发展的核心。

（2）大数据、云计算和物联网的联系

从整体上看，大数据、云计算和物联网这三者是相辅相成的。大数据根植于云计算，大数据分析的很多技术都来自云计算，云计算的分布式数据存储和管理系统（包括分布式文件系统和分布式数据库系统）提供了对海量数据的存储和管理能力，分布式并行处理框架 MapReduce 提供了海量数据分析能力，没有这些云计算技术作为支撑，大数据分析就无从谈起。反之，大数据为云计算提供了“用武之地”，没有大数据这个“练兵场”，云计算技术再先进，也不能发挥它的应用价值。物联网的传感器源源不断产生的大量数据，构成了大数据的重要数据来源，没有物联网的飞速发展，就不会带来数据产生方式的变革，即由人工产生阶段转向自动产生阶段，大数据时代也不会这么快就到来。同时，物联网需要借助于云计算和大数据技术，实现物联网大数据的存储、分析和处理。

（3）三者协同构建智能化系统

大数据、云计算和物联网的结合使得构建智能化系统成为可能。例如，智能家居系统依赖物联网设备（如温控器、智能门锁）采集用户数据，通过云计算实现数据的实时上传与存储，再利用大数据分析技术提供自动化调节和个性化推荐服务。这种协同工作不仅提高了系统的智能化水平，也极大提升了用户体验。

未来，大数据、云计算和物联网的结合将更加紧密。边缘计算作为云计算的延伸，能够在物联网设备附近实现实时数据处理，进一步缩短数据传输和响应时间。同时，随着 5G 网络的普及，物联网设备的连接数量和数据传输速率将显著提高，为大数据分析提供更丰富的数据来源和更高效的处理能力。

大数据、云计算与物联网三者紧密相连，共同构成了当前数字化时代的技术基础。云计算提供了资源支持，大数据释放了数据的潜能，物联网则拓宽了数据的获取范围和应用场景。通过三者的协同，越来越多的智能化应用得以落地，为社会的数字化转型注入了强劲动力。在未来，三者会继续相互促进、相互影响，更好地服务于社会生产和生活的各个领域。

第 10 章

大数据技术原理

大数据技术作为信息时代的核心技术，涵盖了从数据存储、处理到分析与挖掘的完整链条。它不仅是实现数据价值转化的关键，也深刻影响着社会的方方面面。本章将从大数据存储技术、大数据处理技术，以及大数据分析与挖掘三个方面展开，系统介绍其技术原理。

10.1 大数据存储技术

10.1.1 大数据存储技术概述

大数据存储技术是大数据生态系统中的基石，为海量数据的高效存储与管理提供了核心支撑。数据存储对象包括数据流在加工过程中产生的临时文件或加工过程中需要查找的信息。数据以某种格式记录在计算机内部或外部存储介质上，其命名要反映数据特征。数据流反映了系统中流动的数据，表现出动态数据的特征；数据存储反映系统中静止的数据，表现出静态数据的特征。随着数据量的激增，服务器规模由单机发展到集群，存储技术从单机存储系统发展至分布式存储系统。基于这些系统，也产生了许多著名的数据存储泛型：关系型数据库（如 MySQL、Oracle 等）、非关系型数据库（如 Redis、MongoDB 等）等。

（1）单机存储系统

在单机存储的时代，数据量较小，单机存储引擎采用哈希表、B 树等数据结构，并将其实现在机械磁盘、SSD 等持久化介质上。摩尔定律告诉我们：每 18 个月计算机等 IT 产品的性能会翻一番；或者说相同性能的计算机等 IT 产品，每 18 个月价格会降一半。但是，计算机的硬件体系架构保持相对稳定。架构设计很重要的一点就是合理选择底层硬件并且能够最大限度地发挥其价值。单机存储系统的理论主要来源于关系型数据库。数据管理事务规范了数据库操作的语义，具有 ACID 属性。多个事务并发执行时，主要通过数据库锁、写时复制和多版本并发控制的机制保证多个事务的执行结果遵守当初的约定。

（2）分布式存储系统

在分布式存储系统中，数据被切分成小块，分散存储在不同的服务器节点上。传统的网络存储系统采用集中的存储服务器存放所有数据，存储服务器成为系统性能的瓶颈，也是可靠性和安全性的焦点，不能满足大规模存储应用的需要。分布式网络存储系统采用可扩展的系统结构，利用多台存储服务器分担存储负荷，利用位置服务器定位存储信息，它不但提高了系统的可靠性、可用性和存取效率，还易于扩展，是大数据存储应用的主要模型形式。分布式存储系统有如下几个特性。

① 可扩展。分布式存储系统可以扩展到几百台甚至几千台的集群规模，而且，随着集群规模的增长，系统整体性能表现为线性增长。

② 低成本。分布式存储系统的自动容错、自动负载均衡机制，使其可以构建在普通 PC 机之上。另外，线性扩展能力也使得增加、减少机器非常方便，可以实现自动运维。

③ 高性能。无论是针对整个集群还是单台服务器，都要求分布式存储系统具备高性能。

④ 易用。分布式存储系统需要能够提供易用的对外接口，另外，也要求具备完善的监控、运维工具，并能够方便地与其他系统集成，例如，从 Hadoop 云计算系统导入数据。

这种设计还显著增强了数据的容错能力。例如，Hadoop 的分布式文件系统（HDFS）通过将数据冗余存储在多个节点上，确保即使某些节点发生故障，数据仍然可以被完整恢复。这种架构的高可靠性使得 HDFS 成为处理海量数据的首选方案，并被广泛应用于互联网企业的大数据平台中。

与 HDFS 类似的 Ceph 系统也在大规模存储场景中表现突出。不同于 HDFS 的块存储设计，Ceph 采用对象存储模型，能够灵活适应非结构化数据和半结构化数据的需求。它的自我管理功能使存储节点可以动态加入或移除，而不会影响系统整体的运行。这种高灵活性与自动化特性使得 Ceph 在云存储和大规模数据中心中广泛应用。

10.1.2　大数据存储的数据类型

存储系统的数据模型大体分三类：文件模型、关系模型以及 NoSQL 模型。传统的文件系统和关系型数据库系统分别采用文件和关系模型。关系模型描述能力强，产业链完整，是存储系统的业界标准。然而，随着应用在可扩展性、高并发以及性能上提出越来越高的要求，大而全的关系型数据库有时显得力不从心，因此，产生了一些新的数据模型，比如键值模型、关系弱化的表格模型、列存储模型和图模型等。

（1）文件模型

文件系统以目录树的形式组织文件，以类 UNIX 操作系统为例，根目录为/，包含/usr、/bin、/home 等子目录，每个子目录又包含其他子目录或者文件。文件系统的操作涉及目录以及文件。例如：打开/关闭文件、读写文件、遍历目录、设置文件属性等。POSIX（portable operating system interface）是应用程序访问文件系统的 API 标准，它定义了文件系统存储接口及操作集。POSIX 主要接口如下所示：

open/close：打开/关闭一个文件，获取文件描述符；

read/write：读取一个文件或者往文件中写入数据；

opendir/closedir：打开或者关闭一个目录；

readdir：遍历目录。

POSIX 标准不仅定义了文件操作接口，而且还定义了读写操作语义。例如 POSIX 标准要求读写并发时能够保证操作的原子性，即读操作要么读到所有结果，要么什么也读不到。另外，要求读操作能够读到之前所有写操作的结果。POSIX 标准适合单机文件系统，在分布式文件系统中，出于性能考虑，一般不会完全遵守这个标准。NFS（network file system）文件系统允许客户端缓存文件数据，多个客户端并发修改同一个文件时可能出现不一致的情况。举个例子：NFS 客户端 A 和 B 需要同时修改 NFS 服务器的某个文件，每个客户端都在本地缓存了文件的副本，修改后 A 先提交，B 后提交，那么，即使 A 和 B 修改的是文件的不同位置，也会出现 B 的修改覆盖 A 的情况。

对象模型与文件模型比较类似，用于存储图片、视频、文档等二进制数据块，典型的系统包括 Amazon Simple Storage Service（S3）、Taobao File System（TFS）。这些系统弱化了目录树的概念，S3 只支持一级目录，不支持子目录。TFS 甚至不支持目录结构。与文件模型不同的是，对象模型要求对象一次性写入系统，只能删除整个对象，不允许修改其中某个部分。

（2）关系模型

关系型数据库建立在关系模型之上，每个关系是一个表格，由多个元组（行）构成，而每个元组又包含多个属性（列）。关系型数据库主要用来存储结构化数据并支持数据的插入、查询、更新、删除等操作。关系模型将数据组织成一系列由行和列构成的二维表格，通过关系代数、关系演算等方法来处理表格中的数据，并且可以利用多种约束来保证数据的完整和准确。关系型数据库管理系统（RDBMS）是管理关系型数据库的系统软件，它以具有国际标准的 SQL 语言作为关系型数据库的基本操作接口。通过标准化的结构化查询语言（structured query language，SQL），关系型数据库中的数据能被灵活地组合、拆分、转换，这使得 RDBMS 的用户能够非常方便地处理其中的数据。

传统关系型数据库如 MySQL 在处理结构化数据时效率较高，但在面对多样化数据和复杂查询需求时表现乏力。因此，NoSQL 数据库在大数据时代迅速崛起。

（3）NoSQL 模型

NoSQL 一词最早出现于 1998 年，它是由 Carlo Strozzi 开发的一个轻量、开源、不提供 SQL 功能的关系型数据库（他认为，由于 NoSQL 背离传统关系型数据库模型，因此，它应该有一个全新的名字，比如“NoREL”或与之类似的名字）。

2009 年，Last.fm 的 Johan Oskarsson 发起了一次关于分布式开源数据库的讨论，来自 Rackspace 的 Eric Evans 再次提出了 NoSQL 的概念，这时的 NoSQL 主要指非关系型、分布式、不提供 ACID 的数据库设计模式。

2009 年，在亚特兰大举行的“no：sql(east)”讨论会是一个里程碑，其口号是“select fun，profit from real_world where relational=false；”。因此，对 NoSQL 普遍的解释是“非关系型的”，强调键值存储和文档数据库的优点，而不是单纯地反对关系型数据库。

传统关系型数据库在处理数据密集型应用方面显得力不从心，主要表现为灵活性差、扩展性差、性能差等。近年来出现的一些存储系统摒弃了传统关系型数据库管理系统的设计思想，转而采用不同的解决方案来满足扩展性方面的需求。这些没有固定数据模式并且可以水平扩展的系统现在统称为 NoSQL（有些人认为称为 NoREL 更为合理），这里的 NoSQL 指的是“not only SQL”，即它是对关系型 SQL 系统的补充。NoSQL 系统普遍采用的一些技术有如下。

① 简单数据模型。不同于分布式数据库，大多数 NoSQL 系统采用更加简单的数据模型，这种数据模型中，每个记录拥有唯一的键，而且系统只支持单记录级别的原子性，不支持外键和跨记录的关系。这种一次操作获取单个记录的约束极大地增强了系统的可扩展

性，而且数据操作可以在单台机器中执行，没有分布式事务的开销。

② 元数据和应用数据的分离。NoSQL 数据存储系统需要维护两种数据：元数据和应用数据。元数据是用于系统管理的核心信息，例如数据分片到集群节点的位置映射、副本的分布策略（如主副本选举规则），以及分片键的范围定义等。系统之所以将这两类数据分开，是因为它们有着不同的一致性要求。若要系统正常运转，元数据必须是一致且实时的，而应用数据的一致性需求则因应用场合而异。因此，为了达到可扩展性，NoSQL 系统在管理两类数据上采用不同的策略。还有一些 NoSQL 系统没有元数据，它们通过其他方式解决数据和节点的映射问题。

③ 弱一致性。NoSQL 系统通过复制应用数据来达到一致性。这种设计使得更新数据时副本同步的开销很大，为了减少这种同步开销，弱一致性模型如最终一致性和时间轴一致性得到广泛应用。

通过这些技术，NoSQL 能够很好地应对海量数据的挑战。相对于关系型数据库，NoSQL 数据存储系统的主要优势如下。

① 避免不必要的复杂性。关系型数据库提供各种各样的特性和强一致性，但是许多特性只能在某些特定的应用中使用，大部分功能很少被使用。NoSQL 系统则提供较少的功能来提高性能。

② 高吞吐量。一些 NoSQL 系统的吞吐量比传统关系型数据库要高很多，如 Google。

③ 使用 MapReduce 每天可处理 20PB 存储在 BigTable 中的数据。

④ 高水平扩展能力和低端硬件集群。NoSQL 系统能够很好地进行水平扩展，与关系型数据库集群方法不同，这种扩展不需要很大的代价。而基于低端硬件的设计理念为采用 NoSQL 系统的用户节省了很多硬件上的开销。

⑤ 避免了昂贵的对象-关系映射。许多 NoSQL 系统能够存储数据对象，这就避免了数据库中关系模型和程序中对象模型相互转化的代价。

NoSQL 向人们提供了高效且便宜的数据管理方案，许多公司不再使用 Oracle 甚至 MySQL，他们借鉴 Amazon 的 Dynamo DB 和 Google 的 BigTable 的主要思想建立自己的海量数据存储系统，一些系统也开始开源，如 Facebook 将其开发的 Cassandra 捐给了 Apache 软件基金会。

虽然 NoSQL 数据库提供了高扩展性和灵活性，但是它也有自己的缺点，主要有：

① 数据模型和查询语言没有经过数学验证。SQL 这种基于关系代数和关系演算的查询结构有着坚实的数学保证，即使一个结构化的查询本身很复杂，它也能够获取满足条件的所有数据。NoSQL 系统都没有使用 SQL，而且使用的一些模型还未有完善的数学基础，这也是 NoSQL 系统较为混乱的主要原因之一。

② 不支持 ACID 特性。这为 NoSQL 带来优势的同时也是其缺点，毕竟事务在很多场合还是需要的，ACID 特性使系统在中断的情况下也能够保证在线事务准确执行。

③ 功能简单。大多数 NoSQL 系统提供的功能都比较简单，这就增加了应用层的负担。

④ 如果在应用层实现 ACID 特性，那么编写代码的程序员一定极其痛苦，因为没有统一的查询模型。NoSQL 系统一般提供不同的查询模型，这在一定程度上增加了开发者的负担。

10.1.3 分布式存储系统

分布式存储系统设计的一个核心问题是自动容错功能。由于服务器集群较大，故服务器节点是不可靠的，网络也是不可靠的，很可能会发生一些异常现象，常表现在服务器宕机、网络异常或磁盘故障等方面。发生宕机时，节点无法正常工作，称为“不可用”（unavailable），因此，设计存储系统时需要考虑如何通过读取持久化介质（如机械硬盘、固态硬盘）中的数据来恢复内存信息，从而恢复到宕机前的某个一致的状态。网络异常的原因可能是消息丢失、消息乱序（如采用 UDP 方式通信）或者网络包数据错误。故在设计网络容错时，应假设网络永远是不可靠的——任何一个消息只有收到对方的回复后才可以认为发送成功，并需预先考虑网络异常的可能性，制定相应的处理措施。磁盘故障是一种发生概率很高的异常。磁盘故障分为两种情况：磁盘损坏和磁盘数据错误。磁盘损坏时，将会丢失存储在上面的数据，因而，分布式存储系统需要考虑将数据存储到多台服务器，即使其中一台服务器磁盘出现故障，也能从其他服务器上恢复数据。对于磁盘数据错误，往往可以采用校验和检查机制来解决，这样的机制既可以在操作系统层面实现，又可以在上层的分布式存储系统层面实现。

在单机存储系统中，只要服务器没有发生异常，那么每个函数的执行结果是确定的，要么成功，要么失败。然而，在分布式存储系统中，如果某个节点向另外一个节点发起 RPC（remote procedure call）调用，那么这个 RPC 执行的结果有三种状态，即“成功”“失败”“超时”（未知状态），也称为分布式存储系统的三态。

（1）衡量指标

① 性能。常见的性能指标有：系统的吞吐能力以及系统的响应时间。系统的吞吐能力指系统在某一段时间可以处理的请求总数，通常用每秒处理的读操作或者写操作数来衡量。系统的响应时间，指从某个请求发出到接收到返回结果消耗的时间，通常用平均延时或者 99.9%以上请求的最大延时来衡量。这两个指标往往是矛盾的，追求高吞吐的系统，往往很难做到低延迟；追求低延迟的系统，吞吐量也会受到限制。因此，设计系统时需要权衡这两个指标。

② 可用性。系统的可用性是指系统在面对各种异常时可以提供正常服务的能力。系统的可用性可以用系统停止服务的时间与正常服务的时间的比例来衡量，例如某系统的可用性为 4 个 9（99.99%），相当于系统一年停止服务的时间不能超过 365×24×60/10000=52.56min。系统可用性往往体现了系统的整体代码质量以及容错能力。

③ 一致性。由于异常的存在，分布式存储系统设计时往往会将数据冗余存储多份，每一份称为一个副本（replica/copy）。这样，当某一个节点出现故障时，可以从其他副本读到数据。可以这么认为，副本是分布式存储系统容错技术的重要手段。由于多个副本的存在，如何保证副本之间的一致性是整个分布式存储系统的理论核心。

可以从两个角度理解一致性：第一个角度是用户，或者说是客户端，即客户端读写操作是否符合某种特性；第二个角度是存储系统，即存储系统的多个副本之间是否一致，更新的顺序是否相同，等等。

④ 可扩展性。系统的可扩展性指分布式存储系统通过扩展集群服务器规模来提高系统存储容量、计算量和性能的能力。随着业务的发展，对底层存储系统的性能需求不断增加，比较好的方式就是通过自动增加服务器提高系统的能力。理想的分布式存储系统实现了“线性可扩展”，也就是说，随着集群规模的增加，系统的整体性能与服务器数量呈线性关系。

（2）数据分布

分布式存储系统与传统单机存储系统的区别在于分布式存储系统能够将数据分布到

多个节点，并在多个节点之间实现负载均衡。数据分布的方式主要有两种：一种方法是哈希分布，如一致性哈希，代表系统为Amazon的DynamoDB系统；另外一种方法是顺序分布，即每张表格上的数据按照主键整体有序，代表系统为Google的BigTable系统。BigTable将一张大表根据主键切分为有序的范围，每个有序范围是一个子表。

将数据分散到多台机器后，需要尽量保证多台机器之间的负载是比较均衡的。衡量机器负载涉及的因素很多，如机器load值、CPU、内存、磁盘以及网络等资源使用情况，读写请求数及请求量，等等。分布式存储系统需要能够自动识别负载高的节点，当某台机器的负载较高时，将它服务的部分数据迁移到其他机器，实现自动负载均衡。

分布式存储系统的一个基本要求就是透明性，包括数据分布透明性、数据迁移透明性、数据复制透明性、故障处理透明性。

（3）复制

为了保证分布式存储系统的高可靠和高可用，数据在系统中一般存储多个副本。当某个副本所在的存储节点出现故障时，分布式存储系统能够自动将服务切换到其他的副本，从而实现自动容错。分布式存储系统通过复制协议将数据同步到多个存储节点，并确保多个副本之间的数据一致性。

同一份数据的多个副本中往往有一个副本为主副本，其他副本为备份副本，由主副本将数据复制到备份副本。复制协议分为两种：强同步复制以及异步复制。二者的区别在于用户的写请求是否需要同步到备份副本才可以返回成功。假如备份副本不止一个，复制协议还会要求写请求至少同步到几个备份副本。当主副本出现故障时，分布式存储系统能够将服务自动切换到某个备份副本，实现自动容错。

一致性和可用性是矛盾的。强同步复制协议可以保证副本之间的一致性，但是当备份副本出现故障时，也可能阻塞存储系统的正常写服务，系统的整体可用性受到影响；异步复制协议的可用性相对较好，但是一致性得不到保障，主副本出现故障时还有数据丢失的可能。

（4）容错

随着集群规模变得越来越大，故障发生的概率也越来越大，大规模集群每天都有故障发生。容错是分布式存储系统设计的重要目标，只有实现了自动容错，才能减少人工运维成本，实现分布式存储的规模效应。

单台服务器故障的概率是不高的，然而，只要集群的规模足够大，每天都可能有机器故障发生，系统需要能够自动处理。首先，分布式存储系统需要能够检测到机器故障，在分布式存储系统中，故障检测往往通过租约（lease）协议实现。接着，需要能够将服务复制或者迁移到集群中的其他正常服务的存储节点。

（5）可扩展性

通过数据分布、复制以及容错等机制，能够将分布式存储系统部署到成千上万台服务器上。可扩展性的实现手段很多，如通过增加副本或者缓存提高读取能力，将数据分片使得每个分片可以被分配到不同的工作节点以实现分布式处理，把数据复制到多个数据中心，等等。

分布式存储系统大多带有总控节点，很多人会自然地联想到总控节点的瓶颈问题，认为P2P架构更有优势。然而，事实却并非如此，主流的分布式存储系统仍采用总控节点架构，且能够支持成千上万台的集群规模。

另外，传统的数据库也能够通过分库分表等方式对系统进行水平扩展，当系统处理能力不足时，可以通过增加存储节点来扩容。

（6）分布式协议

分布式存储系统涉及的协议很多，例如租约、复制协议、一致性协议，其中以两阶段提交协议和 Paxos 协议最具有代表性。两阶段提交协议用于保证跨多个节点操作的原子性，也就是说，跨多个节点的操作要么在所有节点上全部执行成功，要么全部失败。Paxos 协议用于确保多个节点对某个投票（例如哪个节点为主节点）达成一致。

（7）跨机房部署

在分布式存储系统中，跨机房问题一直都是老大难问题。机房之间的网络延时较大，且不稳定。跨机房问题主要包含两个方面：数据同步以及服务切换。跨机房部署方案有三个：集群整体切换、单个集群跨机房、Paxos 选主副本。

① 集群整体切换。集群整体切换是最为常见的方案。如图 10-1 所示，假设某系统部署在两个机房——机房 1 和机房 2。两个机房保持独立，每个机房部署单独的总控节点，且每个总控节点各有一个备份节点。当总控节点出现故障时，系统能够自动将机房内的备份节点切换为总控节点继续提供服务。另外，两个机房部署了相同的副本数，例如数据分片 A 在机房 1 存储的副本为 A11 和 A12，在机房 2 存储的副本为 A21 和 A22。在某个时刻，机房 1 为主机房，机房 2 为备机房。

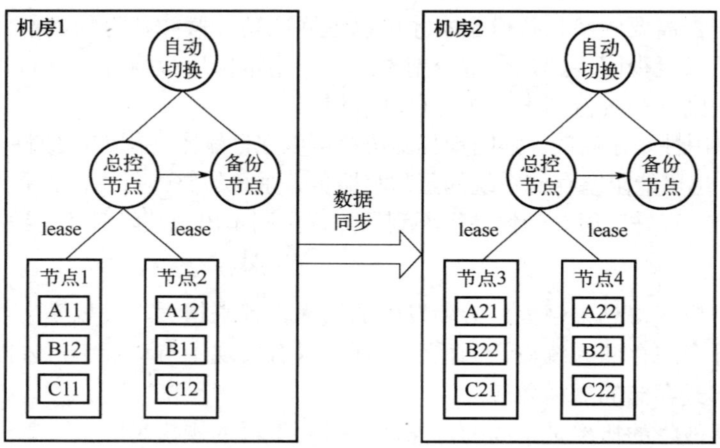

图 10-1 集群整体切换

机房之间的数据同步方式可能为强同步或者异步。如果采用异步模式，那么备机房的数据总是落后于主机房。当主机房整体出现故障时，有两种选择：要么将服务切换到备机房，忍受数据丢失的风险；要么停止服务，直到主机房恢复为止。因此，如果数据同步为异步，那么主备机房切换往往是手动的，允许用户根据业务的特点选择“丢失数据”或者“停止服务”。

如果采用强同步模式，那么备机房的数据和主机房保持一致。当主机房出现故障时，除了手动切换，还可以采用自动切换的方式，即通过分布式锁服务检测主机房的服务，当检测到主机房出现故障时，自动将备机房切换为主机房。

② 单个集群跨机房。集群整体切换方案的所有主副本只能同时存在于一个机房内。其他两种方案（单个集群跨机房、Paxos 选主副本）是将单个集群部署到多个机房，允许不同数据分片的主副本位于不同的机房，如图 10-2 所示。

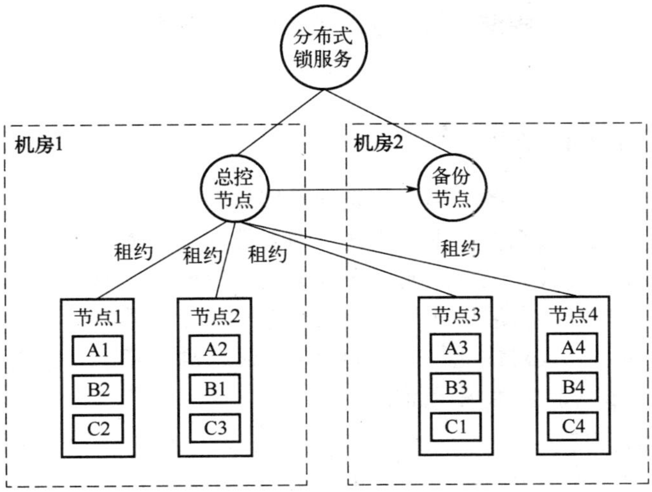

图 10-2　单个集群跨机房

每个数据分片在机房 1 和机房 2 总共包含 4 个副本，其中 A1、B1、C1 是主副本，A1 和 B1 在机房 1，C1 在机房 2。整个集群只有一个总控节点，它需要同机房 1 和机房 2 的所有工作节点保持通信。当总控节点出现故障时，分布式锁服务将检测到，并将机房 2 的备份节点切换为总控节点。

如果采用这种部署方式，总控节点在执行数据分布时，需要考虑机房信息，也就是说，尽量将同一个数据分片的多个副本分布到多个机房，从而防止单个机房出现故障而影响正常服务。

③ Paxos 选主副本。在前两种方案（集群整体切换、单个集群跨机房）中，总控节点需要和工作节点保持租约（lease），当工作节点出现故障时，自动将它上面服务的主副本切换到其他工作节点。如果采用 Paxos 选主副本，那么，每个数据分片的多个副本构成一个 Paxos 复制组，如图 10-3 所示。

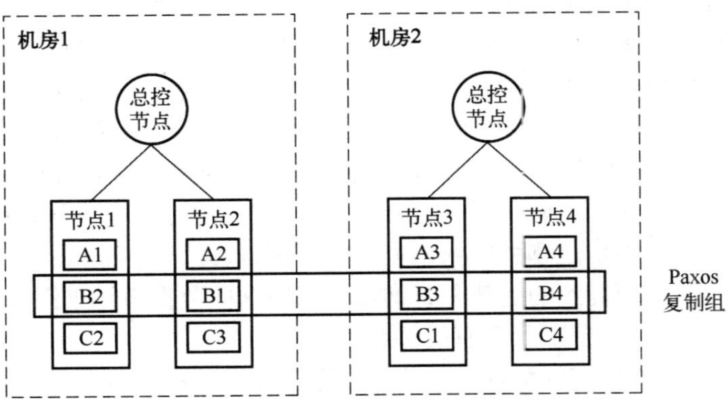

图 10-3　Paxos 选主副本

B1、B2、B3、B4 构成一个复制组，某一时刻 B1 为复制组的主副本，当 B1 出现故障时，其他副本将尝试切换为主副本，Paxos 协议保证只有一个副本会成功。这样，总控节点与工作节点之间不再需要保持租约，总控节点出现故障也不会对工作节点产生影响。

Google 后续开发的系统，包括 Google Megastore 以及 Spanner，都采用了这种方式。

它的优点在于能够降低对总控节点的依赖，缺点在于工程复杂度太高，很难在线下模拟所有的异常情况。

10.1.4 大数据存储泛型

数据存储的最终目的是业务应用。信息化发展早期，数据量不大，基于单机的存储泛型主要是文件管理模式和关系型数据库模式。随着数据量的增加，数据存储由原来的单机向多机演进，存储模式从关系表分区向分布式架构及数据仓库模式的泛化发展日渐成熟，同时 NoSQL 数据库也开始发展。在如今的大数据时代，数据类型日趋复杂，使用场景从通用向特定需求过渡，以及对性能与效率的要求不断提高，基于分布式存储的分布式文件系统、SQL on Hadoop 等新技术应运而生。

（1）关系型数据库

关系型数据库建立在关系模型之上，主要用来存储结构化数据并支持数据的插入、查询、更新、删除等操作。

① 数据结构。关系模型的基本数据结构就是关系，一个关系对应着一个二维表，二维表的名字就是关系名。例如表 10-1 就是一个二维表，而表的名字“学生信息表”就是关系名。

表 10-1　关系型数据库

学号	姓名	性别	年龄	图书证号
S3001	张明	男	22	B20050101
S3002	李静	女	21	B20050102
S4001	赵丽	女	21	B20050301

从横向看，二维表中的一行被称为关系中的一个元组（tuple），关系本质上就是由同类元组构成的集合。从纵向看，二维表由很多列构成，列被称为关系的属性（attribute），同一个集合中的元组都由同样的一组属性值组成。属性的取值范围被称为域（domain），它也可以被理解为属性中值的数据类型。关系所拥有的属性个数被称为关系的元或者度。通过一组属性以及每个属性所属的域，就可以定义出一种关系的结构，只要在这种结构中填入实际的属性值（实例化）就可以得到关系（值的集合），这种关系的结构称为关系模式。

② 数据操作。关系模型的数据操作分为更新和查询两类。其中，更新可细分为插入（insert）、修改（update）、删除（delete）；查询包括选择（select）、投影（project）、并（union）、差（except）以及连接（join）等。关系模型的数据操作通常可以由两种关系语言进行表达：关系代数和关系演算。不管是哪种关系语言，它们都以形式化（公式化）的方式体现了一系列对关系的操作，上面提到的更新和查询都可以用这些数据操作来组合实现。

- 插入：将一个新的行加入现有的关系中。
- 修改：对关系中已有的数据进行修改，这种修改特指对各种属性值进行修改。
- 删除：如果关系中的一些数据已经不再需要，可以用删除操作将它们从关系中彻底去掉。
- 选择：从关系中选取满足条件的元组。例如从学生信息表中选出所有的男生。
- 投影：从关系中抽取出若干属性形成一个新的关系。例如，若只关心学生的姓名和性别，可以用投影操作从学生信息表中抽出这两列形成结果关系。
- 并和差：关系归根到底是元组的集合，因此同类关系可以当作集合进行操作。所谓关系的并操作就是将两个同类关系中的元组集合合并起来形成新的关系，而差操作则将两个同类关系的元组集合进行差运算，找出其中不同的元组集合。

- 连接：很多时候需要把分散在不同关系中的数据关联在一起查看，此时就会用到连接操作。

③ 结构化查询语言。关系型数据库中的操作可通过结构化查询语言（structured query language，SQL）来实现。它是一种数据库查询和程序设计语言，用于查询、更新和管理关系型数据库系统。

结构化查询语言是高级的非过程化编程语言，允许用户在高层数据结构上工作。它不要求用户指定对数据的存放方法，也不需要用户了解具体的数据存放方式，所以具有完全不同的底层结构的数据库系统，可以使用相同的结构化查询语言作为数据输入与管理的接口。结构化查询语言的语句可以嵌套，这使它具有极大的灵活性和强大的功能。

④ 数据库事务。现代的数据库管理系统都是面向多用户的，在系统运行时会有很多用户同时对数据库中的数据进行各种操作。尽管数据库中有很多数据，但是不同的用户同时操作同一个数据的情况也经常发生，例如在学生选课的时段里会有很多学生查看同一门课程的信息。如果不同用户对同一数据的同时操作都是读取，那么这些操作不会产生不良影响。但如果这些同时进行的操作中全部或者部分是修改操作，那么就很容易发生不良后果。

为了防止出现类似前述的不良现象，现代的 DBMS 中都引入了事务（transaction）的概念。事务由一系列的数据库操作构成，它必须满足四个特性。

- 原子性（atomicity）：事务所包含的所有操作要么全部正确地反映在数据库中，要么全部不反映。
- 一致性（consistency）：事务的执行会使数据库从一种一致性的状态达到另一种一致性状态，即事务的执行不会让数据库出现不一致。
- 隔离性（isolation）：事务之间是隔离的，每个事务都感觉不到系统中有其他事务在并发地执行。
- 持久性（durability）：一个事务成功完成后，它对数据库的改变是永久的，即使系统出现故障也是如此。

事务的这四项特性通常会被简称为 ACID 特性。通过保证原子性，在仓库间转移货物的操作就不会产生不一致。而通过隔离性，事务不可能读取到其他事务对数据库修改的中间状态，也就不会发生前述的不良现象。为了确保事务的 ACID 特性，数据库管理系统中采用了诸如封锁、日志、事务调度等技术，其中每一项技术都是一个专门的研究领域，本书将不再继续展开，有兴趣的读者可以参考相关的专业资料。

（2）分布式文件系统

从发展的历史看，数据库是数据管理的高级阶段，它是由文件管理系统发展而来的。在大数据时代，浩如烟海的数据中还有很大一部分是无法用关系型数据库管理的非结构化数据，例如音频、视频、各类图纸等。对于这类数据，目前通行的管理方式是采用文件系统存储原始数据外加数据库系统存储描述性数据的架构。由于这类数据个体体量巨大（可轻松超过 GB 级）且数量快速增长，传统单台主机的文件系统在扩展性和处理能力上难以满足需求，分布式文件系统因此获得了更多的青睐。

分布式文件系统建立在通过网络联系在一起的多台价格相对低廉的服务器上，将要存储的文件按照特定的策略划分成多个片段分散放置在系统中的多台服务器上。由于服务器之间的联系相对松散，当系统存储和处理能力不足时，可以通过增加其中服务器的数量来实现横向扩容而无须迁移整个系统中的数据。分布式文件系统在响应文件操作时，可以将操作分解成多台服务器的子操作，从而为客户端提供很好的并行度和性能。同时，分布式文件系统中的多台服务器之间形成了硬件上的冗余，很多分布式文件系统选择将同一数据块在多台服务器上重复存放，即便其中一台服务器失效也不会影响到对该数据块的访问，这也为分布式文件系统中的数据提供了更好的可靠性。

从分布式文件系统的用途来看，目前主流的分布式文件系统主要有两类。第一类分布式文件系统主要面向以大文件、块数据顺序读写为特点的数据分析业务，其典型代表是Apache 旗下的 HDFS（Hadoop distributed file system，Hadoop 分布式文件系统）。另一类主要服务于通用文件系统需求并支持标准的可移植操作系统接口（portable operating system interface of UNIX，POSIX），其代表包括 Ceph 和 GlusterFS。当然，这种分类仅表示各种分布式文件系统的专注点有所不同，并非指一种分布式文件系统只能用于某种用途。

NoSQL（not only SQL）数据库是对于非关系型的一类数据库系统的统称。关系型数据库在管理键值对、文档、图等类型的数据上有所不足，NoSQL 则是针对各个类型数据的存储和访问特点而专门设计的数据库管理系统。近年来，随着大数据应用的不断扩展，NoSQL 数据库系统得到了广泛应用，各类 NoSQL 技术已日趋成熟。

NoSQL 数据库通过采取一些新的设计原则，利用大规模计算机集群实现对大数据的有效管理。这些新的原则包括三个方面。

- 采用横向扩展（scaling out）的方式，通过对大量节点的并行处理，获得包括读性能和写性能在内的极高数据处理性能和吞吐能力。NoSQL 数据库需要对数据进行划分，以便进行并行查询处理。
- 放弃严格的 ACID 一致性约束，采用宽松的一致性约束条件，允许数据暂时出现不一致的情况，并接受最终一致性。
- 对数据进行容错处理，一般对数据块进行适当备份，以应对节点失效状况，保证在通用服务器组成的集群上稳定可靠地运行。

下面介绍常用的四类 NoSQL 数据库技术。

① 键值数据库。

键值模型的主要思想来自哈希表：在哈希表中有一个特定的 key 和一个 value 指针，指向特定的数据。对整个 NoSQL 系统来说，数据存取层并不关心这个数据是什么。

键值模型对于海量数据存储系统来说，大的优势在于数据模型简单、易于实现，非常适合通过 key 对数据进行查询和修改等操作。但是如果整个海量数据存储系统需要更侧重于批量数据的查询、更新操作，键值模型则在效率上处于明显的劣势。同样的，键值存储也不支持逻辑特别复杂的数据操作。当然，可以通过整个海量数据存储系统的其他存取技术来弥补这个缺陷。

基于键值模型的高性能海量数据存储系统的主要特点是具有极高的并发读写性能，如业内比较流行的 Redis 是用 C 语言编写的，在系统效率上具有出色的性能。

Redis 本质上是一个基于键值模型的内存数据库，整个数据库加载在内存中进行数据操作，并定期通过异步操作把数据库数据写回到硬盘上进行保存。因为是纯内存操作，Redis 的性能非常出色，每秒可以处理超过 10 万次读写操作。

Redis 的出色之处不仅仅是性能，其最大的特色是支持诸如链表和集合这样的复杂数据结构，而且还支持对链表进行各种操作。例如，从链表两端加入和取出数据、取链表的某一区间、对链表排序，以及对集合进行各种并集、交集操作。此外，单个 value 可以支持达 1GB 的数据。因此，Redis 可以用来实现很多有用的功能。例如，用它的链表数据结构来做 FIFO 双向链表，实现一个轻量级的高性能消息队列服务；用它的集合数据结构可以做高性能的标签系统等。由于 Redis 可以对存入的键值设置生存周期，因此还能当作一个功能加强版的 Memcached。

Redis 的主要缺点是数据库容量受到物理内存的限制，不能简单地用于大量数据的高性能读写，并且它没有原生的可扩展机制，不具有可扩展能力，要依赖客户端来实现分布式读写。因此，Redis 适合的场景主要局限在较小数据量的高性能操作和运算上。

② 列式数据库。

列式存储也主要使用类似于“表”这样的传统数据模型，但是它并不支持类似表连接这样多表的操作。它的主要特点是在存储数据时，主要围绕着“列（column）”，而不是像传统的关系型数据库那样根据“行（row）”进行存储。也就是说，属于同一列的数据会尽可能地存储在硬盘同一个页（page）中，而不是将属于同一行的数据存放在一起。这样做的好处是，对于很多具有海量数据分析需求的应用，虽然每次查询都会处理很多数据，但是每次所涉及的列并没有很多，因此如果使用列式数据库的话，将会节省大量 I/O 操作。总体而言，这种数据模型的优点是比较适合数据分析和数据仓库这类需要迅速查找且数据量大的应用。

Cassandra 项目是 Facebook 在 2008 年开发出来的，随后，Facebook 自己使用 Cassandra 的另外一个不开源的分支，而开源的 Cassandra 主要由 Amazon 的 Dynamite 团队维护。除了 Facebook 之外，Twitter 和 digg.com 都在使用 Cassandra。

HBase 全称为 Hadoop database，是一个构建在 Apache Hadoop 上的列式数据库。HBase 有很好的扩展性，被认为是 Google BigTable 的一个克隆版，可以存储数以亿计的行。

Cassandra 和 HBase 的数据模型都借鉴自 Google 的 BigTable。每一行数据的各项被存储在不同的列中，这些列的集合称作列族。而每一列中每一个数据都包含一个时间戳属性，这样列中的同一个数据项的多个版本都能保存下来。

这些 NoSQL 系统对 BigTable 数据模型都多多少少做了一些变更，其中以 Cassandra 进行的变更最为显著。Cassandra 引入了超级列（super column）的概念，一个超级列包含多个列，通过将列组织到相应的超级列中，可以在更高层级上进行数据的组织、索引等。

③ 文档型数据库。

文档型数据库的灵感来自 Lotus Notes 办公软件。其主要目标是在键值存储方式（提供了高性能和高伸缩性）和传统的关系型数据库（丰富的功能）之间架起一座桥梁，集两者的优势于一身。其数据主要以 JSON 或者类 JSON 格式的文档来进行存储，是有语义的。文档型数据库可以看作是键值数据库的升级版，允许在存储的值中再嵌套键值，且文档存储模型一般可以对其值创建索引来方便上层的应用，而这一点是普通键值数据库无法支持的。通常该模型可以应用于那些不太强调数据模式这一概念的场景。

④ 图数据库。

从数据模型的早期发展来看，主要有两个流派：传统关系型数据库所采用的关系模型和语义网采用的网络结构。这里的网络结构即图。尽管图结构在理论上也可以用关系型数据库模型规范化，但由于关系型数据库的实现特点，对文件树这样的递归结构和社交图这样的网络结构执行查询时，数据库性能会受到严重影响。在网络关系上的每次操作都会导致关系型数据库模型上的一次表连接操作，以两个表的主键集合间的集合操作来实现。这种操作不仅缓慢而且无法随着表中元组数量的增减而伸缩。

为了解决性能缺陷，人们提出了图模型。按照该模型，一个图结构主要包含以下几个构造单元：

- 节点（即顶点）；
- 关系（即边）：具有方向和类型，在节点与节点之间可以连接多条边；
- 节点和关系上面的属性。

采用图结构存储数据可以应用图论算法进行各种复杂的运算。例如某交通保险欺诈关系，如图 10-4 所示，可以用节点来表示重要的实体，如车辆、事故和人物等。而实体之间的关系可以用节点的边来表示，如人物 1 与车辆 1 之间的关系可以用“驾驶”来表示。

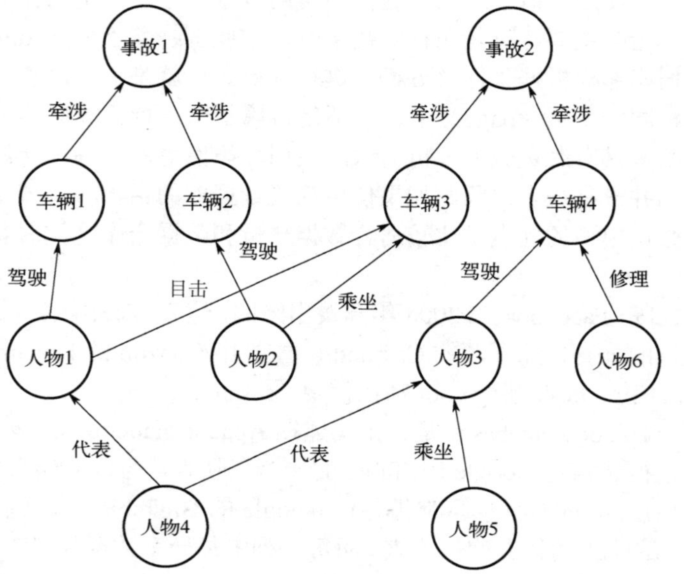

图 10-4　图数据库

随着社交网络、科学研究（药物、蛋白质研究）以及其他应用领域的数据管理需求不断增长，更多的数据以图作为基础模型进行表达更为自然。这些数据的规模是极其庞大的，比如，Facebook 拥有超过 8 亿的用户，对这些用户的交互关系进行管理、分析是极大的挑战，因为不仅需要根据一定的条件查找图的节点或者图的边，更为复杂的是对图的结构进行分析。

例如，Neo4j 是一款高性能的图数据库，由 Java 语言开发，专注于高效存储和查询图结构数据。与传统的关系型数据库不同，Neo4j 采用图模型来表达数据中的复杂关系和交互，其核心特性是模式自由（schema-free），即节点可以用来表示各种类型的对象，而关系则描述这些对象之间的多样化联系。这种灵活性使 Neo4j 能够自然地适应现实世界中诸如社交网络、知识图谱以及供应链管理等复杂场景。

在架构上，Neo4j 是一种嵌入式、基于磁盘的数据库系统，支持完整的事务性操作，确保数据一致性和可靠性。通过高效的图模型，Neo4j 在单机环境下即可处理数十亿级别的节点和关系，而在分布式部署中可以扩展至多台机器并行运行，轻松应对大规模数据的存储与计算需求。Neo4j 的图模型由节点、关系和属性构成。节点表示实体，关系描述节点之间的连接，属性则为节点或关系提供附加信息。这种模型与传统的表、行和列完全不同，更贴近真实世界中复杂的网络结构，能够轻松建模出层次、继承、关联等关系。此外，Neo4j 在查询方面拥有显著优势。相比关系型数据库需要通过多表连接处理复杂关系，Neo4j 的图模型能够以恒定的速度遍历节点和边，查询效率不会因数据规模增大而降低。这种优势尤其适用于需要频繁遍历关系的场景，如社交网络分析、路径优化和推荐系统。

不仅如此，Neo4j 还内置了丰富的图算法并具备实时分析能力。例如，通过最短路径计算、社区检测等算法，可以深入挖掘数据中的隐藏模式。其实时分析能力在关系型数据库中也是难以实现的。此外，Neo4j 通过支持高效的动态数据建模，能够快速适应业务需求的变化，进一步提升了其在多变环境中的实用性。

在实际应用中，Neo4j 被广泛用于多个领域。例如，在社交网络中，它用于分析用户之间的关系和行为模式；在知识图谱构建中，它可以表示实体及其属性之间的复杂关联；在生物信息学领域，它被用来研究分子交互网络和基因关联；在供应链管理中，Neo4j 则帮助企业优化物流路径并分析节点依赖关系。这些应用充分体现了图数据库在处理复杂、动态关系数据方面的独特价值。

虽然 Neo4j 作为一款开源项目推出时间并不算长，但其性能和灵活性已经在多个行业中得到了验证。无论是处理数亿级别的节点和关系，还是满足企业对高可靠性和高性能的需求，Neo4j 都表现出了强大的能力。通过克服传统关系型数据库在复杂数据查询中的性能瓶颈，Neo4j 正在成为数据建模和分析领域不可或缺的工具。未来，随着数据复杂性和互联性的不断提高，Neo4j 的应用前景将更加广阔。

（3）SQL on Hadoop 系统

互联网公司最先遇到大数据难题，需要为海量互联网网页构建倒排列表。2004 年，Google 公司提出 MapReduce 技术，作为面向大数据分析和处理的并行计算模型，引起了工业界和学术界的广泛关注，并很快形成了 MapReduce 的开源实现——Hadoop 计算和存储框架。MapReduce 在设计之初，致力于通过大规模廉价服务器集群实现大数据的并行处理，把扩展性和系统可用性放在了优先考虑的位置。

Hadoop 技术很快也影响了数据库研究领域，有面向简单的键值对读写事务型负载的 NoSQL 系统（如 HBase 等），也有面向数据分析任务的 Hive 系统。Hive 系统的出现，一改传统的结构化大数据分析（OLAP）只能在关系数据仓库中运行的局面，从而可以对 HDFS 中存储的结构化数据，基于一种类似 SQL 的 HiveQL 语言，进行 ROLAP 方式的数据分析。Hive 系统将用 HiveQL 描述的查询语句，转换成 MapReduce 任务来执行，并且具备了一定的查询优化能力，这样就可以在大规模集群环境下对 TB 级别甚至 PB 级别的大数据进行 OLAP。这显然对传统并行数据库和数据仓库技术构成了挑战，也很快得到了数据分析领域一些著名的学者（如 Dewitt 和 Stonebraker 等）的回应，这就有了 2009 年在 SIGMOD 会议上发表的在大数据分析领域 MPP 数据库与 Hadoop 技术的对比。其结论是：在结构化大数据分析（OLAP）方面，MPP 数据库的性能要远好于以 Hive 为代表的 Hadoop 上的数据分析技术。而 Hadoop 技术也有其优势，比如高扩展性和容错性能、对非结构化数据的支持、用户自定义函数的使用等方面。

然而，来自互联网领域和其他领域的很多大数据创新公司，并没有止步于 Hive。他们做出了很多努力，开发了多个 SQL on Hadoop 系统。这些系统借鉴了 20 世纪 90 年代以来在并行数据库方面所积累的一些先进技术，大幅度提升了其系统性能，所以这种 SQL on Hadoop 系统目前是非常有吸引力的。

下面举出其中几个典型的系统加以介绍。

① Hive。自从 Facebook 在 2007 年推出 Apache Hive 系统及其 HiveQL 语言以来，Hive 已经成为 Hadoop 平台标准的 SQL 实现。Hive 把 HiveQL 查询首先转换成 MapReduce 作业，然后在 Hadoop 集群上执行。某些操作（如连接操作）被翻译成若干个 MapReduce 作业，依次执行。早期版本的 Hive 性能与 Impala、Presto 等系统有很大差距。近年来，开源社区对 Hive 进行持续改进，主要包括以下几个方面。

- 在 SQL 接口方面，增加了新的数据类型、子查询支持、更加完备的 Join 语法等。
- 在文本类型、RCFile 列存储格式之外，增加了具有更高效率的列存储格式 ORCFile。
- 和 Tez 紧密集成，以便执行更通用的任务，获得更高的性能。Apache Tez 是一种新的计算模型，扩展了 Hadoop 的 MapReduce 计算模型，能够执行复杂的以有向无环图（directed acyclic graph，DAG）表达的计算任务。Tez 的 DAG 顶点管理模块，在运行时从任务中收集相关信息，从而动态改变数据流图的一些参数，以便优化资源消耗，获得更高的性能。
- 增加初步的查询优化能力，能根据数据特点，包括表格的基数、各个数据列的统计信息（最大值、最小值、平均值、不同值的个数）等，进行表连接顺序调整和连接算法选择。目前 Hive 仅支持等值连接，可选的算法包括 MultiWay Join、Common Join、Map Join、Bucket Map Join、SMB Join、Skew Join 等。
- 新的向量化查询执行引擎，通过更好地利用现代 CPU 的特点，提高查询性能。

② Impala。Impala 是由 Cloudera 公司推出的一个支持交互式（实时）查询的 SQL on Hadoop 系统。Impala 放弃使用效率不高的 MapReduce 计算模型，设计专有的查询处理框架，把执行计划分解以后，分配给相关节点运行，而不是把执行计划转换为一系列的 MapReduce 作业。Impala 不把中间结果持久化到硬盘上，而是使用 MPP 数据库惯用的技术，即基于内存的数据传输，在各个操作之间传输数据。Impala 后台进程以服务的形式启动，避免了类似于 MapReduce 任务的启动时间。查询执行引擎针对新硬件做了相关优化，比如充分利用新的指令集（包括单指令多数据指令 SIMD）进行数据处理。同时 Impala 使用 LLVM 技术，把查询编译成汇编指令，以加快其执行，无须不断进行 SQL 查询的语法检查和翻译。

在磁盘 I/O 方面，Impala 维护每个数据块的磁盘位置信息，对磁盘块的操作顺序进行优化调度，保持各个磁盘忙闲均衡。此外，Impala 在实现细节上进行了一系列优化。在存储格式方面，Impala 支持最新研发的列存储格式 Parquet，有利于提高数据仓库查询性能，这些查询一般只涉及少数属性列，可以避免不必要的数据列的提取。

在连接操作的处理方面，Impala 根据表的绝对和相对大小，在不同的连接算法之间进行选择。广播连接是默认的方式，右侧的表默认比左侧的表小，小表内容被发送到查询涉及的各个节点上。另外一种连接算法称为分区连接，适用于大小相近的大表之间。使用分区连接时，每个表的内容被散列分布到各个节点，各个节点并行地进行本地连接，连接结果再进行合并。Impala 使用 Compute Stats 语句，收集数据库表的统计信息，辅助进行连接算法的选择。根据 Cloudera 的评测结果，对于 I/O 限制的查询，相对于老版本的 Hive，Impala 有 3～4 倍的性能提升。而对于需要多个 MapReduce 作业或者需要 reduce 阶段实现连接操作的查询，Impala 可以获得更大的性能提升。对于至少有一个连接操作的查询，性能提升达到 7～45 倍。如果数据集可以完整地保存到缓存中，则性能提升达到 20～90 倍，包括简单的单表聚集查询。Impala 令人印象深刻的性能使人们相信，只要充分利用各种优化措施，包括存储优化、执行引擎优化、查询优化等技术，Hadoop 平台上的 SQL 查询也能达到交互式的性能要求。

③ SparkSQL。SparkSQL 是美国加州大学伯克利分校提出的大数据处理框架 BDAS（Berkeley data analytics stack）的一个重要组成部分，包括资源管理层、存储层、核心处理引擎、存取接口、应用层等。SparkSQL 是实现大数据交互式 SQL 查询的处理系统，包括接口 SparkSQL 和处理引擎 Spak Core。Spark 是一个分布式容错内存集群，通过基于血统关系的数据集重建技术，实现内存计算的容错。当一个内存数据集损坏时，可以从上游数据集通过一系列的操作重建该数据集。SparkSQL 使用内存列存储技术支持分析型应用。在复杂查询执行过程中，中间结果通过内存进行传输，元数据持久化到硬盘上，极大地提高了查询的执行性能。SparkSQL 在设计上实现了和 Apache Hive 在存储结构、序列化和反序列化方法、数据类型、元信息管理等方面的兼容。此外，BDAS 还支持流数据处理和图数据的计算，并通过迭代计算支持各种机器学习算法，甚至可以运行在 YARN 上，和 Hive 使用的是同一个资源管理模型。

MapReduce 系统性能不佳的原因有很多，包括中间结果持久化到硬盘、数据存储格式性能低劣、不能控制数据的并置（co-partitioning）、执行策略缺乏基于统计数据的优化、任务启动和调度的开销过大等。SparkSQL 设计者据此实现了一系列优化措施，包括：采用基于内存的列存储结构；支持基于散列的 shuffle 和基于排序的 shuffle 操作；基于 range 统计信息进行分区裁剪，减少查询处理过程中需要扫描的数据量；下推查询限制条件；支持分布式排序；支持分布式并行装载；集成机器学习功能，方便在 SQL 语句中执行更加复杂的分析等。

SparkSQL 部分实现了基于成本的优化功能，能够根据表格和各列数据的统计信息，估算工作流上各个阶段数据集的基数，进而可以对多表连接查询的连接顺序进行调整。另外，如果连接的中间结果或者最终结果集具有较高基数，系统可以根据启发式规则，调整 reduce 任务的数量，完成连接操作。此外，新版本的 SparkSQL 还计划支持数据并置以及部分 DAG 执行技术，允许系统根据运行时搜集的统计信息，动态改变执行计划，以获得更高的性能。

10.2 大数据处理技术

大数据处理技术是大数据技术生态的重要组成部分，旨在从海量数据中快速提取价值。由于大数据呈现出体量巨大、结构复杂和流速快的特点，传统数据处理方法已经难以胜任现代需求，而分布式计算框架和实时流处理等技术则成为应对这些挑战的核心手段。

大数据处理技术可分为批处理技术和流处理技术两大类，各有侧重。批处理技术专注于对历史数据的集中处理，通常处理的数据规模大、时间跨度长，适合分析已经积累的海量数据。Hadoop 的 MapReduce 模型是批处理技术的经典代表，它将复杂的数据处理任务分解为“map”（映射）和“reduce”（归约）两个阶段，通过分布式计算节点的协作完成高效的数据计算。相比之下，流处理技术专注于实时数据的连续处理，强调低延迟和高吞吐率，适合处理传感器、社交网络等实时产生的数据流。

分布式计算框架是大数据处理技术的核心，提供了高效的计算能力和灵活的任务调度。Apache Spark 以内存计算为特点，相较于 MapReduce 有显著的性能提升。Spark 的模块化设计使其能够同时支持 SQL 查询、机器学习、图计算和流处理等多种任务，成为一站式大数据处理平台。例如，在医疗健康领域，Spark 被用来分析患者的医疗记录，从中挖掘潜在的疾病关联模式，支持个性化治疗方案的制定。

在物联网和边缘计算的快速发展下，大数据处理逐渐从中心化转向边缘化。边缘计算通过将计算任务从数据中心转移到靠近数据生成端的设备上，有效减少了数据传输延迟，并降低了中心服务器的负载。例如，智能交通系统利用边缘计算实时处理交通摄像头和传感器的数据，快速生成拥堵预警或路线优化方案。这样的处理模式既提高了响应速度，又节约了数据中心的资源。

10.2.1 批处理技术

在传统的单机计算模式下，为保证计算效率，通常通过提高单机计算能力的方式来应对数据量的增长，但是单机的性能提升总有瓶颈。为进一步提升计算效率以应对更大规模的数据，通常采用分布式计算的方式，将一个计算问题划分成若干部分，分别分配给多台机器处理，最后把这些计算结果综合起来得到最终的结果。例如，如果对一万个数进行求和，只有自己一个人来计算的话，就算提升个人计算速度，算完也要相当长的时间。一种提高效率的手段是多找一些人来帮忙，比如有 100 个人，那每人只需要计算 100 个数的和，然后再将结果汇总起来即可。这种方式的计算效率要比单人快很多，并且可扩展性也比单人好很多，如果给你更多的数来求和，比如 10 万、100 万甚至更多，只需要找更多的人来帮忙就可以轻松应对，而且总的计算逻辑并没有什么变化。在分布式计算中，用户仅需关心计算逻辑的设计和实现，问题划分、资源管理、作业调度、数据加载、容错控制等计算过程的管理由计算系统来完成。

批量计算（batch computing）主要面向离线计算场景，计算的数据是静态数据，数据在计算前已经获取并保存，在计算过程中不会发生变化，如图 10-5 所示。批量计算的实时性要求通常不高，比如在电商领域统计上一年的销售额，由于上一年的数据已经存在并且不会再增加和修改，因此该计算可以不必立即返回结果。

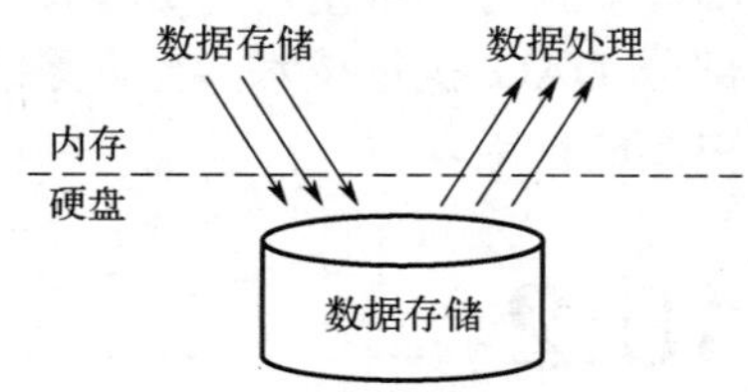

图 10-5　批量计算

批量计算系统通常由计算请求输入接口、计算管控节点和若干计算执行节点共同组成。用户通过计算请求输入接口提交计算请求并指定结果输出位置。用户的一个计算请求在批量计算中通常被称为一个作业（job）。批量计算的一个作业在提交到计算系统之后，会被分解成一组任务（task）及其依赖关系，由计算管控节点负责任务的分发，将任务指派到具体的计算执行节点进行运算。每个任务在计算执行节点上可以有一个或多个执行实例（instance）。实例是批量计算执行和管控的最小单元。

MapReduce 是 Google 公司于 2004 年提出的一种典型的批量计算系统，如今 MapReduce 已经被 Hadoop、Spark 等多种计算平台所支持，成为到目前为止最为成功、最广为接受和最易于使用的大数据批量计算技术和标准。下面以 MapReduce 为例讲述批量计算系统。MapReduce 的计算原理如图 10-6 所示。

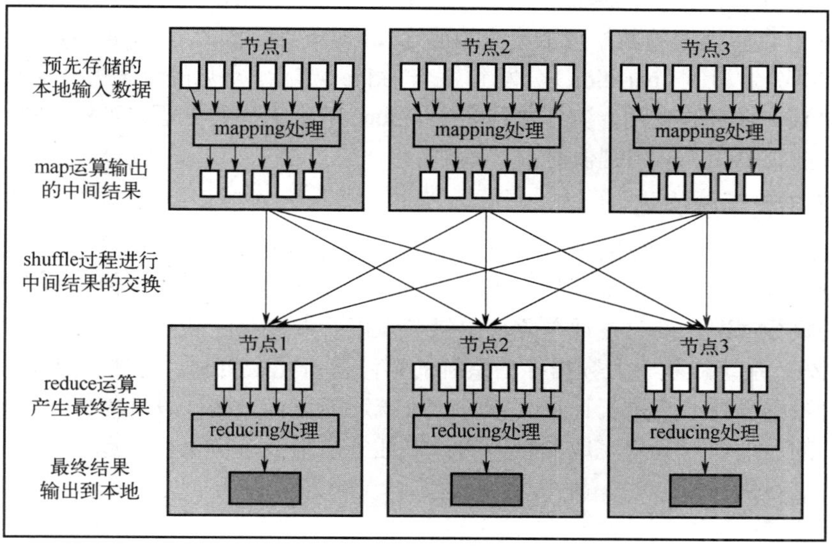

图 10-6　MapReduce 计算原理

在 MapReduce 中，一次计算主要分为 map（映射）和 reduce（归约）两个阶段。待计算的大数据被预先划分成多个数据块并分别存储于各个计算节点。当计算作业被提交之后，该作业会被划分成若干 map 任务和若干 reduce 任务并由计算管控节点负责任务的调度和分配。各节点上的数据首先经过 map 阶段的计算，形成中间结果（通常采用键值对 key-value 的方式）保存于负责执行 map 任务的本地节点上。中间结果经排序后分发给各 reduce 任务。各 reduce 任务的计算节点从各 map 任务计算节点处读取各自 reduce 计算所需的中间结果，然后计算得出最终的结果并输出。

MapReduce 计算具有如下特点。

（1）数据划分存储

待计算的数据被划分成多个小的数据块，每个计算节点仅需计算若干个数据块的数据。该方式使得当数据量大的时候，可以通过增加计算节点的方式减少每个节点上的计算量以提高整体的计算效率。此外，将数据划分成小块也有利于计算的容错处理，当数据原因导致计算出错时，仅需重新处理出错数据块的数据而无需将所有数据重新进行处理。

（2）数据/代码互定位

当计算程序和数据分处不同机器时，传统的计算模式通常是“数据找程序”，即将数据读取到计算程序所在的机器然后计算执行。在大数据的情况下，从传输的角度考虑，传程序要比传数据更有效率。为减少网络带宽压力和传输通信时间，MapReduce 的计算主要遵循尽可能本地化处理数据的原则，即一个计算节点尽可能处理其本地磁盘上所保存的数据，计算程序可以从其他地方传输至数据存储所在节点即“程序找数据”。当无法进行本地化数据处理时，比如在 reduce 阶段，此时需要从其他数据所在节点获取数据并通过网络传送至计算节点，即“数据找程序”。目前，中间结果传输是影响 MapReduce 计算效率的主要瓶颈之一，可以通过增加网络带宽或者缩短传输节点间的网络距离（比如尽量在同一机架）的方式进行优化。

（3）中间结果的合并与分发

为了减少中间结果传输的通信开销，map 运算产生的中间结果会进行一定的合并和排序处理（combiner），比如将具有相同 key 值的键值对的 value 部分进行合并。此外，由于一个 reduce 节点所处理的数据可能会来自多个 map 节点，因此各 map 节点输出的中间结果需通过数据分发机制（partition）分发到各个 reduce 节点。常见的分发方式是按 key 分发，即拥有相同 key 值的键值对会被分发到同一 reduce 节点上进行处理。当然，同一 reduce 节点可以同时接收多个 key 的键值对。

（4）容错和系统优化

MapReduce 计算系统的一个假设前提是节点硬件出错和软件出错是常态。在 MapReduce 计算过程中，计算管控节点通常不参与实际的计算工作，但该节点需要监控作业和任务的执行情况，及时发现并隔离出错节点以及调度分配新的节点接管出错节点的计算任务。此外，系统能基于大数据存储系统的存储备份冗余机制，及时检测到出错的数据，并基于备份数据分配节点进行计算。同时，系统还能进行一些计算性能优化处理，如在计算作业执行的后期，对尚未完成的较慢的计算任务采用多备份执行、选择最快完成者作为结果的方式进行优化。

10.2.2 流处理技术

流式计算（stream computing）主要面向在线计算场景，计算的数据是动态数据，数据在计算过程中不断到来，计算前无法预知数据的到来时刻和到来顺序，也无法预先将数据进行存储，如图 10-7 所示。通常流式计算是数据边到来边计算，计算的实时性要求高。比如网站在线统计访问总人数，通常无法预估未来会到来多少访客以及访客到来的时间。每当有访客到来时需要启动计算进行处理，对处理的实时性要求高。

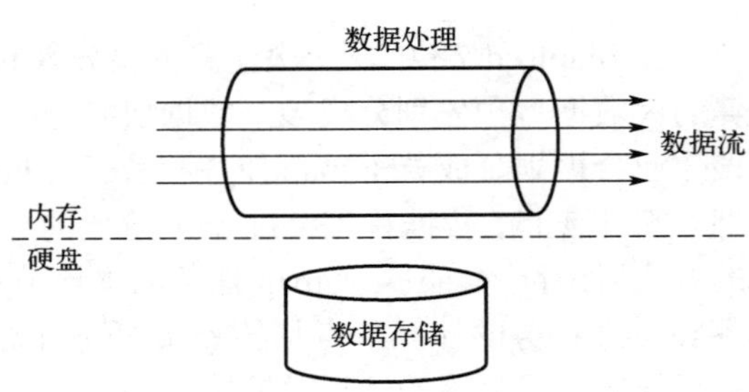

图 10-7　流处理技术

流式大数据计算系统通常是一个数据处理拓扑或管道，类似自来水或煤气的管道系统。该系统包括数据源节点、数据处理节点和数据分发逻辑。数据源节点是数据流的产生节点，该节点不断产生新的数据传递到整个拓扑中。数据处理节点是计算逻辑的执行单元。数据分发逻辑定义节点间的数据流向关系。

常见的数据分发逻辑包括如下。

① 随机分发、发牌式分发：流经该节点的数据会分别依次发给该节点的后续节点。例如某节点有三个后续节点 A、B、C 同时连接在该节点后面，该节点流经的数据为 1～7，当该节点给 A、B、C 的数据分发逻辑为发牌式分发时，A 节点得到数据 1、4、7，B 节点得到数据 2、5，C 节点得到数据 3、6。

② 按特定逻辑分发：流经该节点的数据会按照特定逻辑发给该节点的后续节点。接上例，如果该节点给 A、B、C 的数据分发逻辑为按特定逻辑分发，分发逻辑是数据标号为奇数且小于等于 5 的发给 A，数据标号为偶数且大于等于 4 的发给 B，其余的发给 C，则 A 节点得到数据 1、3、5，B 节点得到数据 4、6，C 节点得到数据 2、7。

③ 广播分发：流经该节点的每个数据会分发给该节点的各个后续节点。接上例，如果该节点给 A、B、C 的数据分发逻辑为广播分发，则三个节点都会得到数据 1～7。

相比于批量计算，流式计算具有如下特点。

（1）实时性

流式大数据是实时产生、实时计算的，结果反馈往往也需要保证及时性。流式大数据价值的有效时间往往较短，大部分数据到来后直接在内存中进行计算并丢弃，只有少量数据被长久保存到硬盘中。这就需要系统有足够的低延迟计算能力，可以快速地进行数据计算，在数据价值有效的时间内，体现数据的可用性。对于时效性特别短、潜在价值又很大的数据可以优先计算。

（2）易失性

在流式大数据计算环境中，数据流往往是到达后立即被计算并使用，只有极少数的数据会被持久化地保存下来，大多数数据往往会被直接丢弃。数据的使用往往是一次性的、易失的，即使重放，得到的数据流和之前的数据流往往也是不同的。这就需要系统具有一定的容错能力，要充分地利用好仅有的一次数据计算机会，尽可能全面、准确、有效地从数据流中得出有价值的信息。

（3）突发性

在流式大数据计算环境中，数据的产生完全由数据源确定，由于不同的数据源在不同时空范围内的状态不统一且发生动态变化，数据流的速率呈现出突发性的特征，前一时刻数据速率和后一时刻数据速率可能会有巨大的差异。这就需要系统具有很好的可伸缩性，能够动态适应不确定的数据流，具有很强的系统计算能力和大数据流量动态匹配能力。一方面，在突发高数据速率的情况下，保证不丢弃数据，或者识别并选择性地丢弃部分不重要的数据；另一方面，在低数据速率的情况下，保证不会太久或过多地占用系统资源。

（4）无序性

在流式大数据计算环境中，各数据流之间、同一数据流内部各数据元素之间是无序的。一方面，由于各个数据源之间是相互独立的，所处的时空环境也不尽相同，因此无法保证数据流间的各个数据元素的相对顺序；另一方面，即使是同一个数据流，由于时间和环境的动态变化，也无法保证重放数据流和之前数据流中数据元素顺序的一致性。这就需要系统在数据计算过程中具有很好的数据分析和发现规律的能力，不能过多地依赖数据流间的内在逻辑或者数据流内部的内在逻辑。

（5）无限性

在流式大数据计算中，数据是实时产生、动态增加的，只要数据源处于活动状态，数据就会一直产生和持续增加下去。可以说，潜在的数据量是无限的，无法用一个具体的数对其进行量化。系统在数据计算过程中，无法保存全部数据。一方面，硬件中没有足够大的空间来存储这些无限增长的数据；另一方面，也没有合适的软件来有效地管理这么多数据。因此，需要系统具有很好的稳定性，保证系统长期而稳定地运行。

现有的大数据流式计算系统有 Twitter 的 Storm 系统、Yahoo 的 S4（simple scalable streaming system）系统、Facebook 的 Data Freeway and Puma 系统、Microsoft 的 TimeStream 系统、Hadoop 上的数据分析系统 HStreaming、IBM 的商业流式计算系统 StreamBase、Berkeley 的交互式实时计算系统 SparkStreaming 等。下面以 Storm 系统为例讲述流式大数据计算系统。

Storm 是 Twitter 支持开发的一款分布式的、开源的、实时的、主从式的流式大数据计算系统。一个 Storm 计算系统由一个主节点 nimbus、一群工作节点 supervisor 和分布式协调器 zoo keeper 组成。nimbus 负责计算任务提交、分配、运行的监控和管理控制，不参与实际的计算过程。supervisor 负责接收 nimbus 分派的任务，运行工作进程和管理本机上的各个工作进程。

流是 Storm 中数据处理的核心概念，Storm 中的数据处理从最初输入到最终输出可以被看作是一个流，每个流构成了一个拓扑（topology）。在 Storm 的 topology 中产生源数据流的组件称为 spout，在 Storm 的 topology 中接收数据和处理数据的组件称为 bolt，spout 和 bolt 以及 bolt 和 bolt 之间的一次消息传递的基本单元称为一个 tuple。Storm 的基本概念如图 10-8 所示。

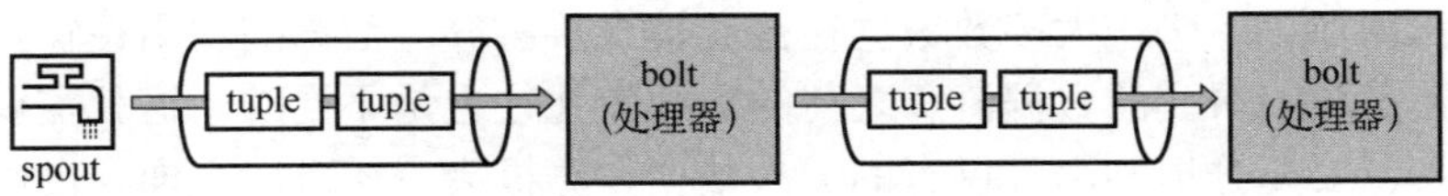

图 10-8　Storm 的基本概念

Storm 中运行的一个应用是一个拓扑（类似 MapReduce 里的 job），拓扑中的每一步（spout/bolt）是一个任务（task）。应用通过拓扑实现对数据的逐步处理，消息通过设置多个接收的 bolt 实现分布式处理。Storm 通过消息分组方法（stream grouping）进行消息分发。Storm 常用的消息分组方法包括：

① 随机分组（shuffle grouping）：随机分发 tuple 到 bolt 的任务，保证每个任务获得相等数量的 tuple。

② 字段分组（field grouping）：根据指定字段分割数据流并分组，例如根据 word 分组进行 wordcount。

③ 全部分组（all grouping）：tuple 被复制到 bolt 的所有任务。

④ 全局分组（global grouping）：全部流被分配到 bolt 的一个任务（例如分配给 ID 最小的 bolt）。

此外还有无分组（none grouping）和直接分组（direct grouping）等。Storm 的计算过程如图 10-9 所示。

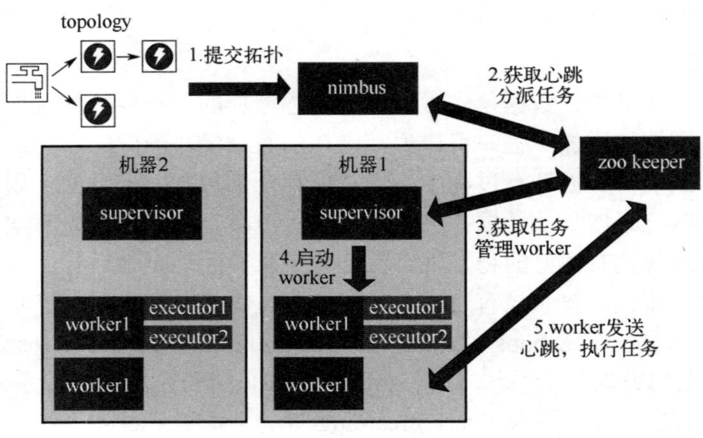

图 10-9　Storm 的计算过程

用户首先定义一个计算应用的拓扑，定义好的拓扑通过 nimbus 进行提交。nimbus 通过 zoo keeper 协调器获取计算系统中各个 supervisor 的心跳，了解各 supervisor 的活跃情况，然后进行任务的分派，为拓扑中的各个节点分配负责执行的 supervisor,supervisor 根据任务的分派指定执行的 worker 并启动 worker 的执行实例。除非用户关闭或出错，否则拓扑将会一直存在并执行下去，等待数据的流入，然后按照拓扑的计算逻辑依次进行处理和流转。

10.3 大数据分析与挖掘

大数据分析与挖掘是大数据技术生态中的关键环节，旨在从海量、多样化的数据中提取潜在的规律和价值。它不仅涉及对数据的统计和描述，还涵盖更高层次的预测、决策支持和知识发现。在大数据时代，分析与挖掘技术的迅速发展，为企业战略规划、行业创新和社会管理提供了重要支撑。

10.3.1　基本原理

大数据分析与挖掘的过程包括数据准备、模型构建与评估、结果表达和解释三个环节，具体由七个步骤构成，如图 10-10 所示。

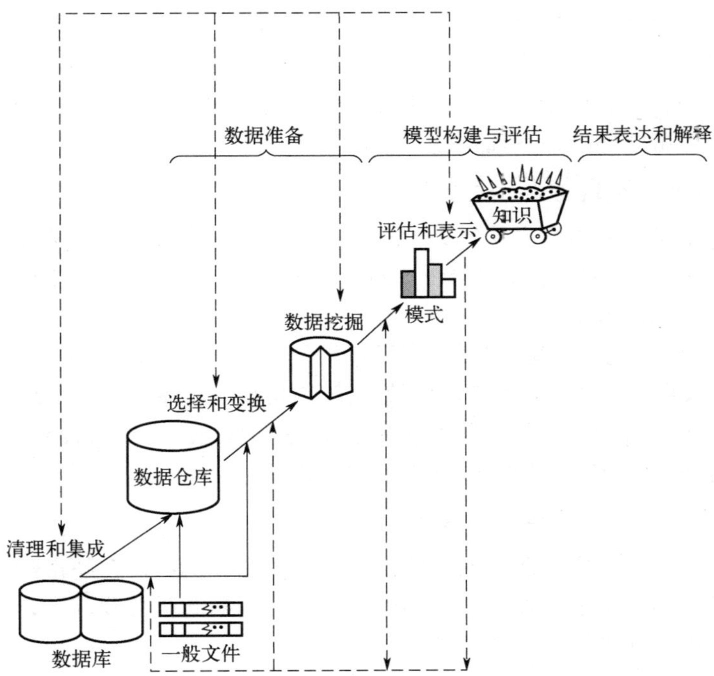

图 10-10　大数据分析与挖掘的过程

① 数据清理[消除噪声（noise）和删除不一致数据]。

② 数据集成（将多种数据源组合在一起）。

③ 数据选择（从数据库中提取并分析与任务相关的数据）。

④ 数据变换（通过汇总或聚集操作,把数据变换和统一成适合挖掘的形式）。

⑤ 模型构建（使用机器学习、统计学等方法提取数据模式。建立模型是一个反复的

过程,需要仔细考察不同的模型以判断哪个模型对商业问题最有用。先用一部分数据建立模型,然后再用剩下的数据来测试和验证这个模型)。

⑥ 模式评估（根据某种兴趣度度量,识别真正有趣的模式）。

⑦ 知识表示（使用可视化和知识表示技术,向用户提供挖掘的知识）。

步骤①～④是数据预处理的过程,为大数据挖掘准备数据。

在模型构建与模式评估阶段，根据任务需求可能需与用户或知识库交互，最终将有效模式反馈给用户或存储为知识库中的新知识。特别是在数据仓库等场景中，数据变换（如标准化）常优先于数据选择。此外，若原始数据规模过大，可能需要进行数据归约，以在保留信息完整性的前提下生成更紧凑的表示。

数据挖掘是大数据分析的核心，其包括步骤⑤和步骤⑥。它基于统计学、机器学习、数据库技术和人工智能等多学科理论，目的是从数据中发现模式、规则和潜在关联，以支持预测、决策和优化。其任务涵盖了多个方向。

（1）分类分析：精准预测已知类别

分类是数据挖掘中最常用的任务之一，其目标是利用标注过的数据（训练数据）建立分类模型，从而预测新数据的类别。分类算法通常分为模型训练和模型预测两个阶段。模型训练通过分析历史数据的特征与类别的关系，生成一个分类规则，例如通过决策树确定影响客户贷款违约的关键因素；而模型预测则利用训练好的分类规则，将新数据归为某个类别，例如判定邮件是否为垃圾邮件。

经典分类算法包括支持向量机（SVM）、决策树（如 C4.5、CART）和神经网络等。这些算法在金融风控、疾病诊断和情感分析等领域得到广泛应用。例如，银行可以通过分类算法预测客户是否可能违约，从而优化贷款审批流程。

（2）聚类分析：发现数据自然分组

聚类是数据挖掘中的另一重要任务，尤其适用于无标注数据。聚类分析的目标是根据数据特征的相似性，将数据分成若干簇（clusters），使得同一簇内的数据相似性最大化，而不同簇之间的相似性最小化。

一个典型的应用场景是电商领域的用户行为分析：通过对用户的点击、浏览和购买数据进行聚类，可以将用户分为“潜在高价值客户”“价格敏感客户”和“忠诚客户”等群体，从而制定有针对性的营销策略。常用的聚类算法包括 K 均值（K-means）、层次聚类（hierarchical clustering）和密度聚类（DBSCAN）。

（3）关联规则：挖掘隐性数据关系

关联规则旨在揭示数据项之间的频繁模式和强关联。例如，在超市购物篮分析中，如果某客户购买了牛奶，则很可能也会购买面包。通过挖掘此类关联规则，企业可以优化商品的摆放位置或进行捆绑销售，提升销售额。

Apriori 算法和 FP-Growth 算法是实现关联规则挖掘的常用方法，它们通过寻找频繁项集和生成规则的支持度、置信度等指标，帮助企业发现潜在的商业机会。一个经典案例是“啤酒与尿布”的发现，这一意外的模式让零售商重新思考了商品布局策略。

（4）预测分析：预见未来趋势

预测分析利用数据挖掘技术，基于过去的数据模式对未来进行预测。常见的预测问题包括时间序列预测和回归分析。例如，物流企业可以通过预测算法对未来的包裹运输量进行估计，提前规划运力和人力资源。

深度学习近年来在预测分析中表现出色，尤其在复杂非线性数据的建模中。例如，通过循环神经网络分析股票市场历史数据，可以生成价格波动的预测趋势；通过多层感知机（MLP）对气候数据进行建模，可以预测未来的气温变化。

（5）异常检测：识别偏离正常模式的数据

异常检测专注于发现数据中偏离正常模式的异常点。这类分析尤其适用于欺诈检测、设备故障诊断和网络安全等领域。例如，信用卡公司可以通过分析用户消费行为模式，快速识别潜在的欺诈交易。常用的异常检测算法包括基于统计的方法（如 z 分数分析）、基于密度的方法（如 LOF 算法）以及基于机器学习的方法（如孤立森林）。

10.3.2 经典算法

数据挖掘的关键在于通过算法将海量数据转化为有用的知识。目前广泛应用的算法主要包括神经网络法、决策树法、遗传算法、粗糙集法、模糊集法和关联规则法。这些方法各具特色，适用于不同的数据结构和问题场景。

（1）神经网络法

神经网络法通过模拟生物神经系统的结构和功能，实现对数据的非线性建模和学习。它将每个连接视为独立的处理单元，通过权值的动态调整完成模型训练。神经网络能够执行分类、聚类和特征提取等多种数据挖掘任务，其主要优势包括非线性学习能力、抗噪性和联想记忆功能。在处理高度复杂的数据关系时，神经网络表现尤其优异，例如在图像识别和自然语言处理中的成功应用。然而，神经网络存在“黑箱”问题，即学习过程缺乏透明性，模型输出难以解释。此外，训练时间较长、对高维变量的适应性较差也是其局限所在。

神经网络在数据挖掘领域的聚类任务中发挥着重要作用，例如用户行为分组和市场细分。近年来，深度学习（如卷积神经网络和生成对抗网络）的兴起进一步增强了神经网络在更复杂任务中的表现。

（2）决策树法

决策树通过构建基于数据特征的层级分类规则，生成类似树状结构的模型。典型的决策树法包括 ID3 和其改进版本 C4.5，它们通过递归分裂数据节点，找到最优的分类方式。决策树的优势在于分类过程清晰透明，模型易于理解，且计算高效，适合快速构建可解释的分类规则。例如，在贷款风险评估中，通过决策树模型可以直观地理解不同申请条件对风险分类的影响。

然而，决策树的局限在于其对多变量复杂关系的处理能力较弱，可能遗漏潜在的组合规则。此外，决策树容易受到数据噪声和分裂策略的影响，从而导致过拟合问题。为解决这些问题，集成算法（如随机森林和梯度提升树）通过构建多个树模型并综合其预测，显著提升了分类性能和鲁棒性。

（3）遗传算法

遗传算法是一种基于进化理论的优化技术，模拟生物界中的遗传和选择过程，通过个体的交叉、变异和选择操作生成最优解。其核心理念是“适者生存”，适用于解决复杂的优化问题。遗传算法因其强大的并行计算能力和对多种数据类型的兼容性，成为数据挖掘中的重要工具，特别是在优化神经网络架构和解决全局优化问题方面表现出色。

然而，遗传算法在实际应用中也面临着参数选择复杂、编码设计困难和计算成本高的挑战。例如，在深度学习模型优化中，遗传算法可以结合其他技术（如粒子群算法或模拟退火算法）提高搜索效率，进一步增强其实用性。

（4）粗糙集法

粗糙集法也称粗糙集理论，是由波兰数学家 Z. Pawlak 在 20 世纪 80 年代初提出的，是一种新的处理含糊、不精确、不完备问题的数学工具，可以处理数据约简、数据相关性发现、数据意义的评估等问题。它的显著特点是不依赖于数据的先验知识，通过分析数据本身发现隐含规律。粗糙集法能够自动识别数据中的重要属性，为建立预测模型或知识发现提供依据。

不过，粗糙集在处理连续属性时需要先进行离散化，这一过程可能导致信息损失。此外，复杂数据结构下的规则生成效率较低也是其局限之一。尽管如此，该方法在数字逻辑分析、知识库系统构建等领域已得到广泛应用。

（5）模糊集法

模糊集法以模糊逻辑为基础，用隶属度来表示事物的模糊性，从而解决传统二值逻辑无法处理的模糊问题。模糊集法主要应用于模糊决策、模式识别和模糊聚类分析，特别适用于高复杂性系统中的数据挖掘任务。

例如，在信用评估或医疗诊断中，模糊集法能够处理模糊和主观判断，从而为系统提供更高的适应性和灵活性。然而，由于模糊规则的生成依赖专家经验或特定算法，构建高效的模糊系统可能需要额外的时间和资源投入。

（6）关联规则法

关联规则法致力于揭示数据项之间的潜在关联性，其核心在于通过支持度和置信度评估规则的重要性。Apriori 算法是关联规则挖掘的经典方法，通过迭代生成频繁项集，提取强关联规则。FP-Growth 算法作为改进版，采用频繁模式树减少了对数据的扫描次数，显著提高了效率。

关联规则法已广泛应用于零售和推荐系统。例如，通过分析用户购买行为，电子商务平台可以为用户推荐相关产品。尽管关联规则法在许多场景中表现良好，但当面对高维、稀疏数据时，其性能可能下降，因为它需要大量计算资源来处理复杂的关联模式。

这些核心算法各具特点，适用于不同的数据挖掘任务。随着数据规模的增长和问题复杂度的增加，算法的优化和创新仍然是数据挖掘领域的研究重点。例如，将神经网络与遗传算法结合，或将粗糙集法与模糊集法整合，能够进一步提升模型的智能化水平与适应性，为多样化的应用场景提供更强大的支持。

第 11 章

大数据安全

11.1 大数据安全的含义

数据因其普遍性、共享性、增值性、可处理性和多效用性等特性，成为现代社会的重要资源，具有不可忽视的战略价值。因此，保护数据资源免受各种威胁、干扰和破坏的任务显得尤为重要。数据安全不仅是信息安全的延伸，更是应对大数据时代新兴威胁的必然需求。

表面上看，数据安全与传统的信息安全似乎差异不大，二者都需要应对病毒、蠕虫、木马等恶意程序攻击，以及黑客入侵、软件漏洞导致的信息泄露等问题。然而，在大数据时代，数据安全的内涵远超传统信息安全的定义。传统信息安全主要围绕个人电脑、智能终端和网络服务器等系统展开，而数据安全更强调对数据全生命周期的保护，包括数据生成、传输、存储、处理、共享和销毁等环节。同时，数据安全还聚焦于隐私保护，确保用户的敏感信息不被非法访问或滥用。

大数据环境带来的技术变革，进一步扩大了数据安全的挑战范围。随着数据服务提供商、云平台和智能互联网数据中心（IDC）等新角色的引入，数据的存储和处理不再由数据拥有者直接掌控。相反，数据越来越多地被托管在云平台或虚拟化环境中。这种模式虽然提高了数据的可用性和灵活性，但也让数据面临更多的潜在威胁。例如，云平台中的数据可能遭受非授权访问、恶意入侵甚至物理破坏。因此，确保托管环境中数据的安全性，并防止数据被滥用或损坏，成为数据安全领域亟待解决的关键问题。

此外，大数据产业的核心是实体间的数据交互与共享服务。在这一过程中，敏感信息的泄露、数据非法滥用以及潜在的安全威胁不断增加。因此，为实现安全可靠的数据交互和共享，研究并开发有效的数据加密、访问控制、多方安全计算、差分隐私等技术显得尤为重要。同时，还需要建立完善的管理体系，通过政策和制度来规范数据的使用行为，以降低敏感信息被泄露或滥用的风险。

大数据时代的数据安全已经超越了传统信息安全的范畴，成为一个复杂且多层面的研究领域。无论是在技术层面还是管理层面，数据安全都需要全面而深入的研究与实践，以适应日益丰富的应用场景和动态多变的威胁环境。只有在保障数据全生命周期安全的基础上，才能充分释放数据的价值，为社会和经济发展提供坚实保障。

11.1.1 定义及背景

自 2010 年以来，大数据技术的蓬勃发展显著推动了信息化社会的快速演进。然而，伴随着数据规模和复杂性的不断提高，数据采集和存储的集中化趋势使得数据安全问题日益凸显。以下从多个方面探讨大数据安全面临的主要挑战背景及其应对措施。

首先，数据泄露事件的频发暴露了现有安全体系的不足。近年来，多家知名企业因数据泄露蒙受严重的经济损失和声誉损害。例如，2018 年 Facebook 的数据泄露事件涉及超过 8700 万用户隐私信息，揭示了在权限管理、加密保护等方面的薄弱环节。这类事件不仅对企业造成直接打击，也削弱了公众对大数据平台的信任。

其次，各国对数据保护的监管力度持续加大，给企业带来了新的挑战。以欧盟《通用数据保护条例》（GDPR）和中国的数据安全法为代表的法规，提高了数据隐私和安全的合规要求。虽然这些法规有助于规范数据使用行为，但合规的高昂成本和技术实现的复杂性也给企业带来了额外的压力。例如，GDPR 对个人数据收集和存储提出了严格的透明性和可控性要求，这在实际操作中需要大量技术和资源投入。

此外，新兴技术的快速发展进一步扩大了安全隐患。物联网（IoT）、人工智能等技术与大数据的深度融合，使得攻击面显著增加。例如，智能家居设备生成的大量实时数据在传输过程中可能被劫持，而人工智能模型训练数据的完整性也容易受到攻击。这些新兴领域的数据安全问题，需要从数据传输加密、访问控制和攻击检测等多个方面进行系统性的防护。

从统计分析角度来看，数据总量的急剧增长加剧了安全管理的难度。据国际数据公司（IDC）预测，全球数据总量将从 2020 年的 59ZB 增长到 2025 年的 175ZB，年均增长率超过 20%。如此庞大的数据体量，使得传统信息安全技术在存储、传输和分析过程中难以应对。例如，传统的防火墙或入侵检测技术在应对动态大数据流时显得捉襟见肘。

针对上述挑战，大数据安全可以从数据本身的安全和数据防护的安全两个层面进行全面保障。

（1）数据本身的安全

数据本身的安全主要关注对数据的主动保护，通过密码学算法和身份认证技术来确保数据的保密性和完整性。例如，采用高强度加密算法（如 AES、RSA）对数据进行加密存储和传输，能够有效防止敏感信息泄露。同时，双向强身份认证机制可以确保数据访问的合法性，防止未经授权的访问行为。

（2）数据防护的安全

数据防护的安全则更多地依赖于现代化的信息存储和灾备技术。例如，采用磁盘阵列（RAID）技术可以显著提升数据存储的可靠性，通过多版本数据备份和异地容灾机制，可以在数据受到攻击或自然灾害影响时实现快速恢复。这些方法能够有效降低单点故障或恶意破坏对数据安全的威胁。

11.1.2 大数据安全的核心目标

大数据安全的核心目标包括机密性（confidentiality）、完整性（integrity）、可用性（availability）和合规性（compliance）。这些目标构成了大数据安全的基础框架。

（1）机密性（confidentiality）

在数据的保护中，机密性始终是核心问题之一。无论是小型企业的内部记录，还是跨国公司的敏感交易信息，防止未经授权的访问或数据泄露，是大数据安全的首要目标。

大数据的机密性保护，需要结合传统的加密技术与新型的身份认证手段。例如，常用的 AES（高级加密标准）在数据加密中表现出了极高的效率和安全性；而基于零信任模型的身份认证技术，则通过对用户行为的动态监测确保只有经过授权的人才能访问数据。特别是在金融行业，对机密性要求尤为严格。

2017 年，美国信用评分公司 Equifax 的数据库因一个未修补的漏洞被黑客入侵，导致约 1.47 亿消费者的社会安全号码、生日等敏感信息外泄。这一事件不仅暴露了 Equifax 在加密技术和权限管理上的缺陷，也给企业敲响了警钟：机密性保护必须贯穿整个数据生命周期，而不是仅局限于存储环节。

机密性不仅需要技术的保障，更需要组织流程的完善。以 AES 为代表的对称加密技术，通过将数据转化为不可读的密文，在存储和传输中提供了良好的保护。而多因素认证（如生物识别技术与行为分析）则在访问环节进一步提升了安全性。

（2）完整性（integrity）

如果机密性强调的是数据的“不可见性”，那么完整性则关注数据的“不可篡改性”。在大数据系统中，数据的完整性直接关系到分析结果的可信度。试想一个物流公司的货物追踪系统，如果其数据在传输过程中被篡改，导致错误的目的地信息，那么整个物流网络的效率和客户满意度都将受到严重影响。

为了保证数据的完整性，现代技术提供了多种解决方案。哈希校验是最基础的方法，通过生成数据的唯一校验码，可以快速检测数据是否被修改。更进一步，区块链技术的引入将数据完整性保护提升到了新高度。在区块链中，每一块数据被加密后链接到上一块，形成无法篡改的链条，成为金融和供应链领域的数据保护利器。

2013 年，黑客通过篡改传输数据，将数百万客户的支付信息重定向到他们的服务器，最终泄露了超过 4000 万张支付卡信息。通过这一事件，许多企业开始意识到，仅依靠传统的网络防火墙和病毒防护软件远远不够，必须结合数据校验技术和实时监测手段，确保传输过程中的数据未被篡改。

区块链技术的发展，尤其是在金融领域的广泛应用，为数据完整性提供了革命性的解决方案。通过其去中心化的架构和不可篡改的特性，大量高敏感性数据可以在安全的环境中流通。

（3）可用性（availability）

在任何安全策略中，数据的可用性同样不可忽视。所谓“可用性”，即保证用户在需要时能够顺利访问和使用数据。特别是在大数据驱动的商业模式中，数据的中断使用不仅意味着经济损失，更可能导致降低用户体验的灾难性后果。

为确保可用性，企业通常采用分布式存储和高可用性架构。例如，HDFS（Hadoop 分布式文件系统）通过将数据存储在多个节点上，提供了良好的冗余能力。在云计算的帮助下，自动扩展和弹性资源调度使得高峰流量下的数据访问也能保持稳定。

2018 年 2 月，GitHub 遭遇了当时史上最大规模的 DDoS 攻击，流量峰值达到惊人的 1.35Tbps。尽管服务短暂中断，但 GitHub 在短短 10 分钟内恢复了正常运行。这背后依赖的是先进的内容分发网络（CDN）和 Akamai Prolexic 的抗攻击服务。GitHub 的成功应对成为可用性设计的典范，说明高效的分布式架构和快速响应机制在关键时刻可以挽回巨大的经济和声誉损失。

（4）合规性（compliance）

在现代社会，合规性已经成为大数据安全的基本底线。合规性并不仅仅是为了满足监管要求，它同时也彰显了企业对用户隐私的尊重和责任。近年来，全球范围内的数据保护法规日益严格，欧盟的《通用数据保护条例》（GDPR）就是其中最具代表性的一部法规。GDPR 不仅规定了企业处理用户数据的透明性要求，还赋予用户对其个人数据的控制权。

2019 年，Facebook 因数据隐私问题被美国联邦贸易委员会（FTC）罚款 50 亿美元。这是 GDPR 生效后对企业合规性的一次重大警示，也促使许多跨国公司加强了隐私保护和合规性管理。

11.1.3 发展历程

大数据安全的发展历程经历了近三十年的演变，其根本驱动力来源于数据规模的持续增长、分布式计算技术的成熟以及用户对隐私保护需求的不断提高。从最早的传统信息安全技术，到如今智能化与隐私保护并重的阶段，大数据安全逐步形成了一套多层次、多维度的技术体系。这一过程可大致分为以下三个阶段：传统安全的延伸阶段、分布式安全的崛起阶段和智能化与隐私保护阶段。可总结为表 11-1。

表 11-1 大数据安全发展历程示意图

阶段	时间	特点	关键技术	典型案例
传统安全的延伸阶段	1990—2000 年	数据量小，集中化存储	防火墙、静态加密	2000 年美国信用卡信息泄露事件
分布式安全的崛起阶段	2000—2010 年	分布式存储与处理，安全需求复杂化	分布式加密、RBAC、日志监控	Capital One 数据泄露事件（2019 年）
智能化与隐私保护阶段	2010 年至今	数据多样化，隐私保护和合规性要求提升	差分隐私、联邦学习、区块链技术	Google 联邦学习（2019 年）

（1）传统安全的延伸：静态数据的保护

在大数据尚未兴起的年代，数据的存储和处理主要集中在有限的计算机系统中。这一时期，数据规模相对较小，类型单一，多以结构化数据为主，集中存储在关系型数据库中。信息安全的目标主要是保护这些静态数据不被外部攻击者窃取。

为了实现这一目标，传统的安全技术应运而生，其中最为典型的当属防火墙和静态加密技术。防火墙技术通过拦截未经授权的网络访问，为企业的内部系统提供了有效的隔离保护。然而，防火墙的作用仅限于“外围”，对企业内部的威胁则鞭长莫及。与此同时，静态加密技术（如 DES 算法）在保护数据库中的敏感信息上发挥了重要作用，但其针对动态数据和分布式存储的适应性较差。

值得注意的是，这一阶段的安全技术尽管有效，但也显露出诸多局限性。

例如，2000 年，一家美国信用卡公司因加密技术薄弱，导致超过 100 万用户的信用卡信息被盗取。这起事件暴露了传统安全体系在面对复杂威胁时的脆弱性，也为后来分布式安全技术的兴起埋下了伏笔。

（2）分布式安全的崛起：应对规模化与复杂性

进入 21 世纪，互联网技术的飞速发展引发了数据规模的爆炸性增长。单机处理能力已无法满足需求，分布式计算和存储技术如 Hadoop 和 Spark 应运而生。与此同时，数据类型也从传统的结构化数据扩展到文本、图片、音视频等多样化形式。随着这些新技术的普及，传统安全技术的瓶颈开始显现，分布式安全体系逐步走上舞台。

分布式存储系统带来的最大挑战在于数据的分散化。数据不再集中存储于单一节点，而是被切分成多个小块，分布在数百甚至数千个节点中。如何保证这些分布式存储数据的安全，成为这一时期的核心议题。分布式加密技术在这一阶段得到了广泛应用。例如，HDFS（Hadoop 分布式文件系统）在其架构中引入了透明加密机制，确保存储在各个节点上的数据在未经授权的情况下无法解密访问。

此外，分布式权限管理技术也开始受到重视。基于角色的访问控制（RBAC）模型成为这一阶段的主流，其通过对用户角色的分层管理，有效限制了数据访问权限。然而，这一技术在面对动态场景时依然存在局限性。

一个典型案例是 2019 年的 Capital One 数据泄露事件。由于其在云端分布式存储中的权限配置错误，黑客利用漏洞获取了超过 1 亿条信用卡申请记录和社会安全号码。这一事件凸显了在分布式环境中，权限管理和配置正确性的重要性。

分布式安全体系虽然在提升系统防护能力方面取得了显著进步，但其复杂性也导致了管理和维护的难度增加。特别是云计算的普及进一步扩大了攻击面，传统的防护措施在某些场景中显得力不从心。

（3）智能化与隐私保护：迈向未来的安全体系

进入 21 世纪后，物联网、人工智能、云计算等新兴技术的快速发展再次推动了数据规模的增长，数据类型也更加多样化。与此同时，全球范围内隐私泄露事件频发，引发了社会对隐私保护的广泛关注。大数据安全逐渐从单纯的技术问题演变为技术与伦理、法律结合的问题。

在这一阶段，隐私保护技术成为大数据安全的重点研究方向。

差分隐私和联邦学习是其中的代表性技术。差分隐私通过在数据分析结果中引入随机噪声，隐藏个体信息，同时保留总体统计特性。这一技术已被广泛应用于人口普查、交通流量监测等领域。联邦学习则通过让数据保留在本地，在实现跨平台协作的同时保护数据隐私。例如，Google 在 Android 系统中部署了联邦学习技术，用于优化输入法的预测模型，而无需上传用户的键入数据。

与此同时，人工智能也被广泛应用于威胁检测和响应中。基于人工智能的安全信息和事件管理（SIEM）系统可以在海量日志中自动检测异常行为，帮助企业快速发现潜在威胁并做出响应。这种自动化的防护模式显著提高了大数据系统的安全性。

区块链技术的兴起为数据完整性和透明性提供了革命性的解决方案。由于区块链具有不可篡改的特性，其在医疗、金融等领域得到了广泛应用。例如，在医疗数据共享中，区块链被用于记录患者数据的访问记录，确保未经授权的访问无法发生。

从静态保护的传统安全体系到分布式安全的全面应用，再到智能化与隐私保护技术的普及，大数据安全的发展伴随着技术与社会需求的变化而不断演进。未来，随着法规的进一步统一化和技术的智能化升级，大数据安全将进入一个更加综合和多维的阶段。企业不仅需要关注技术创新，还需要平衡隐私保护与数据利用之间的矛盾，为数据驱动的未来社会提供更强的安全保障。

11.1.4 威胁数据安全的主要因素

（1）人为因素

人为因素主要分为无意失误和恶意攻击两种类型，均对信息安全构成重大威胁。

网络管理员安全配置不当造成的安全漏洞、用户安全意识不强、口令选择不慎、用户将自己的账号随意转借他人或与别人共享等都将对网络信息安全造成威胁。别有用心的人将利用这些无意的失误，从他人计算机内获取不该获取的信息。

恶意攻击是计算机网络所面临的最大威胁，网络战中敌方的攻击和计算机犯罪就属于这一类。这类攻击又可分为两种：一种是主动攻击，是以各种方式有选择地破坏信息的有效性和完整性；另一种方式是被动攻击，就是在不影响网络正常工作的情况下，进行截获、窃取、破译以获得重要机密信息。这两种攻击均可对计算机网络造成极大的危害，并造成机密数据的泄露。

由于操作失误，使用者可能会误删除系统的重要文件，或者修改影响系统运行的参数，以及没有按照规定要求操作导致的系统停机。

随着计算机网络信息系统日益复杂，以致无法保证系统不存在网络设计漏洞与管理漏洞。这些漏洞和缺陷自然成为黑客进行攻击的首选目标。另外，软件设计人员出于自身的考虑，在进行软件开发时，为所开发的软件设置“后门”，一旦“后门”为外人所知，该软件则无安全可言，所造成的后果也不堪设想。

（2）黑客攻击

电脑入侵、账号泄露、资料丢失、网页被黑等也是企业信息安全管理中经常遇到的问题。其特点是具有明确的目标。当黑客要攻击一个目标时，通常是首先收集被攻击方的有关信息，分析被攻击方可能存在的漏洞，然后建立模拟环境，进行模拟攻击，测试对方可能的反应，再利用适当的工具进行扫描，最后通过已知的漏洞实施攻击。然后就可以读取邮件，搜索和盗窃文件，毁坏重要数据，破坏整个系统，造成不堪设想的后果。入侵者通过网络远程入侵系统，主要的侵入原因有系统漏洞、管理不力等。

（3）计算机病毒

计算机病毒能影响计算机软件、硬件的正常运行，破坏数据的正确性与完整性，甚至导致系统崩溃等重大恶果，特别是那些针对盗取各类数据信息的木马病毒等。目前杀毒软件普及较广，计算机病毒造成的数据信息安全威胁隐患已经缓解很多。计算机病毒的复制能力强，感染性强，特别是在网络环境下，传播更快。

（4）信息窃取

信息窃取是通过非法手段对计算机或网络系统中的数据进行复制、删除或窃取的行为。这种行为通常发生在未经授权的情况下，可能包括访问企业或个人的敏感文件、财务记录、技术文档等重要信息。一旦发生信息窃取，不仅可能导致数据丢失或泄露，还可能造成设备被盗或受损，进而给个人和企业带来严重的经济损失和安全风险。例如，攻击者通过钓鱼邮件、恶意软件或网络入侵获取管理员权限后，可以轻松地下载机密文件或删除关键数据。此外，大量窃取的个人信息还可能被用于身份盗用或金融诈骗，进一步扩大损失。

（5）自然灾害

自然灾害对计算机系统和数据存储设备的威胁具有突发性和不可预测性。例如，地震可能导致数据中心建筑倒塌或服务器硬件被毁；海啸引发的洪水可能导致机房进水，使服务器和存储设备严重受损；雷击等极端天气可能直接破坏供电线路或通信设备，进一步加剧数据保护的难度。面对自然事件，企业需要采取防灾措施，如建立异地备份系统、设计抗震机房以及安装防水和防雷击设备，尽量降低灾害带来的数据损失风险。

（6）电源故障

电源故障是影响数据安全的关键因素之一，包括突然断电、电压波动或短路等问题。瞬间的电力过载可能导致硬盘或存储设备正在写入的文件未完成写入，从而引发数据损坏甚至文件系统崩溃。此外，电源故障还可能对硬件造成不可逆的物理损坏，直接导致设备失效。例如，服务器突然断电后再重新启动，可能导致硬盘的磁头划伤磁盘表面，永久性地损坏存储数据。因此，为防止此类问题发生，企业需要部署不间断电源（UPS）系统，配备稳定的电力保护设备，并定期检查电力系统的安全性，以确保数据存储和处理的连续性。

（7）电磁干扰

电磁干扰是指计算机或存储设备受到外界强磁场或磁性物质的影响，从而导致数据被破坏或丢失的现象。这种干扰可能来源于日常生活中的磁性物品，如扬声器、电磁炉或高强度工业设备。一旦存储介质（如硬盘）暴露在强磁场下，其磁性材料可能会被重新排列，导致存储在其中的数据丢失或损坏。严重的情况下，强磁干扰甚至会直接损坏硬盘的读写能力，使其无法继续使用。为了防止电磁干扰带来的数据损失，企业应确保存储设备远离强磁场环境，并采用屏蔽材料或抗干扰设备进行保护。同时，使用抗磁化存储介质（如固态硬盘）也能进一步降低风险。

11.2 大数据安全的意义

大数据安全的意义，贯穿于数字化社会的方方面面。它不仅仅是技术发展的需求，更是现代社会维护个人隐私、企业竞争力以及国家安全的基石。在当今以数据为核心生产要素的时代，数据的安全性已成为数字经济持续健康发展的重要保障。从个人到企业，再到社会层面，大数据安全的意义深远且多维。

11.2.1　个人层面的意义

在数字化社会中，个人已成为海量数据的主要提供者。每一次网上购物、社交互动、医疗问诊甚至简单的交通出行，都会生成与个人息息相关的数据信息。这些数据的安全保护，直接影响到个人的隐私、财产和生活质量。

（1）保护隐私与数字身份

隐私是个人的基本权利，而大数据环境下的隐私保护显得尤为重要。随着技术的进步，个人信息的收集变得更加便捷，但数据滥用和泄露的风险也随之上升。隐私的泄露不仅让个人的身份信息暴露于外，还可能带来巨大的心理压力和社会风险。

大数据安全不仅是技术层面的防护，更是对个体隐私权的尊重。个人隐私的保护不单纯依赖于个人行为，还需要技术、管理与法规的多重保障。

（2）降低经济损失和诈骗风险

个人层面的数据安全不仅关乎隐私，还直接影响个人的经济利益。数据泄露可能导致金融欺诈、网络诈骗等一系列问题。例如，信用卡号泄露后，用户可能面临未经授权的支付或借贷行为。根据 Javelin Strategy 的研究报告，2022 年，美国因身份盗用造成的经济损失已超过 166 亿美元。许多案例的发生直接与个人数据的泄露相关，这凸显了大数据安全在保护个人经济利益方面的重要性。

（3）提升数字生活质量

在数字化转型的浪潮下，用户体验和生活便利性越来越依赖于个性化推荐、智能服务和无缝支付等技术。这些功能的实现都需要对个人数据进行深度挖掘。大数据安全的保障，可以让用户更放心地享受技术带来的便利，而不必担忧隐私或财产安全受到威胁。

11.2.2 企业层面的意义

对企业而言，数据是生产要素，是决策依据，也是核心竞争力所在。在全球数字化竞争日益激烈的环境下，大数据安全直接影响到企业的生存与发展。

（1）保护商业机密与企业资产

企业的数据资产不仅包括市场营销数据，还包括客户信息、产品设计、研发计划等机密内容。这些数据一旦泄露，可能导致竞争对手的恶意利用或公众信任的丧失。2014 年，Sony Pictures 遭到黑客攻击，内部邮件、未上映的电影以及其他敏感数据被泄露到网络上。这不仅让公司直接损失超过 1 亿美元，还严重打击了其企业形象。事件发生后，Sony 大幅加强了其数据安全体系，同时也引发了企业界对商业机密保护的深思。

这一事件表明，大数据安全对保护企业的无形资产至关重要。在数据驱动的经济中，商业机密的丢失可能是毁灭性的。

（2）规避法律风险与合规成本

近年来，各组织和国家陆续出台严格的数据保护法规，如欧盟的《通用数据保护条例》（GDPR）和中国的数据安全法。企业在数据安全方面的不当行为可能导致巨额罚款甚至法律诉讼。2019 年，Facebook 被美国联邦贸易委员会（FTC）罚款 50 亿美元，是 FTC 历史上针对隐私问题开出的最大罚单，给所有企业敲响了合规管理的警钟。

（3）增强客户信任与市场竞争力

在高度数字化的时代，客户对企业的信任往往来源于其数据管理能力。那些能够确保用户数据安全的企业，不仅能够赢得市场竞争优势，也能在危机中获得用户的忠诚度。例如，金融机构通常通过强化数据保护措施，来吸引更多用户选择其服务。

11.2.3 社会层面的意义

从社会整体来看，大数据安全的重要性体现在国家安全、公共安全以及数字经济的发展等多个方面。

（1）维护国家安全

在现代社会，国家的关键基础设施（如电网、交通、金融系统）高度依赖大数据技术。若这些数据系统遭到攻击，不仅会造成巨大的经济损失，还可能危及国家安全。2015 年，乌克兰遭受了一场大规模的电网攻击。黑客远程控制电网的 SCADA 系统，导致全国多个城市陷入停电。这一事件表明，网络安全与国家关键基础设施的安全息息相关，而大数据安全已成为国家安全的重要组成部分。

（2）推动数字经济的健康发展

数字经济的核心在于数据的高效流通与利用，而数据流通的前提是安全保障。如果数据泄露事件频发，将直接阻碍数字化转型和创新。相反，强大的数据安全体系能够激发企业的创新热情，推动产业升级。根据麦肯锡的研究报告，2021 年，全球数字经济规模已达 14 万亿美元，占全球 GDP 的 15%。然而，数据安全问题仍是数字经济可持续发展的主要挑战。

（3）提升国际合作与技术水平

随着数据跨境流动的普及，国际社会对数据安全的需求日益增长。例如，GDPR 的实施对全球数据保护提出了严格的要求，而中国数据安全法的出台则为国际合作提供了重要参考。通过加强国际合作，可以共同提升大数据安全技术的整体水平，构建全球信任的数字生态。

11.3 大数据安全挑战

大数据安全风险伴随大数据而生。随着互联网、大数据应用的爆发，数据丢失和个人信息泄露事件频发，地下数据交易造成数据滥用和网络诈骗，并引发恶性社会事件，甚至危害国家安全。如 2015 年 5 月，美国国税局宣布其系统遭受攻击，约 71 万人的纳税记录被泄露，同时约 39 万个纳税人账户被冒名访问； 2016 年 12 月，雅虎公司宣布其超过 10 亿的用户账号已被黑客窃取，相关信息包括姓名、邮箱口令、生日、邮箱密保问题及答案等内容。

11.3.1 技术平台角度

伴随着大数据的飞速发展，各种大数据技术层出不穷，新的技术架构、支撑平台和大数据软件不断涌现，使得大数据也面临着新的安全挑战。

（1）传统安全措施难以适配

海量、多源、异构、动态性等大数据特征导致其与传统封闭环境下的数据应用安全环境有所区别。大数据应用一般采用底层复杂、开放的分布式计算和存储架构为其提供海量数据分布式存储和高效计算服务，这些新的大数据安全标准化的技术和架构使得大数据应用的网络边界变得模糊，传统基于边界的安全保护措施不再有效。同时，新形势下的高级持续性威胁（APT）、分布式拒绝服务攻击（DDoS）、基于机器学习的数据挖掘和隐私发现等新型攻击手段不断出现，也使得传统的防御、检测等安全控制措施暴露出严重不足。

（2）平台安全机制亟待改进

现有大数据应用中多采用通用的大数据管理平台和技术，如基于 Hadoop 生态架构的 HBase/Hive、Cassandra/Spark、MongoDB 等。这些平台和技术在设计之初，大部分考虑是在可信的内部网络使用，对大数据应用用户的身份鉴别、授权访问、密钥服务以及安全审计等方面考虑较少。即使有些软件做了改进，如增加了 Kerberos 身份鉴别机制，但整体安全保障能力仍然比较薄弱。同时，大数据应用中多采用第三方开源组件，对这些组件缺乏严格的测试管理和安全认证，使得大数据应用对软件漏洞和恶意后门的防范能力不足。

（3）应用访问控制愈加复杂

大数据类型复杂、应用范围广泛，它通常要为来自不同组织或部门、不同身份与目的的用户提供服务。一般的，访问控制是实现数据受控访问的有效手段。但是，由于大数据应用场景中存在大量未知的用户和数据，预先设置角色及权限十分困难。即使可以事先对用户权限分类，但由于用户角色众多，难以精细化和细粒度地控制每个角色的实际权限，从而无法准确为每个用户指定其可以访问的数据范围。

11.3.2 数据应用角度

大数据的一个显著特点是其数据体量巨大，而其中又蕴含着巨大的价值。数据安全保障是大数据应用和发展中必须面临的重大挑战。

（1）数据安全保护难度加大

大数据的广泛应用和海量数据的积累，使其成为网络攻击的显著目标。在开放的网络化社会中，大数据因其蕴含的巨大价值，吸引了黑客和其他恶意攻击者的高度关注。近年来，信息系统安全事件频发，邮箱账号、社保信息、银行卡号等敏感数据的大量泄露屡见不鲜。这些事件不仅暴露了现有安全体系的不足，也凸显了大数据安全问题的复杂性和紧迫性。

（2）个人信息泄露风险加剧

大数据系统中广泛存储和处理着海量的个人信息，这使得数据安全问题显得尤为重要。一旦发生数据滥用、内部人员窃取或网络攻击等安全事件，个人信息的泄露可能带来比传统信息系统更为严重的后果。泄露的个人信息不仅包括基本的身份数据，还可能涉及敏感的财务信息、健康记录、地理位置以及社交网络关系等，严重威胁用户隐私，并可能导致身份盗窃、财产损失甚至更广泛的社会问题。

（3）数据真实性保障更加困难

大数据系统中的数据来源广泛，可能来源于各种传感器、主动上传者以及公开网站。除了可信的数据来源外，还存在大量不可信的数据来源。甚至有些攻击者会故意伪造数据，企图诱导数据分析结果。因此，对数据的真实性确认、来源验证等需求非常重要。然而，由于采集终端性能限制、技术不足、信息量有限、来源种类繁杂等，对所有数据进行真实性验证存在很大的困难。

（4）数据所有者权益难以保障

大数据应用过程中，数据会被多种角色的用户所接触，会从一个控制者流向另外一个控制者，甚至会在某些应用阶段挖掘产生新的数据。因此，在大数据的共享交换、交易流通过程中，会出现数据拥有者与管理者不同、数据所有权和使用权分离的情况，即数据会脱离数据所有者的控制而存在，从而会带来数据滥用、权属不明确、安全监管责任不清晰等安全风险，将严重损害数据所有者的权益。

11.4 安全措施与技术方案

11.4.1 安全措施

内网基本上是采用以广播为技术基础的以太网，任何两个节点之间的通信数据包，不仅为这两个节点的网卡所接收，也同时为处在同一以太网上的任何一个节点的网卡所截取。黑客只要接入以太网上的任一节点进行侦听，就可以捕获发生在这个以太网上的所有数据包，对其进行解包分析，从而窃取关键信息，这就是以太网所固有的安全隐患。事实上，因特网上许多免费的黑客工具，如 SATAN、NETCAT 等，都把以太网侦听作为最基本的手段。当前，可以采用一些措施实现内网数据传输安全。

（1）网络分段

网络分段通常被认为是控制网络广播风暴的一种基本手段，但其实它也是保证网络安全的一项重要措施。其目的就是把非法用户与敏感的网络资源相互隔离，从而防止可能的非法侦听。网络分段可分为物理分段和逻辑分段两种方式。内网大多采用以交换机为中心、路由器为边界的网络格局，应重点挖掘中心交换机的访问控制功能和三层交换功能，综合应用物理分段与逻辑分段两种方法，来实现对局域网的安全控制。

（2）数据链路层的物理分段

对局域网的中心交换机进行网络分段后，以太网侦听的危险仍然存在。这是因为网络最终用户的接入往往是通过分支集线器而不是中心交换机，而使用最广泛的分支集线器通常是共享式集线器。这样，当用户与主机进行数据通信时，两台机器之间的数据包（单播包）还是会被同一台集线器上的其他用户所侦听。一种很危险的情况是：用户远程登录到一台主机上，由于 TELNET 程序本身缺乏加密功能，用户所键入的每一个字符（包括用户名、密码等重要信息），都将被明文发送，这就给黑客提供了机会。因此，应该以交换式集线器代替共享式集线器，使单播包仅在两个节点之间传送，从而防止非法侦听。当然，交换式集线器只能控制单播包而无法控制广播包（broadcast packet）和多播包（multicast packet）。所幸，广播包和多播包内的关键信息要远远少于单播包。

（3）VLAN 的划分

为了克服以太网的广播问题，除了上述方法外，还可以运用虚拟局域网（virtual local area network，VLAN）技术，把以太网通信变为点到点通信，防止大部分基于网络侦听的入侵。VLAN 技术主要有三种：基于交换机端口的 VLAN、基于节点 MAC 地址的 VLAN 和基于应用协议的 VLAN。基于交换机端口的 VLAN 虽然不灵活，但比较成熟，在实际应用中效果显著。基于节点 MAC 地址的 VLAN 为移动计算提供了可能性，但同时也潜藏着遭受 MAC 欺诈攻击的隐患。而基于应用协议的 VLAN，理论上非常理想，但实际应用却不成熟。

在集中式网络环境下，通常把中心的所有主机系统集中到一个 VLAN 里，在这个 VLAN 里不允许有任何用户节点，从而较好地保护敏感的主机资源。在分布式网络环境下，可以按机构或部门的设置来划分 VLAN。各部门内部的所有服务器和用户节点都在各自的 VLAN 内，互不侵扰。

VLAN 内部的连接采用交换实现，而 VLAN 与 VLAN 之间的连接则采用路由实现。大多数的交换机都支持 RIP 和 OSPF 这两种国际标准的路由协议。如果有特殊需要，必须使用其他路由协议（如 CISCO 公司的 EIGRP 或支持 DECnet 的 IS-IS）时，也可以用外接的多以太网接口路由器来代替交换机，实现 VLAN 之间的路由功能。这种情况下，路由转发的效率将有所下降。无论是交换式集线器还是 VLAN 交换机，都是以交换技术为核心，它们在控制广播、防止黑客上相当有效，但同时也给一些基于广播原理的入侵监控技术和协议分析技术带来了麻烦。因此，如果局域网内存在这样的入侵监控设备或协议分析设备，就必须选用特殊的带有 SPAN（switch port analyzer）功能的交换机。这种交换机允许系统管理员把全部或某些交换端口的数据包映射到指定的端口上，提供给接在这一端口上的入侵监控设备或协议分析设备。

11.4.2 Kerberos 技术

Kerberos 究竟是什么？在神话里，Kerberos 是 Cerberus 的希腊语，是一只守护地狱入口的三头巨犬，它确保没有人能在进入地狱后离开。从技术角度（这个角度更轻松一些）来说，Kerberos 是麻省理工学院开发的一个认证机制。Kerberos 发展成为大大小小的计算机系统强认证的实际标准，具有很多不同的实现，包括从 MIT 的 Kerberos 分发到微软的活动目录认证组件。

Kerberos 认证与授权术语表如表 11-2 所示。

表 11-2　Kerberos 认证与授权术语表

术语	名称	描述
UPN	用户主体名称	定义给定域中一个用户的主体，格式为<短名称>或<短名称>/admin@<域>
SPN	服务主体名称	定义给定域中特定主机上一个服务的主体，格式为<短名称>/<主机名>@<域>
TGT	票据授予票据	AS 认证成功后授予用户的一种特殊票据
KDC	密钥分发中心	一种 Kerberos 服务器，包含 3 部分：Kerberos 数据库、AS 和 TGS
AS	认证服务	分发 TGT 的 KDC 服务
TGS	票据授予服务	验证 TGT 和授予服务票据的 KDC 服务

Kerberos 中的身份标识称为主体（principal），每个参与 Kerberos 认证协议的用户和服务都需要一个主体来唯一地标识自己。主体分为两种：用户主体和服务主体。用户主体名称（user principal name，UPN）代表常规用户，类似于操作系统中的用户名或者账号。服务主体名称（service principal name，SPN）代表用户需要访问的服务，例如特定服务器上的数据库。稍后会通过一个例子更清楚地说明 UPN 和 SPN 的关系。接下来一个重要的 Kerberos 术语是域（realm）。一个 Kerberos 域就是一个身份验证管理域，所有主体都被分配到特定的 Kerberos 域。域确立了边界，这使得管理更为容易。确定了什么是主体和域之

后，下一步自然是弄清楚存储和控制这些信息的是什么。答案是密钥分发中心（key distribution center，KDC）。KDC 由三部分组成：Kerberos 数据库、认证服务（authentication service，AS）和票据授予服务（ticket-granting service，TGS）。Kerberos 数据库存储的内容包含主体及其所属域的所有相关信息，数据库中的 Kerberos 域使用如下命名约定进行标识。alice@EXAMPLE.COM 唯一标识了 Kerberos 域 EXAMPLE.COM 中用户（也叫作短名称）alice 的 UPN。依照惯例，域名总为大写。bob/admin@EXAMPLE.COM 是一种常规 UPN 的变形，标识了域 EXAMPLE.COM 中一个管理员 bob。UPN 中的斜杠（/）用于分隔短名称和管理员标识。通常会约定使用 admin 表示管理员，但稍后会看到，这也是可以配置的。hdfs/node1.example.com@EXAMPLE.COM 该主体表示一个 hdfs 服务的 SPN，该服务在 Kerberos 域 EXAMPLE.COM 中的主机 node1.example.com 上。SPN 中的斜杠（/）用于分隔短名称 hdfs 和主机名 node1.example.com。

KDC 的第二部分——AS 负责在客户端发起请求时，向客户端发放票据授予票据（TGT）。TGT 用于请求访问其他服务。KDC 的第三部分——TGS 负责验证 TGT，并授予服务票据（service tickets）。服务票据允许认证过的主体使用应用服务器提供的服务，该服务通过 SPN 进行标识。

现在通过一个工作流示例，展示 Kerberos 大概是怎么工作的。首先定义所有出现的组件。

- EXAMPLE.COM Kerberos：域。
- alice：一个系统用户，其 UPN 为 alice@EXAMPLE.COM。
- myservice：server1.example.com 上运行的一个服务，其 SPN 为 myservice/server1.example.com@EXAMPLE.COM。
- kdc.example.com Kerberos：域 EXAMPLE.COM 的 KDC。

alice 要想使用 myservice，需要向 myservice 提供一个有效的服务票据，具体方法如下所述（为了简便，此处省略部分细节）。

① alice 需要获取一个 TGT。为此，该用户向 kdc.example.com 上的 AS 发起一个请求，表明自己是主体 alice@EXAMPLE.COM。

② AS 做出响应，为主体 alice@EXAMPLE.COM 提供一个使用密钥（密码）加密的 TGT。

③ 接收到加密信息后，alice 被提示输入主体 alice@EXAMPLE.COM 的正确密码，从而解密信息。

④ 成功解密包含 TGT 的信息后，alice 向 kdc.example.com 上的 TGS 请求服务 myservice/server1.example.com@EXAMPLE.COM 的一个服务票据，并在请求中提供 TGT 信息。

⑤ TGS 对 TGT 进行验证，并提供给 alice 一个使用主体 myservice/server1.example.com@EXAMPLE.COM 的密钥加密的服务票据。

⑥ alice 现在将服务票据提供给 myservice，myservice 随后使用 myservice/server1.example.com@EXAMPLE.COM 的密钥对其解密，并验证票据有效性。

⑦ 由于 alice 已经正确验证其身份，因此服务 myservice 允许其使用。

以上大致描述了 Kerberos 是如何工作的。显然，这是一个大大简化了的例子，很多底层的细节没有得到展示。

Kerberos 的工作流程见图 11-1。

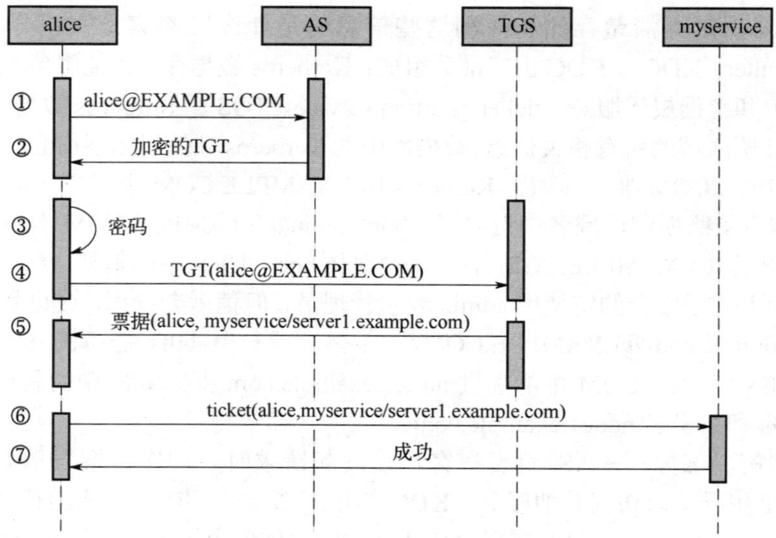

图 11-1　Kerberos 的工作流程

11.4.3　密码学及关键技术

密码学是语言学、数学、计算机科学以及通信理论与技术的重要分支，随着现代信息技术及其应用的高速发展，已成为一门综合性尖端技术科学，以及信息与网络通信的重要支撑技术。密码学由密码编码学和密码分析学构成，通过提供如数据机密性、数据完整性、身份与属性鉴别、数字签名以及抗否认等算法，支撑数据安全的防护体系，是数据安全与隐私保护的核心理论基础。

数据加密（data encryption）是一个利用加密密钥（encryption key）通过加密算法将明文信息（plain text）转换成密文信息的处理过程，收到密文的接收方利用解密密钥（decryption key）通过解密算法还原成明文。加密技术是网络与信息安全的基础。在密码学中，加密与解密的过程如图 11-2 所示。

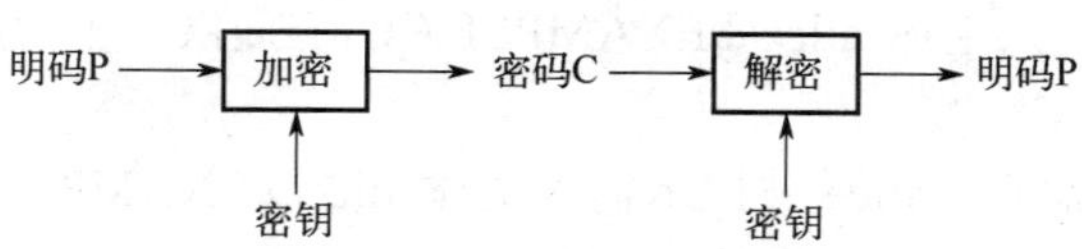

图 11-2　加密与解密的过程

通常将加密算法和解密算法通称为密码算法，并将其分为对称密码算法（symmetric encryption）及非对称密码算法（asymmetric encryption）两大类。在对称密码算法中，加密运算与解密运算使用同一把密钥，对称密码模型如图 11-3 所示。

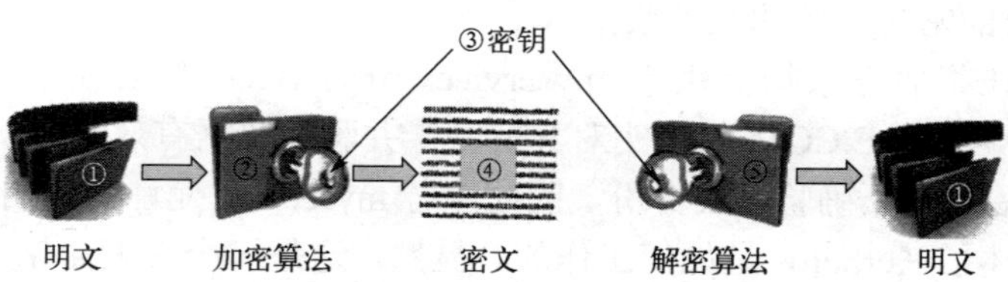

注：③密钥=加密密钥=解密密钥，加密算法②=解密算法⑤

图 11-3　对称密码模型

对称密码算法的优点是加密和解密速度快，适用于直接对大量数据进行加密。其保密性主要取决于密钥的安全性，发送及接收双方需事先约定共有密钥。如何在公开及分布式的计算机网络上安全保管以及大量分发密钥是一个挑战，且由于对称密码算法中双方使用相同密钥，因此无法实现数据签名和不可否认性等功能。

非对称密码算法与对称密码算法不同，它具有两把不同密钥：一把称为公钥（public key），另一把称为私钥（private key）。两把相关的密钥形成密钥对，任何一把都可以用于加密，而另外一把用于解密。非对称密码算法的特点是用公钥加密的文件只能用私钥解密，而用私钥加密的文件只能用公钥解密。公钥是公开存放的，所有的人或实体都可得到它；私钥是私有的，不应被其他人或实体得到，且保持机密性。非对称密码算法又称为公钥密码算法（public key encryption）。

非对称密码模型包括：明文、加密算法、公钥、私钥、密文、解密算法。常见的非对称密码算法有 RSA、ECC 以及 SM2。

对于图 11-4 所示的保密模型，其工作过程是：若发送方甲（A）想发消息给接收方乙（B），则甲方可以用乙方的公钥对消息进行加密，由于只有乙方拥有私钥，故只有乙方才可以对收到的密文进行解密得到原消息，其他任何接收方均不能解密消息。

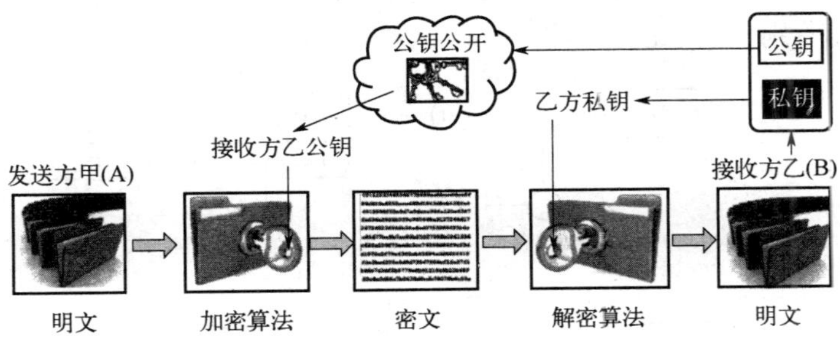

图 11-4　保密模型

对于图 11-5 所示的鉴别模型，其工作过程是：若发送方甲（A）想发消息给接收方乙（B），则可以用 A 的私钥对消息进行加密，B 只有用 A 的公钥才能对消息进行解密得到原消息。请注意，所有实体只要能从公开网络获得 A 的公钥，就能用 A 的公钥对消息进行解密得到原消息，因此该模型只用于鉴别数据来源于 A，即验证了该消息由 A 签发，并没有对该消息进行保密。为了同时提供消息的机密性以及鉴别性，则需要先用发送方甲（A）的私钥进行加密完成签名，再用接收方乙（B）的公钥对整个消息进行加密，如图 11-6 所示。

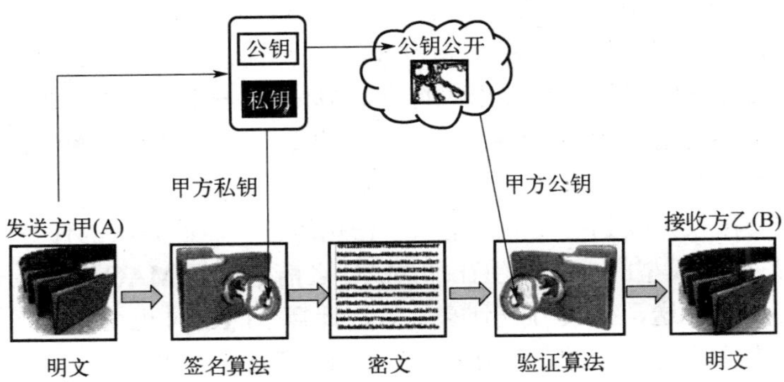

图 11-5　鉴别模型

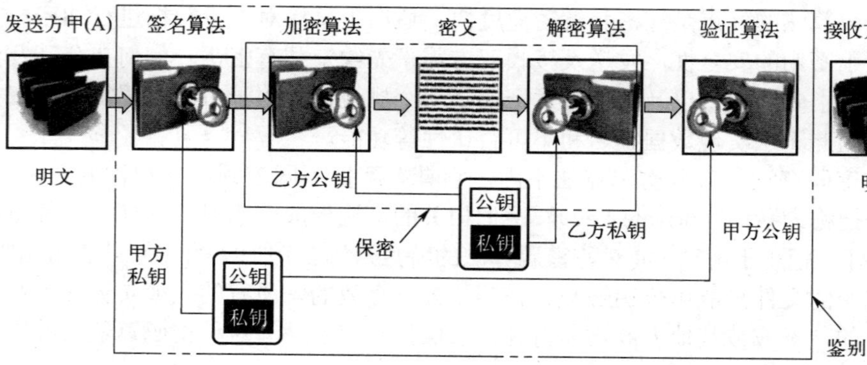

图 11-6 保密及鉴别模型

① 消息鉴别码（MAC）。MAC 也称密码校验和（cryptographic check-sum）。图 11-7 给出了 MAC 的一般鉴别模型，其鉴别原理是：对要传送的消息 M 利用消息摘要算法和密钥 K 产生一个固定长度的 MAC 作为鉴别标识，将该 MAC 加入到要传送的消息中，接收方利用与发送方共享的密钥 K 以及约定的同一消息摘要算法对收到的消息 M 产生一个 MAC，将其与收到的 MAC 进行比对，如果它们相同，可认为收到的消息在传输过程中没有被篡改，从而鉴别了消息的完整性。

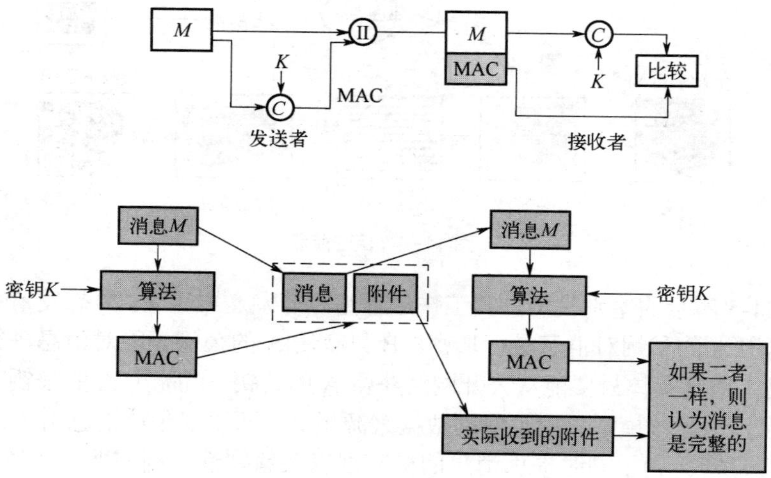

图 11-7 MAC 的一般鉴别模型

需要特别指出的是，MAC 仅鉴别消息 M 的完整性及可靠性，即保证消息没有被篡改及不是虚假或伪造的消息，但并不保证 M 传输的保密性。由于 MAC 函数是单向函数，因此对 M 进行摘要计算的代价远比使用对称密码算法或公钥密码算法进行加密和解密的代价要小得多。图 11-8 给出了加密及鉴别模型。如果要保持传输的保密性，可以采用另一共享密钥 K_2 进行加密保护，如图 11-8（a）所示，加密发生在加 MAC 之后，在传输过程中以密文形式传送，接收方收到密文后，用共享密钥解密，后面完成的任务与图 11-7 完全相同。图 11-8（b）所示模型的加密发生在加 MAC 之前，计算 MAC 时用的是密文，在传输过程中也以密文形式传送，接收方收到密文后，计算 MAC 时也用密文，比较方法相同，如果在传输过程中密文是完整的，则用 K_2 进行解密获取消息明文。这两种方法的代价是增加密码算法，获得消息的保密性。

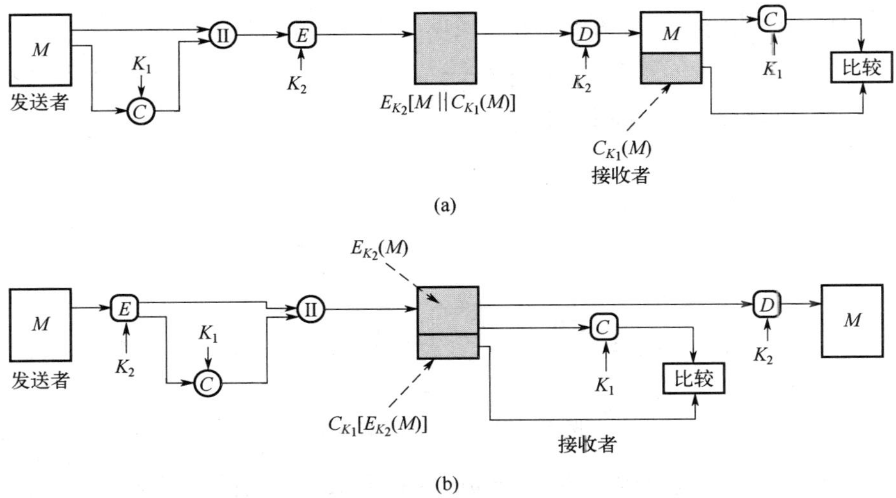

图 11-8　MAC 的加密及鉴别模型

② 散列函数。散列函数又称杂凑函数或哈希函数，它将任意长度的输入变换成固定长度的输出，该输出称为散列值。该变换是一种压缩映射，也就是说，散列值的空间通常远小于输入的空间，不同的输入可能会散列成相同的输出，产生碰撞，所以通过散列值来确定唯一的输入值是不可能的。图 11-9 给出散列函数校验模型。

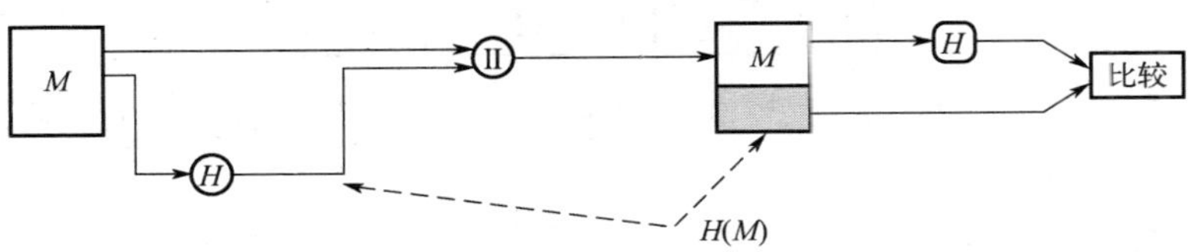

图 11-9　散列函数校验模型

同样，散列函数是单向函数，仅用于验证消息 M 的完整性及真实性，即确保消息未被篡改且是真实有效的，但并不保证消息 M 在传输过程中的保密性。为了确保传输的保密性，可以使用共享密钥 K 对消息进行加密保护，如图 11-10 所示。在传输过程中，消息以密文形式发送，可以安全地传输给接收方。接收方收到密文后，使用密钥 K 进行解密以获取消息的明文，并重新计算 $H(M)$。然后，将重新计算得到的散列值与接收到的散列值进行比较，以验证消息的完整性和真实性。

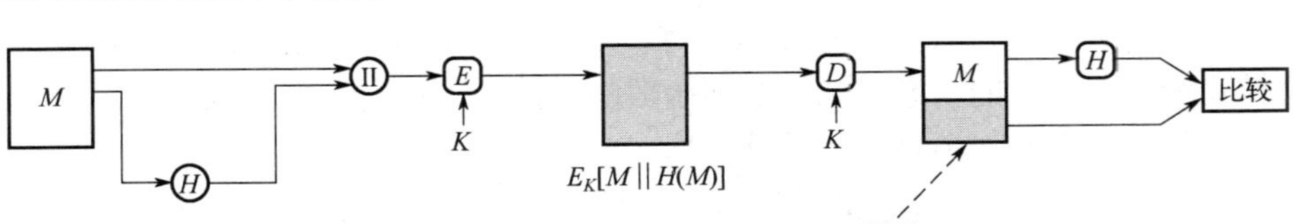

图 11-10　散列函数校验及保密模型

③ HMAC 函数。HMAC 通过将密钥和消息一起输入到散列函数中，生成固定长度的散列值。如图 11-11 所示，HMAC 的计算模型展示了这一过程。HMAC 的一个显著特点是它能够无缝地集成到现有的散列函数中，当出现新的散列函数时，可以轻松地进行替换，从而保持散列函数的原始性能。此外，HMAC 的鉴别机制与所嵌入的散列函数具有相同的

安全强度。HMAC 的使用和密钥处理方式简单，计算过程也易于执行。

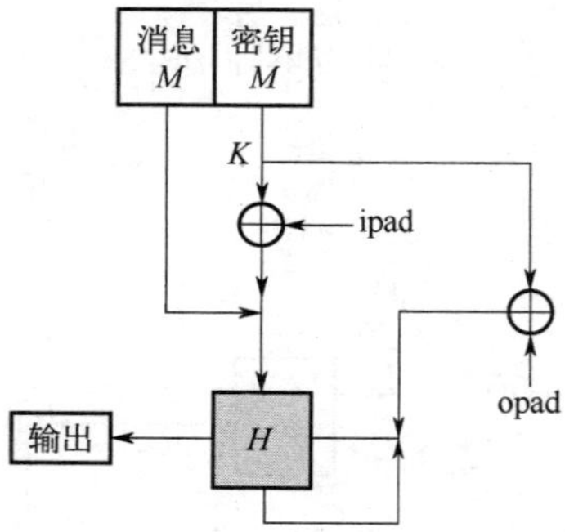

图 11-11　HMAC 计算模型

④ 数字签名技术。提出数字签名（digital signature）的目的是保证信息传输过程的完整性，防止信息交互中发生抵赖，即防止发送方否认已发送报文以及接收方伪造报文。数字签名模型如图 11-12 所示。

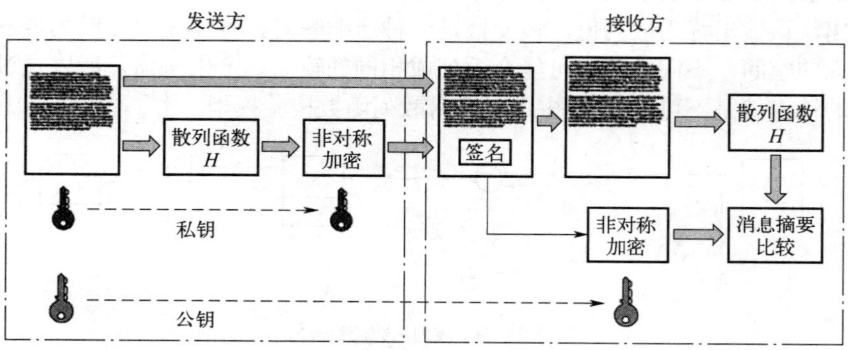

图 11-12　数字签名模型

数字签名的生成与鉴别是确保数据完整性、真实性和不可否认性的重要技术。其具体过程如下。

- 密钥生成与管理。发送方首先通过加密算法生成一对密钥：公钥和私钥。私钥由发送方安全保存，绝不公开，而公钥则被公开发布，供接收方及其他公众使用。这对密钥是一一对应的，加密和解密操作只能由配对的密钥完成。
- 消息摘要生成。发送方利用散列函数（如 SHA 系列算法）对消息进行处理，将原始消息转化为固定长度的消息摘要。散列函数的特点是不可逆，且输入的微小变化会导致输出完全不同，从而确保消息摘要的唯一性。
- 签名生成。发送方使用其私钥对消息摘要进行加密，生成数字签名。数字签名作为加密后的摘要，与原始消息一并发送给接收方。
- 接收方计算消息摘要。接收方接收到消息和数字签名后，利用与发送方相同的散列函数对收到的消息部分进行处理，计算出本地的消息摘要。
- 签名解密。接收方利用发送方的公钥对接收到的数字签名进行解密，得到发送方加密的消息摘要。
- 摘要对比。接收方将本地生成的消息摘要与解密后的消息摘要进行比较：

✧　如果两者相同，说明消息在传输过程中没有被篡改，且签名验证通过，确认消息确实是由发送方发出（因为只有发送方的私钥可以生成与公钥匹配的签名）。

✧　如果两者不同，则表明消息可能被篡改，或者签名无效。

通过上述过程，数字签名不仅保证了消息在传输过程中的完整性，还可以通过私钥和公钥的配合，确认消息发送者的身份。这一机制广泛应用于电子邮件签名、数字证书、电子合同等领域，为信息安全提供了关键支撑。

11.5 大数据安全标准体系框架

基于国内外大数据安全实践及标准化现状，参考大数据安全标准化需求，结合未来大数据安全发展趋势，构建了如图 11-13 所示的大数据安全标准体系框架。该标准体系框架由五个类别的标准组成，分别为：基础类标准、平台和技术类标准、数据安全类标准、服务安全类标准和行业应用类标准。

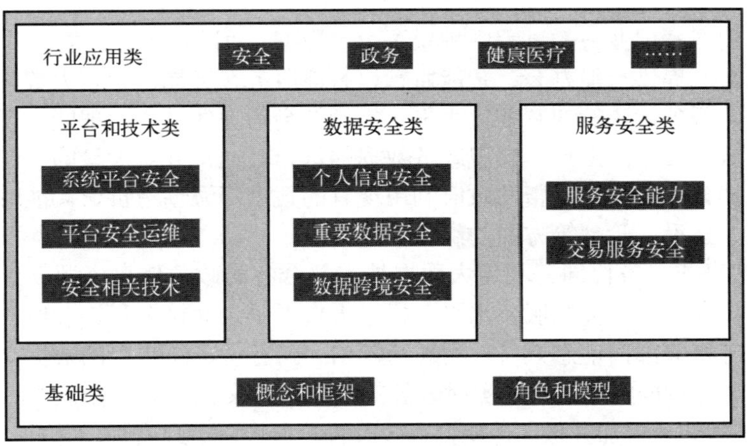

图 11-13　大数据安全标准体系框架

① 基础类标准：为整个大数据安全标准体系提供包括概念、术语、框架等基础标准，明确大数据生态中各类安全角色和模型，及相关的安全活动或功能定义，为其他类别标准的制定奠定基础。

② 平台和技术类标准：该类标准主要针对大数据服务所依托的大数据基础平台、业务应用平台及其安全防护技术、平台安全运行维护及平台管理方面的规范，包括系统平台安全、平台安全运维和安全相关技术三个部分。系统平台安全主要涉及基础设施、网络系统、数据采集、数据存储、数据处理等多层次的安全技术防护。平台安全运维主要涉及大数据系统运行维护过程中的风险管理、系统测评等技术和管理类标准。安全相关技术主要涉及分布式安全计算、安全存储、数据溯源、密钥服务、细粒度审计等安全防护技术。

③ 数据安全类标准：该类标准主要聚焦于大数据环境中的数据安全保护，涵盖数据的采集、存储、传输、处理、共享等整个生命周期中的安全需求。数据安全类标准包括数据保护的政策与技术要求、数据加密、数据脱敏、数据访问控制、数据备份恢复、数据泄

露防护等方面的内容。其目标是确保数据在不同使用场景下的机密性、完整性和可用性，防止未经授权的数据访问、泄露和篡改。

④ 服务安全类标准：该类标准主要是针对开展大数据服务过程中的活动、角色与职责、系统和应用服务等要素所提出的，包括服务安全能力、交易服务安全。例如，针对数据交易、开放共享等应用场景，提出交易服务安全类标准，包括大数据交易服务安全要求、实施指南及评估方法。

⑤ 行业应用类标准：该类标准主要是针对重要行业和领域大数据应用，对涉及国家安全、国计民生、公共利益的关键信息基础设施进行安全防护，形成面向重要行业和领域的大数据安全指南，指导相关的大数据安全规划、建设和运营工作。

11.6 行业大数据应用和安全风险

11.6.1 电子政务大数据

各政务部门在开展业务的过程中积累了大量数据，通过对政务大数据进行开发、利用、挖掘，能够为政府提供智能办公、智能监管、智能服务、智能决策等大数据服务，提高政府办公、监管、服务、决策的智能化水平，推动社会治理体系和治理能力现代化。通过对各级政务部门数据资源的汇集，实现政务数据的融合互通，并对大量的多源异构数据融合进行大数据综合分析、挖掘，帮助政府利用现有的数据资源创造价值，能够实现政务大数据在城市规划、建设、管理等方面的综合应用。

① 资源共享与政务协同。利用大数据技术整合各类政务信息资源、共享政务数据，从而提高行政效率、提升公共服务水平。构建大数据平台对接金税、金质、金盾、金卡、公共卫生系统等相关部门信息系统，实现跨部门、跨行业、跨平台的数据交换，同时可以基于国家、省级等数据中心建设，实现政务数据资源汇聚、共享，消除“数据割据”“信息孤岛”，促使政务活动更加开放、透明，有效改善政府内部、政府部门之间，以及政府与其他管理主体之间的协同管理，提高政府与企业、政府与社会公众之间的政务协同和公共服务能力等。

② 决策管理。利用大数据技术为政务决策提供支持，发挥大数据在政府应急决策管理、公共突发卫生事件决策、公共交通指挥决策、综合社会管理决策、环境污染保护决策等方面的预测预警作用，能提升行政效率、优化社会公共服务。推动电子政务与城市管理、经济发展、民众保障、公共服务等多方面的深度融合，提供涵盖水电煤气、城建规划、交通物流、金融投资、教育就业、社保民生、旅游文化等行业领域的服务。

③ 精准扶贫。通过运用大数据技术，可以为政府建立起电子政务大数据信息的共享和交换平台，将上报的贫困户信息与民政、人社、银行、工商、车管、编办等部门的数据进行比对，为扶贫有关决策提供支持；同时，通过大数据对比和分析，对民政、人社、银行等部门的信息进行综合分析，可以找出致贫原因，精准确定出谁是真正的贫困户，为精准扶贫提供依据。

④ 数据管税。通过互联网采集企业用水、用工、用电等数据，利用大数据技术比对

国土、人社、房产、车管等部门数据，能够杜绝逃税漏税现象发生，实现税务数据的最大整合、涉税数据的互联互通、风险管理的全程监控。通过大数据共享平台，建立并完善政府各部门数据共享机制，为各部门提供数据服务，用“大数据”发现问题、分析问题、解决问题，让“数据说话”，提升政府决策分析水平，提高政府综合服务能力。

⑤ 智慧党建。目前，党员流动、底数不清、管理乏力、服务滞后等问题在农村特别严重，基本上年轻的党员都在外地，这就给党员管理带来挑战，传统的党员管理手段已经不能满足现在的需求。通过构建智慧党建平台，采集和汇聚党员数据和信息，可以清晰地看到党组织分布情况、党支部性质与结构，以及党员的基本信息，利用大数据技术，可以分析和展现流动党员的具体位置、联络员、帮扶人员等情况，实现对党员的精准管理，构建全方位、立体式的党建工作体系。

政务大数据覆盖行业范围广泛、数据结构多样、关联关系复杂，而且涉及大量个人隐私数据、国家敏感数据等重要数据，因此在开展政务大数据应用的同时，数据和平台安全尤为重要。电子政务大数据面临的安全风险和挑战主要包括：

（1）平台安全

大数据平台是政府使用数据资源的基础平台，平台安全是保障政府安全可靠利用数据资源的基础。大数据平台除了面临传统的恶意代码、攻击软件套件、物理损坏与丢失等安全威胁外，由于自身架构要根据政府业务需求和安全要求变化不断改进，因而产生身份认证、数据加密手段适用性问题。

（2）服务安全

构建基于互联网的一体化公共服务平台，面向公众提供基于大数据的便民服务，是落实国家推进治理体系和治理能力现代化、建设服务型政府要求的重要任务。基于互联网建设的政务在线服务窗口，是政务大数据为社会公众服务的重要组成部分，在便捷的互联网应用环境下，在提质增优公共服务的同时也为便民服务带来严峻的安全挑战，需要应对基于 Web 的攻击、Web 应用程序攻击/注入攻击、拒绝服务攻击、网络钓鱼、用户身份盗窃等威胁，抵御信息泄露、网络瘫痪、服务中断等安全风险。

（3）数据安全

各部门在开展业务和对政务大数据进行开发利用的同时，数据自身安全非常重要，涉及数据生命周期各阶段的数据采集、数据传输、数据存储、数据处理、数据交换、数据销毁等活动。政府部门数据公开、行业间以及行业内部数据平台化共享时的数据安全，是迫切需要解决的问题，是大数据资源实现开放共享、相关“数据掘金”应用得以发展的关键。

政务数据的所有权、使用权、管理权涉及多个部门，特别是政府授权社会资本方搭建的公共服务系统所产生的数据，涉及个人隐私、国家经济命脉，在进行大数据分析时，必须做到权责分明，厘清数据权属关系，防止数据流通过程中的非法使用，保障数据安全流通。但是，目前数据权属仍缺乏法律支撑，数据使用尤其是跨境流动所产生的安全风险日益凸显。

（4）APT 攻击防御

APT 是黑客针对客户所发动的网络攻击和侵袭行为，是一种蓄谋已久的“恶意网络间谍威胁”。这种行为往往经过长期的经营与策划，并具备高度的隐蔽性。APT 攻击以窃取核心资料为目的，对政府部门大数据应用产生重大安全威胁，因此必须在政务大数据中高度防范此类攻击。

11.6.2 健康医疗大数据

作为典型的实践科学，医学中有很多知识来源于经验积累。而目前经验积累的最直接、客观的体现就是“数据”。因此，利用健康医疗产生的海量数据，开发其潜在价值，使其助力健康医疗事业的发展，成为医疗行业、技术研发领域的相关有识之士共同努力的目标。

（1）医学研究效率提升

中国作为世界上病例数最多的国家，为医生科研提供了天然的优势条件，但传统的数据存储方式，使得病例数据的收集成为科研最大的障碍。基于整合后的医疗大数据，利用大数据分析及搜索引擎技术可以有效延展研究范围和深度，帮助医生开展过去难以开展的研究，如临床科研应用、跨医疗机构间的多中心联合研究、专科专病数据挖掘积累及研究，提升科研质量和效率。

（2）医院管理提效提能

解决医院管理数据质量差、口径杂、系统多、方法少等情况导致的医院管理者无法详细了解医院运营情况的问题，能为医疗机构职能部门提供日常指标的快捷多维度分析功能，提升管理人员的宏观洞察力。

（3）健康医疗生态良性发展

基于清洗挖掘后的标准化医疗大数据，还可以提供更多应用服务，如临床辅助决策服务（CDSS）、精准保险服务、药品研发等，大数据可助其节省研发成本、缩短研发周期、节省营销成本、提升营销精准率。大数据安全标准化健康医疗大数据在促进业务发展的同时，面临的安全挑战主要表现在：

① 数据权属不清。健康医疗大数据起源于个人患者本身，那么数据权属到底是属于个人，还是产生数据的医疗机构一直没有定论；另外，第三方机构在原始数据基础上挖掘延伸出的新数据，其归属权也没有明确规定。

② 应用复杂性高。目前各地区和机构在进行健康医疗领域信息化建设时大都根据自身需求建立独立的信息系统，这些信息系统架构各异、数据格式不同，导致数据在安全共享、交换和处理时的复杂度大幅提升。

③ 个人隐私保护难。健康医疗数据中包含特别敏感的个人隐私信息，必须依法进行管控和保护；对涉及健康医疗数据的管理要以相应的法律法规做指导，在进行健康医疗数据的收集、存储、挖掘等应用时，需要解决个人隐私保护的难题。

11.6.3 电商行业大数据

电商行业作为基于互联网技术衍生的新型业务，积累了大量商家数据、买家数据、商品数据，以及在买卖交易过程中产生的订单数据、交易数据和用户行为数据等。借助大数据技术发展契机，电商行业也开始了大数据时代的转型。电商行业基于长期积累的海量数据，开始在不同业务方向利用大数据技术分析、挖掘数据价值。

① 精细化运营及管理。通过对电商数据的分析和利用，改进电商业务运营模式，实现业务精细化运营及管理，包括业务分析、业务智能化、精细化营销、风险管理和运营效率等方面。例如在营销方面，能够通过对以往的营销数据的分析，最大化地利用数据资源，

建立适用的营销方案，并及时通过营销反馈数据的收集和分析，反作用于营销方案的改进工作；在风险管理方面，通过建立相应的风险监控系统，对电商业务流中的数据与风险大数据进行关联分析，更好地识别和控制业务风险。

② 提升业务效率。通过对电商行业中的业务数据进行大数据分析，作用于电商企业的产品设计、绩效管理、配送效率、库存管理和客户关系管理等关键环节，提升业务能力和效率。例如，通过对历史销售数据进行大数据分析，结合后期的产业环境，商家可以预测销售数据，进而优化物流和仓储；通过客户大数据分析，物流企业能够更合理地选择派送方式、优选路径，并提供差异化服务，提高物流服务质量等。

③ 改进消费体验。电商企业通过对消费者数据的分析可以产生如消费者“画像”等衍生数据。企业基于这些衍生数据，可以为消费者提供个性化的服务，如个性化商品推荐、个性化搜索以及智能机器人客服等服务，提升消费体验。

④ 保障生态圈良性发展。电商业务的生态圈涉及电商业务平台、商家、消费者、为商家提供服务的独立软件提供商，以及相关服务机构等众多合法参与者，但也存在着诸如诈骗组织和炒信团伙之类的谋求非法利益的黑灰产组织。

电商行业可利用大数据技术精准识别风险，打击炒信、欺诈和侵权等恶意行为，促进电商生态的良性发展。电商行业大数据在促进业务发展的同时，相应的安全挑战也随之浮现，主要表现在：

① 数据权属不清。电商业务的开展主要包括电商平台、商家和消费者三方，电商业务产生的数据如何划分其所有权、控制权和使用权，是在电商业务中合理使用数据的前提。当前电商业务的大数据应用中，通常利用电商平台对数据进行分析，也存在商家或商家授权独立软件提供商使用商家数据进行分析的大数据安全标准化情况，在权利归属不明确的情况下，责任的归属也难以界定，相关数据安全难以保障。

② 大数据聚合分析风险。电商业务的大数据应用涉及对消费者相关数据的分析，虽然可以通过隐私保护政策、用户授权协议的形式获取相关数据的使用合法授权，而且在对电商业务分析的过程中也会采用匿名化处理的方式，保证用户的个人信息安全。但是，在对大数据加工计算的过程中，如何保障不会因为大数据的聚合分析而实现“去匿名化”，依然是亟待解决的难题。

③ 数据版权保护。电商生态圈内的数据流动和共享较为普遍，目前主要通过法律协议方式约束对数据的使用。但由于缺乏有效的数据版权保护技术手段及措施，难以甄别是否存在超出范围的数据扩散或使用问题。

④ 数据跨境安全。目前国家大力支持跨境电商业务，而跨境电商业务必然涉及数据的跨境问题。不同国家和地区的数据保护法规对数据跨境流动的要求存在差异性，比如俄罗斯明确提出俄罗斯公民的数据应在俄罗斯境内更新后方可传到海外进行处理；欧盟则扩大了数据保护法律适用的管辖范围。这些法规将给跨境电商企业带来高昂的合规成本，制约了跨境电子商务的发展。如何处理数据跨境安全合规与跨境电商战略发展的矛盾，是亟待解决的难题。

11.6.4　电信行业大数据

电信运营商拥有大量的数据资源，如网络信息、用户终端信息、用户位置信息等，同时电信行业近年来利用大数据进行深度挖掘分析，将丰富的网络、用户等数据资源加工抽取后封装为服务，向客户提供。可拓展的大数据应用服务主要分为运营商内部、社会服务、商业运营等几大类，典型应用主要包括：

① 运营商内部支撑。运营商利用大数据技术，改善服务水平，提升用户体验。根据网络流量变化、网络信令数据信息和各个设备长期运行情况，运营商利用大数据分析，可以及时调整资源配置，进行全网络优化，提升网络质量和网络利用率；可以监控服务质量，改进突发故障自动应对机制；还可以通过分析不同用户群流量使用特征以及存量用户流量趋势，按需提供不同的流量服务，实现流量经营。

② 社会服务支撑。运营商利用大数据技术，对其拥有的各种数据进行深度挖掘，根据不同行业客户的业务特点，提供城市规划与交通线网规划、路网状态实时监测与公共交通调度、信息验证服务、公共区域安全监测等不同的社会服务支撑信息服务，如基于移动蜂窝网络产生的位置信息，为政府公共管理、城市规划、交通规划提供数据，为零售商提供人群分布、流向、热点等信息。

③ 商业运营支撑。运营商利用大数据技术，基于用户终端信息、用户基础数据、订购产品及行为数据等，可以生成用户基础数据特征与兴趣特征模型，进而预测客户行为，进行程序化广告投放，实现精准营销。还可以通过用户画像进行产品与推广的规划，以个性化、精准型的业务内容不断增强客户黏性。

大数据给电信行业带来新的发展机遇，电信运营商借助已有的数据积累优势，不断发展大数据应用，但同时数据的集中管理、数据对外开放等新技术特点和业务新形态应用，也使电信行业大数据面临新的安全风险和挑战，主要包括：

① 供应链安全。通信数据在移动网络设备中产生，而这些设备是由多家供应商提供的。大数据安全标准化时，存在大数据平台系统第三方供给代建设、代维护等问题，在特定阶段，部分设备的操作权在供应商手中，这意味着供应链的各环节存在安全风险。

② 数据集中管理。在大数据业务应用发展的驱动下，电信运营商的数据由原来的各系统分散存储转变为大数据平台集中存储模式，大数据资源的安全风险更加集中，一旦发生安全事件将涉及海量客户信息及公司数据资产。

③ 平台组件开源。大数据平台多使用开源软件，这些软件设计初衷主要考虑高效数据处理，缺乏安全性保障，滞后于电信业务发展的安全防护能力，存在安全隐患。

④ 敏感数据共享。在电信运营商内部，信息系统建设相对分散，敏感数据跨部门、跨系统共享留存比较常见，其中一旦存在系统安全防护措施不当，就可能发生敏感数据泄露，造成“一点突破、全网皆失”的严重后果。

第 12 章

大数据思维

12.1 大数据思维的基本含义

大数据思维是指通过全面分析和挖掘大规模、复杂数据中的规律和模式，帮助我们更好地理解问题、预测未来，并做出更科学、更精准的决策。这种思维方式要求我们跳脱传统的经验主义和样本分析的局限，从“全量数据”出发，以数据为依据，观察和解决问题。

12.1.1 大数据思维的产生

大数据思维是一种基于大规模数据分析和挖掘的创新决策方式。与传统思维中注重因果关系的推导不同，大数据思维更强调相关性分析，通过数据洞察现象、揭示规律，并结合智能技术支持高效决策。这一思维方式以“全局视角”和“动态优化”为核心，充分利用数据的海量性、多样性等，从中挖掘潜在价值。

大数据特性为大数据思维的形成提供了基础。

① 海量性（volume）：大数据具有前所未有的规模，全球每天产生的数据超过 2.5EB，如社交媒体的用户行为数据和电子商务交易记录。

② 多样性（variety）：数据形式多种多样，包括结构化的财务报表、半结构化的日志文件，以及非结构化的视频、图像和文本内容。这种多样性要求整合多源数据进行统一分析。

③ 高速性（velocity）：数据的生成和处理速度极快，例如实时金融交易和物联网设备的动态数据流。这种高速度使得实时分析和快速决策成为可能。

④ 真实性（veracity）：尽管数据来源复杂且质量参差不齐，但通过数据清洗、校验等技术，可以确保分析的可靠性。可信数据是科学决策的前提。

⑤ 价值性（value）：数据的潜在价值需要通过复杂算法与技术挖掘，例如用户行为数据可以用于优化广告投放、提高转化率。

案例分析：亚马逊（Amazon）是大数据思维成功应用的典范，其推荐系统充分体现了数据驱动决策的优势。亚马逊通过采集用户的浏览记录、购买记录、搜索习惯等行为数据，运用协同过滤算法预测用户的兴趣点，并精准推荐商品。根据 Statista 的统计数据，2022

年，基于推荐系统的精准推荐策略为亚马逊贡献了约35%的销售额。这一成果不仅说明了大数据在商业场景中的变现能力，还展示了其通过全面分析和实时响应，为企业创造持续价值的潜力。

12.1.2 大数据思维的理论基础

大数据思维的兴起不仅源于技术的发展，更深深扎根于多个学科理论的交汇。它既以数据主义为哲学基础，强调量化世界的可能性；又依赖于机器学习等技术工具，实现从数据到决策的转化。同时，系统论与复杂性科学提供了分析复杂系统的全局视角，而行为经济学则引入了人性化的认知维度。以下将从这五个理论框架出发，揭示它们如何共同构建大数据思维的完整体系。

（1）数据主义：量化世界的新哲学

数据主义是一种基于数据的哲学观，它将数据视为理解世界的主要工具。这一理论的核心在于，将所有现象量化为数据，通过对数据的分析和解释揭示规律，并指导行动。

数据主义的产生，得益于数据采集技术的进步和数据存储能力的提升。过去，数据的获取受到技术条件的限制，信息多以经验、直觉或文字记录的形式存在。而随着互联网和物联网的广泛应用，人类社会进入了数据爆炸的时代，每天生成的海量数据为数据主义的崛起提供了肥沃的土壤。

数据主义的核心主张：

- 世界是可以量化的：数据主义认为，任何现象都可以通过数据记录。无论是自然现象、社会活动还是人类行为，均可以通过技术手段转化为数据。
- 相关性优先于因果性：数据主义强调从数据中寻找相关性，而非执着于传统的因果逻辑。只要能通过数据预测现象，就可以为决策提供依据。
- 数据是科学的基础：在数据主义的视角下，科学的进步来源于数据的积累与分析，而非单纯的假设和推演。

数据主义为大数据思维奠定了哲学基础，它提醒我们关注数据的价值，并通过数据揭示世界的潜在规律。在大数据环境中，传统的经验主义和直觉被数据分析取代，科学决策变得更加可能。

（2）机器学习：数据到决策的桥梁

机器学习是大数据思维中的关键技术手段。它的核心理念是通过算法对数据进行训练，学习数据中的规律，并应用于预测或优化任务。机器学习的强大之处在于其自适应性和高效性，使得大数据分析不再局限于简单的统计，而是具备了更智能化的能力。

机器学习的理论可以追溯到20世纪中叶。最初，它是数学和计算机科学的交叉领域，主要应用于小规模的数据分析。随着计算能力的提升和数据量的爆炸性增长，机器学习进入了快速发展阶段。特别是深度学习技术的突破，让机器学习在复杂任务（如图像识别、语音合成）中表现出超越人类的能力。

机器学习的核心原理：

- 数据驱动：机器学习依赖于大规模数据的输入，通过算法寻找数据中的模式。例如，分类算法可以识别图片中的猫和狗，预测模型可以分析股票价格的走势。
- 训练与验证：机器学习通过训练数据集学习规律，并在测试数据集上验证模型的准确性。这一过程确保模型能够推广到未知的数据。

- 算法优化：机器学习包括多种算法（如线性回归、支持向量机、神经网络等），它们在不同场景下提供不同的优势。

机器学习为大数据思维提供了处理和理解数据的核心工具。它的自动化和智能化特点，使得大数据分析从简单的统计描述转向复杂的规律提取和预测。这一技术的成熟，让人类能够以前所未有的深度和广度解读数据。

（3）系统论：整体视角与优化方法

系统论是一种强调整体性和相互关系的理论。它认为，系统的整体行为大于部分的简单叠加，并且部分之间的动态交互决定了系统的最终状态。在大数据思维中，系统论为复杂系统的分析与优化提供了重要的方法论支持。

系统论起源于生物学，但其理论很快被应用到社会学、经济学和工程学等领域。20 世纪下半叶，随着复杂系统研究的深入，系统论成为理解和优化多变量、多层次问题的基础理论。它特别适用于分析那些具有多元化输入和多种相互作用的环境。

系统论的核心思想如下。

- 整体大于部分之和：系统的行为不能通过孤立分析单个部分来理解，只有从整体视角才能捕捉其本质。
- 交互关系的重要性：系统的运行依赖于部分之间的交互关系。例如，在经济系统中，消费者行为与生产者决策之间的相互作用决定了市场的动态变化。
- 反馈机制：系统论特别关注反馈对系统的调节作用，例如正反馈放大某种趋势，而负反馈则会稳定系统。

在大数据环境中，系统论帮助人们从整体角度理解数据背后的规律，特别是在多变量关联和动态变化的系统中，提供了分析和优化的框架。例如，智慧城市、供应链管理等领域的全局优化都依赖于系统论的指导。

（4）复杂性科学：非线性世界的规律

复杂性科学研究的是多维度系统的非线性规律和涌现现象。它的核心在于揭示复杂系统如何通过个体间的简单交互，产生宏观的复杂行为。这一理论弥补了系统论在非线性动态环境中的不足，为大数据思维提供了进一步的理论支持。

复杂性科学作为一门独立学科兴起于 20 世纪末。随着计算能力的提升，研究者开始能够模拟复杂系统的行为，从而揭示其内在规律。这一领域的研究涵盖了从生态系统到交通网络的广泛场景。

复杂性科学的核心原则：

- 涌现现象：复杂系统的整体行为往往无法通过个体的行为直接推导出来，例如生态系统中的种群动态和城市中的交通流量。
- 非线性关系：系统的变化并不总是线性递增的，而是受限于临界点、分岔和混沌等现象。
- 动态演化：复杂性科学特别关注系统在时间维度上的演化模式，例如如何从初始状态过渡到新的稳定状态。

复杂性科学为动态系统的分析提供了工具和思路。通过结合数据主义和系统论的观点，它帮助人们理解复杂现象的本质，并制定更有效的应对策略。

（5）行为经济学：人性化的认知维度

行为经济学揭示了人类决策中非理性的因素，为大数据思维加入了人性化的视角。通过分析人类的行为数据，行为经济学帮助我们理解决策背后的心理动机，为数据分析和决策提供更全面的支持。

传统经济学假设人类是理性决策者，但实际情况往往并非如此。行为经济学由卡尼曼（Daniel Kahneman）等学者提出，挑战了“完全理性”的假设，揭示了人类在不确定性条件下的非理性行为。

行为经济学的核心主张如下。

- 非理性决策：人类的选择往往受到情感、偏见和心理因素的驱动。
- 启发式偏差：决策者在面对复杂选择时，倾向于使用简单的规则（启发式）来简化问题，但这可能导致偏差。
- 情景效应：选择的呈现方式会显著影响决策结果，例如时间限制和奖励机制。

通过将行为经济学的理论应用于数据分析，大数据思维可以更深入地理解用户行为，并设计更具有针对性的策略。这一理论扩展了大数据分析的应用范围，使其能够在人性化场景中更好地发挥作用。

12.2 大数据思维与传统思维的区别

12.2.1 根本区别

大数据思维与传统思维的根本区别在于两者对信息来源、分析方法、决策过程和应对复杂性的能力的依赖性存在显著差异。传统思维以经验主义为基础，强调因果推理和有限样本分析；而大数据思维则以全量数据为基础，关注相关性和动态变化，通过算法挖掘价值。

（1）信息来源

传统思维：依赖有限的样本数据，这些数据通常是通过特定方法或实验采集的，具有局限性。例如，在市场调研中，传统方式往往基于问卷或访谈的小样本。

大数据思维：基于全量数据和多源异构数据，通过多维度的信息整合和动态分析实现对问题的深入理解。比如，通过社交媒体、传感器和交易记录获取实时数据。

（2）分析方法

传统思维：注重因果关系，强调通过假设验证和逻辑推理得出结论。这种方法在变量较少、环境较为稳定时效果较好。

大数据思维：关注数据之间的相关性，而非单纯的因果性。即使无法解释数据背后的原因，只要能够发现趋势和模式，就能为决策提供依据。例如，推荐系统通过分析用户行为数据进行商品推荐，而不必理解用户的具体偏好形成原因。

（3）决策过程

传统思维：以专家经验和主观判断为主，数据仅作为辅助工具，决策过程偏静态。

大数据思维：以数据为核心驱动，依赖算法和模型的动态优化，在不断变化的环境中实时调整策略。例如，智慧交通通过实时监控数据动态调整交通信号灯的时长。

（4）应对复杂性的能力

传统思维：面对复杂系统时，因变量之间的非线性关系和多维因素的交互作用，传统思维容易陷入分析困境。

大数据思维：能够通过多源数据融合和机器学习算法处理复杂系统，挖掘隐藏规律，实现全局优化。

12.2.2　大数据思维的优势

大数据思维是一种全新的决策与分析方式，以数据为核心驱动，改变了传统思维模式的局限。以下是大数据思维的显著特点，它们共同展现了这一思维在复杂环境中的独特优势。

（1）全量分析

大数据思维跳脱了传统样本分析的局限性，通过处理全量数据，确保分析结果具有全面性和代表性。这种方式减少了样本偏差带来的误差，从而显著提升决策的可靠性。例如，在金融风控领域，系统基于全量交易数据监控和识别可疑行为，而不是依赖于有限的历史案例，从而增强对潜在风险的识别敏感性和检测准确性。

（2）相关性优先

与传统因果分析不同，大数据思维更加关注数据之间的相关性。通过挖掘隐藏的关联关系，可以发现许多非显而易见的商业洞察。例如，零售行业中经典的“尿布与啤酒”的购买关联案例，通过数据分析优化了商品陈列布局，直接推动了销售额增长。这种方法虽然不解释原因，但为实践提供了有效指导。

（3）动态优化

传统思维通常以静态方式做出“一锤定音”的决策，而大数据思维则强调实时监控和动态调整能力。例如，在动态定价系统中，基于市场供需关系和用户行为的变化，系统能够实时调整商品价格，以最大化收益和市场适应性。这种动态优化能力使企业能够在复杂多变的环境中保持竞争力。

（4）精准预测

大数据思维通过历史数据积累和复杂算法模型的应用，能够对未来趋势进行高度准确的预测。例如，气象预测通过对全球大气数据的动态变化进行分析，比传统的基于经验的预测方法更具精确性。这种能力同样适用于金融市场分析、消费者行为预测等众多领域，帮助决策者提前把握趋势。

（5）数据驱动

在大数据思维中，数据成为一切分析和决策的核心依据，摒弃了传统依赖经验和主观判断的方式。这种数据驱动的模式使得分析更加科学、客观。例如，在智能营销中，数据驱动可以通过分析用户行为数据，制定精准的广告投放策略，大幅提升转化率和投资回报率。

大数据思维以其全量分析、相关性优先、动态优化、精准预测和数据驱动的特点，展现了超越传统思维的强大优势。它不仅提高了分析的深度和广度，还赋予决策过程更高的灵活性和科学性。在大数据驱动的时代，这种思维方式已成为各行各业创新与成功的重要基石。

12.2.3 案例比较

大数据思维不仅在决策和分析中具有显著优势，而且在实际应用中展现出其强大的变革潜力。以下通过几个具体案例，展示大数据思维如何在不同领域推动创新和优化。

案例 1：市场营销。

传统思维：在传统的市场营销中，企业通常依靠问卷调查等方式收集有限的消费者偏好数据，并通过分析这些有限样本预测市场需求。然而，这种方法面临周期长、样本偏小、分析结果易出现偏差的问题，往往导致产品定位和市场策略的误差。

大数据思维：借助大数据技术，企业能够实时跟踪并分析消费者的行为数据，全面掌握用户的偏好和需求动态。例如，电商平台通过分析用户的浏览记录、购买数据和评价反馈，能够精准预测并实时调整个性化推荐，显著提升转化率和用户满意度。这种基于数据的实时反应和动态调整，打破了传统营销的局限，提升了营销效果。

案例 2：交通管理。

传统思维：传统的交通管理通常依赖历史交通流量数据来制定固定的限行和交通调控计划。这种方式虽然对整体交通情况有所反映，但缺乏实时性，无法有效应对突发交通变化或高峰时段的交通拥堵。

大数据思维：大数据思维通过实时收集和分析交通监控摄像头、车辆 GPS 数据等信息，能够动态调整交通信号灯、优化交通流量，极大地提高交通管理的效率。例如，新加坡的智慧交通系统便采用大数据分析来实时调整信号灯的时长，根据当前的交通流量优化车辆的通行效率，有效缓解了城市交通的拥堵问题，体现了大数据在复杂环境下的优势。

案例 3：供应链管理。

传统思维：传统供应链管理依赖历史销售数据或经验预测未来需求，往往存在库存积压或断货风险。由于无法及时响应市场变化，这种预测方法通常不够精准，容易导致资源浪费或销售损失。

大数据思维：大数据思维通过集成实时销售数据、物流信息、市场趋势预测等多方数据，并利用先进的算法对供应链进行优化。这不仅提升了库存管理的精度，还帮助企业在需求波动的情况下更好地调整供应链策略。通过实时监控和数据驱动的决策，企业能够减少库存积压，确保供应链的灵活性和效率，从而降低成本并提升市场响应速度。

通过上述案例可以看出，大数据思维的优势不仅体现在数据量的处理能力上，更在于其通过相关性分析、动态优化和精准预测等手段，推动了各行业的创新与效率提升。无论是市场营销、交通管理还是供应链优化，大数据思维都为传统行业注入了新的活力，提升了决策的科学性与实时性。在日益复杂和变化多端的商业环境中，大数据思维为企业提供了一个更加智能、灵活的决策框架，成为提升竞争力的核心驱动力。

12.3 大数据思维的应用

大数据思维的广泛应用体现在多个行业领域，从企业实践到社会治理均展现了其强大的创新潜力。通过充分挖掘数据价值，大数据思维正在改变传统的业务模式和管理方式，为行业发展和社会进步提供了坚实支持。

12.3.1　在具体行业中的应用

（1）零售与电子商务

精准营销：零售行业通过大数据思维分析消费者行为，包括购买历史、浏览习惯、地理位置等，制定个性化营销方案。例如，亚马逊的推荐系统根据用户数据实时推荐可能感兴趣的商品，大幅提升转化率。淘宝“双十一”利用实时交易数据调整推广策略，实现销售额的持续增长。

库存与供应链管理：大数据优化了从供应链到仓储配送的各个环节。Zara 通过数据分析，将流行趋势和销售数据结合，精确指导生产量及分销策略，从而降低库存积压和滞销率。京东利用智能物流系统实现“分钟级”配送，依托大数据预测配送需求，优化配送路线。

（2）金融行业

风险控制：金融机构利用大数据技术构建风险评估模型。例如，银行通过用户交易行为、信用记录和社交网络数据进行多维度分析，筛查潜在违约风险，优化信贷审批流程。

反欺诈系统：信用卡公司和支付平台基于大数据检测用户交易行为的异常模式。例如，Visa 通过实时交易监控发现异常消费，并自动触发验证请求，成功拦截大规模欺诈行为。支付宝的反欺诈系统能实时分析用户行为和地理数据，发现账号异常登录并及时冻结资金。

（3）医疗与健康

精准医疗：通过对患者病历、基因组数据和医疗设备数据的分析，大数据帮助医生实现精准诊断和治疗。例如，IBM Watson Health 利用大数据分析患者历史病例和文献研究，为癌症患者提供个性化治疗建议。

公共卫生管理：大数据在疫情防控中发挥了关键作用。例如，在新冠疫情防控期间，中国通过健康码系统和实时数据分析，快速追踪感染者活动轨迹并隔离密切接触者。

（4）交通与物流

智慧交通：交通行业通过对实时交通流量数据、车辆位置数据和气象数据的分析，优化交通管理。新加坡智慧交通系统利用大数据动态调整信号灯时长，有效缓解高峰期拥堵。

物流效率提升：FedEx 和 UPS 通过大数据优化配送网络，结合实时交通数据动态规划路线，缩短配送时间并降低运输成本。菜鸟网络则通过数据预测处理物流高峰，实现“双十一”期间数亿包裹的快速配送。

（5）能源与环保

智能电网：大数据帮助优化电力分配和节能降耗。例如，国家电网通过智能终端设备采集用电数据，分析区域用电需求，避免能源浪费。

环境监测：大数据结合传感器和遥感技术实时监测空气质量、水资源污染等问题，为环境治理和政策制定提供数据支持。

12.3.2　大数据思维的企业实践案例

（1）亚马逊（Amazon）：大数据驱动的全链条优化

亚马逊是大数据应用的典范，其在商品推荐、库存管理和物流配送等环节全面融入了大数据思维，实现了业务的高度智能化。

- 个性化推荐系统。

亚马逊的推荐系统是其大数据应用的核心，通过收集用户的浏览历史、购买记录、搜索关键词以及商品评价，构建用户画像并采用协同过滤算法实现精准推荐。例如，某用户在浏览一款相机后，亚马逊的系统会推荐相关配件（如镜头、存储卡）以及类似型号的相机。2022 年，这一推荐系统为亚马逊贡献了约 35%的销售额。通过大数据挖掘用户潜在需求，亚马逊不仅提升了消费者体验，还显著提高了商品的销售转化率。

- 库存和供应链优化。

亚马逊利用大数据分析预测商品需求，动态调整库存策略。例如，结合历史销售数据、区域消费习惯和季节性变化，亚马逊的仓储系统能够提前分配商品至最接近消费者的仓库，确保商品能够快速发货。其“Prime Now”服务甚至实现了 2h 内送达。这种数据驱动的供应链管理不仅降低了库存积压和物流成本，还增强了用户对亚马逊的依赖性。

- 动态定价策略。

亚马逊通过分析市场竞争价格、消费者行为和商品热度，实时调整商品价格。例如，在节假日促销期间，亚马逊的系统会根据用户访问频率和竞品价格动态优化折扣力度，确保在竞争中占据优势。

亚马逊通过大数据驱动的决策实现了商品销售与用户体验的双赢，同时建立了高度灵活和高效的运营体系，使其在电商领域保持领先地位。

（2）特斯拉（Tesla）：大数据驱动的智能驾驶与生态服务

特斯拉通过车载传感器和智能系统采集海量数据，构建了以数据驱动为核心的智能生态。其应用涵盖了车辆性能优化、自动驾驶技术和用户服务创新等多个方面。

- 自动驾驶技术的迭代优化。

特斯拉的每辆车都配备了多个摄像头、雷达和传感器，实时采集行驶过程中的路况、驾驶行为和环境数据。这些数据通过无线通信上传至特斯拉的中央服务器，经大数据分析后用于优化自动驾驶算法。例如，当某一车辆在复杂路口遇到问题时，特斯拉会提取相关数据，并通过模型训练更新全车系的驾驶系统。2022 年，特斯拉通过这种方式改进了 Autopilot 功能，使其在城市道路和高速公路上的安全性显著提升。

- 车辆状态监测与远程服务。

特斯拉利用大数据实时监测车辆状态，包括电池健康、制动系统性能和行驶里程。当系统检测到异常（如电池过热），会通过软件提醒用户并提供最近的维修点信息。特斯拉还可以通过远程更新技术（OTA），为用户车辆推送最新功能和进行性能优化。例如，2021 年的一次 OTA 更新增加了部分车型的续航里程和驾驶模式，用户无需前往维修中心即可享受到优化服务。

- 智能能源生态。

特斯拉通过太阳能板和 Powerwall 电池系统整合用户家庭用电数据，优化能源管理。例如，当检测到用电高峰时，Powerwall 会自动从储存的太阳能中提供电力，降低用户电费。这种基于大数据的能源管理系统，不仅帮助用户降低成本，还推动了清洁能源的使用。

特斯拉通过对海量数据的采集和分析，不仅推动了自动驾驶技术的快速迭代，还打造了一个智能化、可持续发展的汽车生态，为未来出行提供了全新的可能性。

参考文献

[1] 王晓峰，李洪明. 人工智能基础与应用[M]. 北京：电子工业出版社，2015.

[2] Turing A M .Computing machinery and intelligence[J].Mind, 1950, 59(236):433-460.DOI:10.1128/IAI.69.3.1739-1746.2001.

[3] Christensen H I, Glover J. Towards General-Purpose Artificial Intelligence[J].Artificial Intelligence Review, 2017, 50(4):379-396.

[4] 王晋，赵煦. 人工智能的本质与发展[M]. 北京：科学出版社，2020.

[5] Russell S, Norvig P. Artificial Intelligence: A Modern Approach [M]. 3rd ed. Pearson Education, 2010.

[6] Rumelhart D E, Hinton G E, Williams R J. Learning Representations by Backpropagating Errors[J].Nature, 1986, 323(6088):533-536.

[7] Newell A, Simon H A. Computer Science as Empirical Inquiry: Symbols and Search. Communications of the ACM, 1976, 19(3):113-126.

[8] 李飞飞，王飞跃. 人工智能：深度学习与神经网络. 北京：人民邮电出版社，2021.

[9] Mnih V, Kavukcuoglu K, Silver D, et al. Human-level control through deep reinforcement learning[J].Nature, 2015, 518:529-533.DOI:10.1038/nature14236.

[10] 蔡自兴. 人工智能及其应用[M]. 5 版. 北京：清华大学出版社，2016.

[11] 钟义信. 高等人工智能原理:观念·方法·模型·理论[M]. 北京：科学出版社，2014.

[12] 佘玉梅，段鹏. 人工智能原理及应用[M]. 上海：上海交通大学出版社，2018.

[13] 王万森. 人工智能原理及其应用[M]. 3 版. 北京：电子工业出版社，2012.

[14] 马宪民. 人工智能的原理与方法[M]. 西安：西北工业大学出版社，2002.

[15] Russell S J, Norvig P. 人工智能：一种现代的方法[M]. 3 版. 殷建平，等译. 北京：清华大学出版社，2013.

[16] 李德毅. 人工智能导论[M]. 北京：中国科学技术出版社，2018.

[17] 修春波. 人工智能技术[M]. 北京：机械工业出版社，2018.

[18] 廉师友. 人工智能导论[M]. 北京：清华大学出版社，2020.

[19] 刘峡壁. 人工智能导论：方法与系统[M]. 北京：国防工业出版社，2008.

[20] 吴飞. 人工智能导论：模型与算法[M]. 北京：高等教育出版社，2020.

[21] 王万良. 人工智能导论[M]. 北京：高等教育出版社，2017.

[22] 李征宇. 人工智能导论[M]. 哈尔滨：哈尔滨工程大学出版社，2016.

[23] 史忠植. 高级人工智能[M]. 3 版. 北京：科学出版社，2011.

[24] Luger G F.人工智能复杂问题求解的结构和策略[M]. 6 版. 北京：机械工业出版社，2009.

[25] 李开复. 人工智能[M]. 北京：机械工业出版社，2008.

[26] 张志华，朱晓燕. 一种基于本体的知识表示方法[J]. 计算机工程与应用，2006,42(10):1-4.

[27] 吴军，宋玉涛. 基于描述逻辑的知识表示与推理[J]. 计算机研究与发展，2009,46(2):245-250.

[28] 王万良. 人工智能及其应用[M]. 4 版. 北京：高等教育出版社，2020.

[29] Brachman R J, Levesque H J .Knowledge representation and reasoning[J].Readings in Artificial Intelligence & Databases, 1989, 1(Supplements6): 35-51.DOI:10.1007/978-1-84628-667-4_4.

[30] 谢希仁. 人工智能概论[M]. 北京：清华大学出版社，2018.

[31] 张钹，陈世福. 人工智能导论：基于产生式系统的原理与技术研究[M]. 北京：北京邮电大学出版社，2003.

[32] 张明敏，胡铭鉴，王晓东. 基于产生式系统的推理模型研究[J]. 计算机应用研究，2006,23(5):8-9.

[33] 刘墉，李晓辉. 基于框架的知识表示研究进展[J]. 计算机科学与探索，2012,6(1):123-130.

[34] 王小帅，周旭. 框架表示法在知识表示中的应用研究[J]. 计算机工程与应用，2015,51(12):1-5.

[35] 李兵，王强. 知识图谱构建及其应用研究综述[J]. 软件学报，2016,27(6):147-166.

[36] Nickel M, Murphy K, Tresp V ,et al.A Review of Relational Machine Learning for Knowledge Graphs[J].Proceedings of the IEEE, 2015, 104(1):11-33.DOI:10.1109/JPROC.2015.2483592.

[37] 王振，张伟. 知识图谱表示方法与应用[J]. 计算机科学与技术，2019,34(4):634-642.

[38] 刘伟，陈晖. 知识图谱数据模型与语义关系挖掘研究[J]. 智能系统学报，2017,9(3):457-465.

[39] Özsoyler S G, Cetintkaya T H. Knowledge Graph Representation and Application: A Review[J]. Journal of Physics: Conference Series, 2022, 1845(1): 012066.

[40] Seligman M E P, Maier S F, Solomon R L. Unpredictable and uncontrollable aversive events[J]. Aversive conditioning and learning, 1971: 347-400.

[41] Guo L. Estimation, control, and games of dynamical systems with uncertainty[J].Scientia Sinica Informationis, 2020.DOI:10.1360/ssi-2020-0277.

[42] Cohen M. Inexact knowledge and dynamic introspection[J]. Synthese, 2021, 199(3): 5509-5531.

[43] 李伟，林圣琳，周玉臣，等. 复杂仿真系统可信度评估研究进展[J]. 中国科学:信息科学，2018,48(7):767-782.

[44] Heckerman D. The certainty-factor model[J]. Encyclopedia of Artificial Intelligence, Second Edition, 1992: 131-138.

[45] Lewandowsky S, Risbey J S, Smithson M, et al. Scientific uncertainty and climate change: Part I. Uncertainty and unabated emissions[J]. Climatic Change, 2014, 124: 21-37.

[46] Guo Z, Wan Z, Zhang Q, et al. A survey on uncertainty reasoning and quantification in belief theory and its application to deep learning[J]. Information Fusion, 2024, 101: 101987.

[47] Chaki J. Probability and Bayesian Theory to Handle Uncertainty in Artificial Intelligence[M]//Handling Uncertainty in Artificial Intelligence. Singapore: Springer Nature Singapore, 2023: 13-24.

[48] Friedman N, Geiger D, Goldszmidt M. Bayesian network classifiers[J]. Machine learning, 1997, 29: 131-163.

[49] Sentz K, Ferson S. Combination of Evidence in Dempster-Shafer Theory[J].Contemporary Pacific, 2002.DOI: 10.2172/800792.

[50] Zadeh L A. Fuzzy logic[J]. Computer, 1988, 21(4): 83-93.

[51] Zadeh L A .Fuzzy sets[J].Information & Control, 1965, 8(3):338-353.DOI:10.1016/S0019-9958(65)90241-X.

[52] Duda R O, Hart P E, Nilsson N J. Subjective Bayesian methods for rule-based inference systems[C]//Proceedings of the June 7-10, 1976, National Computer Conference and Exposition, 1976: 1075-1082.

[53] Granberg D, Brown T A. The Monty Hall Dilemma[J].Personality & Social Psychology Bulletin, 1995, 21(7):711-723. DOI:10.1177/0146167295217006.

[54] 陈守煜. 系统模糊决策理论与应用[J]. 1993 中国控制与决策学术年会论文集，1993.

[55] Sternberg R J.认知心理学[M]. 杨炳钧，陈燕，邹枝玲，译. 北京：中国轻工业出版社，2006.

[56] 张厚粲. 行为主义心理学[M]. 杭州：浙江教育出版社，2023.

[57] 约翰·布罗克曼. 行为主义心理学[M]. 张羿，译. 杭州：浙江教育出版社，2017.

[58] 董佳蓉. 语境论视野下的人工智能范式发展趋势研究[J]. 科学技术哲学研究，2011,28(02):33-38.

[59] N.维纳. 控制论[M]. 郝季仁，译. 北京：科学出版社，1962.

[60] 吴泉源，刘江宁. 人工智能与专家系统[M]. 长沙：国防科技大学出版社，1995.

[61] Lillicrap T P, Hunt J J, Pritzel A, et al. Continuous control with deep reinforcement learning[J].Computer ence, 2015.DOI:10.1016/S1098-3015(10)67722-4.

[62] 傅清祥，王晓东. 算法与数据结构[M]. 北京：电子工业出版社，2001.

[63] 耿素云，屈婉玲. 离散数学[M]. 北京：高等教育出版社，1998.

[64] 张信一，黎燕. 基于 A*算法的八数码问题的程序求解[J]. 现代计算机，2003(5):14-18.

[65] Alhassan T Q, Omar S S, Elrefaei L A. Game of Bloxorz solving agent using informed and uninformed search strategies[J]. Procedia Computer Science, 2019, 163: 391-399.

[66] Tarjan R. Depth-first search and linear graph algorithms[J]. SIAM Journal on Computing, 1972, 1(2): 146-160.

[67] Korf R E. Depth-first iterative-deepening: An optimal admissible tree search[J]. Artificial Intelligence, 1985, 27(1): 97-109.

[68] Setz B, Haghshenas K, Aiello M. Energy smart buildings: Parallel uniform cost-search with energy storage and generation[J]. arXiv preprint arXiv:2211.08969, 2022.

[69] Calatroni L, Chambolle A. Backtracking strategies for accelerated descent methods with smooth composite objectives[J]. SIAM Journal on Optimization, 2019, 29(3): 1772-1798.

[70] LeCun Y, Bengio Y, Hinton G. Deep learning[J]. Nature, 2015, 521(7553): 436-444.

[71] 蔡红霞，周传宏. 工业人工智能[M]. 北京：清华大学出版社，2023.

[72] Browne C, Powley E, Whitehouse D, et al. A survey of monte carlo tree search methods, in 'IEEE TRANSACTIONS ON

COMPUTATIONAL INTELIGENCE AND AI IN GAMES[J]. London UK, 2012.

[73] Chickering D M. Optimal structure identification with greedy search[J]. Journal of Machine Learning Research, 2002, 3(11): 507-554.

[74] 樊莉，孙继银，王勇. 人工智能中的 A*算法应用及编程[J]. 微机发展，2003,13(5):33-35.

[75] Świechowski M, Godlewski K, Sawicki B, et al. Monte Carlo tree search: A review of recent modifications and applications[J]. Artificial Intelligence Review, 2023, 56(3): 2497-2562.

[76] 董毅. 一种基于蒙特卡洛树搜索的异常事件处理方法和装置:202011576874.3[P]. 2020-12-28.

[77] 张校捷. 深度强化学习算法与实践[M]. 北京：电子工业出版社，2022:21-25.

[78] Hackwood S, Beni G. Self-organization of sensors for swarm intelligence[C]//Proceedings 1992 IEEE International Conference on Robotics and Automation. IEEE Computer Society, 1992: 819-829.

[79] Dorigo M, Birattari M, Stutzle T. Ant colony optimization[J]. IEEE Computational Intelligence Magazine, 2007, 1(4): 28-39.

[80] Kennedy J, Eberhart R. Particle swarm optimization[C]//Proceedings of ICNN'95-International Conference on Neural Networks. IEEE, 1995, 4: 1942-1948.

[81] Holland J H. Adaptation in natural and artificial systems: an introductory analysis with applications to biology, control, and artificial intelligence[M]. MIT Press, 1992.

[82] Dorigo M, Di Caro G. Ant colony optimization: a new meta-heuristic[C]//Proceedings of the 1999 Congress on Evolutionary Computation-CEC99 (Cat. No. 99TH8406). IEEE, 1999, 2: 1470-1477.

[83] Eberhart R, Kennedy J. A new optimizer using particle swarm theory[C]//MHS'95. Proceedings of the Sixth International Symposium on Micro Machine and Human Science. IEEE, 1995: 39-43.

[84] 姚凯. 基于粒子群优化算法的半导体制造系统多目标优化问题——生产计划与能力计划[D]. 上海：上海交通大学，2008.

[85] 汤可宗，李慧颖，李娟，等. 一种求解复杂优化问题的改进粒子群优化算法[J]. 南京理工大学学报，2015(4):386-391.

[86] 汤可宗，肖绚，贾建华，等. 基于离散式多样性评价策略的自适应粒子群优化算法[J]. 南京理工大学学报，2013,37(3):344-349.

[87] 王丽君，郇益斌. 基于杂交 PSO 的 k-means 聚类算法[J]. 电子世界，2016(14):2.DOI:CNKI:SUN:ELEW.0.2016-14-153.

[88] 吴亮，蒋玉明. 融合粒子群和局部邻域搜索的优化算法[J]. 计算机工程与设计，2010,31(07):1554-1557.

[89] 赵金龙. 增程式电动汽车动力系统参数匹配及能量管理策略研究[D]. 重庆：重庆大学，2014.

[90] 董兴业. 启发式算法及其在同顺序流水作业问题中的应用[D]. 北京：北京交通大学，2008.DOI:10.7666/d.y1340858.

[91] 李小川，刘媛华. 基于改进烟花算法的物流配送中心选址研究[J]. 软件导刊，2017,16(11):4.DOI:10.11907/rjdk.171772.

[92] 李君，梁昔明，张克. 改进的粒子群优化算法在物流配送中的应用[J]. 北京建筑大学学报，2016,32(4):7.DOI:10.3969/j.issn.1004-6011.2016.04.011.

[93] 生力军. 基于量子粒子群算法的物流配送中心选址[J]. 科学技术与工程，2019,19(11):5.DOI:CNKI:SUN:KXJS.0.2019-11-029.

[94] Bonabeau E, Dorigo M, Theraulaz G. Inspiration for Optimization from Social Insect Behavior[J].Nature, 2000, 406(6791):39-42.DOI:10.1038/35017500.

[95] Gutjahr W J, Sebastiani G. Runtime Analysis of Ant Colony Optimization with Best-So-Far Reinforcement[J]. Methodology & Computing in Applied Probability, 2008, 10(3):409-433.DOI:10.1007/s11009-007-9047-1.

[96] Neumann F, Witt C. Runtime analysis of a simple ant colony optimization algorithm. In Proceedings of the 17th International Symposium Algorithms Computation (ISAAC), LNCS, Vol. 4288. Kolkata: Springer-Verlag, 2006:618-627.

[97] Neumann F, Sudholt D, Witt C. Analysis of different MMAS ACO algorithms on unimodal functions and plateaus[J]. Swarm Intelligence, 2009, 3(1):35-68.DOI:10.1007/s11721-008-0023-3.

[98] Ktzing T, Lehre P K, Neumann F, et al.Ant colony optimization and the minimum cut problem[C]//2008:153-166. DOI:10.1007/978-3-540-92695-5_12.

[99] Sudholt D, Thyssen C. A Simple Ant Colony Optimizer for Stochastic Shortest Path Problems[J].Algorithmica, 2012, 64(4):643-672.DOI:10.1007/s00453-011-9606-2.

[100] 朱大伟，李纪欣. 三步递进式蚁群算法在无线传感器网络中的应用[J]. 计算机系统应用，2020(10):7.DOI:

10.15888/j.cnki.csa.007576.

[101] 甘屹，齐从谦，杜继涛. 基于蚁群算法的动态联盟伙伴选择研究[J]. 系统仿真学报，2006,18(2):5.DOI:10.3969/j.issn.1004-731X.2006.02.064.

[102] 吴琼，曾庆鹏. 基于多目标烟花算法的关联规则挖掘[J]. 模式识别与人工智能, 2017, 30(4):12.DOI:10.16451/j.cnki.issn1003-6059.201704009.

[103] Yu B, Yang Z Z, Yao B. An improved ant colony optimization for vehicle routing problem[J].European Journal of Operational Research, 2009, 196(1):171-176.DOI:10.1016/j.ejor.2008.02.028.

[104] Land J H. Outline for a logical theory of adaptive systems[J].Journal of the Association for Computing Machinery, 1962, 9(3):297-314.

[105] Fogel L J, Owens A J .Artificial intelligence through simulated evolution[M]. John Wiley & Sons, 1966.

[106] 杜布赞斯基. 遗传学与物种起源[M]. 谈家桢，译. 北京：科学出版社，1964.

[107] 中国大百科全书总委员会《生物学》. 中国大百科全书・生物学:遗传学[M]. 北京：中国大百科全书出版社，1983.

[108] 拉兹洛，闵家胤. 进化——广义综合理论[M]. 北京：社会科学文献出版社，1988.

[109] Holland J .Adaptation in natural and artificial systems : an introductory analysis with application to biology[J].Control & Artificial Intelligence, 1975.

[110] Fogel D B. Evolutionary computation: Toward a new philosophy of machine intelligence[M]. 3rd Edition.Wiley-IEEE Press, 1999.

[111] Koza J R .Genetic programming : on the programming of computers by means of natural selection[M].MIT Press, 1992.

[112] Aleti A, Moser I. A Systematic Literature Review of Adaptive Parameter Control Methods for Evolutionary Algorithms[J]. Acm Computing Surveys, 2016, 49(3):1-35.DOI:10.1145/2996355.

[113] Jenkins W M. Structural optimization with the genetic algorithm[J]. The Structural Engineer, 1991, 69(24): 418-422.

[114] Yao X. A review of evolutionary artificial neural networks[J]. International Journal of Intelligent Systems, 1993, 8(4): 539-567.

[115] Bauer R J. Genetic algorithms and investment strategies[M]. John Wiley & Sons, 1994.

[116] Forrest S. Genetic algorithms: principles of natural selection applied to computation[J]. Science, 1993, 261(5123): 872-878.

[117] Montana D J, Davis L. Training feedforward neural networks using genetic algorithms[C]//IJCAI. 1989, 89(1989): 762-767.

[118] Ardia D, Boudt K, Carl P, et al. Differential evolution (deoptim) for non-convex portfolio optimization[J]. Journal of Statistical Software, 2010,34:1-26.

[119] Price K. Differential Evolution: a Practical Approach to Global Optimization[M]. Springer Science & Business Media, 2006.

[120] Yang X S. Firefly algorithm, stochastic test functions and design optimisation[J]. International Journal of Bio-inspired Computation, 2010, 2(2): 78-84.

[121] Peng J, Wan Z, Wei Q, et al. An improved artificial fish swarm algorithm[J]. International Journal for Engineering Modelling, 2018, 31(4 Special issue): 57-68.

[122] Karaboga D, Basturk B. A powerful and efficient algorithm for numerical function optimization: artificial bee colony (ABC) algorithm[J]. Journal of Global Optimization, 2007, 39: 459-471.

[123] Zhang L, Liu S, et al. Three-dimensional underwater path planning based on modified wolf pack algorithm[J]. IEEE Access, 2017, 5: 22783-22795.

[124] Bahrami M, Bozorg-Haddad O, Chu X. Cat swarm optimization (CSO) algorithm[J]. Advanced optimization by nature-inspired algorithms, 2018: 9-18.

[125] 王康豪，殷海兵，黄晓峰. 基于策略梯度的目标跟踪方法[J]. 浙江大学学报(工学版),2020,54(10):1923-1928, 1935.

[126] 李英儒. 数据高效利用的强化学习优化算法研究[D]. 武汉：华中科技大学，2020.DOI:10.27157/d.cnki.ghzku.2020.004797.

[127] Pham H, Wei X. Bellman equation and viscosity solutions for mean-field stochastic control problem[J]. ESAIM: Control, Optimisation and Calculus of Variations, 2018, 24(1): 437-461.

[128] Watkins C J C H, Dayan P. Q-learning[J]. Machine learning, 1992, 8: 279-292.

[129] Zou S, Xu T, Liang Y. Finite-sample analysis for sarsa with linear function approximation[C]. Advances in Neural Information Processing Systems, 2019, 32.

[130] Silver D, et al. Deterministic Policy Gradient Algorithms[C]. International Conference on Machine Learning, 2014:387-395.

[131] Zou L, Xia L, Du P, et al. Pseudo Dyna-Q: A reinforcement learning framework for interactive recommendation[C]// Proceedings of the 13th International Conference on Web Search and Data Mining, 2020: 816-824.

[132] Rumelhart D E, McClelland J L, PDP Research Group. Parallel distributed processing: explorations in the microstructure of cognition: foundations[J]. Mit Press Computational Models Of Cognition And Perception Series, 1986, 1: 547.

[133] Babbar P, Yadav K, Singhal A, et al. Connectionist model in artificial intelligence[J]. International Journal of Applied Engineering Research, 2018, 13(7): 5154-5159.

[134] McCulloch W S, Pitts W. A logical calculus of the ideas immanent in nervous activity[J]. The bulletin of mathematical biophysics, 1943, 5: 115-133.

[135] Krizhevsky A, Sutskever I, Hinton G E. Imagenet classification with deep convolutional neural networks[C]. Advances in Neural Information Processing Systems, 2012, 25: 1097-1105.

[136] Anderson J A, Rosenfeld E. Neurocomputing: Foundations of Research[M]. MIT Press, 1988.

[137] Cao L. Data science: a comprehensive overview[J]. ACM Computing Surveys (CSUR), 2017, 50(3): 1-42.

[138] Bishop C M, Nasrabadi N M. Pattern recognition and machine learning[M]. New York: Springer, 2006.

[139] Zaharia M, Chowdhury M, Franklin M J, et al. Spark: Cluster computing with working sets[C]//2nd USENIX workshop on hot topics in cloud computing (HotCloud 10), 2010:10.

[140] Hashem I A T, Yaqoob I, Anuar N B, et al. The rise of “big data” on cloud computing: Review and open research issues[J]. Information Systems, 2015, 47: 98-115.

[141] 黄玉萍，梁炜萱，肖祖环. 基于 TensorFlow 和 PyTorch 的深度学习框架对比分析[J]. 现代信息科技，2020,4(4):80-82,87.

[142] Batini C, Cappiello C, Francalanci C, et al. Methodologies for data quality assessment and improvement[J]. ACM Computing Surveys (CSUR), 2009, 41(3): 1-52.

[143] Batini C, Scannapieco M. Data and information quality[M]. Cham, Switzerland: Springer International Publishing, 2016: 63.

[144] 解男男. 机器学习方法在入侵检测中的应用研究[D]. 长春：吉林大学，2015.

[145] 孙垒. 基于 BP 神经网络的模拟电路故障诊断系统的 FPGA 设计与实现[D]. 南京：南京理工大学，2009.

[146] 孙钢. 基于 SVM 的入侵检测系统研究[D]. 北京:北京邮电大学，2007.

[147] 田盛丰. 基于核函数的学习算法[J]. 北京交通大学学报，2003,27(2):1-8.DOI:10.3969/j.issn.1673-0291.2003.02.001.

[148] 孟范静. 基因微阵列数据的特征提取和特征优化在癌症诊断中的应用[D]. 济南：齐鲁工业大学，2008.DOI:10.7666/d.y1401464.

[149] 朱慕华. 支持向量机在文本分类中的应用[D]. 沈阳：东北大学，2006.DOI:10.7666/d.y854125.

[150] 李刚. 代价敏感的支持向量机监督学习研究[D]. 南京：南京师范大学, 2007.

[151] 萧嵘. 基于支持向量机的模式识别技术中若干问题的研究[D]. 南京：南京大学, 2002.

[152] Burges C J C. A tutorial on support vector machines for pattern recognition[J]. Data mining and knowledge discovery, 1998, 2(2): 121-167.

[153] 刘青，杨小涛. 基于支持向量机的微阵列基因表达数据分析方法[J]. 小型微型计算机系统, 2005, 26(3):4.DOI: 10.3969/ j.issn.1000-1220.2005.03.011.

[154] 束诗雨. 基于集成学习的支持向量机预测优化算法及其应用[D]. 上海：东华大学, 2015.

[155] 刘敬学，孟凡荣，周勇，等. 字符级卷积神经网络短文本分类算法[J]. 计算机工程与应用，2019,55(05):135-142.

[156] 朱权洁，张震，梁娟，等. 矿山井巷掘进进爆参数优化设计及三维可视化研究[J]. 金属矿山，2022(07):120-127.DOI: 10. 19614/j.cnki.jsks. 202207016.

[157] 俞庆英，赵亚军，叶梓彤，等. 基于群体与密度的书桌算法[J]. 计算机工程，2021,47(04):100-107.DOI:10.19678/ j.issn.1000-3428.0057425.

[158] 梁湘悦，韩臻，何嘉豪，等. 基于联邦学习的智能交通灯控制方法[J]. 网络安全技术与应用，2023(02):39-43.

[159] 张振洲，熊凌，李克波，等. 基于改进 GoogLeNet 的锌渣识别算法[J]. 武汉科技大学学报，2021,44(03):182-187.

[160] 王复越，任毅，赵坦，等. 基于决策树算法的钢板探伤预测模型优化[J]. 鞍钢技术，2022(06):33-38.

[161] 徐国天，沈耀童. 基于 XGBoost 与 Stacking 融合模型的恶意程序多分类检测方法[J]. 信息网络安全，2021(6):11.DOI:10.3969/j.issn.1671-1122.2021.06.007.

[162] 魏永合，王明华. 基于 EEMD 和 SVM 的滚动轴承退化状态识别[J]. 计算机集成制造系统, 2015, 21(9):2475-2483. DOI:10.13196/j.cims.2015.09.024.

[163] 孙利雷，秦进. 基于随机扰动的 K-Means 聚类中心优化方法[J]. 贵州大学学报：自然科学版, 2016, 33(4):5.DOI: 10.15958/j.cnki.gdxbzrb.2016.04.18.

[164] 刘桂霞，裴志尧，宋佳智. 基于深度学习的蛋白质 ATP 结合位点预测[D]. 长春：吉林大学，2022.

[165] Hinton G E, Salakhutdinov R R. Reducing the dimensionality of data with neural networks[J]. Science, 2006, 313(5786): 504-507.

[166] Rosenblatt F. The perceptron: a probabilistic model for information storage and organization in the brain[J]. Psychological Review, 1958, 65(6): 386.

[167] Papert S A. Perceptrons-an Introduction to Computational Geometry[M]. Mit Press Limited, 2017.

[168] Kelly J E, Bryson A E. A class of solutions for the optimal control of nonlinear dynamic systems[J].Transactions of the ASME, 1961.

[169] Bryson A E. Applied optimal control: Optimization[J]. Estimization and Control, 1975, 2.

[170] Werbos P. Beyond regression: New tools for prediction and analysis in the behavioral sciences[J]. PhD thesis, Committee on Applied Mathematics, Harvard University, Cambridge, MA, 1974.

[171] LeCun Y, Boser B, Denker J S, et al. Backpropagation applied to handwritten zip code recognition[J]. Neural Computation, 1989, 1(4): 541-551.

[172] Vapnik V. Support-vector networks[J]. Machine learning, 1995, 20: 273-297.

[173] Hinton G E, Osindero S, Teh Y W. A fast learning algorithm for deep belief nets[J]. Neural computation, 2006, 18(7): 1527-1554.

[174] Glorot X, Bordes A, Bengio Y. Deep sparse rectifier neural networks[C]//Proceedings of the Fourteenth International Conference on Artificial Intelligence and Statistics. JMLR Workshop and Conference Proceedings, 2011: 315-323.

[175] Goodfellow I J, Pouget-Abadie J, Mirza M, et al. Generative adversarial nets. NIPS'14: Proceedings of the 27th International Conference on Neural Information Processing Systems-Volume 2 (pp. 2672-2680)[C]. 2014.

[176] Abadi M, Barham P, Chen J, et al. TensorFlow: a system for Large-Scale machine learning[C]//12th USENIX Symposium on Operating Systems Design and Implementation (OSDI 16), 2016: 265-283.

[177] Paszke A, Gross S, Massa F, et al. Pytorch: An imperative style, high-performance deep learning library[J]. Advances in Neural Information Processing Systems, 2019, 32.

[178] Ma Y, Yu D, Wu T, et al. PaddlePaddle: An open-source deep learning platform from industrial practice[J]. Frontiers of Data and Domputing, 2019, 1(1): 105-115.

[179] Bishop C M, Nasrabadi N M. Pattern recognition and machine learning[M]. New York: Springer, 2006.

[180] Nair V, Hinton G E. Rectified linear units improve restricted boltzmann machines[C]//Proceedings of the 27th International Conference on Machine Learning (ICML-10), 2010: 807-814.

[181] Krizhevsky A, Sutskever I, Hinton G E. ImageNet classification with deep convolutional neural networks[J]. Communications of the ACM, 2017, 60(6): 84-90.

[182] Maas A L, Hannun A Y, Ng A Y. Rectifier nonlinearities improve neural network acoustic models[C]//Proc. icml. 2013, 30(1): 3.

[183] Cun Y L, Bottou L, Orr G, et al. Efficient backprop, neural networks: tricks of the trade[J]. Lecture Notes in Computer Sciences, 1998, 1524: 5-50.

[184] Bridle J S. Probabilistic interpretation of feedforward classification network outputs, with relationships to statistical pattern recognition[M]//Neurocomputing: Algorithms, architectures and applications. Berlin, Heidelberg: Springer Berlin Heidelberg, 1990: 227-236.

[185] Goodfellow I. Deep learning[M]. Cambridge, MA: MITPress, 2016.

[186] Manyika J. Big data: The next frontier for innovation, competition, and productivity[R]. McKinsey Global Institute, 2011, 1.

[187] Chen M, Mao S, Liu Y. Big data: A survey[J]. Mobile networks and applications, 2014, 19: 171-209.

[188] 薛志东. 大数据技术基础[M]. 北京：人民邮电出版社，2018.

[189] Cox M, Ellsworth D. Application-controlled page scheduling for visualization of out-of-core models[C]. In Proceedings of the 8th IEEE Conference on Visualization (pp. 15-22), 1997.

[190] Laney D. 3D data management: Controlling data volume, velocity and variety[R]. META group research note, 2001.

[191] Gantz J. Extracting Value from Chaos. The IDC iView[J]. http://idcdocserv. com/1142, 2011.

[192] Ghemawat S, Gobioff H, Leung S T. The Google file system[C]//Proceedings of the nineteenth ACM symposium on Operating systems principles, 2003: 29-43.

[193] Lynch C A. The importance of data curation[J].Nature, 2008, 455(7209): 1-136.

[194] Bahga A, Madisetti V K. Analyzing massive machine maintenance data in a computing cloud[J]. IEEE Transactions on Parallel and Distributed Systems, 2011, 23(10): 1831-1843.

[195] Gunarathne T, Wu T L, Qiu J, et al. Cloud computing paradigms for pleasingly parallel biomedical applications[C]//Proceedings of the 19th ACM International Symposium on High Performance Distributed Computing, 2010: 460-469.

[196] 马世龙，乌尼日其其格，李小平. 大数据与深度学习综述[J]. 智能系统学报，2016,11(6):15.DOI:10.11992/tis.201611021.

[197] 王鹏. 云计算的关键技术与应用实例[M]. 北京：人民邮电出版社，2010.

[198] Cattell R. Scalable SQL and NoSQL data stores[J]. Acm Sigmod Record, 2011, 39(4): 12-27.

[199] 简祯富，许嘉裕. 大数据分析与数据挖掘[M]. 北京：清华大学出版社，2016.

[200] 崔虹燕，马桂琴. 数字城市信息资源整合与共享服务[J]. 情报资料工作，2013(5):4.DOI:10.3969/j.issn.1002-0314.2013.05.011.

[201] 彭沙沙，张红梅，卞东亮. 计算机网络安全分析研究[J]. 现代电子技术，2012(4):5.DOI:10.3969/j.issn.1001-9960.2012.26.219.

[202] Ponemon I. Cost of a data breach report[R]. Benchmark research sponsored by IBM Security Independently conducted by Ponemon Institute LLC, 2019.

[203] 徐明. 大数据时代的隐私危机及其侵权法应对[J]. 中国法学，2017(1):20.DOI:CNKI:SUN:ZGFX.0.2017-01-009.

[204] 金元浦. 论大数据时代个人隐私数据的泄露与保护[J]. 同济大学学报(社会科学版),2020,31(03):18-29.

[205] 王建民，金涛，叶润国. 《大数据安全标准化白皮书(2017)》解读[J]. 信息技术与标准化，2017(8):38-41.

[206] 齐桂芳. 局域网网络安全及防护措施[J]. 信息安全与技术，2012,3(03):26-28.

[207] 郑怀宇，王建烽. 常见网络攻击手段及安全防范探讨[J]. 科技创新导报，2009(22):1.DOI:10.3969/j.issn.1674-098X.2009.22.006.

[208] 杨光，李非非，杨洋. 浅析计算机网络安全防范措施[J]. 科技信息，2011,(29):70, 93.

[209] 邸洪波，戴伯伦. 大数据安全保障关键技术研究[C]//公安部第三研究所，江苏省公安厅，无锡市公安局.2019 中国网络安全等级保护和关键信息基础设施保护大会论文集. 大连市公安局网络安全保卫支队;沈阳市公安局网络安全保卫支队; 2019:4.DOI:10.26914/c.cnkihy.2019.022484.

[210] 阎红灿，陈子昂，刘盈. 面向区块链应用的密码算法研究[J]. 华北理工大学学报(自然科学版),2023,45(02):76-83.

[211] 张金颖. 动态口令身份认证方案的研究与实现[D]. 成都：西南交通大学，2006.

[212] 王开林，刘伯驹，崔鹏飞，等. 基于非对称密码算法的身份认证技术研究与实现[J]. 警察技术，2015(6):3.DOI:10.3969/j.issn.1009-9875.2015.06.017.

[213] 徐小平，冯玉翔. 一种改进的电子商务支付系统的支付策略[J]. 计算机应用与软件，2005,22(9):4.DOI:10.3969/j.issn.1000- 386X.2005.09.009.

[214] 李华宇. 基于 IPSec 协议的 VPN 系统在 Linux 下的实现[D]. 成都：四川大学，2003.DOI:10.7666/d.y532581.

[215] 王佳. 元胞自动机中的对称与复杂现象涌现机理研究[D]. 重庆：重庆大学[2025-02-12].DOI 10.7666/d.y1665100.

[216] 崔文豪. 面向不平衡与稀疏数据的推荐算法研究[D]. 重庆：重庆邮电大学，2018.DOI:10.27675/d.cnki.gcydx.2018.000704.

[217] 张嘉彦. 大数据时代数据资产进入破产财产的思考——可能性、利益衡量与制度构想[C]//《上海法学研究》集刊（2021年第9卷总第57卷）——上海市法学会破产法研究会文集. 中国政法大学，2021:9.DOI:10.26914/c.cnkihy.2021.018349.

[218] Yukhno A. Digital transformation: Exploring big data governance in public administration[J]. Public Organization Review, 2024, 24(1): 335-349.

[219] 刘驰. 大数据治理与安全:从理论到开源实践[M]. 北京：机械工业出版社，2017.

[220] 唐斯斯，刘叶婷. 以“数据治理”推动政府治理创新[J]. 当代社科视野，2014(6):33-33.

[221]郑佳斯，蓝云. 形塑数据流动空间:政府跨部门数据共享的新技术机制[J]. 华南师范大学学报(社会科学版)，2022(5): 43-55.

[222] 郭贺铨. 郭贺铨:现阶段我国大数据共享面临的问题[J]. 财经界, 2017(22):48-49.

[223] West M. Developing high quality data models[M]. Elsevier, 2011.

[224] 王瑞丹，高孟绪，石蕾，等. 对大数据背景下科学数据开放共享的研究与思考[J]. 中国科技资源导刊，2020,52(01):1-5, 26.

[225] 钱文君，沈晴霓，吴鹏飞，等. 大数据计算环境下的隐私保护技术研究进展[J]. 计算机学报，2022,45(04):669-701.

[226] 周林兴，崔云萍. 智慧城市视域下政府数据开放共享机制研究[J]. 现代情报，2021,41(8): 147-159.

[227] 郭贺铨. 郭贺铨:大数据的共享与开放面临三大挑战[J]. 财经界, 2017.DOI:CNKI:SUN:CJJI.0.2017-09-019.

[228] Yang L, Hu J. Data Transactions in China: Legislation, Promotion, and Regulation[J]. International Journal of Digital Law and Governance, 2024, 1(2): 413-437.

[229] Abraham R, Schneider J, Vom Brocke J. Data governance: A conceptual framework, structured review, and research agenda[J]. International Journal of Information Management, 2019, 49: 424-438.

[230] Pike E R. Defending data: Toward ethical protections and comprehensive data governance[J]. Emory LJ, 2019, 69: 687.

[231] Zhang Q, He Y, Lai R, et al. A survey on the efficiency, reliability, and security of data query in blockchain systems[J]. Future Generation Computer Systems, 2023, 145: 303-320.

[232] 许宪春，任雪，常子豪. 大数据与绿色发展[J]. 中国工业经济, 2019.DOI:10.19581/j.cnki.ciejournal.2019.04.001.

[233] 杨琪，龚南宁. 我国大数据交易的主要问题及建议[J]. 大数据, 2015(2):11.DOI:CNKI:SUN:DSJU.0.2015-02-005.

[234] Novkovic G, Korkut T. Software and Data Regulatory Compliance in the Cloud[J]. Software quality professional, 2017, 20(1):4-13.

[235] Lekhi P, Ayinde K S, Toobaee M. Technological Breakthroughs in Financial Services: Payment Services, BNPL, and CBDCs[M]//Innovation, Sustainability, and Technological Megatrends in the Face of Uncertainties: Core Developments and Solutions. Cham: Springer Nature Switzerland, 2024: 73-80.

[236] Guo H, Yu X. A survey on blockchain technology and its security[J]. Blockchain: Research and Applications, 2022, 3(2): 100067.

[237] 杨增茂，王长峰，杨洪军. 数据共享中的风险控制与治理体系完善[J]. 领导科学, 2023(1):106-109.

[238] MHRA. GXP Data integrity guidance and definitions[R]. London, United Kingdom, 2018.

[239] Janssen M, Charalabidis Y, Zuiderwijk A. Benefits, adoption barriers and myths of open data and open government[J]. Information systems management, 2012, 29(4): 258-268.

[240] Harrison T M, Guerrero S, Burke G B, et al. Open government and e-government: Democratic challenges from a public value perspective[C]//Proceedings of the 12th Annual International Digital Government Research Conference: Digital Government Innovation in Challenging Times, 2011: 245-253.

[241] 曾凯. 大数据治理框架体系研究[J]. 信息系统工程，2016 (11):130-131.

[242] Wendelborn C, Anger M, Schickhardt C. What is data stewardship? Towards a comprehensive understanding[J]. Journal of Biomedical Informatics, 2023, 140: 104337.